U0387021

南京航空航天大学可持续发展研究丛书
国家科学技术学术著作出版基金资助出版

中国民航碳排放
驱动因素及减排路径研究

王群伟　刘　笑　周德群　著

科学出版社

北　京

内 容 简 介

面对中国民航绿色发展的迫切需求，本书以效率和生产率理论为基础，将分解分析方法与环境生产技术相结合，从驱动因素角度研究中国民航碳排放变化的本质成因，并通过对民航碳排放相关问题的国际比较，为中国民航碳减排提供一些理论依据和实践经验；在此基础上，构建中国民航碳排放的情景框架，动态预测民航碳排放的可能情形，在考虑公平、效率、可行等原则下进一步探讨最优减排路径。

本书主要内容包括民航碳排放的理论进展、民航碳排放的中国特征、民航碳排放的国际比较、民航碳排放的减排路径四个方面。本书既有针对民航碳排放问题研究的方法创新，也有定性定量分析基础上的政策建议，适合民航碳减排政策制定部门、航空运输从业人员及关心我国民航绿色发展的人士阅读，也可作为相近领域研究人员及相关专业研究生的学术参考用书。

图书在版编目（CIP）数据

中国民航碳排放驱动因素及减排路径研究 / 王群伟，刘笑，周德群著. —北京：科学出版社，2021.12
（南京航空航天大学可持续发展研究丛书）
ISBN 978-7-03-070283-8

Ⅰ. ①中… Ⅱ. ① 王… ②刘… ③周… Ⅲ. ①民航业–二氧化碳–排气–研究–中国 ②民航业–节能减排–研究–中国 Ⅳ. ①X511 ②F562

中国版本图书馆 CIP 数据核字（2021）第 220920 号

责任编辑：陶　璇 / 责任校对：贾娜娜
责任印制：张　伟 / 封面设计：无极书装

科 学 出 版 社 出版
北京东黄城根北街 16 号
邮政编码：100717
http://www.sciencep.com
北京虎彩文化传播有限公司 印刷
科学出版社发行　各地新华书店经销

*

2021 年 12 月第 一 版　开本：720×1000 B5
2021 年 12 月第一次印刷　印张：22 3/4
字数：457000
定价：268.00 元
（如有印装质量问题，我社负责调换）

主要作者简介

王群伟，南京航空航天大学经济与管理学院教授、博导、副院长，主要研究方向为能源环境管理与政策；国家优秀青年科学基金获得者，国家"万人计划"青年拔尖人才，国家社会科学基金重大项目首席专家；入选科睿唯安全球高被引科学家、爱思唯尔中国高被引学者等榜单；获教育部高等学校科学研究优秀成果奖二等奖（自然科学）、三等奖（人文社会科学）和江苏省哲学社会科学优秀成果奖一等奖、二等奖、三等奖。

刘笑，淮阴师范学院经济与管理学院讲师、硕导、系主任，南京航空航天大学能源软科学研究中心兼职研究员，主要研究方向为效率与生产率、低碳交通管理；主持了包括国家自然科学基金青年项目在内的多项课题，在 *Transportation Research Part A：Policy and Practice*、*Transportation Research Part D：Transport and Environment* 等期刊发表学术论文多篇；研究成果获工业和信息化部创新创业大赛一等奖等。

周德群，南京航空航天大学经济与管理学院院长、教育部"长江学者奖励计划"特聘教授，教育部高等教育工业工程类专业指导教学委员会副主任委员，享受国务院特殊津贴，主要研究方向为能源软科学；获教育部高等学校科学研究优秀成果奖二等奖、三等奖，以及江苏省哲学社会科学优秀成果一等奖、二等奖等奖励十余项；多项智库成果入选中共中央宣传部《成果要报》并受到中央有关部门及领导的重视和肯定性批示。

序　言

　　航空运输业是现代经济全球化的主导模式和主流形态，也是产业升级和区域经济发展的重要驱动力。在现代综合交通运输体系中，航空运输因其快捷、安全、通达的独特优势，不仅确立了独立的产业地位，而且成为先导性和战略性的产业。航空运输在推动各国经济增长和政治、文化交流等方面发挥了不可替代的作用。与此同时，航空运输的快速发展也带来了二氧化碳等温室气体的大量排放，不可避免地对气候变化产生了影响，成为全球变暖的重要因素之一。

　　相对于能源、化工、钢铁等排放大户，航空运输业的温室气体排放具有增速快、跨国别两个典型特征。当前，航空运输业的碳排放总量占全球碳排放的比重虽然不大（约 2%），但是按历史趋势的增长速度推测，航空运输业在 2050 年的排放量将达到全球温室气体总排放量的 22%。在能耗量持续快速增长、短期内难达排放峰值的情况下，航空运输业的减排压力与困难是非常大的，需要尽快采取有效的减排措施延缓增长速率。另外，航空运输的排放源是在不同的空域之间移动的，一个国际航班必然会对不同国家的大气环境造成直接的负面影响。换言之，航空运输业温室气体排放的"溢出效应"与"外部性影响"远远超过其他行业，对全球大气环境的负面影响更为广泛。这就要求航空运输业应积极寻求深入的国际合作，包括市场机制的制定、运营管理经验的交流、低碳飞行技术的扩散等。这也是欧盟将航空运输业纳入碳交易体系，国际民航组织推动国际航空全球碳抵消和减排机制的重要原因之一。

　　针对民航低碳发展这一全球性难题，航空运输行业逐步开展了一系列的低碳减排措施。国际民航组织制定了 2020 年后国际航空温室气体排放量零增长的总体目标，并明确了包括空中航行效率提升、技术和运营基础设施改进及长期使用航空生物燃油等在内的一系列民航气候行动计划。从目前的技术发展水平看，短途旅行在不久的将来使用电气化或氢能储能设备是可能的，但长途国际旅行由于技术挑战和安全性等，可能性较小。可能要等到出现突破性的革新技术（如超大容量电池）之后才具有可行性。当前，推进民航绿色发展恰逢其时、刻不容缓。

　　该书在正视民航快速发展和环境问题现状的基础上，以民航部门低碳转型的现实重要性和紧迫性为出发点，将民航碳排放总量变动驱动因素识别和碳排放绩效的科学评价与改善作为落实节能减排工作的重要举措，并通过国际比较，对中国民航碳减排情景和碳减排路径等开展了系列研究工作。这有助于低碳研究相关理论和方法的深化，同时能够为政府优化民航碳减排政策、推动航空公司高效低成本减排提供有价值的参考。整体上，该书在研究选题和研究内容上有前瞻性和预见性，在研究工具和研究方法上也有引领性和先进性，是一本具有重要参考价值的学术专著。

　　在民航低碳发展理念的引领下，中国民航必将加速发展模式的转型升级，绿色、低碳、高效也将成为中国民航发展的必然选择。同时，也需要清醒地认识到，民航低碳转型具有长期性、复杂性和艰巨性，但方向和路径是清晰的，我们需要有战略眼光和国际视野，持续付出，坚持不懈地努力。

中国工程院院士

Foreword

Greenhouse gas emissions have attracted extensive attention from the international community because of their role in causing global warming. There is an urgent need to mitigate global climate change through further enhancement of energy conservation and emissions reduction. This is the responsibility of residents, corporations, and organizations all over the world. It is an even greater responsibility for the air transport industry, which is one of the top ten greenhouse gas emitting industries. China is a member of the states of chief importance in air transport of the International Civil Aviation Organization (ICAO) and an air transport power. The civil aviation sector in China has made remarkable achievements in tackling climate change. In addition, the air transport market in China is still in its growth stage. For a period of more than 40 years since China's reform and opening up, the average annual growth rate in the total transport volume of the civil aviation sector in China has been three times that of the global average. It is predicted that the demand for civil aviation transport will increase significantly, and China will surpass the United States of America to become the world's largest civil aviation transport market by 2030. In the process, the low-carbon development of China's civil aviation sector will face many difficulties and challenges.

With respect to Gross Domestic Product, China has the globe's second largest economy. It is also the world's largest manufacturing nation. Chinese President Xi Jinping is purposefully utilizing China's enormous wealth, trading experience and expertise to benefit other countries via his visionary Belt and Road Initiative (BRI) by which China will help poorer nations in the world to build modern industrialized economies supported by first class essential infrastructure. An important component of the transportation infrastructure is civil aviation for both passengers and cargo. To be environmentally responsible regarding climate change and a justly ethical country, China is fully committed to the 26th UN Climate Change Conference of the Parties

（COP26）objective of limiting global warming to 1.5 degrees Centigrade over pre-industrial levels. In fact, prior to the commencement of COP26 in Glasgow, Scotland on October 31, 2021, President Xi displayed true global leadership by proclaiming that China would be carbon-neutral by 2060 and that it would no longer finance the construction of coal-fired electricity generating plants in foreign countries. At the conclusion of COP26 on November 13, 2021, many nations, including China, promised to be carbon-neutral by 2050, to reduce methane emissions by 30% by 2030, to phase-down coal usage and to phase-out inefficient fossil fuel subsidies. Because of the aforesaid and other reasons, the contents of this book are of great import to China and countries situated along China's modern "Silk Road" which are participating in the BRI. Hence, this book has a long way to travel during the upcoming years, even well beyond the Silk Road.

To achieve the goal of carbon neutral growth in 2020, ICAO proposed the Carbon Offsetting and Reduction Scheme for International Aviation（CORSIA）plan. This will inevitably increase operating costs and impact financial risk and uncertainties as well as the long-term development of aviation enterprises. It will also directly affect the international competitiveness of airlines. In China, driven and forced by the "carbon peak and carbon neutrality" goal, more and more multi-dimensional emissions reduction measures have been implemented at the national and local levels such as the carbon emissions trading market, the dual control of energy capacity and intensity, and energy use rights; even stricter requirements have been placed on the carbon emissions reduction goal for the civil aviation sector. In the sector itself, Chinese airlines already operate at a higher fuel efficiency than is found in European and North American air carriers. Therefore, it is difficult to further improve fuel efficiency. Advanced airplane and engine technologies are key factors in reducing carbon emissions. However, as the bottleneck period arrives in the course of continuous improvements in the airplane manufacturing technology, it will become increasingly difficult to reduce carbon emissions by the advancement of aircraft technology. In particular, China's civil aviation airplanes are mostly imported, so that the civil aviation sector lacks independence in developing energy-saving and emission-reducing technologies, which gives Chinese airlines increasingly less space and higher costs for meeting their emissions reduction goals.

Due to carbon emissions reduction pressures at the international and domestic levels and from the civil aviation sector itself, it is urgent for the civil aviation sector in

China to follow the low-carbon development trend not only to master the basic mechanisms of carbon emissions reduction but also to focus on people's low-carbon travel needs based on China's national conditions. As a result, China's civil aviation sector will finally be able to achieve a win-win situation in terms of environmental, economic and social benefits. After entering the new development stage of the "14th Five-Year Plan", China's civil aviation sector will gradually undergo a transition in development stage, an improvement in development quality, and an expansion in development patterns. Facing the new requirements at this starting point, a strong new impetus is needed to lead the "transition and advancement" of civil aviation. The civil aviation sector of China still has a long way to go and needs to make more effort to realize its green development.

For the civil aviation sector to achieve its low-carbon development goals, the first prerequisite is to determine the internal cause of changes in carbon emissions and its relevant indicators. Then the underlying driving factors and their contributions are identified so as to further formulate emission reduction policies in a targeted manner and explore effective pathways of emissions reduction. Based on the aforementioned considerations, this book entitled *Carbon Emissions in China's Civil Aviation Sector: Driving Factors and Pathways for Reduction* by Professor Qunwei Wang, Dr. Xiao Liu, and Professor Dequn Zhou presents a series of meaningful studies on the low-carbon development of civil aviation. On the whole, considering the special characteristics and key features of carbon emissions in the civil aviation sector of China, this book puts forward a series of new production theories and decomposition analysis methods. Furthermore, based on efficiency and productivity, a carbon emissions performance evaluation model is established for the civil aviation sector, enriching and improving the current methodological system. A driving-factor-oriented scenario is established on the basis of the intrinsic attributes of carbon emissions, and the key elements affecting carbon emissions from the civil aviation sector are identified through international comparisons and quantifications to explore and reveal the future development principles and trends of carbon emissions in this sector in China.

Based on research accomplishments both in China and internationally, many innovative ideas are presented in this book in means, methods, and perspectives through comprehensive multidisciplinary integrated research, reflecting the authors' profound theoretical foundation in emissions reduction in the civil aviation sector and deep understanding of practical problems. This book may also serve as an important reference book for relevant researchers and practitioners.

In conclusion, the authors have done an excellent job in ably writing a very timely book on an extremely important topic. The contents of the book are a must-know for anyone connected to the civil aviation industry.

I would like to encourage the authors to have their book translated into other languages including English and the languages spoken by BRI member countries. I intend to place a copy of this fine book in a prominent location on my office book shelf and in my computer files.

I wish the readers of this book an exciting journey through its contents!

Most respectfully yours from Waterloo,
Ontario, Canada on Tuesday, December 7, 2021

Keith W. Hipel

Keith W. Hipel

University Professor, O.C.
Foreign Academician of the Chinese Academy of Sciences, *China Friendship Award*, *Jiangsu Friendship Medal*, Honorary Jiangsu Citizen, *Honorary Chinese Professorships*
PhD, DrHC, HDSc, PEng, NAE, Hon.D.WRE, FRSC, FCAE, FIEEE, FAWRA, FASCE, FINCOSE, FEIC, FAAAS
Department of Systems Design Engineering
University of Waterloo, Waterloo, Ontario, Canada N2L 3G1

Past President, Academy of Science, Royal Society of Canada
Senior Fellow, Centre for International Governance Innovation
Fellow, Balsillie School of International Affairs
Coordinator, Conflict Analysis Group, University of Waterloo

前　　言

　　航空运输业是全球十大温室气体排放行业之一。根据国际民航组织 2016 年环境报告，如果不采取任何行动，到 21 世纪中叶，全球航空二氧化碳年排放量将由目前的约 7 亿吨大幅增加至约 26 亿吨。与此同时，中国的航空运输业发展迅猛，民航运输总周转量已连续数年位居世界第二位，成为名副其实的航空大国。民航业在促进中国经济持续增长的同时，相应地，排放的大量二氧化碳也带来了严重的环境和气候问题。特别是在国家提出 2030 年碳达峰、2060 年碳中和的目标下，中国民航的低碳转型势在必行。

　　如何在总量大、增速快的形势下助力"双碳"目标的实现是我国民航部门当前及未来相当长的时间内必须面临的现实性问题。本书首先核算了中国民航碳排放总量、分析碳排放与行业发展的关系；其次，基于拓展的指数分解分析、生产分解分析、数据包络分析（data envelopment analysis，DEA）等几类方法对中国民航部门碳排放总量、绩效变动的驱动因素进行有效识别和定量测算，并选取全球代表性航空公司进行国际比较；最后，通过对中国民航发展及碳排放的情景设计，探寻公平、效率、可行的碳减排路径。主要研究工作和结论包括以下几个方面。

　　（1）分析了中国民航部门碳排放现状及碳减排能力。在系统比较不同核算方法的前提下，测算了中国民航部门历年的碳排放量，描述了碳排放与碳强度变化的特征与趋势；在此基础上，结合灰色关联度分析方法，构建了民航碳排放发展度指数、协调度指数和协调发展度指数，量化分析了中国民航部门的"碳减排能力"。研究发现：尽管我国民航碳强度呈逐年下降的趋势，但碳排放总量持续上升；民航整体碳减排成熟度呈持续上升趋势，不同类型航空公司的减排能力存在较大的异质性；航空公司市场结构变化对整体发展度指数具有显著的正向影响，而对整体协调度指数具有显著的负向影响。

　　（2）识别了中国民航部门碳排放与行业发展的脱钩关系。利用 Tapio 脱钩模型构建了碳排放与运输周转量、运输收入的脱钩指数（decoupling index），测度了碳排放与行业发展的脱钩状态并分析了影响脱钩状态的主要驱动因素。研究发现：中国民航部门碳排放与运输周转量及碳排放与运输收入之间均以扩张性负脱钩现象为主，这反映了民航能源密集型的发展模式，但是脱钩状态不稳定，说明民航部门具有以低碳发展实现脱钩的可能性；能源强度效应和产业结构效应是影响民航部门碳排放与运输周转量脱钩状态的关键因素；外部经济环境是民航碳排放与运输收入实现脱钩的最主要障碍，而民航部门潜在能源强度的稳步下降是碳排放与运输收入实现脱钩的主要动力。

（3）提出了规模报酬可变的生产分解分析模型，并研究了影响中国民航碳排放总量变化的驱动因素。在规模报酬可变的条件下，拓展了一种新生产分解分析模型，以实现规模效率影响碳排放的定量测度。利用拓展模型对中国民航碳排放总量变动驱动因素的实证研究表明：运输周转量的提高是拉动中国民航碳排放增长的最主要驱动因素，对大多数航空公司来说都是其碳排放量增加的最主要贡献者；潜在能源强度变化在降低碳排放方面发挥了主导作用；规模效率变化确实对民航部门的碳排放变动产生了显著影响，其累积效应对于遏制碳排放作用明显。

（4）从静态和动态两个维度监测了中国民航部门碳排放绩效，并研究了绩效变动的驱动因素。在全要素框架下，利用环境生产技术和有向距离函数定义了三类新的中国民航碳排放静态绩效评价指标；同时，构造了一种更加适用于民航部门的全局 Malmquist 碳排放动态绩效指数，并提出引入拔靴（Bootstrap）方法对所得到的结果进行统计检验；进一步地对碳排放绩效进行分解分析，并讨论其差异性和收敛性。研究发现：得益于技术进步，中国民航碳排放动态绩效在样本期间内稳步提升；尽管不同类型航空公司的碳排放绩效存在差异性，但也具有收敛趋势，碳排放绩效较低的航空公司存在"追赶效应"；与民航部门碳排放绩效表现相关度由高到低的影响因素分别为航线分布、燃料消耗率、飞机利用率和起降次数。

（5）比较了全球代表性航空公司的碳减排现状，总结了民航碳减排的先进经验。通过中国民航与全球代表性航空公司碳排放总量、碳排放绩效、碳减排成本及相关驱动因素的比较，在全球层面识别我国民航碳减排所处的阶段和潜力。研究发现：相较于欧美等发达国家的航空公司，中国民航部门及相应航空公司在能源使用效率和运输收入效率上还存在较大差距；以中国民航为代表的亚洲多数航空公司的生产率增速更为显著，然而这些航空公司规模收益效率逐渐下降，需要进一步强调运营创新；从减排成本来看，中国航空公司的碳减排成本最低，接着为欧洲航空公司，北美航空公司的碳减排成本相对最高。

（6）预测了中国民航部门未来的碳排放趋势，并探索了碳减排的最优路径。在对碳排放量及碳排放绩效变动驱动因素进行分析的基础上，结合全球碳减排的先进经验，构造中国民航部门碳减排模型，在面向多情景的框架下结合蒙特卡罗模拟动态预测民航部门未来的碳排放情形。研究发现：运输收入增加是导致中国民航碳排放增加的最主要因素，代表技术进步的能源强度是民航减少碳排放的关键因素；在最优的减排情景（technological breakthrough scenario，TBS）下，民航未来二氧化碳排放量将在 2025 年达到峰值，而在减排约束最小的情景（baseline scenario，BAS）下，民航碳排放在 2030 年前不能实现达峰；通过严格的节能减排措施，民航部门可能有相当大的机会减少碳排放，然而，即使是在最积极的技术和运营水平假设下，预期的减排效果也可能无法抵消未来空中交通规模增长导致的排放增加。

　　总体上，全书框架可认为是由相互联系、逐层递进的四块研究内容构成的。第一篇是民航碳排放的理论进展（第 1 章至第 2 章），第二篇是民航碳排放的中国特征（第 3 章至第 7 章），第三篇是民航碳排放的国际比较（第 8 章至第 10 章），第四篇是民航碳排放的减排路径（第 11 章至第 12 章）。上述四部分内容是民航碳排放研究工作不可或缺的部分，在全书中既具有相对的独立性，也具有明确的定位。具体来看，了解民航低碳发展的相关背景和理论是研究中国民航碳排放的前提；对中国民航碳排放进行研究，把握民航碳排放历史发展规律是实现其低碳发展的首要前提，识别民航碳排放总量和绩效变动的驱动因素是制定其减排政策的主要依据；通过中国与全球代表性航空公司碳排放相关问题的比较，可以为中国民航碳减排路径的选择提供经验启示和借鉴。

　　本书由王群伟进行总体的设计、组织和统稿。其中，第 1 章、第 2 章由刘笑完成；第 3 章由刘笑和王群伟完成；第 4 章、第 5 章、第 6 章由刘笑完成；第 7 章由王群伟、刘笑和周德群完成；第 8 章由王群伟、刘笑和杭叶完成；第 9 章由王群伟、黄菲和杭叶完成；第 10 章由王群伟、刘笑和金磊完成；第 11 章由刘笑完成；第 12 章由王群伟、刘笑和周德群完成。

　　本书是南京航空航天大学能源软科学研究中心近年来针对民航碳减排问题所展开研究工作的专题性总结。本书的出版得到了国家科学技术学术著作出版基金项目、国家自然科学基金项目（71922013、71904059、71834003）及南京航空航天大学优势学科建设经费的支持。特别感谢中国石油大学（华东）周鹏教授、南京航空航天大学查冬兰教授、淮阴师范学院张言彩教授、中国矿业大学张明教授在本书写作过程中给予的帮助和指导，本书思想的来源、结构的安排、数据的采集及结果的分析也都得益于大家的共同讨论。

　　受限于作者的知识修养和学术水平，本书难免存在一些疏漏之处，恳请广大读者批评与指正。

目　　录

第一篇　民航碳排放：理论进展

第1章　绪论···3
　1.1　研究背景···3
　1.2　研究意义···11
　1.3　研究思路与内容·······································14
　1.4　研究方法与技术路线···································24
第2章　理论基础与文献综述·······························26
　2.1　引言··26
　2.2　效率与生产率理论及研究进展····························27
　2.3　碳排放相关理论及研究进展······························40
　2.4　民航碳排放相关研究进展································52
　2.5　研究述评···54
　2.6　本章小结···56

第二篇　民航碳排放：中国特征

第3章　中国民航碳排放总体态势与减排努力··················60
　3.1　引言··60
　3.2　中国民航的碳排放现状·································62
　3.3　中国民航碳减排水平测度建模··························68
　3.4　数据来源与说明·······································72
　3.5　民航碳减排成熟度实证结果·····························74
　3.6　本章小结···79
第4章　中国民航碳排放与行业发展的关系····················81
　4.1　引言··81
　4.2　中国民航的行业发展现状·······························82
　4.3　民航碳排放与运输周转量的脱钩关系·····················84

　　4.4　民航碳排放与运输收入的脱钩关系 ················ 94

　　4.5　本章小结 ······································ 110

　　附录 4A　中国民航相关统计数据 ····················· 111

　　附录 4B　民航碳排放（脱钩状态）及其影响因素 ········ 111

第 5 章　中国民航碳排放总量变动的驱动因素 ··············· 113

　　5.1　引言 ··· 113

　　5.2　影响民航碳排放的特殊因素 ····················· 115

　　5.3　民航碳排放总量变动驱动因素模型 ················ 118

　　5.4　数据来源与说明 ······························· 126

　　5.5　民航碳排放总量变动驱动因素实证结果 ············ 128

　　5.6　本章小结 ······································ 138

　　附录 5A　航空公司投入产出数据 ····················· 139

第 6 章　中国民航碳排放静态绩效及减排潜力 ··············· 142

　　6.1　引言 ··· 142

　　6.2　民航碳排放绩效评价指标 ······················· 143

　　6.3　研究方法 ······································ 147

　　6.4　数据来源与说明 ······························· 152

　　6.5　民航碳排放绩效及减排潜力实证结果 ·············· 153

　　6.6　本章小结 ······································ 163

　　附录 6A　减排潜力测度 MATLAB 程序 ················ 164

第 7 章　中国民航碳排放动态绩效及驱动因素 ··············· 168

　　7.1　引言 ··· 168

　　7.2　民航碳排放绩效指数 ··························· 169

　　7.3　数据来源与说明 ······························· 175

　　7.4　民航碳排放绩效变动特征与驱动因素实证结果 ······ 176

　　7.5　本章小结 ······································ 187

　　附录 7A　GMCPI 进行 Bootstrap 修正的 MATLAB 程序 ······ 188

第三篇　民航碳排放：国际比较

第 8 章　考虑过程特征的民航碳排放总量驱动因素 ··········· 196

　　8.1　引言 ··· 196

　　8.2　民航碳排放的"质"与"量" ··················· 197

　　8.3　研究方法 ······································ 200

　　8.4　数据来源与说明 ······························· 209

　　8.5　民航碳排放两阶段驱动因素实证结果 ···············211

　　8.6　本章小结···226
　　附录 8A　样本航空公司的投入产出数据·····························227
　　附录 8B　样本航空公司的整体效率···································230
　　附录 8C　各个影响因素对样本航空公司碳排放的累积影响········231
第 9 章　考虑运营约束的民航碳排放绩效驱动因素·················232
　　9.1　引言···232
　　9.2　民航效率/生产率研究现状···234
　　9.3　研究方法···239
　　9.4　数据来源与说明··244
　　9.5　民航碳排放绩效及驱动因素实证结果····························246
　　9.6　本章小结···253
　　附录 9A　样本航空公司 GMPI 及其影响因素·····················255
第 10 章　民航碳减排的影子价格与减排成本·······················259
　　10.1　引言···259
　　10.2　研究方法···261
　　10.3　民航部门碳排放影子价格内涵·····································264
　　10.4　数据来源与说明···266
　　10.5　民航碳排放减排成本实证结果·······································268
　　10.6　本章小结···275
　　附录 10A　影子价格测算 MATLAB 程序·····························276

第四篇　民航碳排放：减排路径

第 11 章　中国民航碳排放的情景与减排路径·······················280
　　11.1　引言···280
　　11.2　民航部门减排路径模型···283
　　11.3　数据来源与说明···288
　　11.4　情景描述···289
　　11.5　民航碳排放情景预测实证结果·······································300
　　11.6　民航碳减排路径···305
　　11.7　本章小结···309
　　附录 11A　碳排放变动影响因素分解分析结果·························311
　　附录 11B　蒙特卡罗模拟 MATLAB 程序·····························311
第 12 章　结论与展望···313
　　12.1　主要结论···313

12.2 政策启示 ·· 318

12.3 研究展望 ·· 322

参考文献 ·· 327

第一篇　民航碳排放：理论进展

第1章 绪 论

1.1 研 究 背 景

国际能源署(International Energy Agency,IEA)发布的《世界能源展望2020》报告指出,世界经济的迅猛发展是以大量消耗化石燃料为代价的。通常所说的化石燃料一般都是由碳、氢两种元素相结合而形成的化合物或其衍生物,如煤、石油、天然气等。这些化石燃料在开采和利用过程中,会产生大量的温室气体。当空气中温室气体浓度不断增加、达到一定程度时,便会形成隔热层阻碍地表热量向外层空间发散,进而导致过剩的热量大量聚集到大气层内,引起大气温度上升。

根据《巴黎协定》,与工业化之前相比较,21世纪内的全球平均气温升高水平不仅要控制在2℃之内,而且要向控制在1.5℃内努力;在实现温室气体排放达峰的基础上,到21世纪下半叶要实现零排放。在诸多温室气体中,二氧化碳作为典型代表,一直是各国政府和学者重点关注和研究的焦点。根据政府间气候变化专门委员会(Intergovernmental Panel on Climate Change,IPCC)的研究,大气中二氧化碳浓度在不同人类社会发展阶段是不同的:在农业社会,由于人类对自然资源的开发利用极为有限,对生态系统的影响相对较小,该阶段大气中二氧化碳浓度基本维持在260ppm[①]左右;第一次工业革命以来,社会经济高速发展的背后是人类大规模地开采利用化石能源,导致二氧化碳排放量及增长速度几乎呈直线上升。为了描述未来可能出现的碳排放情形和可能通过的途径并有针对性地减少未来全球范围内的二氧化碳排放,IPCC构建了四个情景族,其中最有可能发生的基准情景表明,到2050年大气中二氧化碳浓度将会超过550ppm,这将严重扰乱自然生态系统的平衡(IPCC,2007)。因此,世界各国需要制定以减少二氧化碳为主的温室气体排放来全面推进低碳发展的政策措施,并逐步实现零排放。

为了科学地、有针对性地减少碳排放,识别和量化碳排放变动的主要驱动因

---

① ppm即parts per million,表示百万分之(几)。

素一直是研究机构和学者的重要研究方向。中国政府于 2004 年向联合国提交了《中华人民共和国气候变化初始国家信息通报》并指出了经济发展加速、人口规模扩大、城市化进程加剧、国民基本需求变化、经济与产业结构调整、消费模式变化、林业与生态保护建设及技术进步等 8 个方面是影响中国碳排放的主要因素。魏一鸣等（2008）对世界上不同收入水平国家的二氧化碳排放情况进行了研究，研究结果表明人口规模、经济发展水平、能源强度、城市化进程等都是影响二氧化碳排放的主要因素。这些影响因素中有些会促进二氧化碳排放（如经济发展因素），有些会减少或抑制二氧化碳排放（如技术进步因素），另外，有些驱动因素对碳排放变化的趋势是可以引导的（如经济结构调整等），如果被引导到有利于节能减碳的路径上，那么这些因素将成为发展低碳经济的有力工具（周德群，2010）。本书将根据现有研究从人口因素、经济因素、技术因素及能源因素四个方面考虑影响二氧化碳排放的驱动因素。

1. 人口因素

人口因素主要包括人口数量的变化及城市化水平的进程。一方面，历史数据和现有的研究表明，人口数量和碳排放量基本上是同步增长的（查冬兰和周德群，2008）。不难理解，当人口数量增加时，新增人口会增加消费和需求，因此更多的能源将被消耗以满足这些供应，进而增加碳排放量。王锋（2011）根据中国的历史数据构建了未来中国能源需求的预测模型，模型预测表明人口数量扩张是诸多因素中拉动中国能源需求的最主要因素，每增长 1%的人口数量，就会引起0.89%的能源增长，进而引起与之对应的碳排放量的增加。尽管我国及时实施了计划生育这一基本国策来限制人口的增长率，但是庞大的人口基数所带来的人口增长绝对量依然很大，因此在未来一段时间内，人口因素仍然是不可避免的拉动中国二氧化碳排放的主要驱动因素。

另一方面，有学者研究表明，城市化进程与能源消耗及碳排放量的增长都是正相关的（田泽永和张明，2015）。城市化最典型的特征就是大量农村人口向城市集聚，城市成为工业化的主战场进而产生大量的能源消费和碳排放。然而，城市化进程不仅仅是将农村人口转化为城镇人口的过程，与此同时也是人的生产和生活方式改变的过程。比较而言，城市居民的生产和生活方式肯定是比农村居民的生产和生活方式更加耗能的，也顺带产生了更多的碳排放（孙昌龙等，2013）。具体来说：产业结构变化——人们的工作由第一产业逐渐转变为第二产业，而第二产业在工作过程中相较于第一产业必将产生更多的能耗和碳排放（王文举和向其凤，2014）；消费行为变化——城市化会促进居民收入水平的提高进而使得居民的生活方式及各种行为向着更加耗能的趋势发展（陈凯和李华晶，2012）；城市规模变化——大量人口集聚会促进城市规模的扩大，进而刺激燃料和水泥的迅猛增长，从而拉动碳排放量的增加（王桂新和武俊奎，2012）；土地类型变化——城市化必然会占用原来的林地及农业用地，这样会使得碳汇（carbon sink，CS）减少，进而增加了大气中的二氧化碳含量（义白璐等，2015）。因此，无论是在全球还是在具有不同收入水平的国家和地区之间，城市化进程都会导致碳排放的增加。

2. 经济因素

大量现有的研究都聚焦于研究碳排放变化与经济发展之间的相互关系（谢锐等，2017；李爱华等，2017；孙叶飞和周敏，2017）。在理论研究方面，Grossman 和 Krueger（1996）最早提出经济增长是通过规模效应（scale effect）、技术效应（technological effect）与结构效应（structure effect）三个方面来影响环境质量的。具体而言：第一是规模效应，获得经济增长最简单的方式就是增加投入，包括增加资源的投入，作为资源投入的化石能源使用的增加便不可避免地带来更多的碳排放；第二是技术效应，当国家和居民收入水平提高之后，政府部门会有更多的资金和资源投入用于发展环境保护的产业中，进而提高节能减排的技术水平；第三是结构效应，不同的产业对能源需求量的差别巨大，不同能源类型消耗产生的碳排放差别也很明显，因此产业结构和能源消费结构对环境的影响显著。对于结构效应来说，随着产业结构逐渐由农业转变为工业，在工业化初期，化石能源的消费量不断增加，与之相应的碳排放量也在逐步增长；在经济产业结构逐步调整到以第二产业和第三产业为主导的后工业阶段以后，能源的利用效率普遍得到提高，进而使得碳排放水平得以下降，环境质量因此得到有效改善。实际上，产业结构的演进过程也部分解释了环境库兹涅茨曲线呈现倒 "U" 形的原因。

在实证研究方面，现代工业文明的发展是建立在大量化石能源消耗的基础上的，因此经济发展与气候环境恶化是互相矛盾的存在，尤其是发展中国家的情形更为窘困。作为发展中国家的代表，中国早在 2004 年就提出了《中华人民共和国气候变化初始国家信息通报》，其指出，中国经济发展水平在取得了巨大成就的同时，受限于庞大的人口规模及不断拉大的区域间差异，国家经济基础仍然薄弱，因此经济优先发展仍将是中国未来一段时间内的首要策略（邓吉祥等，2014）。另外，目前中国正处于工业化发展的中期，工业化在拉动经济高速发展的同时需要消耗大量的能源及原材料来满足包括电力、工业和交通运输业等在内的各个行业快速发展的需求。随着工业化进程的不断推进，国家进行了大规模的基础设施投资建设，进而持续推动了各种高能耗产品产量的增长。因此，在未来较长一段时间内伴随着中国经济的快速发展，二氧化碳排放量也将不可避免地持续增加。

3. 技术因素

能源领域的技术因素通常用能源强度来表征。能源强度是以单位产出，一般是国内生产总值（gross domestic product，GDP）的能源消耗量来反映能源生产过程的投入产出特性的，从整体上反映了能源经济活动的成效。一般来说，能源强度的下降表明了能源使用效率的提高，能源效率的提高往往被认为是由能源技术的进步所引起的。根据前文的分析可知，经济发展的同时必不可少地要消耗大量能源资源，势必会排放出大量的二氧化碳等温室气体。实际上，从这个角度来看，经济发展的过程就是将能源资源转变为有用功并伴随产生废弃物的过程，在此过程中不断提高技术发展水平，最大化地利用能源资源，必然有利于减缓二氧化碳等温室气体的排放（申萌等，2012）。

大量的研究结论表明，温室气体排放所引起的全球温室效应并不仅仅是一个单纯的环境问题，而是交织着环境、政治与经济等在内的复杂问题（杜莉，2014；秦大河，2014；吴绍洪等，2014）。面对这样一个现实，科学技术的进步是最有效的解决途径，因为技术发展可以在保持其他条件不做改变的前提下实现单位产出的能源消耗量降低，进而减少碳排放。IPCC（2000）发布的《排放情景特别报告》及第五次评估报告的《综合报告》中均明确提及，技术进步是实现包括二氧化碳在内的温室气体排放强度降低的最有效手段。张兵兵等（2014）也在其研究中表明，二氧化碳等温室气体排放的稳定水平均可以通过实施一系列技术改进组合来实现。

4. 能源因素

能源因素包括很多方面，本书仅把由能源结构变动引起的二氧化碳排放量变动产生的影响称为能源因素。在由人类活动引起的碳排放中，绝大部分都是由于燃料燃烧产生的，其中能源燃料类型主要包括化石能源和生物质能源。随着人类社会发展所处阶段的不同，能源消费的结构也在不断变化。能源消费类型从农业社会的植物有机体到工业革命中的煤，再到第二次世界大战以来的石油和天然气，最后到当前的新能源（如太阳能、风能、潮汐能、核能等）。

为了实现大气中以二氧化碳为典型代表的温室气体的平衡，在能源使用效率提高有限的情况下不可能只通过减少能源消费量来实现，这就需要进一步改变能源消费结构——利用新型的低碳能源代替高碳能源。这种需求在发展中国家尤为迫切。中国作为发展中国家的典型代表，能源禀赋决定了其以煤为主的能源消费结构，作为高碳能源的煤的大量使用（在中国的能源消费结构中占70%左右）是导致碳排放大量增长的直接原因。大量实证研究表明，不同的能源消费结构下二氧化碳排放方式存在着明显差异（朱妮和张艳芳，2015）。在这种情况下，任何积极的能源结构优化升级都将有助于降低中国的碳排放，但是受限于新能源技术和固有的资源禀赋，对于中国来说能源消费的较快增速和以煤为主的一次能源结构从中长期来看是不会改变的。

根据前文分析，我国目前正处于工业化和城市化的关键阶段，碳排放呈现总量大、增速趋缓、强度高、人均排放超过欧盟平均水平的特点。研究中国二氧化碳排放原因的问题时不能仅仅将碳排放当成是经济发展过程中能源燃烧的产物这么简单。实际上，碳排放尤其是中国的二氧化碳排放是由经济发展水平、人口规模、城市化进程、技术革新及能源结构等一系列深层次的原因所引起的。因此，如何有效识别导致二氧化碳排放的驱动因素？如何定量测算各个影响因素的贡献程度？如何有针对性地制定减排方式？这些都是政府应该明确的。具体到行业层面，电力、工业、交通运输业是全球二氧化碳排放的主要部门，约占全球碳排放总量的70%，其中交通部门的二氧化碳排放量近年来呈快速增长趋势。作为交通运输主要方式的民航业发展尤为迅速，由全球民航运输量的增长所引起的航空排放及对气候变化的影响已经越来越引起人们的关注。在我国，发展"绿色民航"已经得到政策当局、航空公司和学术领域的普遍认同，民航部门低碳可持续发展是在气候变化背景下民航部门节能减碳的必由之路。要实现"绿色民航"，前提是要深入剖析民航部门二氧化碳排放量增长的驱动因素，科学地、有针对性地制定减排政策，发展"绿色民航"对应对全球性气候变暖和生态环境的恶化有着重要的理论和实践意义。

由全球民航运输量增长所引起的航空排放及对气候变化的影响越来越引起人们的关注。自1960年以来，全球航空运输量急速增长，运输周转量（revenue tonne kilometers，RTK）以年均约9%的速度增长；2011年全球服役飞机数量约为19 890架，据波音公司预测，2031年服役飞机数量将达到39 780架（Boeing，2012）。国际航空运输协会（International Air Transport Association，IATA）统计发现，现如今航空公司每天消费超过500万桶的燃料，由此，飞机引擎排放的温室气体量不可小觑（IATA，2013）。在如此大的能源消费基量及航空飞行器数量以每年约3.5%的增长率增加的基础上，民航部门将成为一个主要的二氧化碳排放源（Bows and Anderson，2007）。根据何吉成（2011）的统计测算，2000年全球民航的二氧化碳排量为5.72亿吨，预计到2025年将达到12.28亿~14.88亿吨，其中民航部门所产生的二氧化碳排放中有80%与那些超过1500公里的中远程客运飞行有关，目前交通部门还没有切实可行的相对更加低碳的运输方式来加以替代（罗晓刚，2013）。

国际民用航空组织（International Civil Aviation Organization，ICAO）研究表明，如图1.1所示，目前民航部门的运输活动制造了全球人为因素引起的二氧化碳排放量的2%，预计到2050年这一比例将提高至3%，达到惊人的27亿吨（基准情景）。严格意义上来讲，民航部门运输过程中产生的碳排放总量与人类活动所产生的碳排放量相比并不算多，甚至在交通部门中与普通道路运输所产生的碳排放量相比也不算多。但是，由于航空运输的特殊性，飞机发动机所产生的尾气会直接排入高空的对流层和平流层，由此引发的温室效应更加明显。根据 Lee 等（2009）的研究，相比于地面交通产生的相同体积的温室气体，航空运输排放的二氧化碳对气候造成的影响会放大至 1.9~5.1 倍。另外，飞机发动机的尾气排放后会形成体积庞大的云层，这种云层会阻碍地面热量的扩散，由此造成更加严重的后续影响。特别地，由于航空运输业便捷高效的特点，逐步形成了具有很强国际性的行业，受到的关注度较高，因此近年来航空碳排放问题也越来越受到世界的关注。

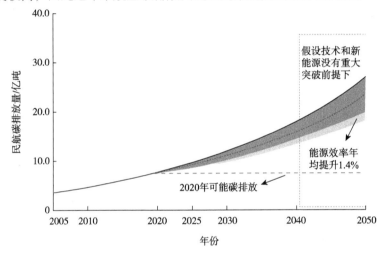

图 1.1　全球民航碳排放状况及趋势预测

因为 2020 年新型冠状病毒肺炎疫情等原因，具体碳排放数据还无法获取，所以此处为可能碳排放

　　ICAO（2016）提出，通过促进民航技术进步、提高运营效率等一系列手段，可以有效实现航空运输业碳减排（图 1.1 阴影部分）。基于此，为了应对这一全球性难题，全球航空运输行业也逐步开展了一系列的低碳减排行动，如欧盟开展了"清洁天空计划"，投入约 16 亿欧元的研发经费来改善发动机性能，力求通过技术进步来实现节能减排；AIR BUS 将在未来 10 年内实现研发的飞机温室气体排放量减少五成左右（唐娟，2012）；2008 年 11 月欧盟将航空碳排放纳入欧盟排放交易体系（European Union emission trading scheme，EU ETS），ICAO 也在2016 年第 39 届 ICAO 大会上提出完善基于市场的全球碳减排机制（market-based measures，MBMs），并于 2020 年开始实施。第 39 届 ICAO 大会还出台了《国际民航组织关于环境保护的持续政策和做法的综合声明——气候变化》和《国际民航组织关于环境保护的持续政策和做法的综合声明——全球市场措施机制》两份

重要的文件，这两份文件形成了第一个全球范围内的民航部门基于市场的减排机制。目前，已经有 66 个国家明确表示自愿参与 2021 年启动的全球 MBMs 计划，这些国家民航部门的碳排放占国际航空碳排放的 86.5%。

与此同时，中国的民航部门也在飞速发展：改革开放以来我国民航部门的运输总周转量年均增长率高达 16.5%，是世界平均水平的 3 倍；民航运输总周转量已连续数年居世界第二位，成为名副其实的航空大国（周丽萍，2010）。以 2010 年为例，根据中国民用航空局（Civil Aviation Administration of China，CAAC）的统计，运输周转量（包括旅客和货物）在 2009 年的基础上增长了 26%，达到了 538.45 亿吨千米。民航业的高速发展在促进中国经济持续增长的同时（2010 年民航业产出占 GDP 总量达到 1.03%），产生的污染物排放也带来了严重的环境和气候问题。

从我国民航部门能源消耗和二氧化碳排放情况来看（图 1.2），民航部门能源消费量每年几乎沿着直线增长，由此引发的二氧化碳排放总量也在逐年增长并且增幅呈明显上升趋势，导致民航部门的碳排放总量占全国碳排放总量的比例也不断上升。具体来说，1990 年中国民航部门的碳排放总量为 206 万吨，到 2008 年中国民航部门的碳排放总量为 2009 万吨，年均增长率约 16%。根据国内有关学者的研究，如果民航部门按照这段时期的增长速率持续增长，到 2030 年，中国将会超过美国成为全球最大的民航运输市场；到 2060 年我国民航客运量将达到 2019 年的 3.7 倍，届时将产生约 2.3 亿吨的二氧化碳排放量。中国民航部门将成为一个不折不扣的主要二氧化碳排放源，由此可见，减少民航部门碳排放迫在眉睫。具体地，中国民航部门的碳减排的迫切性和必要性主要体现在如下三个方面。

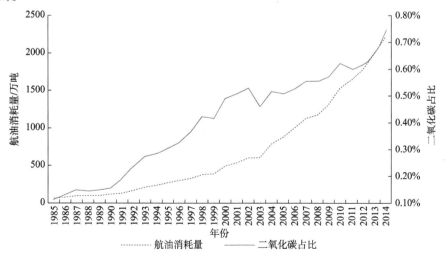

图 1.2　中国民航部门历年能源消耗量及碳排放占总碳排放的比例

首先，民航绿色发展恰逢其时、刻不容缓。为了有效遏制民航部门碳排放，ICAO 提出，自 2009 年起到 2020 年，民航部门年均燃油效率须提高 1.5%；从 2020 年到 2050 年，依托建立的全球航空运输业碳交易市场，实现民航碳排放总量的零增长；到 2050 年，将实现碳排放量比 2005 年降低 50%的一系列目标。与此同时，2017 年，中国民用航空局出台的《民航节能减排"十三五"规划》指出，到 2020 年，民航运输绿色化、低碳化水平显著提升，建成绿色民航标准体系，资源节约、环境保护和应对气候变化取得明显成效，行业单位运输周转量能耗与二氧化碳排放五年平均比"十二五"下降 4%以上。基于国际和国内及自身的三重减排压力，推进民航绿色发展恰逢其时、刻不容缓。

其次，民航绿色发展的核心在于低碳。在新能源技术、机型及飞机发动机制造技术变革、高效飞机运行和全球航空碳减排压力的推动下，未来民航发展的主体将朝着低碳方向演化。2018 年 11 月，中国民用航空局出台的《关于深入推进民航绿色发展的实施意见》强调民航低碳发展是美丽中国建设的重要组成部分，是民航强国建设的重要任务，是民航高质量发展的必然要求。面对错综复杂的新形势，我国迫切需要既能掌握全球航空碳减排的基本规律，顺应民航低碳发展的潮流和趋势，又能立足中国国情，聚焦人民群众低碳出行的需求，以航空器节能减碳为核心、以提高空管效率为抓手、以绿色机场建设为保障，形成从地面到空中、从场内到场外、从生产到管理、从行业到产业的低碳发展新模式。坚持强化政府引导，运用市场手段，不断激发民航低碳发展的内生动力，大力培育民航低碳发展产业，实现环境效益、经济效益和社会效益多赢发展新局面。

最后，实践表明民航低碳发展存在诸多障碍。民航部门碳减排目标达成的首要前提是明晰碳排放及其相关指标变动的内在根源，识别深层次的驱动因素及其贡献率，进而有的放矢地制定减排政策，探寻合理的减排路径。尽管我国民航碳减排已经取得了一些阶段性的成果，能源利用效率和碳排放强度均得到了有效的优化，但民航部门未来低碳发展仍然存在一些障碍及不确定性。首先，由于航空运输的高效、舒适、安全的特点，未来民航运输的刚性需求将不断提高，运输规模的不断扩张将不可避免地成为民航碳减排的一个主要障碍；其次，基于市场的民航碳减排机制还处在试行和完善阶段，未来民航碳交易市场存在非常大的复杂性和不确定性；再次，从全球角度来看，先进的飞机和发动机技术将成为减少航空运输业碳排放的关键因素，然而随着飞机制造技术的不断改进，未来通过飞机技术进步来实现减排将越来越困难；最后，考虑到新能源政策、技术及市场的不确定性，能源结构以航空煤油为主的大格局短期内难以得到根本改变。

综上所述，中国民航部门在未来若干年内将面临严峻的二氧化碳减排压力，为了实现减排目标，有必要厘清影响民航部门碳减排的主要驱动因素，把握民航未来碳排放的动态趋势，在此基础上探寻符合中国民航发展的最优减排路径。因此，需要对中国民航碳排放的过去、现状和未来进行分析，借鉴国内外经验，期望为我国民航部门实现"绿色发展"提供一些视角、方法和政策层面的借鉴。

1.2 研 究 意 义

近年来，国内外的学者开始聚焦于民航运输业的碳排放问题并进行研究，以期有针对性和科学地寻找民航部门二氧化碳减排的有效途径。正确认识中国民航部门发展的历史和现状，科学分析中国民航部门碳排放影响因素是降低民航发展对环境的负面影响，实现中国民航部门未来可持续发展的必要条件。为此本书主要研究以下几个问题：中国民航部门碳排放总量、碳排放强度的核算及碳排放变化与民航部门行业发展之间的关系；中国民航部门碳减排成熟度，以及民航部门及排放主体（航空公司）的减排潜力有多大；中国民航部门碳排放绩效监测、变化趋势及影响因素，具体到航空公司而言，不同类型的航空公司碳排放绩效是否存在显著的差异性和收敛性；未来民航部门的碳排放将会如何，满足什么样的约束条件、什么阶段会达峰，能否实现国家和民航部门制定的节能减排目标；中国民航部门碳排放、碳减排、驱动因素、减排成本等的现状及与国外代表性的航空公司比较存在哪些优势和劣势，追赶的方向在哪？以上有关民航部门碳排放的问题都需要深入地分析与研究。

从理论方面来看，效率和生产率理论及分解分析工具在能源环境与经济系统中形成了一套成熟的方法论和政策分析体系。现有研究在理论和实践中已经形成了关于民航碳排放总量指标、单位运输周转量碳排放指标和单位运输收入碳排放指标等多种民航碳排放绩效的评价方法，但大多忽略了碳排放形成的生产过程。另外，对于民航碳排放规律的把握，大多是基于经验的质性研究，在此基础上形成的民航未来碳排放情景存在较大的差异，这使得研究者对于民航碳减排目标能否实现等问题认知模糊。

基于非参数距离函数和环境生产技术的生产理论分解分析（production-theoretical decomposition analysis，PDA）方法近年来被广泛应用到能源消费与碳排放领域。相比于应用广泛的指数分解分析（index decomposition analysis，IDA）方法和结构分解分析（structure decomposition analysis，SDA）方法，PDA 方法对数据的要求比 SDA 方法和 IDA 方法容易达到，并且 PDA 方法可以反映对整个生产过程的系统进行的研究，特别地，可以对生产技术从技术效率和技术变化两个方面进行考量。另外，在对影响因素的定量计算方面，Wang 等（2015）指出 PDA 方法的分解结果可以同时通过因子互转检验、时间互转检验及零值稳定性检验，而 SDA 和 IDA 两个方法体系中仅有少数的分解方法可以同时通过上述三项检验①。尽管 PDA 方法存在上述优点，但是在应用过程中仍然存在一些问题。特别地，现有的关于生产理论分解分析的文献在建立分解框架的时候都需要假设生产过程是基于规模报酬不变（constant returns to scale，CRS）的。然而，实际的生产过程一般都是规模报酬可变（variant returns to scale，VRS）的，尤其是在一些发展速度快的行业。基于规模报酬不变条件假设下的生产理论分解分析结果便不能反映实际情况，并且没有办法进一步分析"规模"这个重要影响因素的影响程度，这样得出的结论及政策建议都可能是不够全面或不准确的。基于这方面的考虑，在规模报酬可变的条件下，进一步拓展生产理论分解分析模型，并突出规模效率影响因素的分解分析，对于 PDA 理论的拓展与完善提供了新的思路。

另外，对于民航碳排放理论方面的研究除了绝对量（总量）的减少外，还包括相对量（强度、绩效等）的控制。对民航部门的碳排放绩效进行监测，将是制定和明确民航部门减排任务的基础，也是衡量民航部门各航空公司公平发展机会的重要依据。进一步地，对碳排放绩效进行驱动因素分解分析，讨论民航部门碳排放绩效变动的主要驱动力，借助收敛理论、计量回归模型分析及灰色关联度分析等方法对不同类型航空公司碳排放绩效的差异性、趋同性及其内在和外在影响因素做探讨。在充分把握碳排放总量和碳排放绩效变动的内生动力及外在要素的基础上，构建模型量化识别航空公司碳排放绩效提高与总量控制之间的传导机制。

特别地，对于中国民航部门碳减排来说，除了立足于本国航空公司外还需要与全球代表性的航空公司进行国际比较。通过构建模型选取中国民航部门主要航空公司与全球代表性航空公司在碳排放总量、碳排放绩效、碳排放变动的主要驱动因素、碳减排成本等方面的比较分析，为中国民航部门实现低成本、高质量碳减排提供理论依据。

从实践方面来看，国家总体节能减排目标的实现实际上是各个行业内部各个排放源节能减排目标的实现。国内外现有文献对碳排放影响因素的研究一般都是基于经济维度的分析，综合考虑生产技术差异导致产出不同及如何调整生

---

① 关于因子互转检验、时间互转检验及零值稳定性检验，受篇幅限制本书不具体介绍，具体可参照 Li（2010）的研究。

产行为的研究还相对较少，涉及具体行业部门的分析更是几乎为空白。我国作为一个负责任的航空大国，在保障民航部门可持续快速发展的基础上，一直以来都积极参与 ICAO 针对控制航空排放与气候变化的相关政策和标准的出台与实施。2006 年中国民用航空局出台了《关于加强节能工作的意见》，文件中明确指出到 2020 年中国民航部门的能源强度（单位运输周转量的能源消耗）相比于 2005 年要力争下降 20%，达到航空发达国家的水平的目标。因此，未来中国民航部门在节能减排方面还任重道远，政策制定者应该继续把节能减排作为民航可持续发展过程中重要的工作来部署。民航部门作为一个潜在的主要二氧化碳排放源，生产技术对该部门二氧化碳排放的影响尤为突出，本书将生产技术引入民航部门的二氧化碳排放分析中，从时间和截面两个不同维度综合分析生产技术对中国民航部门二氧化碳排放量及二氧化碳排放绩效的影响，既丰富了传统二氧化碳排放影响因素分析的研究内容，也得出了针对我国民航部门二氧化碳排放特有模式下的结论，为我国民航部门制定更为科学合理的、更有针对性的节能减排政策提供了依据。

本书在实践方面的总体目标是通过对中国民航部门碳排放问题的研究，定量描述民航部门碳排放的特征，并对其驱动因素进行分解分析，发现中国民航部门节能减排的特殊性和关键不确定性及主要障碍，通过与全球代表性航空公司在碳减排方面进行全方位的比较，在此基础上给出促进中国民航部门低碳发展的政策措施，保障民航部门低碳发展路径选择的正确性和目标达成的可行性。具体来看主要有以下几点。

首先，通过量化识别民航部门碳排放增长的本质动因，可以为碳减排政策制定的"针对性"提供导向。本书通过在国家和行业层面建立指数分解分析模型和生产理论分解分析模型，对民航部门碳排放及碳排放与行业发展关系的社会经济驱动因素进行定量刻画和深度解析，使得民航部门减排政策的制定更加具有针对性。

其次，通过动态监测民航部门碳排放绩效变动的关键特征，可以为碳减排路径设计的"有效性"提供依据。碳排放绩效是制定和明确民航部门减排任务的基础，也是衡量民航部门各个航空公司公平发展机会的重要依据。重视民航部门减排的行业差异性，为民航部门及不同类型航空公司制定合理路径，进而为民航部门实现高效减排提供依据。

最后，通过对全球民航代表性航空公司的减排成绩（包括总量、绩效、成本等）的比较分析，优化设计民航部门碳减排的实施路径，为碳减排目标实现的"可行性"提供保障。本书在对民航碳排放驱动因素分解分析的基础上构建情景，从静态和动态两个方面定量刻画中国民航部门未来的碳排放情形。进一步在情景分析的框架下，帮助民航部门掌握未来碳减排过程中可能面临的障碍和实现的前景。

这样可以为中国民航部门及不同类型航空公司设计最优减排路径。通过比较中国民航部门碳排放与全球其他国家或地区民航部门或代表性航空公司碳排放的相关指标，可以为中国民航未来碳减排提供经验借鉴。

1.3　研究思路与内容

1.3.1　研究思路

本书拟以民航部门碳排放为主线，在分解分析框架下，识别与民航部门碳排放相关的主要驱动因素，在此基础上对标全球代表性航空公司的碳减排成效，依据研究结果有针对性地提出节能减排政策措施，从而实现中国民航部门的可持续性发展。研究思路的安排首先源于对如下问题的认识。

第一，民航碳排放对环境的影响日益凸显，把握其历史发展规律是实现民航低碳发展的首要前提。飞机完整飞行轨迹的碳排放量实际上是由着陆/起飞（landing and take-off，LTO）和巡航（cruise）两个阶段的排放量构成的，不同阶段的碳排放量及其对环境的影响方式是不同的。因此，有必要设计一种精度高、适用范围广泛、核算成本低的民航碳排放核算方法，以此来核算我国民航部门的碳排放。在此基础上，探寻我国民航部门碳排放的历史演变规律、评估民航部门及主要航空公司的碳排放效率、量化民航部门的减排潜力、挖掘民航部门碳排放与行业发展的关系。通过对上述问题的研究可为后续研究内容提供事实性基础。

第二，民航碳减排需要多种措施共同作用，识别其碳排放（从总量和绩效两个维度）的本质成因是制定针对性高效减排政策的主要依据。通过对民航碳减排的总体趋势和基本规律进行探索，在此基础上探寻民航碳减排的内生动力和外在要素，进而明晰我国民航碳减排的阶段性特征和主要挑战，为政府和民航部门从不同维度制定减排政策提供理论依据。

第三，民航部门碳减排需要借鉴国内外其他航空公司的先进经验，比较分析我国主要航空公司与全球代表性航空公司的差距可以为中国民航部门未来的发展提供方向。比较我国民航部门主要航空公司与欧美等其他地区代表性航空公司的碳排放总量、碳排放绩效、碳排放驱动因素及减排成本等方面的差异，可以为我国民航部门尤其是大型航空公司碳减排着力点的聚焦提供指引。

第四，民航碳减排形势严峻，优化设计高效可行的碳减排路径是民航碳减排

目标实现的重要保障。达成减排目标的方式有多种，如何在总量及强度的双重约
束下高效实现减排目标，应进一步探索。以上述两部分内容的研究成果为基础，
参考我国民航碳减排的已有实践与典型航空公司碳减排的有效经验，面向民航未
来碳排放的多种情景，达成我国民航碳减排目标的最优路径，进而提出或完善已
有的民航低碳发展的政策体系。

　　基于对上述问题的认识，本书的研究思路按照识别问题—研究文献—建立
模型—实证研究—政策建议的框架进行，力求通过对现实问题的透彻分析探寻
问题背后的机理，以期最终为政策制定者提供切实可行的政策建议，具体分为
以下几点。

　　第一，对民航历史碳排放进行精确核算，在此基础上构建碳减排成熟度模型
测度民航部门的碳减排能力；第二，为系统把握民航发展与碳排放的变化关系，
本书在碳排放与运输收入及碳排放与运输规模两个方面建立了弹性脱钩模型，并
进一步利用指数分解分析方法从经济增长与环境压力、能源强度和运输强度等方
面解释了民航部门碳排放与行业发展脱钩状态的深层次原因；第三，构建符合民
航部门碳排放变动驱动因素的分解分析方法，并实证研究影响民航碳排放总量变
动的关键要素；第四，从静态和动态两个维度构建民航碳排放绩效评价指数监测
民航碳排放绩效，探寻不同类型航空公司碳排放绩效的异质性和收敛性，并分析
引起碳排放绩效变动的内因和外因；第五，将中国民航与其他国家或地区的代表
性航空公司的碳排放相关问题进行横向比较，挖掘中国民航部门在碳排放总量、
碳排放绩效及碳减排成本等方面的优劣；第六，在影响因素分析和国际减排经验
的分析下，设置情景，结合蒙特卡罗模拟等方法对民航部门未来碳排放进行动态
预测，通过上述研究形成后一阶段我国民航部门加快转变发展模式、推进节能减
排路径的若干政策启示。

1.3.2　研究内容

　　根据已有的研究思路，本书主要的研究框架和内容安排如下。

　　第 2 章主要是对已有理论和文献研究进行梳理和回顾，具体研究过程如图 1.3
所示。首先，梳理了效率和生产率理论，包括生产技术和距离函数、效率的测度、
生产率的测度及减排成本与影子价格模型，并将其作为本书研究的主要理论基础；
其次，回顾了碳排放相关理论方法，包括碳排放量的核算方法、碳排放测度指标、
碳排放变动的分解方法；再次，从民航部门碳排放量的核算、民航部门碳排放绩
效评价，以及民航部门碳减排路径研究等三个方面，进行理论模型和实证结果的
回顾与总结；最后，通过研究述评指出了现有研究成果的主要特点和可能拓展的

研究方向。

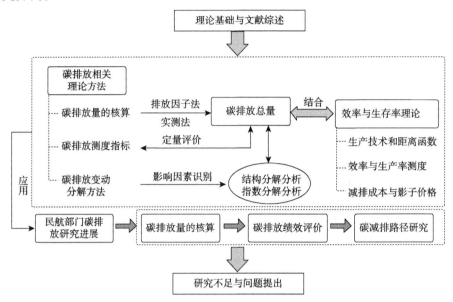

图 1.3　理论基础与文献回顾技术路线图

　　第 3 章是在民航部门碳排放精确核算的基础上从民航部门和航空公司两个层面测度碳减排水平，具体研究过程如图 1.4 所示。该章聚焦于中国民航的碳排放现状与减排努力，把握我国民航的碳排放现状及碳减排水平。通过对比民航部门碳排放量核算的主要方法，选择合适的方法对近年来中国民航部门的碳排放进行精确核算，整体把握中国民航部门碳排放（包括碳排放量和碳排放强度）的现状。进一步地，考虑到现有研究大部分都集中于民航部门整体的碳排放测度及分析上，缺乏对航空公司间碳减排的比较研究，航空公司是民航部门碳减排的主体，对民航部门航空公司间碳减排问题的描述和比较分析可以挖掘民航部门碳减排水平的实际状况。基于此，该章提出了民航碳减排成熟度的概念，并结合灰色关联度分析方法，构建了民航碳排放发展度指数、协调度指数和协调发展度指数等成熟度指标，从"减排能力"和"协调能力"等方面衡量民航当前的碳减排水平。通过选择中国民航部门代表性航空公司作为研究对象，收集数据，从民航部门整体和航空公司两个层面对民航碳减排能力、航空公司间的减排协调水平等进行综合研究。最后基于分析结果概括中国民航碳排放特征与趋势，并对中国民航碳减排水平的提升给出合理的政策建议。

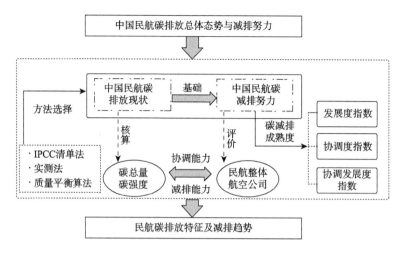

图 1.4　民航碳排放总体态势与减排努力研究的技术路线图

第4章是在脱钩视角下识别民航部门特定阶段的碳排放与行业发展之间的矛盾的，具体研究过程如图 1.5 所示。在前文民航碳排放精确核算的基础上，系统回顾民航的发展历程（主要从运输规模和运输收入两个方面展开）。为了整体把握民航碳排放与行业发展的关联，该章通过建立脱钩模型，识别民航部门碳排放与行业发展的脱钩状态（主要从两个维度：碳排放与运输周转量之间的脱钩、碳排放与运输收入之间的脱钩），分析脱钩状态的稳定性、阶段性及差异性等特征；并结合指数分解分析方法，从经济增长与环境压力、能源强度和运输强度等方面识别民航部门碳排放与运输周转量、碳排放与运输收入之间脱钩关系的主要驱动因素，最后基于分析结果对中国民航低碳发展、实现碳排放脱钩提出合理的政策建议。

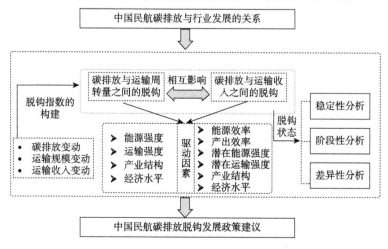

图 1.5　民航碳排放与行业发展关系研究的技术路线图

第 5 章是在第 3 章和第 4 章核算出的碳排放量的基础上进一步分析影响中国民航碳排放总量变动的主要驱动因素的，具体研究过程如图 1.6 所示。该章首先系统比较了指数分解方法、结构分解方法及生产理论分解方法的优缺点，探讨更适用于民航碳排放的分解分析方法。在此基础上考虑到中国航空运输近年来迅速扩张的事实，在规模报酬可变的条件下，构建新的生产理论分解分析模型，并将改进后的模型应用于中国民航碳排放量变动的驱动因素分析中，重点分析了主流分解分析方法中无法考虑的关于"生产"方面的影响因素对民航部门碳排放的影响程度。特别地，该章还进一步探索了传统分解分析方法中忽略的规模收益变化对碳排放量变动影响的问题。最后基于实证研究的结果有针对性地提出了民航未来节能减排的重要着力点。

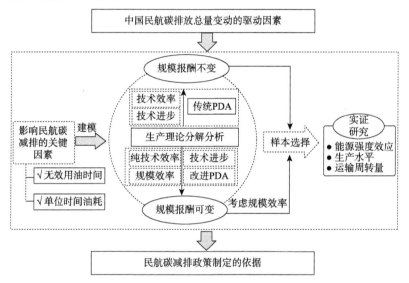

图 1.6　民航碳排放总量变动驱动因素研究的技术路线图

第 6 章是在了解民航部门及其排放主体碳减排现状和影响因素的前提下，进一步探索各航空公司的碳排放静态绩效与减排潜力的，具体研究过程如图 1.7 所示。对中国民航部门二氧化碳排放静态绩效及减排潜力的科学测算是对民航部门减排主体责任公平合理分配，实现我国民航碳减排目标的重要依据。针对目前多使用碳强度作为衡量二氧化碳排放水平的实际，该章在全要素框架下，利用环境生产技术和有向距离函数定义了三类新的碳排放绩效评价指标，分别是只要求二氧化碳减少的单一绩效指标、同时实现运输规模扩张与二氧化碳减排的综合绩效指标及所有投入产出要素可以灵活调整的非径向二氧化碳减排的综合绩效指标。在此基础上，以我国代表性航空公司为例，量化测度民航部门航空公司二氧化碳排放静态绩效和减排潜力。

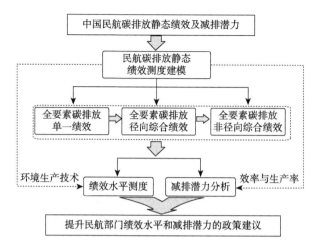

图 1.7 民航碳减排绩效测度及减排潜力评估的技术路线图

第 7 章是在第 6 章对民航部门碳排放静态绩效测度的基础上，从碳排放动态绩效方面对民航部门碳排放做出的进一步研究，并对碳排放绩效变动的驱动因素进行识别，具体研究过程如图 1.8 所示。该章利用含有非期望产出的数据包络分析模型构建了针对民航部门的全局 Malmquist 碳排放绩效指数（global Malmquist carbon emission performance index，GMCPI）。考虑到 GMCPI 在统计方面的局限性，该章通过引入 Bootstrap 方法对 GMCPI 进行了修正。以此为基础，测度了 2007~2013 年中国民航部门具有代表性的 12 家航空公司二氧化碳的排放绩效，并借助收敛理论、面板数据回归模型分析及灰色关联度分析等方法对不同类型航空公司的差异性及其内部驱动因素和外在影响因素做了量化识别与分析。

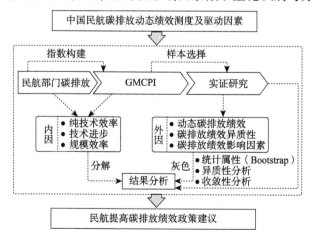

图 1.8 民航碳排放动态绩效及驱动因素研究的技术路线图

　　第 8 章到第 10 章是在前文研究中国民航部门碳排放相关问题的基础上，进一步对中国民航部门主要航空公司与全球代表性航空公司进行的综合比较，进而为中国民航的低碳发展提供一些事实经验，具体内容安排如图 1.9 所示。其中，第 8 章主要聚焦于考虑过程特征的全球代表性航空公司碳排放总量变动驱动因素的比较；第 9 章主要分析在运营约束下的全球代表性航空公司碳排放绩效变动及其对应驱动因素的比较；第 10 章主要对中国民航主要航空公司与全球代表性航空公司碳减排成本进行了核算并作了横向比较。

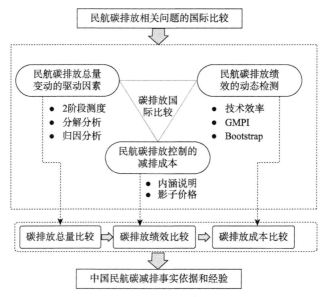

图 1.9　民航碳排放相关问题国际比较的研究技术路线图

　　具体来看，第 8 章的研究过程如图 1.10 所示。该章在考虑航空公司碳排放过程特征的基础上，应用基于 2 阶段效率评价的分解分析和归因分析来研究中国民航部门主要航空公司与全球代表性航空公司碳排放总量变化的核心影响因素。具体地，首先，考虑航空公司的实际碳排放过程，对航空公司从生产到运营的两个阶段的效率分别进行测度，进而更精准地反映航空公司在整个生产运营过程中的表现；其次，对于现有的研究来说，只关注减少碳排放总量是有误导性的，因为这可能会增加额外的投入，反而产生额外的排放；再次，如果只考虑提高排放效率，则总排放控制效果可能会减弱，甚至无法实现，基于此，本书提出了一种新的分解分析方法并结合了阶段性效率评估，从而可以识别效率变化对碳排放变化的影响，该方法探讨了碳排放"质"与"量"之间的传导机制；最后，该章选择 2011 年至 2017 年 15 个全球代表性的国际航空公司，用新构建的分解分析方法对其进行驱动因素的识别，并进一步结合归因分析，确定谁应该对民航碳排放的变化负责。

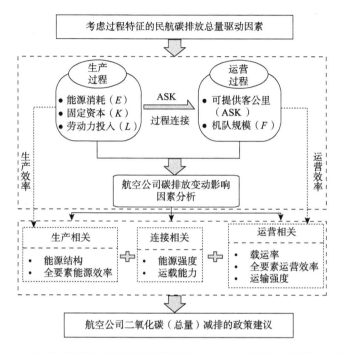

图 1.10　考虑过程特征的民航碳排放总量变动驱动因素研究的技术路线图

第 10 章是在第 5 章和第 7 章对民航部门碳减排效率及其影响因素研究的基础上，考虑航空公司运营约束下的全球代表性航空公司的碳排放绩效测度及其驱动因素分析上，重点进行的国际比较，具体研究过程如图 1.11 所示。自从一系列航空公司二氧化碳排放法规颁布以来，二氧化碳排放一直是一个重要的非期望产出；航班延误和载运率等也是全球航空公司运营过程中绩效评估的重要属性及约束变量。该章通过构建包含非期望产出二氧化碳的 DEA 模型并结合归因分析，系统地对航空公司效率和生产率进行了综合评价与比较分析。与现有文献比较，该章提出了一种综合考虑二氧化碳排放和航班延误对航空公司生产率影响的航空公司生产率绩效评价的方法。为了克服传统 DEA 方法不能对评价结果进行统计属性分析的弊端，我们进一步结合了 Bootstrap 方法，使得结果的稳健性可以得到验证。总的来说，该章构建的评估方法为测度航空公司效率和生产力变化的潜在来源提供了一个可靠的框架。在此基础上，对中国及国际代表性航空公司进行了比较分析，这有助于民航部门监测航空公司效率和生产力的变化情况，并采取适当的措施来管理二氧化碳排放和航班延误，以此为中国民航高质量绿色发展提供思路和依据。

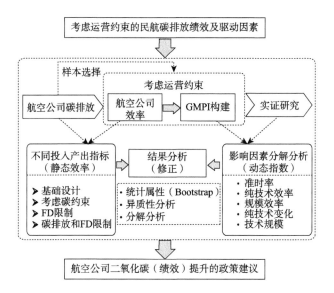

图 1.11　考虑运营约束的民航碳排放绩效及驱动因素研究的技术路线图

　　前文主要从碳排放总量与绩效两个层面讨论了民航部门碳减排的现状、驱动因素及未来趋势，并且还进行了航空公司间的国内及国际比较。然而，当民航部门减排主体真正着手开始进行碳减排时，会面临实际的减排成本约束问题，即每降低一个单位的二氧化碳排放会对应着航空公司及整个民航部门运输规模的减小或者运营收入的减少。那么对于民航部门，具体到航空公司来说，减排成本究竟是多少？碳减排约束对航空公司的运营到底能产生多大的影响？对于航空公司来说，通过与国内和国际代表性航空公司比较，目前哪些航空公司的减排成本控制得比较好？原因是什么？为了解决这些问题，第 10 章对全球代表性航空公司的碳减排成本进行了测算，进一步对中国民航部门主要航空公司与全球代表性航空公司进行了综合比较，进而为中国民航实现低成本减排提供一些事实经验和理论基础，具体研究过程如图 1.12 所示。该章先采用非参数模型方法，通过数据包络分析方法模拟方向性环境生产前沿函数，计算全球 15 个代表性航空公司二氧化碳排放的影子价格；在此基础上对民航部门的影子价格及减排成本的内涵作了详细界定；最后通过对航空公司间减排成本的比较分析，探讨了中国民航部门未来的低成本减排思路。

　　第 11 章是在前文对民航部门碳排放总量和碳排放绩效变动影响因素分解分析及全球主流航空公司减排经验的基础上设计情景，并利用情景分析方法对中国民航部门未来碳排放进行动态预测。考虑到预测的不确定性，该章进一步结合蒙特卡罗模拟等方法探索民航部门未来碳排放的概率分布情况，并基于预测结果设计和优化适合中国民航部门的最优减排路径，具体研究过程如图 1.13 所示。该章

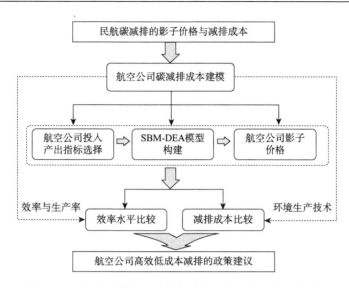

图 1.12 民航碳减排影子价格与减排成本研究的技术路线图

基于国际民航组织提出的民航部门节能减排四个主要途径（市场政策、运营水平、技术进步、替代能源），构建民航部门碳减排的分解模型，定量分解分析与之对应的四个因素（运输周转量、运输强度、能源强度、碳排放系数）。进一步地，根据现有文献及民航部门的政策规划，对四个影响因素分别设置可能的低、中、高三种发展模式，并结合蒙特卡罗模拟对未来民航部分碳排放情况及其概率分布情况进行动态和静态预测，探索中国民航未来的碳排放趋势。

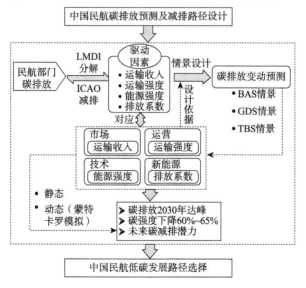

图 1.13 中国民航碳排放的情景与减排路径研究的技术路线图

　　第 12 章是研究结论与展望。该部分内容是对前面各个章节的回顾与总结，指出我国民航部门加快转变发展模式、推进节能减排工作、完善碳排放绩效评估体系的政策启示，最后基于现有的成果提出研究的不足及未来可进一步深入研究的方向。

1.4　研究方法与技术路线

1.4.1　研究方法

　　本书在影响因素分解分析的基本框架下，引入效率和生产率理论并作为主要理论基础，围绕民航部门碳排放问题展开探讨和研究。根据研究思路和主要研究内容，主要涉及以下四种研究方法。

　　文献研究方法。通过对现有文献的梳理和分析，掌握民航部门碳排放研究的一些特点，通过对现有研究不足的挖掘，形成以效率和生产率理论为基础，在分解分析框架下，识别民航部门碳排放、碳排放与行业发展脱钩，以及碳排放绩效影响因素的研究思路。

　　非参数分析方法。非参数分析方法主要包括 DEA、距离函数（distance function）等。DEA 方法因无须设定函数形式、应用灵活等优点而被广泛使用，也是本书最主要的研究方法。本书基于生产理论分解分析碳排放变动的影响因素，以及用来测度航空公司碳排放绩效的全局 Malmquist 碳排放绩效指数等，都大量应用 DEA 和其他非参数方法。

　　计量经济学分析方法。计量经济学分析方法（econometrics analysis method）研究的是对经济问题作定量分析的方式，其自身并没有什么固定的经济理论，因而有广泛的应用领域。传统的计量经济模型的一般形式为：$Y_t = Z_t + U_t$。其中 U_t 为随机误差项，它描述了经济变量之间的一般静态长期关系。本书基于航空公司历年的碳排放面板数据应用计量经济学方法对民航部门碳排放绩效的异质性进行收敛分析。此外，本书还采用了一些统计检验方法，如 Bootstrap 方法等，来弥补 DEA 方法及 GMCPI 缺乏的统计属性短板。

　　情景分析方法。情景分析（scenario analysis）是在各种关键假设的基础上通过对未来严密详细的推理和描述来构想未来各种可能的政策，或者假设某些未来希望达到的目标，分析达到这一目标的不同路径及可能需要采取的措施。本书的

第 6 章基于情景分析框架预测了中国民航部门未来碳排放的各种可能性，并利用蒙特卡罗模拟等方法阐述了不同情景下民航部门碳排放的动态变化。基于情景分析的结论，本书有针对性地提出了民航部门合适的减排路径。

　　总体来说，本书的研究工作按照识别问题—研究文献—建立模型—实证研究—政策建议的思路进行，力求通过对现实问题的透彻分析及探寻问题背后的机理，以期最终为政策制定者提供切实可行的政策建议。

1.4.2　技术路线

　　根据上述的研究思路、研究内容和研究方法，本书研究的技术路线如图 1.14 所示。本书从所需研究问题的现实背景出发，探讨了实现民航部门可持续发展和应对气候变化问题的极端重要性，分析了全球范围内，特别是我国民航部门在能源消费、二氧化碳排放等方面面临的严峻形势，提出了基于分解分析理论识别民航部门碳排放和碳排放绩效的影响因素，把切实提高二氧化碳排放效率作为一种促进节能减排的可行方法，从而明确了研究主题。在此基础上，进一步论证了该研究的理论和实践意义，并给出了本书的主要研究思路、主要研究内容、章节安排和技术路线。

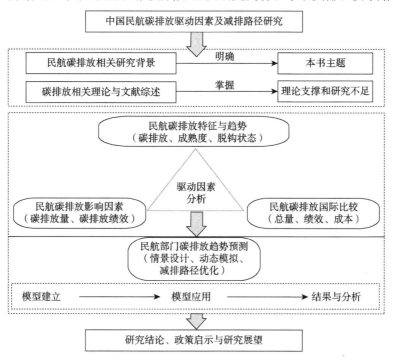

图 1.14　本书研究技术路线图

第2章 理论基础与文献综述

2.1 引　　言

当前，作为一个发展中国家，中国经济进入了新常态，增速已从高速进入中高速阶段，发展质量由中低端提升至中高端水平。同时，由于过去粗放式的经济增长方式等因素，中国经济新常态面临着严重的资源环境制约。一方面，近年来，中东部地区雾霾频发，影响到的地区几乎占国土面积的 25%，受影响人口达总人口的 50%，$PM_{2.5}$ 成为影响中国人健康的第四大威胁（Chen et al.，2013）；另一方面，我国作为最大的二氧化碳排放国，人均碳排放量已经超过欧洲的平均水平，2030 年左右碳排放总量将达峰。碳排放控制将成为中国政府面临解决的重要难题。研究中国二氧化碳排放变动原因的问题不能仅仅将碳排放当成是化石能源燃烧产生的这么简单。实际上，二氧化碳排放尤其是中国的二氧化碳排放是由经济发展水平、人口规模、城市化进程、技术革新及能源结构的优化等一系列深层次的原因所引起的（樊纲，2009）。因此，如何有效识别导致二氧化碳排放的驱动因素？如何定量测算各个影响因素的贡献程度？如何有针对性地制定减排方式？这些都是政府应该明确的。

尤其，在我国发展"绿色民航"已经得到政策当局、航空公司和学术领域的普遍认同，都认为民航部门低碳可持续发展是在气候变化背景下民航部门节能减碳的必由之路。要实现"绿色民航"，前提要从理论上回答一系列问题："绿色民航"的内涵是什么？如何实现节能减碳与行业发展的双赢？每一种节能减排方式在民航部门的二氧化碳减排上是否具有针对性，能取得什么样的效果？但是在解决这一系列问题之前都涉及一个最根本的问题，那就是，民航部门二氧化碳排放快速增长的主要驱动因素是什么？因此，深入剖析民航部门二氧化碳排放量增长的驱动因素，对科学地、有针对性地制定减排政策、发展"绿色民航"、应对全球性气候变暖和生态环境的恶化有着重要的理论和实践意义。

在进入中国民航部门节能减排这个研究主题之前，有必要对目前现有的理论研究工作进行归纳总结,归纳现有研究的主要成果并总结现有研究工作的一些不足,以期从新的视角对后续研究工作加以铺垫。

本章的写作目的主要有两个方面:第一,由于本书研究的落脚点是对民航部门碳排放量的核算、基于生产理论视角下的碳排放影响因素识别及碳排放绩效监测等方面的问题,本章拟通过对碳排放测度方法、效率理论及生产率理论等方面的系统回顾,了解这些问题在理论层面的主要研究进展,为后续针对民航部门具体实证研究的理论建模做准备;第二,通过对相关领域研究现状和进展进行有针对性的系统梳理,总结现有理论研究的不足之处。拟在分解分析的研究框架下,结合考虑环境因素的生产理论,将系统工程的思路引入民航部门碳排放领域,从而实现对现有民航部门的碳排放研究方法进行拓展。

2.2 效率与生产率理论及研究进展

2.2.1 生产技术和距离函数

定量描述多投入、多产出生产技术的一种便利方法就是利用技术集,记为 T 。根据 Färe 和 Primont(1995),本书利用 $x = (x_1, \cdots, x_N) \in R_+^N$ 来表示 $N \times 1$ 的非负实数投入向量、用 $y = (y_1, \cdots, y_M) \in R_+^M$ 来表示一个 $M \times 1$ 非负产出向量。这两个向量中的所有元素都是不小于 0 的实数,于是所有的投入产出向量 (x, y) 构成的生产技术集 T 便可表示为式(2.1):

$$T = \{(x, y) : x \text{ 能生产出 } y\} \qquad (2.1)$$

生产技术能够等价地利用另一种表述方式,即投入或产出的集合来刻画。设产出集合(output set)为 $P(x)$,以描述利用投入 x 可能生产出的所有产出 y 的集合。

实际上, $P(x) = \{y : x \text{ 能生产出 } y\} = \{y : (x, y) \in T\}$ 就是与不同投入 x 有关的生产可能性集合。

根据 Färe 等(1994a)的描述,产出集满足如下一些条件:① $0 \in P(x)$,当投入给定时,可以什么也不生产(也就是可能无所作为);②零投入不可能出现非零的产出(也就是所有产出必须要有投入要素);③ $P(x)$ 的投入和产出都要具有强可处置性;④ $P(x)$ 是封闭、有界并且满足凸性的。

多投入产出的生产技术比较难以概念化或者形象化，本节试图运用单投入下生产两种产出 (y_1, y_2) 的简单例子提供一些理解。图 2.1 可以形象地表示投入产出生产技术的特征。图中曲线是等产量线的对应物，代表了当前生产技术水平下两种产出 y_1、y_2 能实现的各种组合，该曲线也被称为生产可能性前沿面（production possibility curve，PPC）。PPC 曲线与坐标轴形成的区域就是生产可能集 $P(x)$ 的范围。

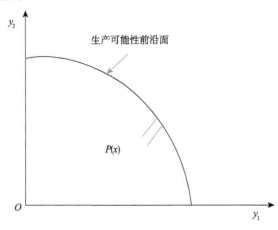

图 2.1　生产可能性曲线

在此基础上，Malmquist（1953）和 Shephard（1970）提出了距离函数（distance function）的概念，用来进一步探讨多投入产出的生产技术问题。类似生产技术存在投入导向（input oriented）和产出导向（output oriented）两种，距离函数也包括投入导向和产出导向，投入导向距离函数要求在产出不变的前提下，缩减投入向量的比例所造成的变化来描述生产技术；产出导向距离函数要求在投入不变的前提下，扩大产出向量的比例来表示生产技术。为与前文保持一致，本节仅数学刻画了产出导向的距离函数。

产出距离函数可表示为 $D(x, y) = \min\{\delta : (y/\delta) \in P(x)\}$。根据 Färe 和 Primont（1995）讨论的距离函数性质，产出距离函数 $D(x, y)$ 满足如下一些条件：①对于任意的非负投入向量 x，$D(x, 0) = 0$；② $D(x, y)$ 关于产出 y 具有非递减的性质，关于投入 x 具有非递增的性质；③ $D(x, y)$ 关于产出 y 是线性齐次的，关于 x 和 y 都是满足凸性的；④当 $y \in p(x)$ 时，有 $D(x, y) \leqslant 1$，当且仅当 y 在生产前沿面上等于 1。

与生产可能集对应，借用图 2.1 中利用投入向量 x 生产两种产出 y_1 和 y_2 组合的情形来阐述产出距离函数的含义，如图 2.2 所示。

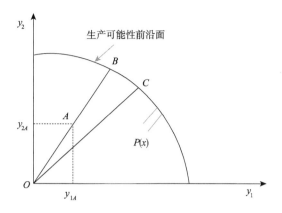

图 2.2　产出距离函数与生产可能性集合

如图所示，对于一个生产过程来说，当利用投入向量 x 生产出两种产出距离函数的值，设为 A 点和 B 点时，那么此时的产出距离函数值就等于 OA 与 OB 的比率，记为 $\delta = $ OA/OB。这种距离函数测量值实际上是在给定的投入水平下所能增加的产出量因子的倒数，另外，位于 PPC-$P(x)$ 前沿面上的点 B 和 C，其距离函数值等于 1。

2.2.2　效率的测度

Farrell（1957）根据 Debreu（1951）和 Koopmans（1951）的研究成果，最早提出对于多投入和多产出生产过程的效率评价思想。其中，Farrell（1957）提出生产率主要由两个部分组成：技术效率（technical efficiency，TE）和配置效率（allocative efficiency，AE）。TE 刻画了生产者在投入保持不变的前提下，获得最大产出的能力（主要受到管理水平、制度安排、人员素质等因素影响）；AE 刻画了生产者在价格和生产技术保持不变的前提下，以最优比例利用不同投入要素的能力（Farrell，1957）。

与距离函数和生产技术集类似，效率的测度也可以从两个方面定义：投入导向型和产出导向型。为与前文保持一致，本节仍以产出导向的效率测度为例进行数学刻画。根据 Farrell（1957）对效率的定义，产出导向的效率可以表示为 $\mathrm{TE}(x,y)=[\max\{\phi:\phi_y\in P(x)\}]^{-1}$。根据 Farrell（1957）讨论的技术效率性质，产出导向的 $\mathrm{TE}(x,y)$ 需要满足以下的一些条件：①$\mathrm{TE}(x,y)\leqslant1$；②$\mathrm{TE}(x,y)$ 对于产出 y 具有弱单调性；③$\mathrm{TE}(x,y)$ 对于产出 y 满足一次齐次性质；④$\mathrm{TE}(x,y)$ 的值具有不变性，即当投入产出指标的测量单位变化时，效率值不会受到影响。

多产出生产技术效率比较难以概念化或者形象化,本节仍然试图运用单投入,两种产出(y_1, y_2)的简单例子提供一些理解，如图 2.3 所示。

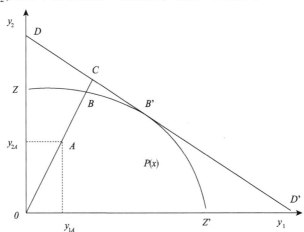

图 2.3　产出导向的技术效率和配置效率的测量

图 2.3 中，显然生产者在 A 点时位于最优生产前沿面 ZZ' 下方，故没有达到效率最优。在 Färe 等（1994b）定义的产出导向效率中，A 到 B 的距离代表技术无效的长度，表示的实际意义是投入不再增加时所能额外获得的产出量。因此，比率 TE=OA/OB 就可以用来表示产出导向的技术效率。进一步地，若 DD' 线表示任意的产出价格，如果我们有具体的价格信息，那么就能刻画出等收入线 DD'，且配置效率就是比率 AE=OB/OC。

2.2.3　生产率的测度

生产率本质上是水平概念，而生产率的测算可用于在给定点上对生产者的绩效进行比较，实质上包含两个方面的内容：一方面是静态的，即生产率测算可用于在给定的时间点上对生产者之间进行横向比较；另一方面是生产率变化的动态测算，即生产者的生产绩效随着时间而变动。显然，测算生产率变化的前提需要测度生产者的生产率水平。在生产者利用多投入生产多产出的情况下，一般用全要素生产率指数（total factor productivity，TFP）来刻画生产过程中生产率的变化问题。具体地，假定一个生产者利用技术的状态可以用时期 s 与 t 的生产技术 T^s 和 T^t 表示。生产者分别用投入 x_s 和 x_t 生产出 y_s 和 y_t。基于这些数据测算生产率变化的方法有多种，比较典型的包括：①使用对产出增长和投入净增长的测量（Hicks-Moorsteen 方法）；②对利润率方法的扩展，通过适当调整两个时期的投入和产出价格变动后的利润率增长来测算生产率变化；③通过不同时期相同投入下的最大产出水平来测量；④基于成分的生产率测量方法。

在上述的这些生产率测算方法中，Malmquist 生产率指数方法应用最为广泛（Caves et al.，1982）。实际上 Malmquist 生产率指数方法的核心思想是对不同时期的产出与利用投入所能得到的最大产出间的比较来衡量生产率水平。与前文的距离函数类似，Malmquist 生产率指数也可以分为投入导向和产出导向两种。为与前文保持一致，本节主要对产出导向的 Malmquist 指数进行阐述。先介绍 s 时期的 Malmquist 生产率指数，如式（2.2）所示。

$$M_s(s,t) = \frac{D_s(x_t,y_t)}{D_s(x_s,y_s)} \tag{2.2}$$

如果生产者在 s 时期是技术有效的，那么 $D_s(x_s,y_s)=1$，则有 $M_s(s,t)=D_s(x_s,y_s)$。这说明 $M_s(s,t)$ 是最小的产出缩减因子，此时生产者正好位于 s 时期的最优生产前沿面上。如果生产者在时期 t 比在时期 s 技术条件下有更好的生产率，那么 $M_s(s,t)>1$。

类似地，我们可以定义基于 t 时期技术的产出导向 Malmquist 生产率指数：

$$M_s(s,t) = \frac{D_t(x_t,y_t)}{D_t(x_s,y_s)} \tag{2.3}$$

如果生产者在 t 时期是技术有效的，那么 $D_t(x_t,y_t)=1$，则有 $M_s(s,t)=D_t(x_t,y_t)$。

这样 Malmquist 生产率指数可以分别用 s 时期和 t 时期的技术来刻画，在进行生产率水平评价时，为了避免不同研究者对参照技术选择不同所带来的结果偏差，Malmquist 生产率指数就定义为基于时期 s 和基于时期 t 技术的两个指数的几何平均值：

$$M(s,t) = \left[M_s(s,t) \cdot M_t(s,t) \right]^{1/2} \tag{2.4}$$

在式（2.4）中，为了计算 Malmquist 生产率指数，要计算四个距离函数，即 $D_s(x_t,y_t)$、$D_s(x_s,y_s)$、$D_t(x_t,y_t)$ 及 $D_t(x_s,y_s)$。计算这些距离函数可以采用包括 DEA 和随机前沿分析（stochastic frontier analysis，SFA）方法等在内的多种距离函数计算方法。

进一步地，当 Malmquist 生产率表现为无效时，主要是由于技术进步因素和技术效率变化，因此可以将 Malmquist 指数分解为两个部分，即效率变化和技术进步变化，如式（2.5）所示：

$$M(s,t) = \left[\frac{D_s(x_t,y_t)}{D_s(x_s,y_s)} \cdot \frac{D_t(x_t,y_t)}{D_t(x_s,y_s)} \right]^{1/2} \tag{2.5}$$

由于距离函数的值总是不大于 1 的，即反映了生产者在生产过程中的无效性，基于此，上式可进一步变形为式（2.6）：

$$M(s,t) = \frac{D_t(x_t, y_t)}{D_s(x_s, y_s)} \cdot \left[\frac{D_s(x_t, y_t)}{D_t(x_t, y_t)} \cdot \frac{D_s(x_s, y_s)}{D_t(x_s, y_s)} \right]^{\frac{1}{2}} \tag{2.6}$$

等式右边第一部分 $\frac{D_t(x_t, y_t)}{D_s(x_s, y_s)}$ 反映了以产出导向测量的从 s 时期到 t 时期的技术

效率变化，第二部分 $\left[\frac{D_s(x_t, y_t)}{D_t(x_t, y_t)} \cdot \frac{D_s(x_s, y_s)}{D_t(x_s, y_s)} \right]^{\frac{1}{2}}$ 表示了从 s 时期到 t 时期的技术变化。

图 2.4 对这一分解做了补充描述。其中，点 D 与点 E 分别表示生产者在时期 s 与时期 t 的生产活动。显然，点 D 与点 E 分别在各自时期的生产前沿面下方，均处于技术无效的状态。通过式（2.4）可以分别对生产者的技术效率和技术进步情况进行分解分析，具体地：

$$技术效率 = \frac{D_t(x_t, x_t)}{D_s(x_s, x_s)} = \frac{y_t / y_c}{y_s / y_a}$$

$$技术进步 = \left[\frac{D_s(x_t, x_t)}{D_t(x_t, x_t)} \cdot \frac{D_s(x_s, x_s)}{D_t(x_s, x_s)} \right]^{\frac{1}{2}} = \left[\frac{y_t / y_b}{y_t / y_c} \cdot \frac{y_s / y_a}{y_s / y_b} \right]^{\frac{1}{2}}$$

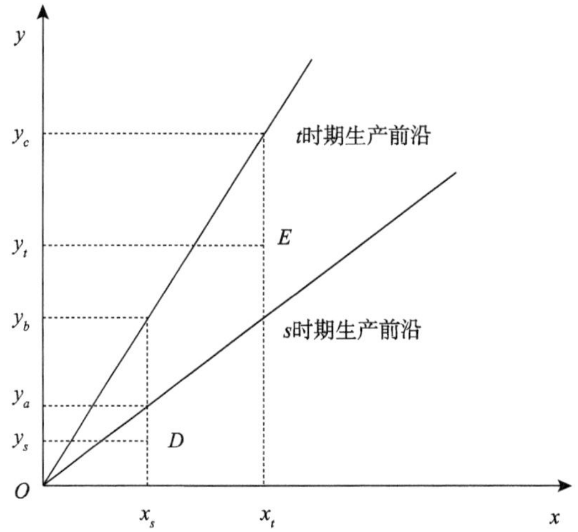

图 2.4　Malmquist 生产率指数

需要特别指出的是，前文讨论的 Malmquist 生产率指数都是在基于规模报酬不变的前提假设下进行的，进而将生产率的变动归因于技术效率和技术进步的变动。然而事实上，实际的生产过程大多是规模报酬可变的，在规模报酬可变的条件下，可进一步从规模效率方面捕获生产率增长的来源（本书第 5 章和第 6 章将做具体研究）。

2.2.4　影子价格

影子价格（shadow price）的概念由诺贝尔经济学奖得主 Tinbergen 在 20 世纪 30 年代末首先提出，主要是指在生产消耗、产品价格等已知条件固定的情况下，生产过程对资源合理配置和优化组合后某种资源增加一单位所能带来的边际收益。在生产经济学理论框架下，Färe 等通过估计 Shephard 距离函数（Shephard distance function）来刻画环境生产技术，并利用对偶理论计算出非期望产出的影子价格。

根据上述定义，影子价格的核心框架是环境生产技术，只有正确地构造并估计环境生产技术前沿才能保证各决策单元影子价格测算结果的合理性。距离函数通常用来构造环境生产技术前沿，而线性规划及计量经济学方法（分为参数和非参数方法）则常被用来进行环境生产技术的估计（一般通过估计距离函数），因此现如今对于影子价格模型的研究主要集中在距离函数的设计和估计方法的选择这两个方面。

1. 距离函数

Färe 等利用效率分析对偶方法测算非期望产出边际减排成本的影子价格，现有的各种影子价格模型大多遵循这一思路：首先，利用距离函数构造环境生产技术前沿；其次，利用效率测度模型的对偶理论进行非期望产出影子价格的推导；最后，利用参数或非参数方法对距离函数进行计算进而得出非期望产出的影子价格。

具体而言，假设在一个生产过程中产出既包括期望产出又包括非期望产出，投入变量（可能包括能源、固定资本、劳动力等）为 $x \in \mathcal{R}_+^N$，产出变量为期望产出 $y \in \mathcal{R}_+^M$ 和非期望产出 $b \in \mathcal{R}_+^K$。我们可以用产出可能集 $P(x)$ 或投入要求集 $I(y,b)$ 来表示这一生产过程的环境生产技术。其中，产出可能集可表示为 $P(x) = \{(y,b): x \text{可以生产} (y,b)\}$；投入要求集可表示为 $I(y,b) = \{x: \text{生产} (y,b) \text{需要} x\}$。特别地，当被研究的决策单元（decision making unit，DMU）落在环境生产技术前沿面上时，一般认为该 DMU 是技术有效的。

为了简化研究，在实际的研究工作中，投入变量和期望产出一般都可以假设为具有强可处置性（strongly disposability），其环境生产技术数学表达式在投入导向和产出导向下分别可以表示为以下内容。投入导向框架下要求满足：①若 $x' \geqslant x$，则 $P(x') \supseteq P(x)$；②若 $x \in I(y,b)$，则 $x/\theta \in I(y,b)$，$\forall 0 \leqslant \theta \leqslant 1$ 这两个性质。产出导向框架下要求满足：①若 $(y,b) \in P(x)$ 且 $y' \leqslant y$，则 $(y',b) \in P(x)$；②若 $x \in I(y,b)$ 且 $y' \leqslant y$，则 $x \in I(y',b)$ 这两个性质。

从环境生产技术集的数学表达式可以看出，以投入导向为例，在投入指标强可处置性条件下，当各种期望产出指标给定时，额外增加投入要素是可行的；以产出导向为例，在期望产出强可处置性条件下，当各种投入要素给定时，进一步压缩期望产出是可行并且不需额外增加成本的。

然而，对于非期望产出来说，在实际的生产过程中，非期望产出是伴随着期望产出一起产生的，要想压缩或者减少非期望产出的产生就需要牺牲相应的期望产出；若想让非期望产出为 0，那么只能停止对应期望产出的生产过程。我们把这两个性质分别叫作非期望产出联合生产具有弱可处置性（weak disposability）和非期望产出具有零结合性（null-jointness）。弱可处置性和零结合性是环境生产技术建模区别于传统生产技术建模的主要假设，其环境生产技术数学表达式在投入导向和产出导向下分别可以表示为以下内容。投入导向框架下要求满足：①若 $(y,b) \in P(x)$ 且 $0 \leqslant \theta \leqslant 1$，则 $(\theta y, \theta b) \in P(x)$；②若 $(y,b) \in P(x)$ 且 $b = 0$，则 $y = 0$ 这两个性质。产出导向框架下要求满足：①若 $x \in I(y,b)$ 且 $0 \leqslant \theta \leqslant 1$，则 $x \in I(\theta y, \theta b)$；②若 $x \in I(y,b)$ 且 $b = 0$，则 $y = 0$ 这两个性质。

另外，在构造环境生产技术时除了要满足上述有关投入产出要素的假设以外，还要满足生产技术集 $P(x)$ 或者 $I(y,b)$ 的基本性质及规模报酬的有关假设（为了简化研究，本书假设规模报酬不变）。

在影子价格分析框架中，我们一般使用距离函数来构造环境生产技术，从最初的 Shephard 距离函数到更一般化、更灵活的方向性距离函数及非径向方向性距离函数。在产出和投入导向下 Shephard 距离函数可以分别表示为 $D_0(x,y,b)$ 和 $D_t(y,b,x)$：

产出导向下 Shephard 距离函数 $D_0(x,y,b) = \inf\{\theta > 0 : (y/\theta, b/\theta) \in P(x)\}$；

投入导向下 Shephard 距离函数 $D_t(y,b,x) = \sup\{\phi > 0 : (x/\phi) \in I(y,b)\}$。

其中，θ 是产出距离函数的值，表示在给定投入的前提下，产出组合 (y,b) 可以向环境生产技术前沿扩张的最大值；ϕ 是投入距离函数的值，表示在给定产出的前提下，投入要素组合可以向环境生产技术前沿缩减的最大倍数。

与 Shephard 距离函数相比，方向性距离函数由于引入了方向向量，在形式上更加灵活。这也使得方向性距离函数在进行环境生产建模时能够描述观测单元同时增加期望产出和减少非期望产出的情形，更符合当前环境社会的发展要求。另外，由于方向性距离函数通常用于处理期望产出与非期望产出，我们通常使用其产出导向形式。根据 Färe 和 Grosskopf（2004），方向性距离函数的定义为 $\vec{D}_0(x,y,b;g_y,-g_b)$：

$$\vec{D}_0(x, y, b; g_y, -g_b) = \sup\{\beta : (y + \beta g_y, b - \beta g_b) \in P(x)\}$$

其中，$(g_y, -g_b)$ 是方向向量，表示产出组合被扩张或缩减的方向；β 是方向性距离函数的值，表示在给定投入的情况下，期望产出可以被扩张同时非期望产出被缩减的最大倍数。

实际上，由上式可以明显看出，方向性距离函数是 Shephard 距离函数的一般化形式（通过调整方向实现）。具体如图 2.5 所示，该方向性产出距离函数表示在给定技术集 $P(x)$ 的前提下，在最大限度地扩张期望产出的同时减少非期望产出是可行的。例如，点 (b, y) 在生产前沿之内，沿着方向 $(-g_b, g_y)$ 到达 $P(x)$ 的前沿 $(b - \beta^* g_b, y + \beta^* g_y)$。

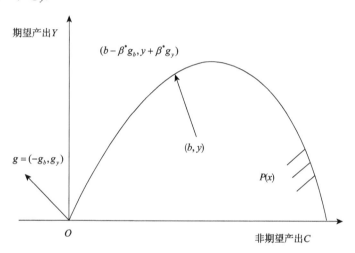

图 2.5 考虑方向的距离函数与生产技术集

一般来说，一些污染物通常是没有市场价格的，对影子价格的估计，可以从方向性产出距离函数与利润函数之间的关系中推导出来。在进行推导之前，首先应了解方向性距离函数如下的几个特性。

（1）对应于 Shephard 产出距离函数的齐次性，方向性距离函数具有如下转移特性：

$$\vec{D}_0(x, y + \alpha g_y, b - \alpha g_b; g_y, -g_b) = \vec{D}_0(x, y, b; g_y, -g_b) - \alpha$$

（2）令 $g = (y, -b)$，可以确定方向性产出距离函数与 Shephard 产出距离函数之间的数量关系：

$$\vec{D}_0(x,y,b;g_y,-g_b) = \sup\left\{\beta : \vec{D}_0(x,y+\beta y,b-\beta b) \leqslant 1\right\}$$

$$= \sup\left\{\beta : (1+\beta)\vec{D}_0(x,y,b) \leqslant 1\right\}$$

$$= \sup\left\{\beta : \beta \leqslant \frac{1}{\vec{D}_0(x,y,b)} - 1\right\}$$

$$= \frac{1}{\vec{D}_0(x,y,b)} - 1$$

（3）方向性距离函数也继承了产出集 $P(x)$ 的性质，满足以下四个条件：①当 $x' \geqslant x$ 时，有 $\vec{D}_0(x',y,b;g_y,-g_b) \geqslant \vec{D}_0(x,y,b;g_y,-g_b)$；②当 $y' \leqslant y$ 时，有 $\vec{D}_0(x,y',b;g_y,-g_b) \geqslant \vec{D}_0(x,y,b;g_y,-g_b)$；③当 $\vec{D}_0(x,y,b;g_y,-g_b) \geqslant 0$ 且 $0 \leqslant \theta \leqslant 1$ 时，则 $\vec{D}_0(x,\theta y,\theta b;g_y,-g_b) \geqslant 0$；④当 $\vec{D}_0(x,y,b;g_y,-g_b) \geqslant 0$ 且 $b=0$ 时，则 $y=0$。

基于此，我们来推导非期望产出的影子价格，设 $p=(p_1,\cdots,p_M)$ 为期望产出的价格向量，$q=(q_1,\cdots,q_J)$ 表示非期望产出的价格向量，$\omega=(\omega_1,\cdots,\omega_N)$ 为各投入要素的价格向量，这样利润函数可以表示为式（2.7）：

$$\pi(\omega,p,q) = \max_{x,y,b}\left\{py - \omega x - qb : (y,b) \in p(x)\right\} \qquad (2.7)$$

利润函数 $\pi(\omega,p,q)$ 反映了在既定投入要素 x 的前提下最大可能的利润产出。很明显，式（2.7）中非期望产出的贡献是负的。

由于生产单元总是位于生产前沿之上或者之内，$\vec{D}_0(x,y,b;g_y,-g_b) \geqslant 0$ 是等价的，也就是说，$(y,b) \in P(x)$ 与 $\vec{D}_0(x,y,b;g_y,-g_b) \geqslant 0$ 是等价的。利润函数可以等价地定义为

$$\pi(\omega,p,q) = \max_{x,y,b}\left\{py - \omega x - qb : \vec{D}_0(x,y,b;g_y,-g_b) \geqslant 0\right\} \qquad (2.8)$$

当 $(y,b) \in P(x)$ 时，则有 $(y+\beta g_y, b-\beta g_b) = \{y + \vec{D}_0(x,y,b;g_y,-g_b) \cdot g_y, b - \vec{D}_0(x,y,b;g_y,-g_b) \cdot g_b\}$。

这也表明如果产出向量 (y,b) 是可行的，那么沿着方向 g 的产出也是可行的。因此，利润函数还可以写为式（2.9）：

$$\pi(\omega,p,q)$$
$$\geqslant (p,-q)(y + \vec{D}_0(x,y,b;g_y,-g_b) \cdot g_y, b - \vec{D}_0(x,y,b;g_y,-g_b) \cdot g_b) - \omega x$$

或者 $\qquad (2.9)$

$$\pi(\omega,p,q)$$
$$\geqslant (py - \omega x - qb) + p \cdot \vec{D}_0(x,y,b;g_y,-g_b) \cdot g_y + q \cdot \vec{D}_0(x,y,b;g_y,-g_b) \cdot g_b$$

式（2.9）说明最大可能的利润就是实际的利润 $py - \omega x - qb$ 加上消除了技术非效率后获得的额外收益。该额外收益由两个部分构成：$p \cdot \vec{D}_0(x,y,b;g_y,-g_b) \cdot g_y$

（期望产出增加的收益）和 $q \cdot \vec{D}_0(x,y,b;g_y,-g_b) \cdot g_b$（非期望产出减少带来的收益）。若某 DMU 沿方向向量移动到 $P(x)$ 的生产前沿面，产出的配置将是有效率的，此时式中的不等式将变成等式。

可以将式（2.9）改写为式（2.10）形式：

$$\vec{D}_0(x,y,b;g_y,-g_b) \leqslant \frac{\pi(\omega,p,q)-(py-\omega x-qb)}{pg_y+qg_b} \quad (2.10)$$

因此，方向性产出距离函数可以表示为

$$\vec{D}_0(x,y,b;g_y,-g_b) = \min_p$$
$$\left\{ \frac{\pi(\omega,p,q)-(py-\omega x-qb)}{pg_y+qg_b} \right\} \quad (2.11)$$

对上式分别进行期望产出和非期望产出的偏导数计算即可得到以下影子价格模型：

$$\begin{cases} \dfrac{\partial \vec{D}_0(x,y,b;g_y,-g_b)}{\partial y} = \dfrac{-p}{pg_y+qg_b} \leqslant 0 \\[4mm] \dfrac{\partial \vec{D}_0(x,y,b;g_y,-g_b)}{\partial b} = \dfrac{q}{pg_y+qg_b} \geqslant 0 \end{cases} \quad (2.12)$$

基于此，如果在给定第 m 种期望产出的价格 p_m 的前提下，那么生产过程中，第 j 种非期望产出的价格 q_j 可由式（2.13）求出：

$$q_j = -p_m \left(\frac{\partial \vec{D}_0(x,y,b;g_y,-g_b)/\partial b_j}{\partial \vec{D}_0(x,y,b;g_y,-g_b)/\partial y_m} \right), \quad j=1,\cdots,J \quad (2.13)$$

其中，q_j 表示非期望产出影子价格；p_m 表示期望产出影子价格。通常，一般假定 p_m 等于期望产出的市场价格。

接下来，就需要估计距离函数从而计算非期望产出的影子价格。距离函数的估计有参数和非参数两种方法，主要区别在于是否需要预先设定距离函数的函数形式：前者需要，而后者不需要。

2. 估计方法——参数方法

在参数方法中，距离函数形式被预先设定，使得距离函数可导。因此，参数方法在计算影子价格时较为方便，亦可赋予影子价格明确的经济含义。常用的距离函数形式有超越对数函数（translog functional form）和二次函数（quadratic functional form）。通过对现有文献的梳理，Shephard 距离函数一般采用超越对数函数形式，而方向性距离函数一般采用二次函数的形式。

距离函数的超越对数函数形式如式（2.14）所示：

$$\ln D(x, y, b) = \alpha_0 + \sum_i \alpha_i \ln x_i + \sum_j \alpha_j \ln y_j + \sum_k \alpha_k \ln b_k + \frac{1}{2} \sum_i \sum_{i'} \gamma_{ii'} \ln x_i \ln x_{i'}$$

$$+ \frac{1}{2} \sum_j \sum_{j'} \gamma_{jj'} \ln y_j \ln y_{j'} + \frac{1}{2} \sum_k \sum_{k'} \gamma_{kk'} \ln b_k \ln b_{k'} + \frac{1}{2} \sum_j \sum_k \gamma_{jk} \ln y_j \ln b_k$$

$$+ \frac{1}{2} \sum_i \sum_j \beta_{ij} \ln x_i \ln y_j + \frac{1}{2} \sum_i \sum_k \beta_{ik} \ln x_i \ln b_k$$

$$\gamma_{ii'} = \gamma_{i'i}, \, i \neq i', \, \gamma_{jj'} = \gamma_{j'j}, \, j \neq j'; \, \gamma_{kk'} = \gamma_{k'k}, \, k \neq k'$$

（2.14）

与超越对数函数形式相比，距离函数的二次函数形式能够满足方向性距离函数特有的转换性质，距离函数的二次函数形式如式（2.15）所示：

$$\vec{D}(x, y, b; g_y, -g_b) = \alpha_0 + \sum_i \alpha_i x_i + \sum_j \alpha_j y_j + \sum_k \alpha_k b_k + \frac{1}{2} \sum_i \sum_{i'} \gamma_{ii'} x_i x_{i'}$$

$$+ \frac{1}{2} \sum_j \sum_{j'} \gamma_{jj'} y_j y_{j'} + \frac{1}{2} \sum_k \sum_{k'} \gamma_{kk'} b_k b_{k'} + \frac{1}{2} \sum_j \sum_k \gamma_{jk} y_j b_k \quad （2.15）$$

$$+ \frac{1}{2} \sum_i \sum_j \beta_{ij} x_i y_j + \frac{1}{2} \sum_i \sum_k \beta_{ik} x_i b_k$$

$$\gamma_{ii'} = \gamma_{i'i}, \, i \neq i', \, \gamma_{jj'} = \gamma_{j'j}, \, j \neq j'; \, \gamma_{kk'} = \gamma_{k'k}, \, k \neq k'$$

其中，x_i 或 $x_{i'}$ 表示第 i 或第 i' 种投入；y_j 或 $y_{j'}$ 表示第 j 或第 j' 种期望产出；b_k 或者 $b_{k'}$ 表示第 k 或第 k' 种非期望产出。

在确定函数形式之后，有几种参数计算方法可供选择，其中最常用的主要为确定性的线性规划方法。在估计距离函数值时，线性规划的目标是寻找一组参数使得不同 DMU 的距离函数值到环境生产技术前沿的离差和最小，约束条件是环境生产技术、距离函数和函数形式的基本性质和假设。基于不同距离函数的线性规划问题在形式上基本一致，分别如式（2.16）、式（2.17）和式（2.18）所示：

其中，式（2.16）表示在产出导向下超越对数函数形式的距离函数测度：

$$\max \sum_n [\ln D_0(x^n, y^n, b^n) - \ln 1]$$

$$\text{s.t.} \quad \ln D_0(x^n, y^n, b^n) \leqslant 0; \, \partial \ln D_0(x^n, y^n, b^n) / \partial \ln y^n \geqslant 0;$$

$$\partial \ln D_0(x^n, y^n, b^n) / \partial \ln b^n \leqslant 0; \partial \ln D_0(x^n, y^n, b^n) / \partial \ln x^n \leqslant 0;$$

$$\sum_j \alpha_j + \sum_k \alpha_k = 1;$$

（2.16）

$$\sum_j \sum_{j'} \gamma_{jj'} + \sum_k \sum_{k'} \gamma_{kk'} + \sum_i \sum_k \gamma_{ik} = 0;$$

$$\sum_i \sum_j \beta_{ij} + \sum_i \sum_k \beta_{ik} = 0;$$

$$\gamma_{ii'} = \gamma_{i'i}, \, i \neq i', \, \gamma_{jj'} = \gamma_{j'j}, \, j \neq j'; \, \gamma_{kk'} = \gamma_{k'k}, \, k \neq k'$$

式（2.17）表示在投入导向下超越对数函数形式的距离函数测度：

$$\min \sum_n [\ln D_t(x^n, y^n, b^n) - \ln 1]$$

s.t.　$\ln D_t(x^n, y^n, b^n) \geqslant 0$;　$\partial \ln D_t(x^n, y^n, b^n) / \partial \ln y^n \leqslant 0$;

　　$\partial \ln D_t(x^n, y^n, b^n) / \partial \ln b^n \geqslant 0$;　$\partial \ln D_t(x^n, y^n, b^n) / \partial \ln x^n \geqslant 0$;　（2.17）

　　$\sum_i \alpha_i = 1; \sum_i \sum_{i'} \gamma_{ii'} = 0; \sum_i \sum_j \beta_{ij} + \sum_i \sum_k \beta_{ik} = 0$;

　　$\gamma_{ii'} = \gamma_{i'i}, i \neq i', \gamma_{jj'} = \gamma_{j'j}, j \neq j'; \gamma_{kk'} = \gamma_{k'k}, k \neq k'$

式（2.18）表示在二次函数形式下的距离函数测度：

$$\min \sum_n [\vec{D}_0(x^n, y^n, b^n; g_y, -g_b) - 0]$$

s.t.　$\vec{D}_0(x^n, y^n, b^n; g_y, -g_b) \geqslant 0$;　$\partial \vec{D}_0(x^n, y^n, b^n; g_y, -g_b) / \partial y^n \leqslant 0$;

　　$\partial \vec{D}_0(x^n, y^n, b^n; g_y, -g_b) / \partial b^n \geqslant 0$;　$\partial \vec{D}_0(x^n, y^n, b^n; g_y, -g_b) / \partial x^n \geqslant 0$;　（2.18）

　　$g_y \sum_j \alpha_j - g_b \sum_k \alpha_k = -1$;　$g_y \sum_j \sum_{j'} \gamma_{jj'} - g_b \sum_j \sum_k \gamma_{jk} = 0$;

　　$g_y \sum_j \sum_k \gamma_{jk} - g_b \sum_k \sum_{k'} \gamma_{kk'} = 0$;　$g_y \sum_i \sum_j \beta_{ij} - g_b \sum_i \sum_k \beta_{ik} = 0$;

　　$\gamma_{ii'} = \gamma_{i'i}, i \neq i', \gamma_{jj'} = \gamma_{j'j}, j \neq j'; \gamma_{kk'} = \gamma_{k'k}, k \neq k'$

3. 估计方法——非参数估计方法

非参数方法基于数据包络分析估计环境生产技术或距离函数，与参数方法相比，非参数方法不需要预先设定距离函数形式，形式更加灵活，甚至可以不借助距离函数来构造环境生产技术。数据包络分析是一种主流的非参数方法，通常用于估计方向性距离函数。根据 Boyd 等，估计方向性距离函数的 DEA 模型如式（2.19）所示：

$$\vec{D}_0(x, y, b; g_y, g_b) = \max_{\lambda \beta} \beta$$

s.t.　$Y\lambda \geqslant (1 + \beta g_y) y^n$;

　　$B\lambda = (1 - \beta g_b) b^n$;　（2.19）

　　$X\lambda = x^n$;

　　$\beta, \lambda \geqslant 0$

其中，y^n、b^n、x^n 分别是第 n 个 DMU 的期望产出、非期望产出及投入；Y、B、X 分别是样本中所有 DMU 的期望产出、非期望产出及投入的向量；λ 是强度向量（intensity vector）。式（2.19）中前 3 个约束条件依次表示期望产出的强可处置性、非期望产出的弱可处置性和投入的强可处置性，其中值得注意的是非期望产出的约束条件（等号约束）。

根据 Boyd 等，距离函数的值可以通过求解式（2.19）中期望产出与非期望产出约束条件的对偶值进行计算，如式（2.20）所示：

$$-r_y \cdot \frac{\partial \vec{D}_0(x, y, b; g_y, g_b) / \partial b}{\partial \vec{D}_0(x, y, b; g_y, g_b) / \partial y} = -r_y \cdot \frac{\text{非期望产出的对偶值}}{\text{期望产出的对偶值}} \qquad (2.20)$$

不过 Lee 等（2010）指出：如果根据式（2.16）来计算非期望产出的影子价格，那么当不同观测单元投射到环境生产技术前沿上的点重合时，这些观测单元的影子价格相等。因此他们引入了无效因子（inefficiency factor）的概念，并将影子价格的形式进一步改写为式（2.21）：

$$\begin{cases} r_b = -r_y \cdot \dfrac{\partial \vec{D}_0(x, y, b; g_y, g_b) / \partial (\sigma_b b)}{\partial \vec{D}_0(x, y, b; g_y, g_b) / \partial (\sigma_y y)} \cdot \dfrac{\sigma_b}{\sigma_y} \\ \sigma_y / \sigma_b = (1 - \beta)/(1 + \beta) \end{cases} \qquad (2.21)$$

其中，σ_y 和 σ_b 分别为对应期望产出和非期望产出的无效因子。

2.3　碳排放相关理论及研究进展

2.3.1　碳排放的核算方法

通过对现有文献的梳理，核算二氧化碳排放量的思路主要包括两类：宏观核算思想和微观核算思想。其中，宏观核算思想主要是给出碳排放核算的概念性解释与方法，比较而言，微观核算思想主要是针对排放源的不同类型直接估算出碳排放量。在两种碳排放核算思路下，目前，排放因子法和实测法这两种方法由于既可以在大尺度上对碳排放进行核算，也可以直接面对不同碳进行具体估算，得到了广泛的使用。

1. 排放因子法

排放因子法（emission-factor approach）计算碳排放的基本思路是基于 IPCC 提供的碳排放清单，IPCC 清单中对于不同的碳排放源都有与之对应的具体使用数据（活动数据）与二氧化碳排放因子，通过计算每一个碳排放源的活动数据和排放因子的乘积，所得到的结果就是该排放源的二氧化碳排放估计量，具体计算方法如式（2.22）所示：

$$Emissions = AD \times EF \qquad (2.22)$$

其中，等式左边为二氧化碳排放量；等式右边 AD 表示与碳排放源直接相关的具体使用数据；EF 表示某单位该碳排放源使用所引起的二氧化碳排放量（即碳排放因子）。利用式（2.22）进行实证研究时，活动数据一般都来源于国家相关的统计和监测；排放因子主要采用 IPCC 报告中给出的缺省值（主要来自 IPCC 的官方网站）。这样，经过加总即得到多个碳排放源的二氧化碳排放总量，具体计算方式如式（2.23）所示：

$$CO_2 = \sum_i AD_i \times EF_i \qquad (2.23)$$

其中，等式左边为二氧化碳排放总量，AD_i 和 EF_i 分别表示第 i 个碳排放源的活动数据和碳排放因子。

目前，排放因子法已经成为碳排放核算的主流方法，许多学者都使用该方法对不同时间的不同行业和区域碳排放进行估算（Chen et al., 2017b；孔凡文等, 2017；尹佩玲等, 2017；夏思佳等, 2014）。进一步地，多国政府都基于排放因子方法提出了碳排放计算器，用户可以更加便捷地计算碳排放量（刘明达等, 2014）。

2. 实测法

实测法（experiment approach）是以排放源现场实际检测的碳排放数据为基础，在此基础上对不同排放源的数据进行汇总，从而得到二氧化碳排放总量。该法几乎不用考虑中间环节，直接以检测到的数据作为结果，这样的碳排放量测算更加精确（刘明达等, 2014）。然而在实际操作过程中，由于数据收集和样本处理困难较大，需要耗费大量的人力、物力和财力。另外，现实中碳排放实测法的一般处理手段都是将现场采集的样品和数据利用专门的检测设备进行定量分析，这样在样本采集和处理过程中如果样本代表性不够或者设备的测定精度不够都将会对碳排放结果造成干扰。基于上述种种条件的限制，目前实测法的实证应用方面还不是很广泛。本章综合比较了排放因子法与实测法，表 2.1 概述了两种方法的主要特点、适用对象及应用现状等。

表2.1　排放因子法和实测法的特征比较

类别	主要特点	适用对象	代表文献	研究内容
排放因子法	排放因子法由于思路简单明确，在具体计算过程中活动数据和排放因子都可以通过数据库查询，因而得到了广泛应用。根据碳排放源的不同，可以对宏观、中观和微观的问题都进行处理，现有文献中有大量应用实例可以作为参考比较	碳排放量变化相对稳定的社会经济排放源；碳排放机理不是很复杂或者可以忽略其内部复杂情况的自然排放源	陈春桥和汤小华（2010） 庄颖和夏斌（2017） Mottaa 等（2005）	基于排放因子方法对中国能源消费导致的二氧化碳排放量进行了核算，并分析了其时空演变特征 利用排放因子方法测算了广东省交通部门的二氧化碳排放量 利用排放因子方法测算了意大利化石能源燃烧所产生的二氧化碳排放量

续表

类别	主要特点	适用对象	代表文献	研究内容
实测法	实测法的碳排放核算是基于不同碳排放源的现场实测并进行汇总得到的。该方法的优点是避免了一些中间环节，这样得到的结果更加精确。但是在实际操作中，大量的数据及样本采集使得核算成本较高。这也使得该方法仅适用于微观碳排放核算层面	区域规模较小、完整的生产过程且相对比较简单的社会排放源；区域规模较小、便于采集数据和样本的自然排放源	范登龙等（2017）	运用实测法对重庆市二氧化碳排放量及碳排放强度进行了测算，并在此基础上，将 STIRPAT 拓展模型应用于重庆市化石能源消耗的二氧化碳排放峰值的测算
			仲佳爱等（2015）	运用实测法对四川盆地气矿天然气开发过程中温室气体的排放进行了核算

当然，近年来还有包括质量平衡法（mass balance approach）等在内的其他碳排放测度方法，但是由于数据收集困难、核算成本较高、系统误差大、适用范围窄等，并没有得到广泛的应用，本书也就不再讨论。

2.3.2　碳排放的测度指标

建立全球二氧化碳减排框架、公平地分配各国减排责任及合理地部署全球减排行动都强烈依赖于对二氧化碳排放的定量评价（张志强等，2008）。但是，对二氧化碳排放的全面评估由于自然因素及人类活动等多方面的影响，是一项非常复杂的工作。为了实现对二氧化碳排放量的精确评估，《联合国气候变化框架公约》（United Nations framework convention on climate change，UNFCCC）最早对各国包含二氧化碳在内的温室气体排放量进行了核算，后期在此基础上逐步形成了四类常用的二氧化碳排放指标，分别为：国别排放指标、人均排放指标、单位 GDP 排放指标及国际贸易排放指标。

1. 国别排放指标

国别排放指标以具体国家（或区域）为对象进行二氧化碳排放量的核算。国别排放指标是最早被学者和政府所应用的评价指标，一些全球性的气候政策和减排责任划分都是以该指标为基础的。特别地，UNFCCC 及《京都议定书》的制定就是依据 1990 年各国二氧化碳排放量的评估。国别排放指标可以按照时间选择的不同区分为年度二氧化碳排放指标或者某段时间的二氧化碳排放指标。

国别排放指标以国家（或区域）为单元对其二氧化碳排放量进行评估，这样各个国家排放了多少、需要减排多少都很明确，但是由于国别排放指标重点着眼于某个年度的二氧化碳排放量，忽略了历史累积的问题，因此在依此进行减排责任划分的时候就造成了对发展中国家的不公平等问题（张志强等，2008）。

2. 人均排放指标

人均排放指标顾名思义是指以单个人为研究对象进行二氧化碳排放量的核算。社会经济持续快速发展需要耗费大量的能源，导致二氧化碳排放量不断增长，这也从另一个方面说明二氧化碳排放是人类发展的附属产物，因此人均排放指标是以人为核心的评价指标。从这一视角来看，人均排放指标体现的是每个人占有资源的情况，具有较好的公平性。然而由于发达国家一般人口相对较少，经济总量大，发达国家的人均二氧化碳排放量一般都较高，部分发达国家也因此不愿意接受该指标的评估，他们认为国家或地区的发展程度是一个累积的过程，前人承担的义务不应该转嫁到当代人的身上。

3. 单位 GDP 排放指标

单位 GDP 排放指标是指单位 GDP 的增长所需要付出的碳排放量，是衡量二氧化碳排放强度的综合指标。该指标的计算方法是研究单位二氧化碳排放总量与 GDP 的比值，将二氧化碳排放与经济发展水平相关联，反映了经济发展过程中的碳成本情况。2001 年，美国提出的《晴朗天空与全球气候变化行动》中减排的核心思想实际上就是围绕该指标形成的，即要求在不阻碍经济增长能力的前提下降低碳排放强度（赵红和陈雨蒙，2013）。基于该指标建立的减排政策可以逐步降低单位 GDP 的二氧化碳排放量，是一种对经济发展影响较小、相对缓和的减排模式。但是该减排指标可能会给发展中国家带来更大的发展压力，这主要是因为一般来讲发达国家比发展中国家的单位 GDP 碳排放量要低得多，这样来看该指标会限制发展中国家的经济发展，背离了公平性原则。

4. 国际贸易排放指标

国际贸易排放指标主要是用来衡量国际贸易往来中二氧化碳转移情况的。1974 年国际高级研究机构联合会(International Federation of Institutes for Advanced Study，IFIAS) 的能源分析工作组会议首次提出了隐含能的概念，其后又由此衍生出了对隐含碳（embodied carbon）的讨论。UNFCCC 将隐含碳定义为商品从原料的取得、制造加工、运输到成为消费者手中所购买的产品整个过程中所排放的二氧化碳。在隐含碳的基础上衍生出了碳转移的概念。研究者认为碳转移本质上是从生命周期的角度测算产品的排放，表示为出口产品的隐含排放与进口产品的隐含排放之差（Reinaud，2008；Liu et al.，2017c；Guan and Reiner，2009）。国际贸易产品和服务是碳转移的主要手段，监测在此过程中转移的碳排放量可以帮助确定各区域最终消费的产品和服务的碳排放情况，进而帮助合理划分减排责任。然而由于计算该指标所需要的大量碳排放源数据很难准确获取，因而会造成较大误差。

从现有文献来看，针对已提出的几种主要二氧化碳排放指标，国内外许多学者都逐步开展了碳排放评价指标的研究工作。表 2.2 对一些有代表性的研究做了汇总。

表2.2　二氧化碳排放指标的文献总结

作者	排放指标	研究内容
Mielnik 和 Goldemberg（1999）	单位能源的二氧化碳排放量	对发展中国家应对气候变化及发展模式进行评价
Ang（1999）	能源强度（单位 GDP 能耗）	气候变化评价
Yamaji 等（1993） 何建坤和刘滨（2004） Sun（2005） 彭文强和赵凯（2012）	二氧化碳强度（单位 GDP 的二氧化碳排放量）	国家能源政策和碳减排效果评价及温室气体排放的衡量标准等
查冬兰和周德群（2007） 金碚（2005）	人均二氧化碳排放	资源与环境约束下的中国工业发展评价
张志强等（2008）	工业化累计人均二氧化碳排放	定量评价世界各国工业化以来二氧化碳历史累计排放量的当代人均量
Zhang 等（2008）	人均单位 GDP 的二氧化碳排放	测算和比较了典型发达国家和发展中国家的碳排放水平
王琴等（2010）	生存碳排放统计	以个人（家庭）为单元对家庭碳排放总量、家庭人均碳排放量、家庭单位收入碳排放量和基本生存碳排放量进行研究

2.3.3　碳排放变动分解方法

分解分析方法是一种确定研究对象各影响因素对其变化的影响情况的定量分析方法。分解分析方法的核心思想是通过数学恒等变形分解出若干个影响因素并通过各个影响因素的变化特征来分析研究对象的变化机理。由于分解分析方法思路简单并且易于操作，近年来在能源和环境经济领域得到越来越多的应用。随着研究的不断深入，分解分析方法的理论和应用都不断拓展，衍生出许多分支，通常应用分解分析方法研究能源和环境经济领域的碳排放驱动因素主要包括两大类：一类是 SDA 方法，另一类是 IDA 方法。

1. SDA 方法

SDA 方法的主要思想是以投入产出表中的消耗系数矩阵为基础，可以将影响研究系统的各个因素分离出来，因此该方法能突出反映研究对象与宏观经济变量之间的内在关系。SDA 方法在实证应用时都与投产出表相结合，这样便可以对包括国际贸易、产业部门最终需求等在内的影响因素进行较为系统的定量分析（郭朝先，2010）。为了说明 SDA 方法的基本原理，本节简单介绍考虑投入产出模型的最简情形，$X = BF$，其中，X 表示总产出向量；B 表示 Lenotief 逆矩阵；F 代表最终需求向量。进一步地，可以通过式（2.24）定量测算影响两个时期总产出变动因素的大小：

$$
\begin{aligned}
& X_1 - X_0 \\
& = B_1 F_1 - B_0 F_0 \\
& = (B_1 - B_0) F_0 + B_0 (F_1 - F_0) + (B_1 - B_0)(F_1 - F_0)
\end{aligned}
\tag{2.24}
$$

其中，1 和 0 分别代表两个不同的时期。

令 $\Delta X = X_1 - X_0$，$\Delta B = B_1 - B_0$，$\Delta F = F_1 - F_0$，则式（2.24）可以写为式（2.25）的形式：

$$
\Delta X = (\Delta B) \cdot F_0 + B_0 \cdot (\Delta F) + (\Delta B) \cdot (\Delta F)
\tag{2.25}
$$

其中，$(\Delta B) \cdot F_0$ 表示技术进步因素对总产出的影响；$B_0 \cdot (\Delta F)$ 表示最终需求变化对总产出的影响；$(\Delta B) \cdot (\Delta F)$ 表示技术进步和最终需求交互变化对总产出变化的影响。在一般的实证研究中，这种交互变化对总产出变动的影响较大，不能被忽略，因此，为精确解释总产出变动的原因，常规的处理手段是将交互影响量合理地分配到各自变量中，这样式（2.26）有以下两种合并方式：

$$
\begin{cases}
\Delta X = (\Delta B) \cdot F_1 + B_0 \cdot (\Delta F) \\
\Delta X = (\Delta B) \cdot F_0 + B_1 \cdot (\Delta F)
\end{cases}
\tag{2.26}
$$

其中，虽然 $(\Delta B) \cdot F_0$ 和 $(\Delta B) \cdot F_1$ 均可以表示技术进步因素对总产出的影响，但是这两个结果却是不一致的。为了解决这一问题，在投入产出技术文献中，两极分解法和中点权分解法是两种比较直观的分解方法，也最为常见。李景华（2004）也证明了两极分解法和中点权分解法都是加权平均分解法的近似解。

在实证应用方面，Lenotief（1953）首先提出了基于投入产出的 SDA 基本模型思想框架，并细致分析了美国的经济结构。Carter（1970）更为正式地应用 SDA 方法对投资和技术进步作用进行了研究。Skolka（1989）用 SDA 方法研究了澳大利亚在 1964~1976 年的经济体系变化情况，定量分解分析了技术进步因素、国内最终需求变化因素、贸易变化因素，以及劳动生产力变化等因素对经济产出、就业结构与水平的变化的影响。该研究受到了领域内学者的广泛关注，在此基础上学者在方法和研究领域上都有了很大的拓展，产生了很多经典的研究工作（Dietzenbacher and Los，2000；Yan and Yang，2010；Feng et al.，2017；Su and Ang，2012；Su and Ang，2014）。

与此同时，SDA 方法在国内已经发展成为投入产出技术领域一种主流经济分析的工具。SDA 方法最早是由陈锡康引入的，并应用其分解分析了中国在 1981~1995 年的经济增长变化问题（Chen and Guo，2000）；刘保珺（2003）通过

SDA 方法定量解释了消费、投资和出口对经济发展的贡献作用，该研究还进一步地利用 SDA 方法对不同时期的投入产出表及前人研究结果做了比较分析，即从理论和应用两个方面进行了拓展；周鹏（2003）提出了一个更为一般性的基于投入产出的 SDA 分解模型，并分解分析了中国经济发展的影响因素；谢锐等（2017）基于中国序列投入产出表，采用 SDA 方法研究了 1995~2014 年影响中国碳排放变动的主要因素，结果表明经济规模扩张和各部门碳排放强度的下降分别是拉动和抑制碳排放的主要原因，中间投入产品结构的变动则进一步导致碳排放增长；宋辉和王振民（2004）主要对 SDA 的理论进行拓展与创新，他们在原始模型的基础上提出了投入产出偏差分析方法，新建的模型可以较好地解决产业部门影响因素偏差的定量计算问题。

2. IDA 方法

IDA 方法的核心思想是对研究对象通过数学公式进行一系列的恒等变形，将各个因素指标表示为连乘的形式，进而测度各个影响因素对因变量的贡献大小（Ang，2004）。1871 年 Laspeyres 根据当时的生产生活需要，提出以基期价格为权重构建一种用来处理一些经济方面问题的指数，如产品生产过程中产量和价格对企业运营的影响等。IDA 方法就是在这个基础上形成和发展的。IDA 方法由于具有对数据要求比较低（相比于 SDA 方法需要国家级的投入产出表，IDA 方法仅需部门级数据）、计算简单、可以进行时间序列及跨区域的横向和纵向分析等优点（Ang，2004），已经逐渐成为经济发展领域内的主流分析工具。随着能源—经济—环境系统逐步成为全球关注的问题，研究者一直试图探索能源—经济—环境系统变化的内部机理，因此近年来 IDA 方法在该领域内得到了广泛的应用（张炎治和聂锐，2008）。

IDA 方法包括拉氏（Laspeyres）指数法、迪氏（Divisia）指数法、Fisher 指数、Marshall-Edgeworth 指数等在内的 10 余种指数。在这些指数分解分析方法中拉氏指数和迪氏指数分解方法得到的应用最为广泛。近年来，随着研究的深入，迪氏指数法得到了较大发展，其中对数平均迪氏指数（logarithmic mean divisia index，LMDI）法的理论与方法均更加完善。由于 LMDI 方法没有分解剩余项并且计算简便，受到研究者的广泛青睐（Ang and Pandiyan，1997；Ang and Zhang，1999）。下面简要描述 LMDI 方法的原理。

假设在 n 维空间中，在研究期 $[0,t]$ 内，因变量 V 可以表示为 n 个因子的乘积形式，V^0 和 V^t 分别表示 0 期和 t 期因变量的值，其基本形式如下：

$$V^t = \sum_i X_{1i}^t X_{2i}^t \cdots X_{mi}^t \qquad (2.27)$$

其中，V 表示被分解的因变量；X 表示影响 V 发生变化的因子；i 表示不同的种类，如能源类型、产业结构或者一些其他分类指标。

通过对式（2.27）进行一系列的数学变换，包括：首先对两边取对数，其次对等式两边求关于时期 t 的导数，最后对求导后的等式两边再进行 0 到 t 的积分，有

$$
\begin{aligned}
\ln \frac{V^t}{V^0} &= \int_0^t \sum_i w_i \left(\frac{\mathrm{d}\ln X_{1i}}{\mathrm{d}t} + \frac{\mathrm{d}\ln X_{2i}}{\mathrm{d}t} + \cdots + \frac{\mathrm{d}\ln X_{ni}}{\mathrm{d}t} \right) \mathrm{d}t \\
&= \int_0^t \sum_i \left(w_i \frac{\mathrm{d}\ln X_{1i}}{\mathrm{d}t} + w_i \frac{\mathrm{d}\ln X_{2i}}{\mathrm{d}t} + \cdots + w_i \frac{\mathrm{d}\ln X_{ni}}{\mathrm{d}t} \right) \mathrm{d}t
\end{aligned} \tag{2.28}
$$

其中，w_i 在时间序列内各个时间点上的数据是非固定变化的，一般通过取不同的权重 $\overline{w_i}$ 来处理。Ang（2004）为了解决分解结果中存在残差及零值的问题，采用了如下的方法来处理。

首先，令

$$
\begin{cases}
L(x,y) = (y-x)/\ln(y/x) \\
L(x,x) = x
\end{cases}
$$

则权重函数 $\overline{w_i} = \dfrac{L(V_i^0, V_i^t)}{L(V^0, V^t)} = \dfrac{(V_i^t - V_i^0)/\ln(V_i^t/V_i^0)}{(V^t - V^0)/\ln(V^t/V^0)}$，将 $\overline{w_i}$ 替换到式（2.28）有：

$$
\begin{aligned}
\frac{V^t}{V^0} &= \exp\left(\sum_i \overline{w_i} \ln \frac{X_{1i}^t}{X_{1i}^0}\right) \cdot \exp\left(\sum_i \overline{w_i} \ln \frac{X_{2i}^t}{X_{2i}^0}\right) \cdot (\cdots) \cdot \exp\left(\sum_i \overline{w_i} \ln \frac{X_{ni}^t}{X_{ni}^0}\right) \\
&= \exp\left(\sum_i \overline{w_i} \ln \frac{X_{1i}^t X_{2i}^t \cdots X_{ni}^t}{X_{1i}^0 X_{2i}^0 \cdots X_{ni}^0}\right) \\
&= \exp\left(\sum_i \frac{(V_i^t - V_i^0)/\ln(V_i^t/V_i^0)}{(V^t - V^0)/\ln(V^t/V^0)} \ln \frac{V_i^t}{V_i^0}\right) \\
&= \exp\left(\frac{\ln(V^t/V^0)}{(V^t - V^0)} \sum_i (V_i^t - V_i^0)\right) \\
&= V^t/V^0
\end{aligned} \tag{2.29}
$$

这样得到的分解方法便不会有残差产生，是一种更加完善的分解方法。一般来说，LMDI 分解有加和及乘积两种形式：

$$
\begin{aligned}
D_{\text{tot}} &= V^t/V^0 = D_{X1} \cdot D_{X2} \cdots D_{Xn} \cdot D_{rsd} \\
\Delta V &= V^t - V^0 = \Delta V_{X1} + \Delta V_{X2} + \cdots + \Delta V_{Xn} + \Delta V_{rsd} \\
D_{Xk} &= \exp\left(\sum_i \overline{w_i} \ln \frac{X_{Ki}^t}{X_{Ki}^0}\right) \\
\Delta V_{Xk} &= \frac{V^t - V^0}{\ln(V^t/V^0)} \ln D_{Xk}
\end{aligned} \tag{2.30}
$$

其中，D 和 ΔV 分别表示因变量及其各个影响因素的变化值；D_{rsd} 和 ΔV_{rsd} 分

别表示残差，在式中分别取 1 和 0。

在分解的过程中，还存在 0 值和负值的问题，对于分解中所存在的 0 值和负值问题，研究者进行了深入研究，使得 LMDI 方法能够很好地处理 0 值和负值的情况，从而使得该分解方法可以适用于任何情形的分析（Ang ，2004 ）。

SDA 方法和 IDA 方法已经成为能源环境经济领域的两种主流驱动因素分析的工具，表 2.3 对其在中国能源环境领域具有代表性的应用研究做了归纳。

表2.3　代表性的SDA方法和IDA方法分解分析相关文献

文献	年份	应用领域	分解方法
Chang 等	2008	台湾地区工业部门碳排放	SDA
Geng 等	2013	辽宁区域碳排放	SDA
Wang 等	2013	北京区域碳排放	SDA
Zeng 等	2014	能源强度	SDA
Wang 等	2005	能源相关的碳排放	IDA
Zhang 等	2009	能源相关的碳排放	IDA
Lin 和 Ouyang	2014	非金属矿产品工业	IDA
Yan 等	2016	区域火力发电厂碳排放	IDA

2.3.4　碳减排成本测度

温室气体是实际生产过程中不可避免的非期望产出，减少以二氧化碳为主要代表的温室气体排放需要付出相应的经济代价，即减排成本。在制定和落实减排政策时，减排成本已经成为一个关键问题和主约束。因此，近年来减排成本，尤其是二氧化碳减排成本的测度及研究引起了各国学者和机构的广泛关注。

总体而言，二氧化碳减排成本可以从宏观和微观两个层面来理解。从宏观层面来看，二氧化碳减排成本可以定义为围绕二氧化碳减排所采取的行动或措施所造成的经济损失。例如，用某个目前正在试点的碳交易政策来控制碳排放对行业发展的影响，或者短期内为了实现某一二氧化碳减排目标，强制关停一些高排放高能耗企业，进而对 GDP 造成损失等，这些都应该算作宏观碳减排成本的研究领域。因此，碳减排成本的宏观层面包含的范围比较广泛。从微观层面上讲，二氧化碳减排成本可以是某个地区或行业进行二氧化碳减排时进行的必要的投入，包括固定资本、劳动力和技术等。例如，民航部门为了实现 2050 年碳强度和碳排放的目标，需要进行发动机技术的研发、飞行员节能技术的培训、新型飞机的更新替代等，这些相关的投入都应算作微观碳减排成本的研究领域。因此，微观层面的减排成本的边界相对更清晰，但是需要运用计量经济模型逐一计算投入的资源、技术的效率和总价值，在此基础上进行加总计算进而得到总的二氧化碳减排成本。

现有研究形成的一个共识是对于碳排放的治理工作，从长期来看主要依托于技术的革新、能源结构的调整、产业结构的优化；而短期治理的途径主要是对生产规模的限制，但这样必然会束缚行业、区域或者国家的快速发展。显然，对于不同部门、不同行业、不同区域来说，由于生产过程的异质性，碳减排成本也存在巨大的差异。

定量分析实施碳减排政策对经济系统所产生的影响关系到政策的可行性及有效性，以及经济系统的稳定性，因此国内外很多学者分别运用很多不同的定量研究方法来测度二氧化碳减排与经济的相关课题。代表性的研究主要包括：赵巧芝和闫庆友（2019）利用影子价格思路对边际减排成本进行测算，从空间集聚、异质和分布三个方面对其空间演化轨迹进行分析，研究结果表明各省份边际减排成本间的正向空间自相关性经历了明显增强—大幅减弱—微弱的演变过程，2012 年以后非常微弱，总体表现为随机分布状态。Fan 等（2010）通过构建多目标线性规划模型，考虑在优化经济结构同时减少二氧化碳排放的框架下，测度我国的二氧化碳总减排成本，研究结果表明，二氧化碳减排对中国宏观经济的影响比较显著，2010 年单位二氧化碳减排对 GDP 的损失约为 3100~4024 元，随着减排措施的不断升级，减排成本会进一步上涨。另外，从行业层面来看，采掘业、金属冶炼行业、化工行业和石油开发及冶炼行业等的减排成本相对较低，说明我国这些行业的二氧化碳减排潜力巨大。Manne 和 Richels 通过 Global 2100（一种非线性规模模型）来评估实施二氧化碳减排对美国宏观经济上的平均影响。研究结果表明：碳减排政策的长期实施，由此带来的减排成本从 2000 年的不足 GDP 的 2% 逐年攀升至 2020 年的 4% 以上，这将是一笔非常大的支出。

通过对现有文献的回顾，我们发现在现有文献中，碳减排成本相关的概念包括边际减排成本（marginal abatement cost）、影子价格（shadow price）、平均减排成本（average abatement cost）及总减排成本（total abatement cost）等不同的碳减排成本定义方式。不同方式的碳减排成本在具体含义上存在一定的差异。

边际碳减排成本是指在产量既定的前提下，每减少一单位二氧化碳排放带来的期望产出的减少量或要求其他投入的增加量。边际碳减排成本可以反映在现有的减排技术下可以追求的减排潜力。研究通常会进一步根据边际碳减排成本绘制边际碳减排成本曲线，该曲线能够更为直观地反映出某个减排目标、减排政策或减排措施所对应的相关成本。近年来，边际碳减排成本逐渐成为学界分析二氧化碳减排问题的一种有效方法，其代表性研究主要包括：陈文颖等（2004）运用综合能源、环境和经济的动态非线性规划模型测算不同二氧化碳减排比率假设下的边际碳减排成本，在此基础上进一步分析实施二氧化碳减排行为对传统化石能源的需求及终端消费等方面的影响。研究结果表明，实施二氧化碳减排政策，会对化石燃料的影子价格造成影响，从而影响我国传统能源的终端消费结构。李陶等（2010）利用排放预测和政策分析模型（emissions prediction and policy analysis model，EPPA）预测了中国 2020 年边际碳减排成本，并在此基础上绘制了中国的边际碳减排成本曲线，并基于非线性规划研究了我国省区碳强度的减排配额。在吴贤荣（2021）的研究中，作者同时考虑了期望产出与碳排放等环境因素的非期望产出，构建了农业碳排放减排成本测度模型，利用参数法测算了 1994~2016 年中国 31 个省（自治区、直辖市）的农业碳排放边际减排成本，并对各省（自治区、直辖市）的农业碳减排成本的时空特征进行了探究。结果显示：中国各地区农业的边际碳减排成本在时间序列上降多增少，不同省（自治区、直辖市）的农业碳减排成本差异较大，但地区差异在样本考察期内呈现的缩小趋势较为明显。在此研究结果的基础上，文章还进一步探讨了基于区域碳减排责任分摊机制的农业碳减排政策建议。

　　二氧化碳的平均减排成本和总减排成本都是在边际碳减排成本上演变而来的。推导过程比较简单：碳排放的总减排成本通常是利用边际减排成本曲线进行积分，在此基础上除以减排量，便得到平均碳减排成本。在测算平均减排成本和总成本时会涉及积分问题，计算过程可能会比较复杂，因此，考虑到二氧化碳减排措施的相关影响和成本是离散的，部分研究工作有时将平均减排成本视为边际减排成本，这样也可以倒推出总减排成本，进而减轻工作量。例如，欧盟就非常依赖边际碳减排成本曲线，并用于对二氧化碳的平均减排成本进行评价。另外，一些代表性的研究工作主要包括 Kesicki 和 Strachan（2011），该研究中，作者认为一条边际碳减排成本曲线可以反映实际二氧化碳的边际减排成本，也可以通过积分来确定平均成本和总的减排成本。

　　影子价格的概念由诺贝尔经济学奖得主 Tinbergen 首先提出，作为一种非期望产出，根据生产经济学理论，二氧化碳的影子价格可以定义为每减少一单位二氧化碳排放对收益或产出的影响程度，也就是边际减排成本。

　　随着影子价格模型的不断发展演变，基于方向性距离函数的影子价格模型在碳排放方面的应用相对更为广泛，主要是由于该模型相对于传统的 Shephard 距离函数，能够同时测度经济系统在经济产出增长的同时二氧化碳的减少，更符合二氧化碳减排和低碳经济政策的目标，即实现"减排增效"的初衷。在利用影子价格模型进行碳减排成本测度时，根据估计方法的不同可分为参数和非参数两种，这两种测度方法都具有坚实的微观经济学和宏观经济学基础，因此研究的结果具有较好的解释能力，近年来得到了广泛的应用。其中代表性的研究工作主要包括：蒋伟杰和张少华（2018）在 Bootstrap 抽样的基础上对中国工业部门二氧化碳的影子价格进行了稳健性估计，测算了中国 36 个工业行业 1998~2011 年的二氧化碳影子价格。研究结果表明二氧化碳影子价格在不同行业间存在较大差异并呈扩大趋势，表明行业间存在巨大的碳排放权交易空间，但是 36 个行业中有越来越多的行业已经向"清洁型"生产技术转变；另外，二氧化碳边际减排成本与碳强度存在明显的倒"U"形关系。王倩和高翠云（2018）构建了全局非径向方向性距离函数测度碳排放效率，并利用其对偶模型测算出 2010~2015 年中国各地区的碳减排成本，研究结果表明全国碳减排总成本增长率与经济增速比值呈波动上升趋势，且大部分地区总减排成本增速大于经济增速。在此基础上，作者通过构建计量模型进一步探讨了碳减排成本提升的主要影响因素。宋杰鲲等（2016）构建了环境 SBM-DEA 模型并利用其对偶模型测算了我国省域层面的二氧化碳影子价格。该研究进一步对影子价格进行了分类，主要分为竞争性影子价格、发展性影子价格和发展竞争性影子价格，研究结果表明二氧化碳对各省经济系统具有明显的影响；从省域层面来看，碳边际减排成本存在较大的异质性，大部分省的碳减排技术进步有限，并存在波动，整体碳减排效果尚不稳定。另外还有一些学者从碳排放影子价格的影响因素、影子价格的计算方法等视角进行了大量的研究，得出了丰富的结论，Zhou 等对采用影子价格模型进行碳减排成本核算的研究做了一个较为系统的梳理。

通过对上述文献的梳理及回顾，我们发现无论是碳减排总成本、平均碳减排成本还是影子价格的测度均与边际减排成本的核算有关。近年来，国内外学者运用多种模型方法测算和分析了二氧化碳边际减排成本，常见的测算模型可以分为自下而上模型和自上而下模型两大类。其中得到广泛应用的包括工程经济学模型、动态优化模型、投入产出分析模型、可计算一般均衡模型，以及混合模型等。不同类别中的不同模型有不同的构造机理，亦各有其优缺点，篇幅所限，本章不再进一步讨论，具体可以参考周鹏等（2014）的研究。

2.4　民航碳排放相关研究进展

20 世纪 90 年代以来，人们逐渐认识到民航部门温室气体的大量排放是导致全球气候变暖的重要原因之一。国内外的学者开始对民航部门的碳排放问题进行研究，这也是寻找二氧化碳减排途径的前提之一。现有的关于民航部门碳排放的研究目前主要集中在三个方面：第一，民航部门碳排放核算；第二，民航部门碳排放绩效评估；第三，民航部门碳排放减排路径及政策研究。

2.4.1　民航碳排放核算

民航部门碳排放核算主要是利用现有的关于民航部门的统计指标搜集具体的统计数据以测算民航部门的能源消耗量、二氧化碳排放量、二氧化碳排放强度及其动态演化特征等。在计算方法上，大部分是基于 IPCC 提供的清单法，根据航油消耗量利用"自上而下"的计算方法。当然，在具体计算时，有些研究还详细考虑了飞机航行的不同阶段的特征，并分别予以核算；另外也有一些是基于飞机的具体飞行轨迹、发动机参数、飞行时间等，通过实际测量的方式对飞机碳排放进行的核算。

He 和 Xu（2012）利用基于燃料的"自上而下"的计算方法计算了中国民航部门在 1996 年到 2009 年间的碳排放及碳排放强度等指标。在该研究的基础上，何吉成（2011）进一步精确测算了 1960~2009 年民航部门的二氧化碳排放量及碳排放强度的变化趋势。实证研究结果表明，中国民航部门的二氧化碳排放总量由 1960 年的 12 万吨增至 2009 年的 4144 万吨，与此同时，碳排放强度逐年下降，不过近年来碳排放强度下降幅度趋缓。该研究通过定量计算的方法，帮助人们认识了解了民航部门的碳排放问题，也为中国民航运输部门设置节能减排提供了理论依据。Graver 和 Frey（2009）主要对飞机在起飞和着陆阶段下的碳排放进行了研究。他们在 Raleigh-Durham 国际机场根据飞机运行的航线、机型架次，以及不同发动机的排放数据，对飞机 LTO 过程中的碳排放状况进行了测算。Fan 等（2012）基于 2010 年的航班列表、飞机与发动机的组合信息和国际民航组织修订后的污染物排放清单，具体测算了 2010 年中国大陆（不包括台湾地区）航班的能源消费量，以及其碳氢化合物、一氧化碳、氮氧化物、二氧化碳和二氧化硫的排放量。结果表明，大陆航班的能源消费量达到 1212 万吨，二氧化碳排放量达到 3821 万吨。文章还进一步测算了各个航空公司的能源消费及污染物排放量，其中南方航空公司所占的份额最大，分别达到 27%和 25%~28%。

2.4.2　民航碳排放绩效评价

监测中国航空公司的能源及碳排放绩效，并确定影响绩效的主要因素，有助于制定有针对性的节能减排政策。对于民航部门绩效评价的定量研究近年来得到了广泛的讨论和重视，主要研究方法包括成本函数法（Scotti and Volta，2017）、基于参数的随机前沿分析方法（Assaf，2009）、基于非参数的 DEA 方法（Li et al.，2016）和基于计量的回归分析方法（Lee and Worthington，2014）。其中 DEA 方法对于民航部门的绩效评估方面的研究越来越流行。Schefczyk（1993）首先应用

DEA 模型对 1990 年全球 15 家代表性的航空公司进行绩效评价；Arjomandi 和 Seufert（2014）以全世界 6 个地区的 48 家低成本航空公司为样本，实证测算了它们从 2007 年到 2010 年间的环境和技术效率；Cui 等（2016a）提出了一个基于虚拟前沿面的动态非径向 DEA 模型，并利用其测量 2008~2012 年 22 家航空公司的能源效率；Li 等（2016）建立了一个两阶段 DEA 模型，并被用来评估 2008~2012 年 22 家国际航空公司的运营效率。此外，还有一些研究将 DEA 模型与其他方法结合起来考察民航部门的绩效。例如，Tsionas（2003）结合 DEA 和 SFA 研究美国航空公司的减排措施对运营绩效的影响；Lozano 和 Gutierrez（2011）提出了使用 DEA 和成本函数的联合模型，以便在确定环境影响、机队成本和运营成本之间的权衡方面有更多的控制性和灵活性。

然而，现有的研究中关于民航部门碳排放绩效方面的研究还相对较少。有代表性的研究主要包括：Lee 等（2015）综合考虑了民航部门在生产运营过程中产生的期望产出与非期望产出（二氧化碳排放），并运用 Malmquist-Luenberger 生产率指数对 11 家航空公司的绩效进行了评价；Cui 等（2016b）为了分析 EU ETS 对航空公司绩效的影响，提出了一个动态环境 DEA 模型并测算了其对全球 2008~2014 年 18 家大型航空公司的影响程度；Lee 等（2017）构建了一个两阶段 DEA 模型，将二氧化碳排放纳入民航部门运营效率和生产力评估的过程中，并分析了影响民航部门生产力变化的决定因素；Seufert 等（2017）在考虑民航部门二氧化碳排放的基础上提出了一个 Luenberger-Hicks-Moorsteen 指数，并利用该指数测算了 2007~2013 年世界主要航空公司运营阶段的效率和生产率。

2.4.3　民航碳排放减排路径

民航一次完整的飞行轨迹中，90%的碳排放都是集中在巡航阶段，并且巡航阶段排放出的温室气体比在地面或低空阶段排放的等量的温室气体对地球气候的影响更严重（Lee et al., 2009）。根据政府间气候变化专门委员会的相关数据，民航部门二氧化碳排放量占全球二氧化碳排放量的 2%左右。现如今，在燃油效率提升及航班频率增加的基础上，乘客数量以每年约 5%的速度增长，这将潜在地推动民航部门温室气体排放量以每年 3%~4%的幅度增长（IATA，2015）。因此，在民航部门制定可实施的减排措施，以及制定相应的碳排放减排路径便显得尤为重要。

现有的关于民航部门减排路径的研究主要集中在碳排放交易体系的设计及所能产生的影响上。Grote 等（2014）对现有的关于民航运输业二氧化碳排放问题的文献做了系统的回顾和总结。研究表明随着民航业的飞速发展，该部门将成为人类活动产生二氧化碳的主要排放源之一，因而减少该部门的二氧化碳排放将是研究工作的重点。有些减排措施可以通过市场调节来实施，但是当有些措施市场调节无法进行的时候就需要一个常设的全球性的具有法律效力的组织来实施有效的管理工作，然而历史经验表明这样一个机构的设立是非常困难的，因为这将涉及各个国家权力和利益博弈的问题。文章将现有的民航业二氧化碳减排措施归结为两类：一类是法律和政策措施，包括设定能源效率目标、设定 2020 年碳中性增长的目标、制定基于市场的政策措施、全球性二氧化碳排放标准的制定，以及国家向 ICAO 递交减排计划；另一类为技术和运作措施，包括飞机制造技术的改进、新能源的选择、机场运作程序效率的提高。Kopsch（2012）尝试解释了 EU ETS 框架下的一些重要条款。文章对其中的五个方面（配额分配、责任承担、跨期交易、交易障碍、排放聚集）进行了详细的解读，并将之前及当下的包括欧盟碳排放交易机制等在内的 4 种排放交易体系进行了对比。进一步，通过对 EU ETS 在民航方面的实施措施进行实证研究，结果表明在初始碳排放配额分配及民航部门与 EU ETS 之间的交易障碍这两个方面需要仔细审查并提高警惕。

2.5　研　究　述　评

　　近年来，效率与生产率理论的研究工作得到了不断的拓展和延伸，并且被广泛应用于不同行业不同的生产过程中，尤其是能源消费与碳排放领域。通过前文对现有文献的系统回顾与总结，发现生产技术、距离函数、效率和生产率、指数分解、结构分解等理论方法在研究碳排放方面得到了广泛的应用。聚焦于二氧化碳排放变动驱动因素的研究，目前主流的两种研究方法（指数分解和结构分解）虽然可以通过分解出强度变化、规模变化、结构变化等多种因素来归纳出影响二氧化碳排放变化的主要机理，但是这两种方法均无法研究生产过程中生产技术的变化对二氧化碳排放量变动的影响。在实际的生产过程中，投入与产出要素（包括期望产出和非期望产出）的数量变动与生产技术是直接相关的。当生产技术水平得到提高时，投入产出间关系也必将得到改善，因此在对二氧化碳排放变动驱动因素的研究中，对于生产技术相关变量（如节能减排潜力、纯技术效率、规模效率、配置效率、技术进步等因素）的分解分析是非常必要的。然而，如何做到将效率与生产率理论与传统的主流分解分析方法有效结合，需要进一步的研究与拓展。

　　具体到行业部门，尤其是民航部门碳排放方面的相关研究，近年来取得了较为丰硕的成果，然而对于民航部门碳排放方面的研究还存在一些不足，总体来看，以下几个方面还可以做更多的工作。

首先，民航部门碳排放核算问题。对于民航部门来说，碳排放主要是飞机发动机消耗燃料导致的，由于排放源是一个复杂的系统，直接精确测量其碳排放量数据的成本很高，一般情况下难以实现。民航部门碳排放核算目前有针对性地进行的研究还很少，所以只能在结合民航碳排放特点的基础上有选择地借鉴其他行业的碳排放核算的经验和教训来进行探讨和研究。比较现有研究中的民航部门碳排放核算，各有优缺点。设计和选择一种适用监测范围广泛并且结果具有较高精度的核算方法显得尤为重要。

其次，民航部门碳排放驱动因素分析问题。研究和掌握民航部门影响碳排放的驱动因素可以帮助制定有针对性的减排策略进而建立和发展低碳经济。现有的一些民航部门碳排放影响因素研究表明经济发展和技术进步是民航部门碳排放影响最大的两个因素（Zhang et al., 2009）。其中代表性的研究是 Sgouridis 等（2011）利用计量经济学方法回归分析了 5 个影响因素对民航部门二氧化碳排放的影响程度，基于此，文章得出了 4 条节能减排的政策建议。这些研究说明了影响因素分析方法在民航部门碳排放领域中的成功应用。分解分析方法是影响因素分析方法的一个重要分支，经过前文的介绍我们知道，分解分析方法在能源环境领域得到了广泛的应用，根据目前的研究状况利用分解分析方法厘清影响中国民航部门能源消耗和碳排放的主要驱动因素具有极大的拓展和深化空间。

再次，民航部门碳排放绩效评估问题。在制定有针对性的减排措施之前，首先要了解碳排放的特征并监测碳排放绩效。对民航部门甚至对具体航空公司的碳排放绩效进行监测将是制定和明确民航部门减排任务的基础，也是衡量民航部门各航空公司公平发展机会的重要依据。通过对现有民航部门碳排放绩效的评价指标的梳理，我们发现当前碳排放绩效指标基本是在单要素基础上构建的静态指标，这样得到的评价结果一般只适用于截面的横向比较但是没法从时间维度进行纵向分析。进一步地，在考虑系统生产过程的框架下，从技术进步、技术效率及规模效率等视角对指标进行多要素的综合分析较少。在此基础上，对碳排放绩效差异性，并基于差异性对行业内决策单元的异质性的研究更是鲜见。因此，民航部门碳排放绩效评价方面的研究有待于进一步深入。

最后，民航部门减排路径的政策设计问题。现有研究对于民航部门未来的碳排放情形做了大量研究，这些研究在帮助理解民航部门未来碳排放趋势的同时，由于不同学者和机构对方法选择及情景假设等不同，研究结果有着较大的差异性。这样反而使得人们对民航部门未来碳排放的认识趋于模糊。为了更好地理解未来民航部门的碳排放轨迹，研究者首先应该以差异性为基础，识别并优化民航部门节能减排的路径，进而在选择的最优减排路径下进行减排政策设计。其中，有些减排措施可以通过市场调节来实施，但是有些措施在市场调节无法进行的时候就需要一个常设的全球性的具有法律效力的组织来实施有效的管理工作,然而历史经验表明这样一个机构的设立是非常困难的,因为这将会涉及各个国家权力和利益博弈的问题。传统的分析方法和方法论在这方面的应用研究有待进一步完善。

2.6　本章小结

本章通过对效率和生产率理论及其研究进展进行系统回顾,梳理了与碳排放相关的一些理论与方法的研究现状,对生产技术、距离函数、效率和生产率、影子价格、指数分解、结构分解等概念进行了简要介绍和数学描述。进一步,对现有的民航部门有关碳排放量的核算、碳排放绩效的评估、碳减排成本的测度及碳排放减排路径的政策设定等方面的研究进行了归纳和总结,并做了简要评述。总体来说,针对二氧化碳排放驱动因素分解理论和方法的研究已经取得了一些成果,但尚存不足。

首先,通过比较现有研究中的民航部门碳排放核算,发现各有其优缺点。设计和选择一种适用监测范围广泛并且结果具有较高精度的核算方法显得尤为重要。其次,从研究领域上看,尽管国际上涌现出大量有关指数分解、结构分解的研究工作,但以我国民航部门二氧化碳排放为研究对象,进行驱动因素分析的研究还鲜有涉及,因此利用分解分析方法厘清影响中国民航部门能源消耗和碳排放的主要驱动因素具有极大的拓展和深化空间。再次,对于民航部门碳排放绩效评估的研究相对缺乏,在评价方法上,现有的碳排放绩效指标基本是在单要素基础上构建的静态指标,这样得到的评价结果一般只适用于截面的横向比较但是没法从时间维度进行纵向分析,并且在考虑系统生产过程的框架下,从技术进步、技术效率及规模效率等视角对指标进行多要素的综合分析较少。在此基础上,对碳排放绩效差异性,并基于差异性对行业内决策单元的异质性的研究更是鲜见。特别地,对于中国民航部门碳排放相关问题的研究需要结合全球航空发达国家及先进航空公司进行比较(包括排放总量、排放绩效和减排成本),汲取先进技术和管理经验,进而为中国民航低碳发展提供事实经验和依据。最后,对于民航部门减排路径的政策研究比较混乱,影响因素选择的主观性较强导致研究结果差异性很大,不利于进行横向比较,因此传统的分析方法和方法论在这方面的应用研究有待进一步完善。

第二篇　民航碳排放：中国特征

第 3 章 中国民航碳排放总体态势与减排努力

3.1 引　　言

　　民航运输部门在进行航空运输的过程中会消耗大量的航空煤油，根据 Grote 等（2014）的研究，现如今全球民航部门每天约消耗 500 万桶航空煤油。如此大量的燃料消耗所产生的温室气体排放不可小觑，并且随着全球航空运输规模的不断扩张，民航部门碳排放所引起的环境气候问题将越来越严重。为了应对这一全球性难题，如前文所述，全球航空业已经开始了一系列的低碳发展行动。具体到中国而言，2011 年 3 月，中国民用航空局出台了《关于加快推进行业节能减排工作的指导意见》（以下简称《意见》），提出了中国民航部门在未来一段时间内的节能减排目标，具体分为以下三个时间节点：2012 年以前实现碳排放强度（单位运输周转量的碳排放量）比 2005 年下降 11%，2015 年以前实现碳排放强度比 2005 年下降 15%，2020 年以前实现碳排放强度比 2005 年下降 22%（谭惠卓，2013）。

　　中国民航运输业目前处于快速发展阶段，在此过程中，民航运输规模的不断扩张不可避免地会带来大量的以二氧化碳为代表的温室气体排放，以 2019 年为例，航空公司航空燃油消耗为 3689 万吨，由此产生的二氧化碳排放量达到 1.16 亿吨，这一数值约占日本（全球碳排放量排名第五）当年所有二氧化碳排放量的 10%，由此可见，正在蓬勃发展的中国民航业将面临不小的碳减排压力。

　　为了应对这一全球性的减排压力，如前文所述，中国民航部门已经开始了一系列的低碳发展行动：2018 年 12 月，中国民用航空局向各航空企业和相关单位下发了《关于开展飞行活动二氧化碳排放监测计划预填报工作的通知》（以下简称《工作通知》）。《工作通知》中明确要求，各航空公司应于 2018 年 12 月 31

日前通过邮件报送航空飞行活动二氧化碳排放监测计划。同时，中国民用航空局还正式下发了《民用航空飞行活动二氧化碳排放监测、报告和核查管理暂行办法》（以下称《暂行办法》）。《暂行办法》要求对 2019 年起全面实施的航空运输活动中产生的二氧化碳排放进行监测、报告和核查，对整体民航部门和部分代表性航空公司的碳排放强度（单位运输规模的碳排放量）变化提出明确的下降目标。

对民航部门及航空公司来说，为了高效地实现这些减排目标，民航从业人员及政策制定者需要对民航（包括整体及各个减排主体）目前的碳排放状况和碳减排能力有一个明确的把握。一些涉及民航部门当前减排的关键性问题，需要能够得到精确的评估。例如，民航部门碳排放水平及碳强度变化趋势如何？当前中国民航部门碳减排的整体水平如何？各减排主体(对民航部门来说主要为航空公司)的碳减排相对发展水平如何？是一致的还是存在明显差异的？各个航空公司间的碳减排相对协调水平如何？是均衡的还是存在明显的非均衡性？民航发展过程中航空公司的市场结构又在多大程度上影响了中国民航部门碳减排的整体水平？对这些问题的研究对把握中国民航部门碳减排情况和制定应对策略具有重要的理论价值和现实意义。

聚焦于上述问题，近年来，中国民航部门碳排放发展水平相关问题的研究不断涌现。这些研究对中国民航部门碳减排目标的实现路径进行了有益的探索，但亦存在三个方面的局限：首先，对于碳排放量的核算，现有研究采取了排放因子法、实测法和质量平衡法等核算民航部门碳排放相关指标，然而不同的核算方法其应用范围存在一定的区别与限制，核算的结果也存在较大的差异。对于民航部门碳排放的核算，有必要对现有的方法进行综合比较（包括核算精度、核算成本、可操作性等）进而选择合适的方法。其次，现有的民航碳排放相关研究更多侧重于利用各类分解手段或计量经济学方法，对中国民航碳排放总量或绩效的驱动因素进行分析，少有对中国民航部门碳减排水平进行衡量和测度的。最后，大部分研究都集中于民航部门整体的碳排放测度及分析上，缺乏对航空公司间碳减排的比较研究，航空公司是民航部门碳减排的主体，因而对中国民航部门航空公司间碳减排的描述和比较分析还有待进一步的深入。虽然也有部分研究涉及中国民航低碳发展进程测度和对中国民航与主流国家民航部门碳减排及其未来潜力进行国家比较，但都并未对中国民航部门碳减排水平进行深入分析。

基于此，本部分先系统梳理民航部门碳排放的一系列核算方法，通过比较分析，在综合权衡数据的可获得性、核算成本及核算的精确度等方面后选择合适的方法来核算中国民航部门历年的二氧化碳排放量及碳强度等相关指标。接着，本部分以中国代表性航空公司为切入点，从整体和航空公司两个层面对中国民航部门碳减排水平进行综合评价。与现有研究相比，本部分研究的主要工作体现在如下两个方面：首先，更为全面地估算了中国民航部门及航空公司的碳排放量，分析了中国民航部门碳排放变动的现状及未来趋势；同时，在此基础上，提出了民航部门碳减排成熟度的概念，并运用灰色关联度分析方法，构建了发展度指数、协调度指数和协调发展度指数等 3 个成熟度测度指数，对代表性航空公司碳减排成熟度及民航部门整体碳减排成熟度进行了综合测度和评价。

3.2　中国民航的碳排放现状

3.2.1　核算方法的选择

民航碳排放核算就是定量测度民航部门由运输活动所产生的与碳排放相关的数据。具体来说，民航碳排放主要是由飞机发动机消耗燃料导致的，由于排放源是一个复杂的系统，直接精确测量其碳排放量数据的成本很高，一般情况下难以实现。目前，对民航部门碳排放核算有针对性进行的研究还很少，所以只能在结合民航碳排放特点的基础上有选择地借鉴其他行业的碳排放核算的经验和启示来进行探讨和研究。根据第 2 章关于碳排放核算的主要研究方法，本节总结了可以应用于民航部门碳排放核算的三类方法，具体如下。

1. 排放因子法

排放因子法计算民航部门碳排放的基本思路是基于 IPCC 提供的碳排放清单，计算航油消耗的活动数据和排放因子的乘积，所得到的结果就是民航部门的二氧化碳排放估计量，因此也叫 IPCC 清单法。该方法具有较高的实际参考价值和理论指导意义。如图 3.1 所示，现代飞机发动机航油燃烧的排放物中除了 28% 左右的水蒸气，剩下的绝大部分都是二氧化碳，包括一氧化碳等在内的其他气体只占 0.4%。美国联邦航空管理局（Federal Aviation Administration，FAA）的统计数据表明，对于民航部门的燃料类型来说，由于高空运输的特殊性，考虑到燃料的稳定性、挥发性、沸点等性质，目前的航油 99% 都是航空煤油，仅有一些小型飞机会使用航空汽油，其消耗量不足总量的 1%。排放因子法针对 IPCC 提供的航空碳排放清单一般有三种方法：方法 I 是完全基于燃油消耗量；方法 II 是在基于燃料消耗的基础上进一步考虑飞机的飞行特征，包括着陆/起飞和巡航；方法 III 是使用各次飞行的移动数据。实际上，涉及 IPCC 清单排放因子法的三种方法都是"自上而下"，基于能源使用量进而计算出碳排放量的。

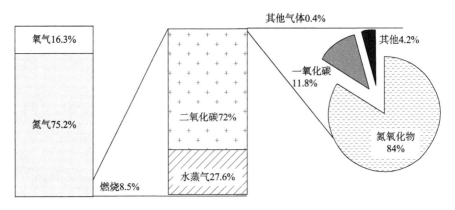

图 3.1 民航航空公司燃油燃烧所产生的气体排放

方法 Ⅰ 碳排放量计算的核心思想是根据民航部门不同类型发动机的航油消耗量和其对应的碳排放因子乘积的加和。我国民航部门各个航空公司的二氧化碳排放量的计算公式如式（3.1）所示：

$$P_i = \frac{(M_i \times N_m \times F_m + Q_i \times N_q \times F_q)}{10^6}$$ （3.1）

其中，P_i 为第 i 个航空公司的二氧化碳排放量；M_i 为第 i 个航空公司所消耗的航空煤油总量；Q_i 表示第 i 个航空公司的航空汽油消耗量；N_m 和 N_q 分别对应航空煤油和航空汽油的净发热值；F_m 和 F_q 分别对应航空煤油和航空汽油的排放因子。

其中，航空煤油和航空汽油的净发热值，以及排放因子的具体数据是由 IPCC 提供的，如表 3.1 所示，航空煤油和航空汽油的实际消耗量可以从航空公司处获得。

表3.1 IPCC清单中不同类型燃料对应的净发热值和排放因子

燃油	净发热值（千焦耳/克）	排放因子（千克/万亿焦耳）
航空煤油	44.1	71.5×10^3
航空汽油	44.3	70.0×10^3

注：括号中为指标对应的单位

方法 Ⅱ 进一步考虑了完整航线的不同阶段的碳排放问题，包括 LTO 阶段和巡航阶段。飞机完整航线的二氧化碳排放量实际上就是这两个部分的二氧化碳排放量之和。LTO 阶段表示的是这样一个封闭的过程，即飞机从大气边界层高度（约915 米）降落到机场，再从机场起飞到这个高度的一个完整过程。因此一个完整的 LTO 阶段主要包括如下四个模式：滑行、起飞、爬升和进近[①]。清单中将 915

---

① LTO 各阶段飞行时间和发动机推力等级与机型无关，基于 LTO 状态下的时间和推力等级数据，ICAO 发动机排放数据库提供了在海平面 LTO 各个飞行模式下的基准燃油流量，故而结合 LTO 阶段的飞行时间，可以估算 LTO 阶段的燃油消耗量。

米作为区分 LTO 阶段和巡航阶段的标志（图 3.2）。

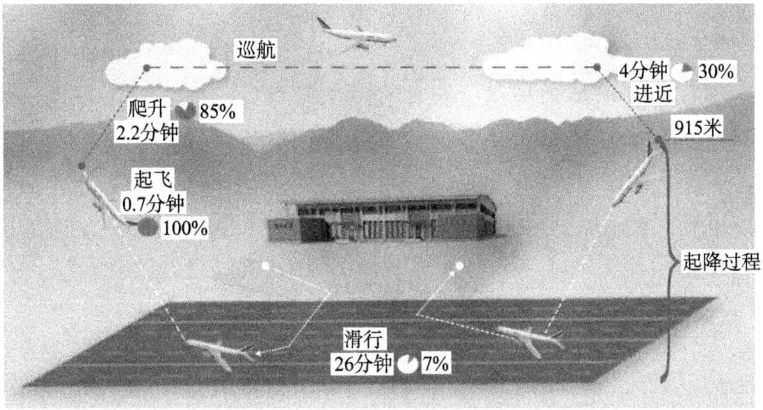

图 3.2　飞机完整航线飞行循环示意图

　　方法 II 对数据的要求相对更高，主要思想是对飞机完整航线各个阶段的碳排放量分别计算并加和，简要计算过程如下：

$$P_i = P_{i,\mathrm{LTO}} + P_{i,C} \qquad (3.2)$$

　　其中，P_i 代表第 i 个航空公司的二氧化碳排放总量；$P_{i,\mathrm{LTO}}$ 表示第 i 个航空公司飞机在 LTO 阶段的碳排放总量；$P_{i,C}$ 表示第 i 个航空公司飞机在巡航阶段的碳排放总量。当然，在利用方法 II 测量 LTO 阶段的碳排放时需要飞机 LTO 阶段和巡航阶段的一些具体参数，这些参数可以通过 IPCC 和航空公司获取。详细的计算过程本节不再赘述，可以参见宗苗（2014）。

　　方法 III 主要是对飞机整个飞行过程的数据进行记录，并利用记录的数据进行碳排放量计算。对于数据的获取主要可以分成两类：一类是基于起点和终点的数据，另一类是基于飞机航行完整的飞行轨迹。实际上，方法 III 比方法 II 更为复杂，其在方法 II 的基础上进一步具体考虑了 LTO 不同阶段的不同碳排放情况。其核心思想是对每一台发动机每个阶段的碳排放量进行计算并叠加，计算过程可以用式（3.3）表示：

$$P = \sum_{i=1}^{4} nt_i F_i I + P_C \qquad (3.3)$$

　　其中，等式左边 P 表示碳排放总量，等式右边的第一部分 $\sum_{i=1}^{4} nt_i F_i I$ 表示飞机在 LTO 阶段的二氧化碳排放总量，第二部分 P_C 表示飞机在巡航阶段的碳排放总量。其中，n 表示飞机发动机台数；t_i 表示飞机在第 i 个飞行阶段（滑行、起飞、爬升和进近）分别耗用的时间；F_i 表示各个阶段的燃料实际流量；I 为航油二氧化碳排放指数。尽管方法Ⅲ完整核算了飞机整个飞行过程的碳排放量，但是计算量相对更大，计算成本也最高，因此一直没有得到广泛应用。

综上所述，在基于排放因子的 3 种方法中，从计算结果的精确度方面来说，这三种方法都是基于燃油消耗量来计算的，因此差别不大。对于计算成本来说，方法Ⅰ无论是在数据获取上还是在计算方法上都更为简便，也是目前民航部门碳排放核算的主流方法，因而应用最为广泛。但是，相比于方法Ⅱ和方法Ⅲ，方法Ⅰ的计算结果相对更为笼统，不能区分不同阶段和不同地域的碳排放情况。在进行民航部门碳排放测算时，应该根据实际情况与需求来选择方法。

2. 实测法

实测法是以飞机发动机的现场实际检测的尾气排放数据为基础，在此基础上通过测定气体排放量、二氧化碳媒介流量，以及二氧化碳在媒介中的比例浓度来计算飞机二氧化碳排放总量，进而得到民航部门的二氧化碳排放总的。该法几乎不用考虑中间环节，直接以检测到的数据作为结果，这样的碳排放量测算更加精确。然而在实际操作过程中，由于在数据收集和样本处理方面存在较大困难，需要耗费大量的人力、物力和财力。另外，在现实中碳排放实测法的一般处理手段都是将现场采集的样品和数据利用专门的检测设备进行定量分析，这样在样本采集和处理过程中一旦样本代表性不够或者设备的测定精度不够，都将会对碳排放结果造成干扰。因此，虽然该方法得到的数据非常具有可信度和精确性，但是有时会需要较为复杂的技术和较高的经济成本。

实测法一般可以通过式（3.4）简要说明：

$$G = KQC \tag{3.4}$$

其中，G 表示二氧化碳排放量；Q 表示样本气体中二氧化碳的媒介流量；C 表示样本气体中二氧化碳在媒介中的浓度；K 为单位换算系数。

3. 质量平衡法

质量平衡法是以质量守恒为主要的理论基础，分解分析整个生产活动中物料投入与产出的过程。质量平衡法的基本原理为在利用物料投入在进行产品生产的过程中，产出的物料与生产过程中流失的物料之和应该等于最初的总投入。可以用式（3.5）来简单表示：

$$\sum G_{投入} = \sum G_{产品} + \sum G_{流失} \tag{3.5}$$

式（3.5）的具体关系可以图 3.3 表示。对于民航部门碳排放的核算，由于受到技术和资金等方面的限制，基于实际测量是很不现实的，而质量平衡法是一种介于排放因子法和实测法之间的、较为合适的理论估算方法。对于方法来说，计算过程工作量很小；对于数据来说，民航部门投入物料及产出产品的数量比较容易获得；对于计算结果来说，计算出的结果是针对民航整个生产过程的宏观整体。但是该方法的最大缺陷在于无法精确获得生产过程中的物料流失及效率，尤其对于民航部门来说，其生产过程更加复杂多变，因而利用该方法测算的民航部门碳排放量的计算结果会有很大的误差。

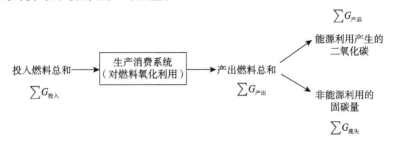

图 3.3　质量平衡法示意图

对民航部门三类碳排放核算方法作以系统比较（表 3.2），本节主要从优缺点两个方面加以归纳。

表3.2　民航部门碳排放核算方法优缺点比较

碳排放核算方法	优点	缺点
排放因子法	操作简单、实用；所需的数据容易获得	只能宏观计算排放总量
实测法	计算结果精确、可靠性高	核算中对设备和操作人员的要求高、核算成本较大
质量平衡法	计算过程工作量小；所需数据可以直接从生产过程中获取；结果是针对整个生产过程的宏观把握	核算过程对民航部门完整的数据记录要求高，计算结果一般用于参考比较

总而言之，利用排放因子法中的 3 类方法来估算二氧化碳排放量，对于宏观把握民航部门整体碳排放量有较好的应用，然而由于外部环境限制，核算的结果不够精确；实测法核算碳排放结果的精度最高，但是经济成本较高、计算过程复杂，并且实测法仅能对有限的范围进行监测，因此适用度较低；质量平衡法的原理简单、操作方便，计算结果有利于对整个民航部门生产过程的宏观把握，但是从目前中国民航部门的数据统计指标及统计质量来看，还存在很大的缺失，从而导致其结果精度最低。

3.2.2　民航碳排放特征与趋势

为了整体把握民航部门的碳排放现状，本书在综合权衡了数据的可获得性、核算成本，以及核算的精确度等方面后选择了被广泛应用的排放因子法中的方法 I 来核算中国民航部门 1996~2015 年历年的二氧化碳排放量，其中航油的燃料净发热值取 44.1 千焦耳/克，航油的排放因子值取 71.5×10^3 千克/万亿焦耳，如表 3.1 所示。

　　如图 3.4 所示，从 1996 年到 2015 年中国民航部门的二氧化碳排放量以年均 11.43%的速度飞速增长，民航部门二氧化碳排放量占全国排放量的比例由 0.6%增加到 1%左右。可以预见，民航部门若不采取有针对性的减排措施，民航运输需求的不断增长将推动民航部门成为主要的二氧化碳排放源。

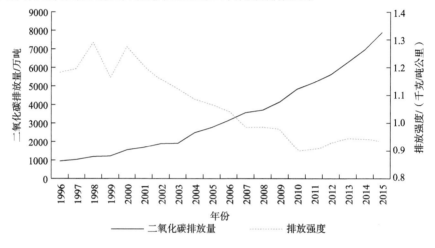

图 3.4　中国民航 1996~2015 年二氧化碳排放总量及碳排放强度

　　民航部门碳排放强度的计算方法为民航部门二氧化碳排放总量与相对应的运输总周转量之比。碳排放强度表示的实际意义是民航部门实现单位运输周转量所需要排放的二氧化碳数量（单位为：千克/吨公里），一般反映的是飞机运输及能源使用的技术水平。随着人们对民航运输需求的不断增长，航空公司的机队规模也在不断扩大，这使得中国民航部门的运输周转量急剧增加；与此同时，随着航空公司运营水平的不断提升，以及政府对民航节能减排的政策引导，民航部门开展了大量的节能减排工作，这也是民航部门碳排放强度不断下降的原因。从图 3.4 中可以看出，受亚洲金融危机的影响，1997~2000 年中国民航部门碳排放强度存在较大波动，并且在 2011 年到 2013 年，碳排放强度存在微弱上升趋势。整体来看，民航部门的二氧化碳排放强度呈现下降的变化趋势，但自 2010 年以来，碳排放强度下降幅度较小，这说明基于技术的减排实施遇到了瓶颈，需要引起民航部门的足够重视。

　　如图 3.4 所示，结合民航部门的碳排放量和碳排放强度两个方面来看，虽然碳排放强度由 1998 年最高的 1.29 千克/吨公里下降到 2015 年的 0.93 千克/吨公里，但是民航部门的整体二氧化碳排放量仍然在不断增长，并且增幅越来越大。由此看来，民航部门若要在 2020 年实现碳排放强度与 2005 年相比下降 22%的目标还需要付出更多努力。民航部门应该正视减排压力并有针对性地制定减排对策，从而在实现运输周转量持续增长的同时能够有效地扼制其碳排放量的增加。

3.3　中国民航碳减排水平测度建模

　　自美国学者 Humpbrey 提出"软件能力成熟度模型"之后，"成熟度"的概念被广泛应用于各个领域。"成熟度"的本意是指植物果实成长到可以收获的程度，后被引申到对事物完善程度进行描述和度量。例如，池雅琼等（2021）构建了数据保护成熟度综合模型，研究数据有效保护与数据高效应用的问题；向志强和张淇鑫（2021）构建了产业链的成熟度综合模型，研究 5G 新闻产业链的现状与趋势。在将成熟度概念运用于不同的领域过程中，成熟度模型也得到了不同程度、不同广度的拓展。但将"成熟度"概念引入能源—碳减排领域的研究还相对较少，且主要集中在工业领域，其中具有代表性的工作为王文举和李峰（2015）将成熟度概念引入中国的工业领域并构建了中国工业领域的碳排放成熟度评价模型。与已有文献将"成熟度"内涵局限于"增长"、"成长"和"发展"等几种概念不同，他们的研究认为碳排放"成熟度"概念除了强调对碳减排发展度描述外，还应该包括对碳减排主体间协调发展度的综合性描述和度量。

　　无论是对发展度还是对协调度进行描述和度量，都要求设计一个包含多层面和多个指标的评价体系（王文举和李峰，2015）。现有的评价指标体系主要包括数据包络分析、层次分析法（analytic hierarchy process，AHP）和多元统计等，但这些方法一般都会存在变量共线性问题、权重结构主观性较大、数据要求高或者计算复杂等方面的局限（杜栋和庞庆华，2005）。灰色系统理论的核心思想是利用"小样本、贫信息"对"部分未知信息"进行研究，可以很好地克服上述这些局限。在灰色系统理论中，灰色关联分析是对系统各组成要素及各要素与整体之间相互关联程度进行定量分析的方法。

　　在逻辑上，邓氏灰色关联分析方法正好可以用来对民航部门和民航部门内部各航空公司碳减排（相对）发展度进行分析。实际应用中，利用邓氏灰色关联分析方法首先需要确定参考序列和对应的比较序列，在此基础上利用关联度模型求解出各比较序列与参考序列之间的关联度系数。一般来说，参考序列会选择最优发展序列，关联系数越大表明序列曲线越接近，反之亦然。从经济意义上解释，两个序列的关联度越大，比较序列的发展水平与最优序列的发展路径越接近，其相对发展水平也就越高。

根据王文举和李峰（2015）的研究，本章将民航部门碳排放成熟度的概念界定如下：各航空公司的"发展度"指对各航空公司碳减排的发展水平的最终效果的度量，实际上是航空公司"碳减排能力"的一种体现；"协调度"指各航空公司在碳减排过程中对碳强度（单位运输周转量碳排放量）和运输规模（运输周转量）之间的相关性的度量，实际上是航空公司减排技术和运输规模之间"协调能力"的一种体现；"协调发展度"指各航空公司碳减排协调发展水平；在民航部门整体层面上，"发展度"指对各航空公司碳减排发展水平的平均值的度量，"协调度"就是对各航空公司碳减排水平的和谐度的度量，"协调发展度"指对中国民航部门整体碳减排发展水平和协调水平之间和谐性的度量。

3.3.1　民航碳排放发展度指数构建

假设共有 m 个航空公司，研究的时间跨度为 n 个年份，x 为航空公司的碳排放量，第 i 个航空公司比较序列 x_i 组成的集合为：$x_i = \{x_i(1), x_i(2), \cdots, x_i(n)\}$，参考序列 x_0 组成的集合为：$x_0 = \{x_0(1), x_0(2), \cdots, x_0(n)\}$。对于参考序列来说，由于航空公司碳排放量与其碳减排水平呈负相关关系，最优参考序列可以设置为 $x_0(k) = \min_{1 \le i \le m}\{x_i^{x(k)}\}, k = 1, 2, \cdots, n$。那么，第 i 个航空公司在第 k 年与参考序列 $x_0 = \{x_0(1), x_0(2), \cdots, x_0(n)\}$ 的灰色关联度系数计算公式可以表示为式（3.6）的形式：

$$\xi_i(k) = \frac{\Delta_{\min} + \rho\Delta_{\max}}{\Delta_{ik} + \rho\Delta_{\max}} \tag{3.6}$$

其中，参数 ρ 为分辨系数（参考王文举和李峰（2015），本节的分辨系数设置为 0.5）。$\Delta_{\min} = \min_i \min_k |x_0(k) - x_i(k)|$ 为整个时期各个航空公司比较序列与最优参考序列绝对差的最小值；$\Delta_{\max} = \max_i \max_k |x_0(k) - x_i(k)|$ 为整个时期各个航空公司比较序列与最优参与序列绝对差的最大值；$\Delta_{ik} = |x_0(k) - x_i(k)|$ 为第 k 年第 i 个航空公司的比较序列与最优参考序列的绝对差。这样，$\xi_i(k)$ 即可定义为第 k 年第 i 个航空公司碳减排的相对发展指数，取值在 0 到 1 之间，$\xi_i(k)$ 的数值越大，则该航空公司碳减排相对发展水平越高。

在定义了单个航空公司碳减排发展度的基础上，中国民航部门 m 个航空公司整体碳减排发展度指数可以表示为式（3.7）的形式：

$$D_k = \frac{1}{m} \sum_{i=1}^{m} \xi_i(k) \tag{3.7}$$

3.3.2　民航碳排放协调度指数构建

在对民航部门碳减排发展度定义的基础上，需要进一步探讨民航部门整体及航空公司之间的碳减排协调度问题。此处的协调主要是指碳强度（碳排放技术）与运输周转量（运输规模）之间的协调问题，主要是为了反映民航部门在运输规模不断扩张的过程中，配套的碳减排技术是否匹配。

基于 KAYA 恒等式 $C_i = \frac{C_i}{V_i} \cdot V_i$，其中，$\frac{C_i}{V_i}$ 表示第 i 个航空公司的碳强度；V_i 表示第 i 个航空公司的运输规模。假设有 m 个航空公司，比较时期为 n 个年份，y 为碳排放强度，第 i 个航空公司比较序列 y_i 组成的集合为：$y_i = \{y_i(1), y_i(2), \cdots, y_i(n)\}$，最优参考序列 y_0 组成的集合为：$y_0 = \{y_0(1), y_0(2), \cdots, y_0(n)\}$。由于碳排放强度与碳减排水平呈负相关关系，最优参考序列可以设置为 $y_0(k) = \min\limits_{1 \leqslant i \leqslant m} \{y_i^{y(k)}\}, k = 1, 2, \cdots, n$。这样，第 i 个航空公司在第 k 年与最优参考序列的灰色关联度系数计算公式如式（3.8）所示：

$$\delta_i(k) = \frac{\Delta_{\min} + \rho \Delta_{\max}}{\Delta_{ik} + \rho \Delta_{\max}} \tag{3.8}$$

其中，参数 ρ 为分辨系数（同上，本书将其设置为 0.5）。$\Delta_{\min} = \min\limits_i \min\limits_k |y_0(k) - y_i(k)|$ 为整个时期各航空公司比较序列与最优参考序列绝对差的最小值；$\Delta_{\max} = \max\limits_i \max\limits_k |y_0(k) - y_i(k)|$ 为整个时期各航空公司比较序列与最优参考序列绝对差的最大值；$\Delta_{ik} = |y_0(k) - y_i(k)|$ 为第 k 年第 i 个航空公司的比较序列与参考序列的绝对差。可见，$\delta_i(k)$ 即为第 k 年第 i 个航空公司碳强度的相对发展指数，取值在 0 到 1 之间，若 $\delta_i(k)$ 的数值越大，那么碳强度相对发展水平越高。

同样地，对于前面假设的 m 个航空公司，设 z 为航空公司在研究期间的运输周转量，这样第 i 个航空公司运输周转量比较序列 z_i 组成的集合为：$z_i = \{z_i(1), z_i(2), \cdots, z_i(n)\}$，最优参考序列 z_0 组成的集合为：$z_0 = \{z_0(1), z_0(2), \cdots, z_0(n)\}$。由于运输规模与碳减排水平呈正相关关系，参考序列 $z_0(k) = \max\limits_{1 \leqslant i \leqslant m} \{z_i^{z(k)}\}, k = 1, 2, \cdots, n$。则第 i 个航空公司的第 k 年的灰色关联度系数计算公式如式（3.9）所示：

$$\varphi_i(k) = \frac{\Delta_{\min} + \rho \Delta_{\max}}{\Delta_{ik} + \rho \Delta_{\max}} \tag{3.9}$$

同样，ρ 为分辨系数（取值 0.5）。$\Delta_{\min} = \min\limits_i \min\limits_k |z_0(k) - z_i(k)|$ 为整个时期所有比较序列与参考序列绝对差的最小值；$\Delta_{\max} = \max\limits_i \max\limits_k |z_0(k) - z_i(k)|$ 为整个时期所有比较序列与参考序列绝对差的最大值；$\Delta_{ik} = |z_0(k) - z_i(k)|$ 为第 k 年第 i 个航空公司的比较序列与参考序列的绝对差。可见，$\varphi_i(k)$ 即为第 k 年第 i 个航空公司运输规模的相对发展指数，取值在 0 到 1 之间，数值越大，运输规模相对发展水平越高。

基于上述各航空公司碳强度发展度与运输规模发展度的测度，参考王文举和李峰（2015），各航空公司碳减排相对协调度指数可采取二者的几何平均法计算，即将 $\delta_i(k)$ 和 $\varphi_i(k)$ 进行几何平均即可得到第 i 个航空公司在第 k 年的碳减排相对协调度指数，计算公式如式（3.10）所示：

$$T_i(k) = \sqrt{\delta_i(k) \cdot \varphi_i(k)} \qquad (3.10)$$

很明显 $0 \leqslant T_i(k) \leqslant 1$，$T_i(k)$ 的值越大表示第 k 年第 i 个航空公司碳减排相对协同（碳减排技术与运输规模）水平越高；反之，$T_i(k)$ 的值越小表示第 k 年第 i 个航空公司的碳减排协同水平越低。

与中国民航部门碳减排整体发展度指数测度方法不同，中国民航部门碳减排整体协调度指数所要测度的是各航空公司间碳减排的协同水平，因此，其无法通过各航空公司的相对协调度指数进行简单算术平均计算获得，但可以通过构建对应的距离协调度模型进行测度。距离协调度模型的本质是通过测度经济系统现实状态与理想状态的欧氏距离与切比雪夫距离之间的比率关系来衡量经济系统的协调水平。基于前述假设，第 k 年各航空公司碳排放实际值与最优值的欧氏距离测度公式可以用式（3.11）表示：

$$O_k = \sqrt{\sum_{i=1}^{m} [x_0(k) - x_i(k)]^2} \qquad (3.11)$$

与此同时，第 i 个航空公司在整个研究观察期间的碳排放与最优值最大的距离测度公式为 $q_i = \max\limits_{1 \leqslant k \leqslant n} \{|x_0(k) - x_i(k)|\}$。

所以中国民航部门碳减排整体协调度指数测度公式如式（3.12）所示：

$$T_k = 1 - \sqrt{O_k^2 \Big/ \sum_{i=1}^{m} (q_i)^2} \qquad (3.12)$$

3.3.3 民航碳排放协调发展度指数构建

由于各航空公司的碳减排相对发展度指数和相对协调度指数会存在不一致的

情况，可能会出现航空公司在较低发展水平下出现了较高的相对协调性问题（范柏乃等，2013）。因此，对于民航部门来说，在根据相对协调度指数反映民航部门整体的协调发展的情况时可能会存在一定的片面性。因此，有必要构建民航部门碳减排相对协调发展度指数，对民航部门碳减排进行全面客观分析。第 k 年第 i 个航空公司的碳减排相对协调发展度指数可以通过式（3.13）的计算方法获得：

$$\eta_i(k) = \sqrt{\xi_i(k) \cdot T_i(k)} \tag{3.13}$$

另外，在同一研究区间内，民航部门碳减排整体发展水平和整体协调水平也可能会出现不一致的情况（池雅琼等，2021）。这样，单独使用民航部门碳减排整体发展度指数或民航部门碳减排整体协调度指数对中国民航部门碳减排整体成熟度进行综合评价都可能会存在一定的片面性。基于此，与各航空公司的碳减排相对协调发展度类似，进一步构建了中国民航部门碳减排整体协调发展度指数。第 k 年中国民航部门的碳减排整体协调发展度指数可以通过式（3.14）的计算方法获得：

$$H_k = \sqrt{D_k \cdot T_k} \tag{3.14}$$

另外，为了对中国民航部门各航空公司整体碳减排成熟度水平及其所处的水平进行更好的描述，本书借鉴陈佳贵等（2006）的思路，结合中国民航部门的实际情况，将上述指标所表示的成熟度水平划分为 2 个阶段：指数值小于等于 0.5 的表示低水平阶段，进一步细分，指数值小于等于 0.2 的表示非常低水平阶段（用 FD 表示），指数值大于 0.2 小于等于 0.5 的为较低水平阶段（用 JD 表示）；指数值大于 0.5 小于等于 1 的表示高水平阶段，进一步细分，指数值大于 0.5 小于等于 0.7 的为较高水平阶段（用 JG 表示）；指数值大于 0.7 小于等于 1 的表示非常高水平阶段（用 FG 表示）。

总体来看，上述概念界定，不仅明确了发展度、协调度和协调发展度的内涵，而且对各航空公司和民航部门整体这两个层面进行了区分，从而弥补了常见的碳排放量等单一指标在碳减排描述上的局限性。

3.4　数据来源与说明

中国作为一个新兴的航空大国，尤其是近年来民航部门发展迅猛，衍生出许多不同类型、不同属性的航空公司。本章采用有代表性的航空公司作为研究样本，进而反映中国民航部门整体的碳排放水平。选择的 12 家航空公司分别是：中国国际航空公司（CCA）、中国南方航空公司（CSN）、中国东方航空公司（CES）、中国邮政航空公司（CYZ）、河北航空公司（HBH）、海南航空公司（CHH）、四川航空公司（CSC）、春秋航空公司（CQH）、奥凯航空公司（OKA）、华夏航空公司（HXA）、上海吉祥航空公司（简称吉祥航空公司）（DKH）和东海航空公司（EPA）。样本航空公司的具体属性如表 3.3 所示。

表3.3　样本航空公司及其公司属性

类型	航空公司	属性	ICAO 代码
中央航空公司	中国国际航空公司	国有（上市）	CCA
	中国南方航空公司	国有（上市）	CSN
	中国东方航空公司	国有（上市）	CES
地方航空公司	中国邮政航空公司	国有	CYZ
	河北航空公司	国有	HBH
	海南航空公司	国有（上市）	CHH
	四川航空公司	国有	CSC
公私合营航空公司	春秋航空公司	非国有（上市）	CQH
	奥凯航空公司	非国有	OKA
	华夏航空公司	非国有	HXA
	吉祥航空公司	非国有（上市）	DKH
	东海航空公司	非国有	EPA

　　至于为什么选择这 12 家航空公司作为研究样本，主要是因为这 12 家航空公司能够整体反映中国民航部门发展及碳排放相关的问题。选择的样本包括 3 个中央航空公司、4 个地方航空公司和 5 家公私合营的航空公司。12 家航空公司中，7 家航空公司是国有的，5 家是非国有的，并且其中 6 家航空公司都是上市公司。

　　另外，在 2007~2013 年的样本研究中，12 家航空公司的运输周转量占整个民航部门运输周转量的 60% 以上，二氧化碳排放量占整体排放量的 80% 左右，具体数据如表 3.4 所示。因此，样本选择的 12 家航空公司能够较好地代表中国民航部门的运输规模发展及碳减排基本状况。

表3.4　样本航空公司的碳排放和运输周转量

航空公司	2007 年		2008 年		2009 年		2010 年		2011 年		2012 年		2013 年	
	C	Y	C	Y	C	Y	C	Y	C	Y	C	Y	C	Y
CCA	902.4	787.0	890.9	787.6	937.3	852.2	1066.2	994.2	1103.0	1058.9	1136.9	1109.9	1195.4	1205.9
CSN	946.6	735.8	937.5	740.8	1027.4	804.1	1220.7	1069.1	1315.5	1174.7	1490.2	1310.8	1647.5	1399.1
CES	803.5	550.7	759.3	508.6	855.5	594.1	963.7	689.0	1015.1	742.8	1117.0	804.9	1217.1	878.9
CYZ	11.6	8.4	13.2	10.1	13.7	11.3	15.9	13.8	18.8	15.4	18.9	14.7	17.0	10.9
HBH	0.5	0.3	4.6	2.9	3.3	2.0	4.9	3.2	11.7	10.0	11.0	8.9	22.5	18.3
CHH	140.0	143.4	151.6	154.4	211.8	217.7	218.5	239.5	250.4	288.8	272.2	299.1	322.7	355.6
CSC	90.8	93.3	96.2	98.0	127.2	131.9	156.9	163.8	190.0	198.7	226.6	228.7	266.5	266.4

航空公司	2007 年		2008 年		2009 年		2010 年		2011 年		2012 年		2013 年	
	C	Y	C	Y	C	Y	C	Y	C	Y	C	Y	C	Y
CQH	23.2	29.0	28.5	35.5	43.2	55.2	58.6	76.7	74.2	96.6	99.3	131.0	117.7	153.2
OKA	12.1	12.0	15.2	15.3	13.9	14.4	13.0	14.6	26.2	29.0	32.6	36.6	34.3	37.0
HXA	3.6	1.6	4.2	1.8	4.2	1.8	5.3	2.5	6.2	3.1	8.2	4.3	10.5	5.5
DKH	13.1	12.8	19.2	19.6	30.5	33.2	44.7	51.0	56.0	65.0	71.1	79.6	100.6	109.2
EPA	2.2	1.7	4.1	4.1	6.8	6.7	8.8	9.0	10.3	10.4	10.1	9.9	9.9	10.0

注：C 表示碳排放，单位为万吨；Y 表示运输周转量，单位为 10 亿吨公里

3.5　民航碳减排成熟度实证结果

3.5.1　航空公司碳减排成熟度

中国民航部门碳减排成熟度可从各航空公司和民航部门整体两个层面加以阐释。各航空公司层面，使用"相对发展度"对各航空公司的碳排放量的排放水平进行测度，用以比较各航空公司碳减排最终成效情况；使用"相对协调度"对各航空公司间碳排放的协调水平进行测度，用以比较各航空公司碳减排现状的协调情况；使用"相对协调发展度"对各航空公司碳减排相对发展水平和相对协调水平之间的和谐发展程度进行测度，用以比较各航空公司碳减排的发展水平和协调水平的综合平衡情况。民航部门整体层面，使用"整体发展度"对各航空公司碳减排的平均发展水平进行测度，用以比较不同年份中国民航部门碳减排整体成效情况；使用"整体协调度"对航空公司碳减排发展水平的协调程度进行测度，用以比较不同年份中国民航部门碳减排在各航空公司间的整体协调情况；使用"整体协调发展度"对中国民航部门碳减排整体发展水平和协调水平之间的和谐发展程度进行测度，用以比较中国民航部门碳减排的整体发展水平和协调水平的综合平衡情况。

具体地，对于民航部门各个航空公司而言，所处的发展阶段、区位条件和管理体制等诸多因素的不同，会导致各航空公司碳减排发展水平和协调水平存在显著差异。表 3.5 为根据研究方法中介绍的公式计算所得的 2007~2013 年中国民航部门 12 个航空公司碳减排相对发展度指数。

表3.5 2007~2013年各航空公司相对发展度指数

项目		2007 年	2008 年	2009 年	2010 年	2011 年	2012 年	2013 年	平均
中央航空公司	CCA	0.4758	0.4801	0.4671	0.4355	0.4274	0.4204	0.4085	0.4450
	CSN	0.4639	0.4673	0.4443	0.4024	0.3848	0.3559	0.3333	0.4074
	CES	0.5048	0.5202	0.4900	0.4606	0.4480	0.4248	0.4041	0.4646
地方航空公司	CYZ	0.9866	0.9890	0.9875	0.9867	0.9849	0.9871	0.9914	0.9876
	HBH	1.0000	0.9994	1.0000	1.0000	0.9933	0.9965	0.9849	0.9963
	CHH	0.8544	0.8474	0.7970	0.7931	0.7703	0.7562	0.7236	0.7917
	CSC	0.9006	0.8989	0.8685	0.8434	0.8167	0.7894	0.7614	0.8398
公私合营航空公司	CQH	0.9730	0.9710	0.9535	0.9384	0.9233	0.8999	0.8837	0.9347
	OKA	0.9859	0.9866	0.9872	0.9901	0.9762	0.9710	0.9711	0.9812
	HXA	0.9962	0.9999	0.9989	0.9995	1.0000	1.0000	0.9993	0.9991
	DKH	0.9847	0.9819	0.9679	0.9536	0.9427	0.9286	0.9003	0.9514
	EPA	0.9978	1.0000	0.9958	0.9952	0.9950	0.9976	1.0000	0.9974
平均		0.8436	0.8451	0.8298	0.8165	0.8052	0.7940	0.7801	—

注：表中部分数据为在保留 5 位小数基础上计算出来的值后进行的四舍五入，余同

从时间序列来看，整体的碳排放发展度存在下降趋势，从 2008 年最高的 0.8451 下降到2013年最低的0.7801。这反映了随着航空公司运输规模的不断扩张，运输活动对能源消费的需求更加密集，并且，考虑到民航能源消费种类的单一（绝大部分都是航空煤油），航空公司在未来运输规模扩张的同时要不断提升新能源的比例，从源头降低碳排放，提升碳排放发展度。

从不同类型航空公司来说，公私合营航空公司的碳排放发展度最高（处于 FG，即非常高水平阶段），地方航空公司的碳排放发展度仅次于公私合营航空公司，但也都处于 FG 发展阶段，而中央航空公司的碳排放发展度最低（处于 JD，即较低发展阶段）。这一方面表明公私合营类型航空公司的运营模式更有利于通过推动节能减排技术发展来促进碳强度降低，从而更快地推动碳减排发展度指数提升；另一方面也表明在碳减排发展度存在差别的前提下，民航部门各航空公司尤其是不同类型航空公司的减排条件和减排能力参差不齐，有必要从不同航空公司自身及航空公司之间考察碳减排协调的问题。

表 3.6 是各个航空公司碳排放相对协调度指数，主要反映的是碳排放强度和运输规模协调的问题。从时间序列来看，大部分航空公司的协调度存在下降的趋势，整体的平均协调度指数从 2008 年最高的 0.6232 下降到 2013 年的 0.5581，这反映了航空公司在快速提升运输能力的过程中，民航部门的碳排放技术没能有效跟进。因此，民航部门应注重节能减排技术的提升。例如，航空公司可以通过增加研发投入（research and development，R&D）使得飞机发动机的性能进一步提

升，机型设计更加符合空气动力学，使用新型材料进一步降低飞机的重量等。

表3.6　2007~2013年各航空公司相对协调度指数

项目		2007 年	2008 年	2009 年	2010 年	2011 年	2012 年	2013 年	平均
中央航空公司	CCA	0.8332	0.8395	0.8437	0.8048	0.7973	0.7612	0.7804	0.8086
	CSN	0.7585	0.7675	0.7572	0.8212	0.8308	0.8210	0.8103	0.7952
	CES	0.6371	0.6162	0.6300	0.5978	0.5916	0.5667	0.5659	0.6008
地方航空公司	CYZ	0.5216	0.5348	0.5422	0.5156	0.4890	0.4575	0.4084	0.4956
	HBH	0.4582	0.4841	0.4630	0.4479	0.4972	0.4644	0.4600	0.4678
	CHH	0.6518	0.6531	0.6490	0.6194	0.6253	0.5845	0.5830	0.6237
	CSC	0.6409	0.6399	0.6318	0.5902	0.5796	0.5496	0.5418	0.5963
公私合营航空公司	CQH	0.6921	0.6935	0.6830	0.6423	0.6266	0.6094	0.5989	0.6494
	OKA	0.6110	0.6183	0.6069	0.5840	0.5678	0.5495	0.5303	0.5811
	HXA	0.4060	0.3958	0.3901	0.3790	0.3788	0.3744	0.3672	0.3845
	DKH	0.6065	0.6234	0.6263	0.5958	0.5874	0.5552	0.5416	0.5909
	EPA	0.5372	0.6120	0.5912	0.5595	0.5394	0.5106	0.5098	0.5514
平均		0.6128	0.6232	0.6179	0.5965	0.5926	0.5670	0.5581	—

　　整体来看，中央航空公司的碳排放协调度指数相对最高，三个航空公司的相对协调度指数均处于高水平阶段，其中 CCA 和 CSN 处于非常高水平阶段，而公私合营航空公司的碳排放协调度相对最低，其中 HXA 最低。并且，比较相应的碳排放发展度指数，中央航空公司的协调度都明显处于更高水平。这反映了地方航空公司及公私合营类航空公司在规模扩张的过程中更要注重碳减排技术水平的提升。这主要是由于以 HXA 为代表的低成本航空公司缺乏提升碳减排技术水平的资金、能力及人才储备等，但是这类航空公司可以通过一些诸如节能飞行技术的培训、机场效率的提升等进行弥补。

　　对于各个航空公司来说，从 2007 年到 2013 年，CCA 和 CSN 两个航空公司始终处于协调发展的非常高水平阶段（FG 阶段），地方航空公司中的 HBH 航空公司及公私合营航空公司中的 HXA 航空公司始终处于协调发展的较低水平阶段（JD 阶段）。不同航空公司虽然协调度水平发生变化较大，但是所处的水平阶段变化不大。需要注意的是，地方航空公司中的 CYZ 从 2007~2010 年的较高协调水平下降到 2011~2013 年的较低协调水平阶段。比较航空公司的发展度指数和协调度指数可以得到：中央航空公司的协调度指数要大于发展度指数，而其他类型航空公司恰恰相反。这表明不同类型航空公司在碳排放发展水平及协调发展方面存在显著不同，中央航空公司在发展的过程中更加注重规模和减排技术的协同，而规模较小的地方航空尤其是公私合营航空公司可能更加注重运输规模的扩张，对于碳减排或绿色飞行方面的重视程度还不够。

结合表 3.5 和表 3.6，从 2007~2013 年的平均水平来看，CCA、CSN 和 CES 三个航空公司处于低发展度水平-高协调度水平阶段，而 CYZ、HBH 和 HXA 三个航空公司处于高发展度水平-低协调度水平阶段。其他航空公司均处于高发展水平-高协调水平阶段，并且这些航空公司都是处于非常高发展水平-较高协调水平的阶段。这表明样本中 12 个不同类型的航空公司确实存在碳减排发展水平所处阶段和协调水平所处阶段不同步的现象，进一步从两种指数的变化情况来看，这种存在不同步现象的航空公司在样本期间基本保持稳定。

综合碳排放发展度和碳排放协调度两方面的结果是，2007~2013 年，民航部门各个航空公司碳减排协调发展度水平均处在高水平阶段，如表 3.7 所示。

表3.7 2007~2013年各航空公司协调发展度指数

项目		2007 年	2008 年	2009 年	2010 年	2011 年	2012 年	2013 年	平均
中央航空公司	CCA	0.6296	0.6348	0.6278	0.5920	0.5838	0.5657	0.5646	0.5998
	CSN	0.5932	0.5989	0.5800	0.5749	0.5654	0.5405	0.5197	0.5675
	CES	0.5671	0.5662	0.5556	0.5247	0.5148	0.4906	0.4782	0.5282
地方航空公司	CYZ	0.7174	0.7273	0.7317	0.7133	0.6940	0.6720	0.6363	0.6989
	HBH	0.6769	0.6955	0.6804	0.6693	0.7028	0.6803	0.6730	0.6826
	CHH	0.7462	0.7439	0.7192	0.7009	0.6940	0.6648	0.6495	0.7026
	CSC	0.7597	0.7585	0.7407	0.7055	0.6880	0.6587	0.6423	0.7076
公私合营航空公司	CQH	0.8206	0.8206	0.8070	0.7764	0.7606	0.7405	0.7275	0.7790
	OKA	0.7762	0.7810	0.7741	0.7604	0.7445	0.7304	0.7176	0.7549
	HXA	0.6359	0.6291	0.6242	0.6155	0.6155	0.6119	0.6057	0.6197
	DKH	0.7728	0.7824	0.7786	0.7537	0.7441	0.7180	0.6983	0.7497
	EPA	0.7322	0.7823	0.7673	0.7462	0.7326	0.7137	0.7140	0.7412
平均		0.7023	0.7100	0.6989	0.6777	0.6700	0.6489	0.6356	—

表 3.7 反映了各航空公司的协调发展度水平，结果表明，研究期间不同类型航空公司的碳减排协调发展水平的动力机制不同。具体来看，对于中央航空公司来说协调发展度水平提升主要受自身的高碳排放协调度水平影响；地方航空公司及公私合营航空公司主要受自身的高发展度水平拉动。比较来看，公私合营航空公司与地方航空公司的协调发展水平要高于中央航空公司。

3.5.2 民航整体碳减排成熟度

表 3.8 为根据前述公式计算所得的 2007~2013 年中国民航部门碳减排整体成熟度三个指标的变化情况。从表 3.8 中可以看出，尽管在 2004 年以来，国家颁布

了《节能中长期专项规划》，中国民用航空局及国家发展和改革委员会于 2008
年制定了《民航行业节能减排规划》等一系列节能减排规划、法规和方案措施，
但是无论是基于民航整体还是基于航空公司，中国民航碳减排三个整体成熟度指
标均呈持续下降的趋势。其中，整体发展度指数相较于整体协调度指数和整体发
展协调度指数有明显的优势。相对于中国民航碳减排整体发展度指数，2007~2013
年中国民航碳减排整体协调度指数在 2011 年到 2013 年间降幅明显，按照前述成
熟度水平阶段的划分，整体处于非常低水平阶段。从表 3.8 中还可以看出，无论
是基于整体还是基于航空公司，截至 2013 年，中国民航碳减排整体发展度水平都
已进入高水平中的非常高水平阶段；而截至 2013 年，中国民航碳减排整体协调度
水平和整体发展协调度水平均小于 0.2，处于非常低水平阶段，这主要是受整体协
调度较低的影响。这也说明，对于民航部门不同类型的航空公司而言，要进一步
加强交流合作，尤其是协调度相对较低的地方航空公司及公私合营航空公司，需
要加强与中央航空公司的合作交流，碳减排的整体协调度还有待进一步提升。

表3.8 2007~2013年民航部门整体成熟度指数

成熟度指数	2007 年	2008 年	2009 年	2010 年	2011 年	2012 年	2013 年
整体发展度指数（D_k）	0.8436	0.8451	0.8298	0.8165	0.8052	0.7940	0.7801
整体协调度指数（T_k）	0.3552	0.3720	0.3124	0.2076	0.1606	0.0818	0.0001
整体发展协调度指数（H_k）	0.5474	0.5607	0.5091	0.4117	0.3596	0.2548	0.0031

伴随着民航部门改革战略的不断推进，中国民航部门不同类型航空公司发展
的结构也在不断发生变化。随着地方航空公司和公私合营航空公司的发展规模和
市场结构逐年攀升，发展度高的优势会被进一步提升，而协调度低的问题也将被
进一步放大。民航部门需要进行整体统筹，制定一些相关的政策措施，在促进碳
排放发展度提升的同时，增强航空公司之间的经验交流，提升整体的协调度，使
得民航部门碳减排整体成熟度不断提升。受篇幅所限，本章没有列示考虑航空公
司结构变化后的中国民航各航空公司碳减排成熟度指数情况。

3.6 本 章 小 结

民航业是我国经济的重要组成部分，中国成为全球增长最快、最重要的民航

市场之一。本章利用灰色关联度分析方法，构建了中国民航部门碳减排成熟度测度指数（主要包括发展度指数、协调度指数、协调发展度指数），并从整体和航空公司两个层面对 2007~2013 年中国民航部门 12 个有代表性航空公司的碳减排成熟度进行了综合评价，得出了一些有意义的结论，具体概括如下。

首先，回顾了民航部门碳排放的一系列核算方法，通过比较分析，在综合权衡数据的可获得性、核算成本及核算的精确度等方面后选择了被广泛应用的排放因子法中的方法 I 来核算中国民航部门历年的二氧化碳排放量。通过对民航部门碳排放现状的分析，发现民航部门的整体二氧化碳排放量仍然在不断增长，与此同时，尽管碳排放强度在不断下降，但下降趋势在逐渐放缓，甚至还出现反弹，可见未来中国民航部门将面临巨大的减排压力。中国民航部门应该正视减排压力并有针对性地制定减排对策，从而实现在运输周转量持续增长的同时有效地扼制其碳排放的增加。

其次，从民航部门整体来看，在一系列政策的推动下，2007 年起中国民航部门逐渐摆脱经济危机的影响，民航运输需求出现快速增长的倾向，然而基于发展度指数、协调度指数和协调发展度指数的中国民航碳减排整体成熟度呈下降趋势。受整体协调度水平较低的影响，民航部门整体发展度指数明显高于整体发展协调度指数。因此，民航部门内部航空公司间要进一步加强合作，尤其是协调度相对较低的地方航空公司及公私合营航空公司，需加强与中央航空公司的交流，促进民航部门整体碳减排协调度进一步提升。

最后，从航空公司具体来看，2007~2013 年，各个航空公司的碳减排相对协调发展度水平均处在高水平阶段。其中，公私合营及地方航空公司的碳排放相对发展度指数明显高于中央航空公司的碳排放相对发展度指数；然而，中央航空公司的碳排放相对协调度指数要明显高于公私合营及地方航空公司的碳排放相对协调度指数。这说明，公私合营或地方航空公司的运营模式更有利于通过推动节能减排技术发展来促进碳强度降低，从而更快地推动碳减排发展度指数提升；相对于中央航空公司，另外两类航空公司的协调发展度水平较低，这说明地方航空公司及公私合营类航空公司在规模扩张的过程中更要注重碳减排技术水平的提升。

民航运输业全行业平稳较快增长，但 ICAO 碳中性目标的确定无疑对中国民航的发展提出了一定的制约，中国民航需要处理好发展和碳减排之间的矛盾。结合前述分析，本章对新形势下提升中国民航碳减排能力提出以下政策建议。

加强不同类型航空公司之间的碳减排技术交流与合作，将促进航空公司间碳减排协调发展作为中国民航部门碳减排成熟度提升的重要途径。当前航空公司间的结构变化对中国民航部门碳减排整体发展度指数的促进作用逐年上升，主要是公私合营类航空公司运输规模在全国占比提升而其碳排放强度相对发展度指数较高这两方面共同作用的结果。随着中国民航部门航空公司间碳减排协调发展政策及战略的推进，公私合营及地方航空公司碳减排将会对中国民航碳减排整体成熟度水平起到越来越重要的作用。未来，民航部门碳减排政策的制定不仅需要服务于先进碳减排技术的应用，还要能够帮助建立航空公司间碳减排技术交流和合作的平台，引导碳减排技术由先进航空公司向落后航空公司转移。

同时，对 HBH、CHH、CSC 等运输规模较大、碳排放强度高的重点航空公司要实施更加严格的碳减排措施，并防止碳减排技术落后的航空公司在发展过程中数量型、粗放式扩张所导致的碳排放急剧上升，从而促进航空公司间碳减排协调发展，提升中国民航部门碳减排整体成熟度水平。

第 4 章　中国民航碳排放与行业发展的关系

4.1　引　　言

　　近年来，随着经济全球化的不断推进，人们对于民航运输的需求不断扩大。根据周丽萍（2010）的研究，中国民航运输总周转量已连续数年跃居世界第二位，成为名副其实的航空大国。以 2019 年为例，全年运输总周转量 1292.7 亿吨公里、旅客运输量 6.6 亿人次、货邮运输量 752.6 万吨，同比分别增长 7.1%、7.9%、1.9%。民航旅客周转量在综合交通运输体系中的占比达 32.8%，同比提升 1.5%。可以说，中国民航运输业目前处于快速发展阶段。

　　2018 年 12 月中国民用航空局出台了民航强国建设的纲领性文件《新时代民航强国建设行动纲要》（以下简称《纲要》）。《纲要》对我国民航行业发展进行了展望，指出 2021 年到 2035 年是建成多领域民航强国阶段，争取实现 2035 年人均航空出行次数 1 次的运输目标。按此目标，2030 年后民航运输的行业运输规模增长速度仍需维持中速或以上，方可实现 2035 年的目标。届时，根据 Liu 等（2020）的预测，中国将会超过美国成为全球最大的民航运输市场。

　　民航运输业的高速发展在促进中国经济持续增长的同时（2010 年民航业产出占 GDP 的比例达到 1.03%），排放的污染物也带来了严重的环境和气候问题。在国际和国内的双重减排压力下，我国民航运输业应该正视减排压力并有针对性地制定减排对策，从而在实现经济持续发展的同时，有效地扼制碳排放量的增长。因此，有必要从宏观上把握民航部门碳排放与行业发展之间的内在关系，以便于民航部门更有效地实现绿色发展。

现有研究中，为了准确描述经济发展与资源环境压力之间的关系，主流方法一般是通过脱钩指数来度量（刘怡君等，2011；刘惠敏，2016；Bennetzen et al.，2016；Chen et al.，2017a）。"脱钩"一词最早出现在物理学领域，表示两个或两个以上具有相应关系的物理量之间的脱离。"脱钩"理论最先由 Zhang（2000）引入中国的环境经济研究领域中，之后由经济合作与发展组织（Organization for Economic Co-operation and Development，OECD）发展成为一种描述经济发展与环境变化之间关系的概念，并分为相对脱钩和绝对脱钩（OECD，2002），其中相对脱钩是指环境恶化的速度小于经济增速并且同时为正的现象；绝对脱钩是指在经济得到发展的同时环境变化比较稳定或者没有出现环境恶化的现象。

脱钩分析方法可以有效识别特定阶段的能耗与产业发展之间的矛盾，这一方法得到了国内外学者的广泛应用（Tapio，2005）。民航部门能源消耗大体上分布在空中运输、通用航空、机场地面等领域，其中空中运输环节占据绝对份额。为了整体把握民航部门近 20 年来碳排放与产业发展的关系，识别民航部门发展过程中与环境的矛盾，本章从航空运输增长与碳排放的脱钩状况，以及运输收入与碳排放的脱钩状况两个维度进行脱钩分析，在识别脱钩状态稳定性的基础上，进一步探索影响脱钩状态变化的关键驱动因素。

4.2　中国民航的行业发展现状

1949 年中华人民共和国成立后，中国的民航部门才开始逐步组建，直到 20 世纪 80 年代，发展的基本框架才逐渐建立起来，到 20 世纪 90 年代才开始了真正意义上的飞速发展。总体上，中国民航部门的改革与发展经历了以下四个阶段。

第一阶段：半军事化管理阶段（1949~1978 年）。我国民航业自 1949 年初创以来，最初是受到空军的指导并设立在中央人民政府人民革命军事委员会下，其后于 1958 年被划归到交通部门，随后，在 1962 年中国民用航空局又被改为国务院直属局。在这一阶段内，由于中国民用航空局的体制和性质发生了一系列的变化，航空运输的规模和发展都受到了较大影响。

第二阶段：非军事化管理阶段（1978~1987 年）。1980 年，中国民用航空局由原来的受空军指导改为隶属于国务院的直属机构，即中国民用航空局彻底脱离了军队建制。这期间中国民用航空局实行了企业化管理，政企合一，民航部门进入了稳步发展的时期。

第三阶段：企业化改革和放开竞争阶段（1987~2002 年）。改革开放初期，为了使我国航空运输业建立有效的市场竞争机制，民航部门不断调整和改革进入机制，这逐步改变了民航部门政企合一的局面。这一阶段也是中国民航重组和扩张的时期，航空运输周转量年均增长率约高出同期世界平均水平的 2 倍，年均增幅达到了 18%。就运输周转量和发展速度而言，中国已经逐步成为一个名副其实的航空大国。

第四阶段：深化改革阶段（2002 年以来）。2002 年，中国民航业再次进行重组，监管机构进一步深化改革，逐步形成了与中国民用航空局脱钩的六大航空运输和服务保障集团。至此，中国民用航空局彻底实现了政企分开。实际上，这个阶段的重组和深化改革在组织形态上早已基本完成，但重组后对企业内部深度调整和磨合的措施仍需不断完善。

民航部门经过四个阶段的不断改革发展，由初创时的 30 多架小型飞机和不足 1 万人的年旅客运输量，发展到 2015 年全年运输周转量 851.7 亿吨公里，运输规模扩张了 54 248.4 倍。中国民航从运输周转量来看已经连续数年稳居世界第二，中国已经是一个名副其实的航空大国。随着民航部门自身的不断发展及外部经济环境的不断改善，加之民航运输快捷、高效的典型特征，其越来越成为人们的主要运输方式，因此民航部门的运输需求将越来越大。

基于数据的有效性和可获得性，本章的样本期间为 1996~2015 年。其中，民航部门能源消耗量、运输周转量、运营收入等数据来自 1997~2016 年的《从统计看民航》，国民生产总值等数据来自 1995~2016 年的《中国统计年鉴》，具体见附录 4A。为保证数据的可比性，民航部门运营收入和 GDP 指标统一按 GDP 平减指数平减为 1985 年不变价格。

如图 4.1 所示，民航运输营业收入从 1996 年的 1269.2 亿元增加到 2015 年的 6926.5 亿元，年均增长 9.34%；航空运输总周转量从 1996 年的 80.6 亿吨公里增加到 2015 年的 851.7 亿吨公里，年均增长 13.2%。然而，我国民航运输业的快速发展面临巨大的环境压力。根据国内有关学者的研究，如果民航部门碳排放保持当前的增长速率持续增长，到 2020 年中国民航部门二氧化碳排放量将占整个交通运输行业碳排放总量的 15%（张智敏，2015）。中国民航部门将成为一个不折不扣的主要二氧化碳排放源，由此可见，减少民航部门碳排放迫在眉睫。

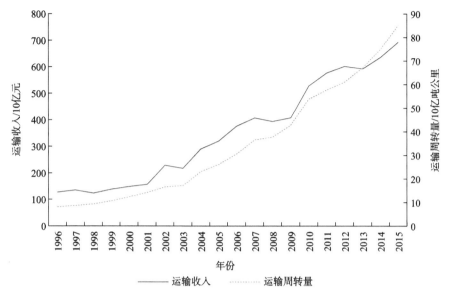

图 4.1　1996~2015 年中国民航运输业的运输周转量及运输收入

4.3　民航碳排放与运输周转量的脱钩关系

民航在运输过程中，会消耗航油产生二氧化碳，进而对环境产生影响。目前，尽管对低碳航空能源替代品的研发得到越来越多的重视，但要满足大规模的航空运输生产需要尚需时日。在一定时期内航空运输还摆脱不了对航油燃料的依赖，航油消耗仍会随着航空运输量的增加而增加。与此同时，航空燃油效率也会随着航空设施的改进和技术水平的提高而得到提升，使得民航运输过程在实现生产总量增加的同时，相对减少碳排放量。民航业具有排放性的能耗主要体现在航空运输、通用航空、机场地面等领域，其中航空运输占绝大分量。因此，分析航空运输对环境的影响，揭示民航部门碳排放变化与运输周转量之间的关系便具有很强的现实意义。据此对 1996~2015 年中国民航部门 20 年间航空运输周转量增长与碳排放变化的脱钩状况进行分析，深入研究中国民航部门碳排放与其运输周转量之间的脱钩效应及其关键驱动力，将有利于系统把握民航部门低碳发展现状，为民航部门的"绿色发展"政策的制定提供参考。

4.3.1　碳排放与运输周转量脱钩建模

1. 脱钩模型构建

本节以 Tapio 模型为基础，分析我国民航部门碳排放与运输周转量之间的相互关系。

$$\varepsilon = \frac{\Delta C / C}{\Delta V / V}$$

（4.1）

其中，ε 表示民航部门运输周转量与碳排放之间的脱钩弹性指数；ΔC 表示一定时期内民航部门碳排放总量的变化；ΔV 表示一定时期内民航部门运输周转量的变化。根据 ΔC、ΔV、ε 的不同，将脱钩状态划分为以下八类，如表 4.1 和图 4.2 所示。

表4.1　脱钩状态划分标准

脱钩状态		脱钩弹性值	碳排放变化量	运输周转量变化量
负脱钩	扩张性负脱钩	$\varepsilon > 1.2$	$\Delta C > 0$	$\Delta V > 0$
	弱负脱钩	$0 < \varepsilon < 0.8$	$\Delta C < 0$	$\Delta V < 0$
	强负脱钩	$\varepsilon < 0$	$\Delta C < 0$	$\Delta V > 0$
脱钩	衰退性脱钩	$\varepsilon > 1.2$	$\Delta C < 0$	$\Delta V < 0$
	弱脱钩	$0 < \varepsilon < 0.8$	$\Delta C > 0$	$\Delta V > 0$
	强脱钩	$\varepsilon < 0$	$\Delta C > 0$	$\Delta V < 0$
连接	增长连接	$0.8 < \varepsilon < 1.2$	$\Delta C > 0$	$\Delta V > 0$
	衰退连接	$0.8 < \varepsilon < 1.2$	$\Delta C < 0$	$\Delta V < 0$

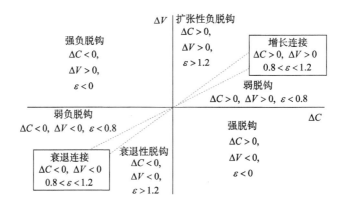

图 4.2　脱钩状态划分示意图

2. 脱钩指数分解模型构建

根据前文的理论回顾可知，目前适用于碳排放因素分解的方法主要有 SDA 和 IDA 两种。从实证应用方面来说，IDA 方法比 SDA 方法的适用范围更为广泛。Ang（2004）通过对已有的不同类型的 IDA 方法进行比较分析，提出了更为完善的 LMDI，并且解决了数据中存在零值处理的问题，现有的大量应用该方法的实证研究也说明 LMDI 有较强的适用性。基于此，本章试图通过在 LMDI 分解框架下构建我国民航部门碳排放与行业发展的脱钩指数影响因素分解模型，定量分析1996~2015 年民航部门的能源强度、运输强度、产业结构，以及经济发展水平对民航部门碳排放脱钩变化的影响，具体地，首先对民航部门碳排放总量进行分解分析：

$$
\begin{aligned}
C^t &= \sum_i C_i^t \\
&= \sum_i \frac{C_i^t}{E_i^t} \cdot \frac{E_i^t}{E^t} \cdot \frac{E^t}{V^t} \cdot \frac{V^t}{Y^t} \cdot \frac{Y^t}{\mathrm{GDP}^t} \cdot \mathrm{GDP}^t \\
&= \sum_i \mathrm{CI}_i^t \cdot \mathrm{ES}_i^t \cdot \mathrm{EI}^t \cdot \mathrm{TI}^t \cdot S^t \cdot \mathrm{GDP}^t
\end{aligned}
\tag{4.2}
$$

其中，t 表示时期；i 表示能源类型；C 表示民航部门二氧化碳排放总量；E 表示能源消耗总量；$\mathrm{CI}_i = C_i / E_i$ 表示第 i 种能源的碳密度影响因子，反映单位能源消耗的碳排放量；$\mathrm{ES}_i = E_i / E$ 表示能源消费结构，反映民航部门的新能源使用比例；V 表示民航部门的运输周转量；$\mathrm{EI} = E / V$ 表示民航部门能源强度，反映单位运输周转量的能源消耗量；Y 表示民航部门运输收入；$S = Y / \mathrm{GDP}$ 表示产业结构，反映民航部门所创造的产值在总产值中所占比重。

根据 LMDI 分解方法，碳排放量由基准年的 C^0 变化到目标年的 C^t，那么其变化量 ΔC 可以分解为式（4.3）：

$$
\begin{aligned}
\Delta C &= C^t - C^0 \\
&= \Delta C_{\mathrm{ci}} + \Delta C_{\mathrm{es}} + \Delta C_{\mathrm{ei}} + \Delta C_{\mathrm{ti}} + \Delta C_s + \Delta C_{\mathrm{gdp}}
\end{aligned}
\tag{4.3}
$$

式（4.4）右边各因素影响程度的计算公式如式（4.4a）到式（4.4f）所示：

$$
\Delta C_{\mathrm{ci}} = \begin{cases} 0, & C_i^t \times C_i^0 = 0 \\ \sum_i L(C_i^t, C_i^0) \ln\left(\dfrac{\mathrm{CI}^t}{\mathrm{CI}^0}\right), & C_i^t \times C_i^0 \neq 0 \end{cases}
\tag{4.4a}
$$

$$
\Delta C_{\mathrm{es}} = \begin{cases} 0, & C_i^t \times C_i^0 = 0 \\ \sum_i L(C_i^t, C_i^0) \ln\left(\dfrac{\mathrm{ES}^t}{\mathrm{ES}^0}\right), & C_i^t \times C_i^0 \neq 0 \end{cases}
\tag{4.4b}
$$

$$\Delta C_{ei} = \begin{cases} 0, & C_i^t \times C_i^0 = 0 \\ \sum_i L(C_i^t, C_i^0) \ln(\dfrac{EI^t}{EI^0}), & C_i^t \times C_i^0 \neq 0 \end{cases} \quad (4.4c)$$

$$\Delta C_{ti} = \begin{cases} 0, & C_i^t \times C_i^0 = 0 \\ \sum_i L(C_i^t, C_i^0) \ln(\dfrac{TI^t}{TI^0}), & C_i^t \times C_i^0 \neq 0 \end{cases} \quad (4.4d)$$

$$\Delta C_s = \begin{cases} 0, & C_i^t \times C_i^0 = 0 \\ \sum_i L(C_i^t, C_i^0) \ln(\dfrac{S^t}{S^0}), & C_i^t \times C_i^0 \neq 0 \end{cases} \quad (4.4e)$$

$$\Delta C_{gdp} = \begin{cases} 0, & C_i^t \times C_i^0 = 0 \\ \sum_i L(C_i^t, C_i^0) \ln(\dfrac{GDP^t}{GDP^0}), & C_i^t \times C_i^0 \neq 0 \end{cases} \quad (4.4f)$$

其中，$C_i^t = CI^t \cdot ES_i^t \cdot EI^t \cdot TI^t \cdot S^t \cdot GDP^t$；$L(C_i^t, C_i^0) = (C_i^t - C_i^0) / (\ln C_i^t - \ln C_i^0)$。

联立式（4.1）和式（4.3），即可得到民航部门碳排放与运输周转量之间的 Tapio 脱钩指数的分解模型：

$$\begin{aligned} \varepsilon &= \frac{\Delta C / C}{\Delta V / V} \\ &= \frac{\Delta C_{ci} / C}{\Delta V / V} + \frac{\Delta C_{es} / C}{\Delta V / V} + \frac{\Delta C_{ei} / C}{\Delta V / V} + \frac{\Delta C_{ti} / C}{\Delta V / V} + \frac{\Delta C_s / C}{\Delta V / V} + \frac{\Delta C_{gdp} / C}{\Delta V / V} \quad (4.5) \\ &= \varepsilon_{ci} + \varepsilon_{es} + \varepsilon_{ei} + \varepsilon_{ti} + \varepsilon_s + \varepsilon_{gdp} \end{aligned}$$

式（4.5）说明，民航部门碳排放和运输周转量之间的脱钩指数 ε 被分解成 6 个效应，分别是碳密度效应 ε_{ci}、能源消费结构效应 ε_{es}、能源强度效应 ε_{ei}、运输强度效应 ε_{ti}、产业结构效应 ε_s、经济发展水平效应 ε_{gdp}。

4.3.2　碳排放与运输周转量脱钩检验

由于中国的经济发展一般都是五年一规划，基于此，本节将民航部门碳排放划分为 4 个时间段：1996~2000 年（"九五"计划），2001~2005 年（"十五"计划），2006~2010 年（"十一五"规划），2011~2015 年（"十二五"规划）。整体上，从图 4.3 中可以看出运输周转量的变化率与二氧化碳排放的变化率的变化趋势基本一致，这表明民航部门的发展摆脱不了对环境的影响。整体来看，运输周转量和碳排放量的增长率有下降的趋势。具体地，四个规划期内，"九五"计划期间可能受到亚洲金融危机及国内整体经济水平不高的影响，民航"十五"计划期内的运输周转量及碳排放量的年均增长率最高，分别达到 16.63% 和 13.16%；"十二五"规划期内的运输周转量和碳排放年均增长率最低，分别为 10.2% 和 11.05%。

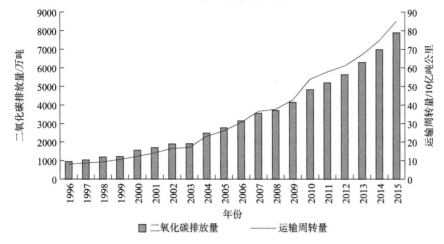

图 4.3　1996~2015 年中国民航部门运输周转量与二氧化碳排放量

基于式（4.1），计算得出 1996~2015 年中国民航部门碳排放脱钩弹性值并识别出各年脱钩状态，结果如表 4.2 所示。

表4.2　1996~2015年中国民航部门碳排放与运输周转量脱钩弹性值及其脱钩状态

研究期	ΔC（万吨）	ΔV（10 亿吨公里）	ε	脱钩状态
1996~1997	82.4	0.6069	0.8672	增长连接
1997~1998	157.7	0.6297	0.4752	弱脱钩
1998~1999	30.8	1.3139	5.4514	扩张性负脱钩
1999~2000	336.3	1.6388	0.5604	弱脱钩
2000~2001	130.5	1.8691	1.8196	扩张性负脱钩
2001~2002	203.2	2.3735	1.3957	扩张性负脱钩
2002~2003	15.1	0.5868	4.4450	扩张性负脱钩
2003~2004	579.3	6.0204	1.1594	增长连接
2004~2005	281.3	3.0274	1.1576	增长连接
2005~2006	385.8	4.4526	1.2219	扩张性负脱钩
2006~2007	407.5	5.9501	1.5050	扩张性负脱钩
2007~2008	140.7	1.1466	0.7942	弱脱钩
2008~2009	439.8	5.0307	1.1232	增长连接
2009~2010	684.3	11.1376	1.5777	扩张性负脱钩
2010~2011	361.9	3.8994	0.9653	增长连接
2011~2012	443.3	3.2879	0.6660	弱脱钩
2012~2013	664.9	6.1401	0.8517	增长连接
2013~2014	686.3	7.6393	1.0431	增长连接
2014~2015	906.8	10.3534	1.0653	增长连接

　　从对 1996~2015 年中国民航部门运输增长与碳排放量脱钩计算的结果来看，样本时期内中国民航部门碳排放与运输周转量之间以扩张性负脱钩现象为主，即民航部门的发展仍然是以能源消费量增长为代价，并且脱钩状态长期基本稳定。但是在"九五"计划到"十二五"规划的四个阶段中，各个阶段的脱钩指数存在明显的下降趋势，总体表现为脱钩指数从"九五"计划阶段的 1.84 下降到"十二五"规划阶段的 0.91，这说明中国民航部门节能减排工作有所改善，运输能力得到了较大提高，由此可知产业发展对环境的破坏有一定程度的缓解。

　　图 4.4 显示 1996~2015 年有 7 年呈现"扩张性负脱钩"状态，分别出现在1998~1999 年、2000~2003 年、2005~2007 年，以及 2009~2010 年，这表明航空运输的增长对环境的影响较大，最典型的是，为了抵御 1998 年亚洲金融危机及 2008年的全球金融危机的影响，民航部门出台了一系列刺激发展的政策。这些政策措施在帮助民航回弹发展的同时也带来了一系列的负面影响，例如，在运用高额的投资来拉动内需、建设机场等基础设施的同时，忽略了航线网络规划和运力配备不合理、机队结构不够完善等问题。实际上这是延续了粗放的发展方式，在此期间航空公司能源使用效率、碳排放效率及运行效率普遍较低。这应该是民航部门发展与环境影响长期负脱钩的主要原因。"弱脱钩"的状态有 4 年，分别为1997~1998 年、1999~2000 年、2007~2008 年和 2011~2012 年，能耗的增长低于航空运输的增长，这表明能源使用效率有所提高，这 4 个年份为航空运输与碳排放脱钩相对较好的阶段。其余年份均为"增长连接"状态，表示在航空运输增长的同时，能耗也在同步增长，而且变化速度大体相当。从最近几年的航空运输发展趋势来看，在今后一段时期还会更多地保持"增长连接"这种状态。

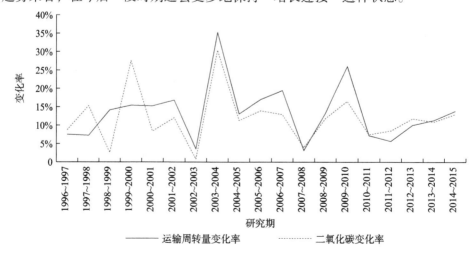

图 4.4　1996~2015 年中国民航部门运输周转量和二氧化碳排放量的年均变化率

考虑到中国民航部门发展模式正在从粗放式发展向集约型发展转变，有效测度民航部门碳排放与运输周转量之间的脱钩稳定性，可以更加深入地了解民航部门发展对能源依赖及对环境影响的状态特征。因此，本节引入脱钩稳定性系数（齐静和陈彬，2012；陈瑶和尚杰，2014；Zhen et al.，2017），如式（4.6）所示。

$$S_D = \frac{1}{n} \sum_{t=1}^{n} \left| \frac{\varepsilon^{t+1} - \varepsilon^t}{\varepsilon^t} \right| \tag{4.6}$$

其中，S_D 为脱钩稳定性系数；n 代表样本容量；ε^{t+1} 和 ε^t 分别表示 $t+1$ 时期和 t 时期的脱钩弹性值。脱钩稳定性系数值越大，脱钩状态越容易改变，反之脱钩状态越平稳。以 1 为界，当 $S_D > 1$ 时，脱钩状态很有可能出现反复；当 $S_D < 1$ 时，脱钩状态则较为平稳。

基于式（4.6），可以得到民航部门碳排放在不同发展阶段的脱钩稳定性系数，如图 4.5 所示。其中，1996~2015 年脱钩稳定性系数为 1.11，略大于 1，这说明民航部门碳排放的脱钩稳定性整体表现一般，脱钩状态有出现反复的可能性。"九五"计划时期，脱钩稳定性系数为 3.95，远大于 1，阶段稳定性最差，这可能是由于受到亚洲金融危机的影响，能源价格波动较大，民航用能行为不够稳定，飞机空载率较高从而使得民航部门碳排放脱钩状态不稳定；而"十五"计划时期，脱钩稳定性系数为 1.08，略高于 1，说明中国民航部门产业发展基本走出了金融危机的影响，运输周转量和碳排放基本同步增长；"十一五"规划和"十二五"规划时期，脱钩稳定性系数仅为 0.32 和 0.24，碳排放脱钩状态变化比较稳定。

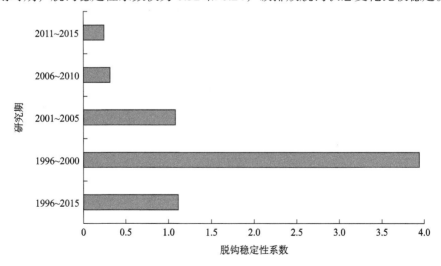

图 4.5　中国民航部门碳排放的脱钩稳定性系数

综上所述，中国民航部门碳排放与产业发展之间离实现稳定的脱钩状态还有一定的距离，这说明中国民航部门碳排放变动仍然受宏观环境等诸多不确定性因素的影响，民航部门发展与节能减排的矛盾依旧突出，因此有必要进一步探讨碳排放脱钩的内在动因。

4.3.3　碳排放与运输周转量脱钩关系的分解

中国民航部门碳排放与运输周转量之间基本上以扩张性负脱钩现象为主，即民航部门的发展仍然是以能源消费量增长为代价，并且脱钩状态长期基本稳定，因此有必要进一步探讨碳排放脱钩的内在动因。根据脱钩模型可知，脱钩状态的变化受能源消费结构变化、能源碳排放系数变化、运输强度变化、能源强度变化、产业结构变化及国家经济发展水平的影响。需要指出的是，在分解分析碳排放影响因素时，本章分解出的第一项和第二项分别为 CI_i 和 ES_i，其中，CI_i 表示第 i 种能源的碳密度影响因子，表示不同类型单位能源消耗的碳排放量；ES_i 表示能源消费结构，反映了不同类型能源的使用量，这两项实际上共同反映了民航部门的能源消费情况。具体而言，当民航部门能源消费结构发生变化时，由于不同能源的碳排放系数是不同的，CI_i 和 ES_i 都会发生变化。然而，由于民航部门能源消费的特殊性（能源消费种类单一并且长期保持不变），ΔC_{ci} 和 ΔC_{es} 两项应该均是零，碳排放变化没有影响。

利用式（4.6）对民航部门碳排放与运输周转量的脱钩状态进行分解分析，所得结果如表 4.3 所示。需要说明的是 2002~2003 年的计算结果存在异常，这可能是由 2001~2002 年及 2002~2003 年的原始统计数据质量不高造成的，但是这并不影响本节对其他年份及整体脱钩趋势的研究。从表 4.3 中可以看出，能源强度效应和产业结构效应的整体平均影响效应系数是小于 0 的，说明这两大因素主导了民航部门碳排放脱钩趋势，是推动民航部门脱钩发展的关键因素。

表4.3　中国民航部门碳排放脱钩指数及其影响因素影响程度

研究期	ΔC_{ei}	ΔC_{ti}	ΔC_s	ΔC_{gdp}	ΔC_{tot}
1996~1997	0.1111	0.1482	−0.3181	0.9259	0.8672
1997~1998	0.2409	0.5325	−0.5502	0.2520	0.4752
1998~1999	−22.7040	4.1944	8.3196	15.6410	5.4514
1999~2000	0.2298	0.1604	−0.0161	0.1864	0.5604
2000~2001	−1.3893	2.0133	−0.6063	1.8019	1.8196
2001~2002	−0.5112	−2.7688	3.6088	1.0669	1.3957

续表

年份	ΔC_{ei}	ΔC_{ti}	ΔC_s	ΔC_{gdp}	ΔC_{tot}
2002~2003	−15.0470	47.9810	−81.7570	53.2680	4.4450
2003~2004	−0.1594	0.0554	0.8437	0.4197	1.1594
2004~2005	−0.1716	0.2643	−0.0916	1.1565	1.1576
2005~2006	−0.2508	−0.0252	0.3809	1.1170	1.2219
2006~2007	−0.6958	1.2231	−0.6619	1.6395	1.5050
2007~2008	0.1610	1.3027	−2.5542	1.8847	0.7942
2008~2009	−0.1301	0.9082	−0.5363	0.8814	1.1232
2009~2010	−0.8123	−0.2739	1.6391	1.0248	1.5777
2010~2011	0.0323	−0.2588	0.0052	1.1866	0.9653
2011~2012	0.2164	0.1109	−0.2599	0.5987	0.6660
2012~2013	0.1205	0.8493	−0.6840	0.5658	0.8517
2013~2014	−0.0426	0.3823	−0.0068	0.7102	1.0431
2014~2015	−0.0653	0.3788	0.2189	0.5329	1.0653
平均值	−2.1509	3.0094	−3.8435	4.4663	1.4813

在本章中，民航部门能源强度效应是指单位运输周转量能源消耗量变化对民航部门脱钩状态的影响。在其他因素保持不变的情况下，能源强度下降说明能源利用率和相应碳排放产出效益在提高，进而会促进碳排放脱钩。如图 4.6 所示，整体来看民航部门的能源强度有下降趋势，具体结果如表 4.3 所示，能源强度效应的平均值为−2.1509，并且在大部分年份里 ΔC_{ei} 都是小于 0 的，因此该变量是促进脱钩的主要因素。然而，在 1996~2000 年和 2007~2008 年，能源强度效应大于 0（1998~1999 年的计算结果异常，可能跟 1998 年的原始数据异常有关），对碳排放脱钩产生不利影响。从图 4.6 中也可以看出，这两个时间段内民航部门的能源强度是有波动上升情形的。这可能是因为受到亚洲金融危机（1996~1998 年）和全球经济退化（2007~2008 年）的影响，民航运输中客运和货运的需求都大幅缩减，导致运载率下降，进而解释了能源强度出现反常的原因，相应的民航部门能耗碳排放也体现为弱脱钩和扩张性负脱钩的状态。结合表 4.3 和图 4.6 还应该注意到，2011 年以来能源强度经历了先上升后下降的趋势，并且能源强度的下降幅度明显放缓，这是因为促进能源强度的下降的技术出现瓶颈，并且其对应脱钩指数值亦呈现出上升趋势。这说明，对于民航部门来说通过技术进步来提高能源使用效率的空间逐渐变得有限，即通过技术进步来实现民航部门碳排放与运输周转量之间的脱钩已经变得越来越困难。

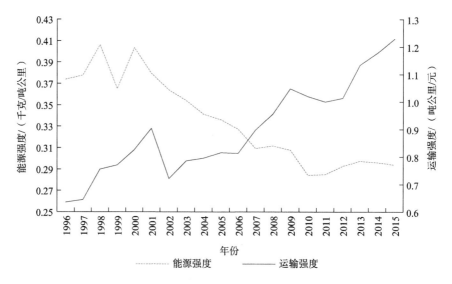

图 4.6　1996~2015 年能源强度与运输强度效应的综合效应

运输强度效应是指民航部门单位运输收入所能实现的运输周转量变化对碳排放脱钩产生的影响。在保持其他影响因素不变的前提下，运输强度提高意味着民航部门的运输技术和运营水平在提高，因此会对碳排放脱钩产生抑制作用。如图4.6 所示，整体来看能源强度有下降的趋势，但是速度变缓，具体表现在表 4.3，在大部分年份中，能源强度效应的值都是大于 0 的，阻碍了碳排放脱钩的趋势。为什么运输技术及运营水平的提高会抑制脱钩？实际上，由式（4.2）和式（4.3）可知民航部门碳排放与运输周转量存在严格的正相关属性，运输收入只是运输过程的一个附属品，并且相对于运输周转量的迅猛增长，运输收入的变化幅度相对较小，因此运输强度效应主要受到运输周转量变化的影响，从而解释了其抑制碳排放脱钩的原因。

经济发展水平效应是指 GDP 的变化对民航部门运输周转量和碳排放脱钩关系的影响。计算结果表明，如表 4.3 所示，研究期内国家的经济发展水平始终是抑制民航部门运输周转量和碳排放脱钩的最大不利因素，这一因素持续对民航部门的碳排放脱钩工作产生了负面影响。另外，尽管当前国民收入水平不断提高，经济环境的改善不断刺激国民对民航运输服务的需求，民航部门运输周转量和碳排放脱钩状态也由弱脱钩退化为增长连接状态，但是经济发展水平效应对于抑制脱钩的贡献程度却在逐渐减少，如表 4.3 所示。这实际上释放了一个积极的信号，即民航部门的发展已经逐渐走出高能耗、高排放的模式。

产业结构效应是指民航部门运输收入占国内生产总值的比例变化对民航部门能耗碳排放脱钩的影响。如图 4.7 所示，民航部门运输收入占国内生产总值的比例约为 0.65%, 并存在波动。1998~2001 年及 2007~2009 年这两个阶段都存在明显的下降趋势, 说明民航部门的发展对国际经济环境非常敏感。根据我们的研究结果, 民航部门在整个国民经济中的结构调整是促进民航部门碳排放脱钩的, 这就提醒我们需要时刻动态把握国际经济发展趋势, 并及时对民航部门的发展规划作出调整, 进一步突出结构调整对民航部门碳排放脱钩的促进作用。

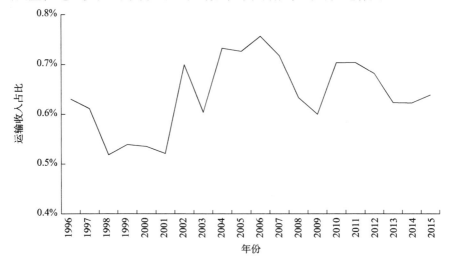

图 4.7　1996~2015 年中国民航部门运输收入占 GDP 的比例

需要特别说明的是, 民航部门的能源结构效应表示的是能源消费结构的变化对民航部门运输周转量和碳排放脱钩关系的影响。由于民航部门能源消费的特殊性, 在分析时我们假定民航部门只消耗了航空煤油, 没有考虑汽油及其他新能源。但是民航部门在未来的发展过程的一个重要趋势就是新能源的使用, 在保持其他因素不变的前提下, 降低当前碳排放系数大的航空煤油的能源消费比重、提高碳排放系数低的生物质能源的消费比重, 必将加快民航部门碳排放脱钩的实现。

4.4　民航碳排放与运输收入的脱钩关系

了解民航碳排放与运输周转量的脱钩关系能够帮助政策制定者有针对性地制定规模扩张的方式和思路, 避免对环境造成严重的影响。与此同时, 对于航空公司及整个民航部门而言, 运输的目的是获取利润。随着碳中和及碳达峰等政策的出台, 国内外及整个行业的减排压力势必会影响航空公司的运营模式。在追逐利润的过程中，如何实现运输收入的增长与碳排放对环境影响的脱钩是民航部门及航空公司需要着力探讨的话题。因此，了解民航部门碳排放变化与运输收入之间的关系，识别碳排放与运输收入之间的脱钩状态，便具有很强的现实意义。另外，前文在对于碳排放与运输周转量脱钩关系的影响因素的分析过程中，存在以下两个方面的问题：第一，民航部门碳排放是一个系统性问题，民航碳排放过程中涉及的不同阶段、不同主体对民航碳排放的影响方式不同，现有研究缺乏从流程方面进行区分的视角，不利于实现碳排放脱钩责任的规划；第二，民航部门碳排放还与效率有关（如能源使用效率、产出效率等），现有研究缺乏对效率与生产率等相关因素的识别，这不利于民航部门从生产理论层面进行驱动因素的识别，进而为民航部门实现碳排放脱钩提供指导。基于此，本部分构建了一种新的分解分析框架，在对民航碳排放全流程效率进行测度的基础上，识别民航部门碳排放与运输收入脱钩状态变动的影响因素。

4.4.1　碳排放与运输收入脱钩建模

根据前文的介绍，在一个生产过程中，若向量 $X=(x_1,\cdots,x_N)\in R_+^N$、$Y=(y_1,\cdots,y_M)\in R_+^M$ 分别表示 $N\times1$ 非负实数投入、一个非负的 $M\times1$ 期望产出向量。这些向量的元素都是非负实数，于是所有的投入和产出向量 (X,Y) 构成的生产技术集 T 便可表示为式（4.7）的形式：

$$T=\{(X,Y):X能生产出Y\} \tag{4.7}$$

基于此，假设有 N 个投入产出组合 (X_i,Y_i)，$i=1,2,\cdots,N$，则在规模报酬不变的条件下，环境生产技术集 T 可以表示为式（4.8）的形式：

$$T=\left\{(X,Y):\sum_{i=1}^N w_iX_i\leqslant X,\sum_{i=1}^N w_iY_i\geqslant Y,w_i\geqslant0,\ i=1,2,\cdots,N\right\} \tag{4.8}$$

其中，w_i 为权重变量；$\sum_{i=1}^N w_iX_i\leqslant X$ 和 $\sum_{i=1}^N w_iY_i\geqslant Y$ 式保证了投入与产出的强可处置性。

在所有投入产出构成的生产技术集 T 中，在投入确定时所带来的最大期望产出及最小的非期望产出的组合所形成的面就是最优的生产前沿面。为了衡量不在最优前沿面上决策单元（decision making unit，DMU）的优劣，通过距离函数计算被评价 DMU 与前沿面的距离，从而得到相对效率。一般来说，Shephard 距离函数应用得最为广泛，主要包括投入导向和产出导向，分别表示为：当产出固定时实现投入的最大幅度缩减；当投入固定时实现期望产出的最大幅度扩张。具体地，t 时期的 Shephard 投入导向距离函数和产出导向距离函数可以分别表示为式（4.9）和式（4.10）的形式：

$$D_e^t(X^t, Y^t) = \sup\{\lambda : (X^t/\lambda, Y^t) \in T^t\} \qquad (4.9)$$

$$D_y^t(X^t, Y^t) = \inf\{\eta : (X^t, Y^t/\eta) \in T^t\} \qquad (4.10)$$

式（4.9）和式（4.10）表示的两个距离函数的计算可以用特定时期（$s, t \in \{0, T\}$）的生产技术来处理，具体地，可以用式（4.11）和式（4.12）的 DEA 框架来计算：

$$
\begin{aligned}
&\left[D_x^s(X_i^t, Y_i^t)\right]^{-1} = \min \lambda \\
&\text{s.t.} \quad \sum_{i=1}^{N} z_i X_i^s \leqslant \lambda X_i^t \\
&\qquad \sum_{i=1}^{N} z_i Y_i^s \geqslant Y_i^t \\
&\qquad z_i \geqslant 0, i = 1, \cdots, N
\end{aligned}
\qquad (4.11)
$$

$$
\begin{aligned}
&\left[D_y^s(X_i^t, Y_i^t)\right]^{-1} = \max \eta \\
&\text{s.t.} \quad \sum_{i=1}^{N} z_i X_i^s \leqslant X_i^t \\
&\qquad \sum_{i=1}^{N} z_i Y_i^s \geqslant \eta Y_i^t \\
&\qquad z_i \geqslant 0, i = 1, \cdots, N
\end{aligned}
\qquad (4.12)
$$

具体地，对于投入导向的 Shephard 距离函数来说，要求在最大限度压缩投入要素的状态下实现既定产出，由于 $D_x^s(X_i^t, Y_i^t)$ 在数学形式上表示的是投入导向效率值的倒数形式，若 $D_x^t(X^t, Y^t) \geqslant 1$，且 $D_x^t(X^t, Y^t)$ 的值越接近于 1，则说明该 DMU 在投入技术上的效率表现越好；对于产出导向的 Shephard 距离函数来说，要求在利用既定投入要素的前提下，最大限度地扩张期望产出。同样，由于 $D_y^s(X_i^t, Y_i^t)$ 在数学形式上是产出导向效率值的倒数形式，$D_y^t(X^t, Y^t) \leqslant 1$，若 $D_y^t(X^t, Y^t)$ 越大，则说明该 DMU 在产出技术效率上的表现越好。在此基础上，若对于某个 DMU，有 $D_x^t(X^t, Y^t) = 1$，且 $D_y^t(X^t, Y^t) = 1$ 同时成立，则该 DMU 是处在生产前沿面上的 1，是生产技术有效的。

参考现有的研究，本节将民航部门的固定资本（F）、劳动力投入（L）和能源投入（E）作为投入变量，将运输周转量（V）和运输收入（R）作为产出，具体过程如图 4.8 所示。

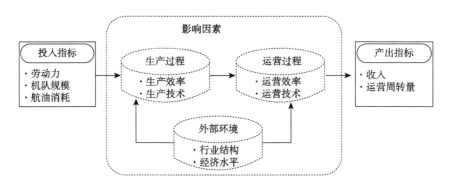

图 4.8　民航部门投入产出及中间过程示意图

需要特别说明的是，本节在对民航部门进行效率评价的投入产出指标中并没有涉及二氧化碳排放，这主要是因为民航部门燃料消耗的单一性（99%以上的能源都是航空煤油），并且二氧化碳的排放量就是通过航空煤油消耗量乘排放因子（具体数值为 3.15）得来的。另外，对于民航部门来说，碳排放主要是由航油消耗引起的，有必要深入探讨能源使用效率对碳排放的影响。因此，在民航投入产出过程中，生产技术集 T 便可表示为

$$T = \left\{ (F, L, E, V, R) : (F, L, E) \text{ 能生产出 } V \text{ 和 } R \right\} \tag{4.13}$$

基于此，假设有 N 个投入产出组合 (X_i, Y_i)，$i = 1, 2, \cdots, N$，则在规模报酬不变的条件下，T 可以用式（4.14）表示：

$$\hat{T}(F, L, E, V, R) = \begin{cases} \sum_{i=1}^{I} \lambda_i F_i \leqslant F & \sum_{i=1}^{I} \lambda_i L_i \leqslant L & \sum_{i=1}^{I} \lambda_i E_i \leqslant E \\ \sum_{i=1}^{I} \lambda_i V_i \geqslant V & \sum_{i=1}^{I} \lambda_i R_i \geqslant R & \lambda_i \geqslant 0 \quad i = 1, \cdots, I \end{cases} \tag{4.14}$$

其中，λ_i 为权重变量。

考虑到上述效率测度的方法会存在效率损失的问题（Wang et al., 2019），因此本章在 Zhou 和 Ang（2008）的基础上，构建了非径向测度方法，可以有效地解决这一问题，具体见式（4.15）：

$$\vec{D}(F, L, E, V, R; \vec{g}) = \sup \left\{ \omega^T \beta : \left[(F, L, E, V, R) + \vec{g} \times \mathrm{diag}(\beta) \right] \in T \right\} \tag{4.15}$$

其中，$\omega^T = (\omega_F, \omega_L, \omega_E, \omega_V, \omega_R)$ 表示投入和产出指标的权重；$\vec{g} = (g_F, g_L, g_E, g_V, g_R)$ 表示投入和产出变量变动方向的向量；$\beta = (\beta_F, \beta_L, \beta_E, \beta_V, \beta_R)$ 表示各个投入和产出变量的变化；$\vec{D}_{i,x}(F_i, L_i, E_i, V_i, R_i; \vec{g}_i) = \beta_{i,x}$ 表示第 i 个决策单元投入或产出（$x \in \{F, L, E, V, R\}$）的压缩或扩张的规模。

特别地，民航投入变量 $x \in \{F, L, E\}$ 各要素的效率为 $1 - \vec{D}_{i,x}(F_i, L_i, E_i, V_i,$

$R_i; \vec{g}_i) = 1 - \beta_{i,x}$；产出变量 $x \in \{V, R\}$ 各要素的效率为 $\dfrac{1}{1 + \vec{D}_{i,x}\left(F_i, L_i, E_i, V_i, R_i; \vec{g}_i\right)}$

$= \dfrac{1}{1 + \beta_{i,x}}$。上述效率相关的距离函数可以用式（4.16）的 DEA 框架来计算：

$$\vec{D}_i\left(F_i, L_i, E_i, V_i, R_i; \vec{g}_i\right) = \max\left(\omega_F \beta_{i,F} + \omega_L \beta_{i,L} + \omega_E \beta_{i,E} + \omega_V \beta_{i,V} + \omega_R \beta_{i,R}\right)$$

$$\text{s.t.} \quad \sum_{i=1}^{I} \lambda_i F_i \leqslant F_i + g_{i,F} \beta_{i,F}$$

$$\sum_{i=1}^{I} \lambda_i L_i \leqslant L_i + g_{i,L} \beta_{i,L}$$

$$\sum_{i=1}^{I} \lambda_i E_i \leqslant E_i + g_{i,E} \beta_{i,E} \qquad\qquad (4.16)$$

$$\sum_{i=1}^{I} \lambda_i V_i \geqslant V_i + g_{i,V} \beta_{i,V}$$

$$\sum_{i=1}^{I} \lambda_i R_i \geqslant R_i + g_{i,R} \beta_{i,R}$$

$$\lambda_i \geqslant 0 \quad \beta \geqslant 0 \quad i = 1, \cdots, I$$

其中，$\vec{D}_i\left(F_i, L_i, E_i, V_i, R_i; \vec{g}_i\right) = 0$ 表示决策单元处于生产前沿面上，这说明在方向 $\vec{g}_i$ 上投入和产出均不存在效率损失。反之，$\vec{D}_i\left(K_i, L_i, E_i, Y_i, C_i; \vec{g}_i\right) > 0$ 表明在方向 $\vec{g}_i$ 上投入和产出均存在效率损失，$g_{i,x} \beta_{i,x}$ 反映了效率损失的方向及来源。

在此基础上，在 LMDI 分解框架下结合民航部门效率测度思路，构建我国民航部门碳排放与运输收入的脱钩指数影响因素分解模型。如图 4.8 所示，民航部门的全流程活动主要受到三个方面的影响，分别是生产过程、运营过程及外在经济环境。基于此，本部分定量分析民航部门生产过程（碳排放强度、能源结构、潜在能源强度、全要素能源效率）、运营过程（潜在运输强度、全要素收入效率）及经济环境（产业结构、GDP）对民航部门碳排放与运输收入之间脱钩状态变化的影响因素。具体地，首先对民航部门碳排放总量进行分解分析：

$$C^t = \sum_i C_i^t$$

$$= \sum_i \frac{C_i^t}{E_i^t} \cdot \frac{E_i^t}{E^t} \cdot \frac{E^t / \mathrm{TFEE}}{V^t} \cdot \mathrm{TFEE} \cdot \frac{V^t}{R^t \cdot \mathrm{TFRE}} \cdot \mathrm{TFRE} \cdot \frac{R^t}{Y^t} \cdot Y^t \qquad (4.17)$$

$$= \sum_i \underbrace{\mathrm{CI}_i^t \cdot \mathrm{ES}_i^t \cdot \mathrm{PEI}^t \cdot \mathrm{TFEE}^t}_{\text{生产过程}} \cdot \underbrace{\mathrm{PTI}^t \cdot \mathrm{TFRE}^t}_{\text{运营过程}} \cdot \underbrace{\mathrm{IS}^t \cdot Y^t}_{\text{经济环境}}$$

其中，t 表示时期，i 表示能源类型，C 表示民航部门二氧化碳排放总量，E 表示能源消耗总量，则 $\mathrm{CI}_i = C_i / E_i$ 表示第 i 种能源的碳密度影响因子，反映单位能源消耗的碳排放量；$\mathrm{ES}_i = E_i / E$ 表示能源消费结构，反映民航部门的新能源使用比例；TFEE 表示全要素能源使用效率，V 表示民航部门的运输周转量，则 $\mathrm{PEI}^t = \dfrac{E^t / \mathrm{TFEE}^t}{V^t}$ 表示民航部门潜在能源强度，反映在剔除能源使用无效情况下单位运输周转量的能源消耗量，一般用来体现民航部门能源使用技术；R 表示民航部门运输收入，TFRE 表示全要素运输收入效率，则 $\mathrm{PTI}^t = \dfrac{V^t}{R^t \cdot \mathrm{TFRE}^t}$ 表示民航运输强度，反映在剔除运输收入无效情况下单位收入的运输周转量，一般用来体现民航部门的运输技术；Y 表示国内生产总值，则 $\mathrm{IS} = R/Y$ 表示产业结构，反映民航部门所创造的产值总量在国内总产值中所占比重。

根据 LMDI 分解方法，碳排放量由基准年的 C^0 变化到目标年的 C^t，那么其变化量 ΔC 可以分解为式（4.18）的形式：

$$
\begin{aligned}
\Delta C &= C^t - C^0 \\
&= \Delta C_{ci} + \Delta C_{es} + \Delta C_{pei} + \Delta C_{tfee} + \Delta C_{pti} + \Delta C_{tfre} + \Delta C_{is} + \Delta C_y
\end{aligned}
\tag{4.18}
$$

式（4.18）右边各因素影响程度的计算公式如式（4.19a）~式（4.19h）所示：

$$
\Delta C_{ci} = \begin{cases} 0, & C_i^t \times C_i^0 = 0 \\ \sum_i L(C_i^t, C_i^0) \ln(\dfrac{\mathrm{CI}^t}{\mathrm{CI}^0}), & C_i^t \times C_i^0 \neq 0 \end{cases}
\tag{4.19a}
$$

$$
\Delta C_{es} = \begin{cases} 0, & C_i^t \times C_i^0 = 0 \\ \sum_i L(C_i^t, C_i^0) \ln(\dfrac{\mathrm{ES}^t}{\mathrm{ES}^0}), & C_i^t \times C_i^0 \neq 0 \end{cases}
\tag{4.19b}
$$

$$
\Delta C_{pei} = \begin{cases} 0, & C_i^t \times C_i^0 = 0 \\ \sum_i L(C_i^t, C_i^0) \ln(\dfrac{\mathrm{PEI}^t}{\mathrm{PEI}^0}), & C_i^t \times C_i^0 \neq 0 \end{cases}
\tag{4.19c}
$$

$$
\Delta C_{tfee} = \begin{cases} 0, & C_i^t \times C_i^0 = 0 \\ \sum_i L(C_i^t, C_i^0) \ln(\dfrac{\mathrm{TFEE}^t}{\mathrm{TFEE}^0}), & C_i^t \times C_i^0 \neq 0 \end{cases}
\tag{4.19d}
$$

$$
\Delta C_{pti} = \begin{cases} 0, & C_i^t \times C_i^0 = 0 \\ \sum_i L(C_i^t, C_i^0) \ln(\dfrac{\mathrm{PTI}^t}{\mathrm{PTI}^0}), & C_i^t \times C_i^0 \neq 0 \end{cases}
\tag{4.19e}
$$

$$
\Delta C_{tfre} = \begin{cases} 0, & C_i^t \times C_i^0 = 0 \\ \sum_i L(C_i^t, C_i^0) \ln(\dfrac{\mathrm{TFRE}^t}{\mathrm{TFRE}^0}), & C_i^t \times C_i^0 \neq 0 \end{cases}
\tag{4.19f}
$$

$$\Delta C_{\text{is}} = \begin{cases} 0, & C_i^t \times C_i^0 = 0 \\ \sum_i L(C_i^t, C_i^0)\ln(\dfrac{\text{IS}^t}{\text{IS}^0}), & C_i^t \times C_i^0 \neq 0 \end{cases} \quad (4.19\text{g})$$

$$\Delta C_y = \begin{cases} 0, & C_i^t \times C_i^0 = 0 \\ \sum_i L(C_i^t, C_i^0)\ln(\dfrac{Y^t}{Y^0}), & C_i^t \times C_i^0 \neq 0 \end{cases} \quad (4.19\text{h})$$

其中，$C_i^t = \text{CI}_i^t \cdot \text{ES}_i^t \cdot \text{PEI}^t \cdot \text{TFEE}^t \cdot \text{PTI}^t \cdot \text{TFRE}^t \cdot \text{IS}^t \cdot Y^t$；$L(C_i^t, C_i^0) = (C_i^t - C_i^0)/(\ln C_i^t - \ln C_i^0)$。

联立脱钩指数和碳排放分解分析的框架，即可得到民航部门碳排放与运输收入之间的 Tapio 脱钩指数的分解模型，如式（4.20）所示：

$$\begin{aligned}
\varepsilon &= \frac{\Delta C / C}{\Delta R / R} \\
&= \frac{\Delta C_{\text{ci}}/C}{\Delta R / R} + \frac{\Delta C_{\text{es}}/C}{\Delta R / R} + \frac{\Delta C_{\text{pei}}/C}{\Delta R / R} + \frac{\Delta C_{\text{tfee}}/C}{\Delta R / R} \\
&\quad + \frac{\Delta C_{\text{pti}}/C}{\Delta R / R} + \frac{\Delta C_{\text{tfre}}/C}{\Delta R / R} \\
&\quad + \frac{\Delta C_{\text{is}}/C}{\Delta R / R} + \frac{\Delta C_y/C}{\Delta R / R} \\
&= \underbrace{\varepsilon_{\text{ci}} + \varepsilon_{\text{es}} + \varepsilon_{\text{pei}} + \varepsilon_{\text{tfee}}}_{\text{生产过程}} + \underbrace{\varepsilon_{\text{pti}} + \varepsilon_{\text{tfre}}}_{\text{运营过程}} + \underbrace{\varepsilon_{\text{is}} + \varepsilon_y}_{\text{经济环境}}
\end{aligned} \quad (4.20)$$

式（4.20）说明，民航部门碳排放和运输周转量之间的脱钩指数 ε 被分解成 8 个效应，如表 4.4 所示。

表4.4 脱钩指数影响因素及其经济含义

因素	含义
ε_{ci}	碳排放系数效应，表示特定种类能源的单位消耗量碳排放系数变化对碳排放脱钩状态的影响
ε_{es}	能源结构效应，表示能源消费结构变动对碳排放脱钩状态的影响
$\varepsilon_{\text{tfee}}$	全要素能源使用效率效应，表示生产过程中全要素能源使用效率的变化对碳排放脱钩状态的影响
ε_{pei}	潜在能源强度效应，表示在剔除了能源使用无效的条件下，单位运输周转量的能源消耗量变动对碳排放脱钩状态的影响
ε_{pti}	潜在运输强度效应，表示在剔除了运输收入无效的条件下，单位运输收入的运输周转量变动对碳排放脱钩状态的影响
$\varepsilon_{\text{tfre}}$	全要素运输收入效率效应，表示运营过程中全要素运输收入效率的变化对碳排放脱钩状态的影响
ε_{is}	产业结构效应，表示民航部门运输收入占 GDP 比重的变化对碳排放脱钩状态的影响
ε_y	经济发展水平效应，表示 GDP 变化对民航碳排放脱钩状态的影响

4.4.2　民航碳排放与运输周转量脱钩检验

考虑到民航部门自 2001 年开始，运输收益等指标的结算方式发生了调整（具体见《从统计看民航 2002》），据此本节的研究区间设定为 2001 年以后。因此，本部分对 2001~2019 年中国民航部门 19 年的航空运输收入增长与碳排放变化的脱钩状况进行分析，深入研究中国民航部门碳排放与其运输收入之间的脱钩效应及其关键驱动力，这将有利于为民航部门及航空公司的"绿色发展"政策的制定提供参考。

民航的运输活动主要体现在生产和运营两个方面。生产过程主要受到全要素能源效率和潜在能源强度的影响；运营过程主要受到全要素收入效率和潜在运输强度的影响。从 2001 年到 2019 年，生产过程和运营过程的四个指标变化情况如表 4.5 所示。

表4.5　生产过程和运营过程碳排放变动主要影响因素

年份	生产过程		运营过程	
	TFEE	PEI（千克/吨公里）	TFRE	PTI（吨公里/元）
2001	1.0000	0.3793	1.0000	2.0053
2002	1.0000	0.3638	1.0000	2.1869
2003	1.0000	0.3542	1.0000	2.3856
2004	1.0000	0.3415	1.0000	2.4080
2005	0.9853	0.3411	1.0000	2.4785
2006	1.0000	0.3272	1.0000	2.4617
2007	1.0000	0.3093	1.0000	2.7088
2008	0.9673	0.3222	1.0000	2.8758
2009	0.9243	0.3329	0.9567	3.3315
2010	1.0000	0.2844	1.0000	3.0493
2011	1.0000	0.2851	1.0000	2.9839
2012	0.9806	0.2986	1.0000	3.0205
2013	0.9561	0.3112	0.9037	3.7339
2014	0.9602	0.3085	0.8682	4.0452
2015	0.9674	0.3039	0.7955	4.8186
2016	0.9725	0.3008	0.7413	5.5488
2017	0.9707	0.3018	0.7180	5.9149
2018	0.9910	0.2896	0.7065	6.1087
2019	1.0000	0.2849	1.0000	4.4725
平均值	0.9829	0.3179	0.9310	3.5020

从生产过程来看，TFEE 和 PEI 分别反映了生产过程的效率和技术。如表 4.5 所示，从整体来看，全要素能源使用效率较高，平均效率值达到 0.9829，近一半的时间都处于有效使用的状态（其中 9 年的效率值都为 1）。自 2008 年全球经济衰退以来，仅 2010 年、2011 年及 2019 年效率值为 1，其他均出现无效的情况，其中 2009 年的效率值最低仅为 0.9243，这说明我国民航能源使用全要素能源效率受整体经济环境的影响很大；但是自 2013 年以来，整体效率存在明显上升趋势，这主要是由于民航"十二五"规划以来，民航部门重点部署民航绿色发展理念，能源节约和污染排放控制取得明显成效，吨公里能耗和二氧化碳排放量平均比"十一五"规划时期下降 3% 以上。能源强度反映生产过程的能源使用技术，2001 年到 2019 年间平均能源强度为 0.3125 千克/吨公里，整体存在下降趋势，从 2001 年的 0.3793 千克/吨公里逐年下降到 2019 年的 0.2849 千克/吨公里，累计降幅达到约 25%（具体结果如图 4.9 所示）。这说明在民航发展过程中，发动机燃油性能的改善、飞机制造技术的提升等因素在不断促进能源使用技术的进步。但是，2007~2013 年，能源强度存在明显的波动。这可能与 2008 年以来全球的经济衰退有关，2007 年到 2013 年间，中国的民航载运率出现大幅波动，尤其在 2008 年，民航载运率仅为 66.13%，为研究期间最低值。载运率的下降说明运输的民航的运载能力没有得到有效利用，进而使得单位运输周转量的能源消耗量提升。

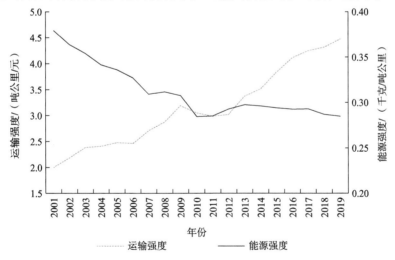

图 4.9　2001~2019 年中国民航部门能源强度与运输强度的变化趋势

从运营过程来看，TFRE 和 PTI 分别反映了运营过程的效率和技术。如表 4.5 所示，从整体来看，平均收入效率值达到了 0.9310，除了 2009 年及 2013~2018 年，其他年份均达到有效。类似于全要素能源效率，2009 年的 TFRE 较低，主要是受到全球经济衰退的影响，这说明我国民航全要素收入效率会受到整体经济环境的影响；另外，自 2012 年以来，整体效率存在明显下降趋势，从 2012 年的有效（效率值为 1）逐步下降到 2018 年 0.7065，这可能是市场开放、运营竞争激烈导致的。但是 2019 年效率为 1，说明运营效率开始转好。2001 年到 2019 年间，平均运输强度为 3.5020 吨公里/元，整体存在上升趋势，从 2001 年的 2.0053 吨公里/元逐年上升到 2019 年的 4.4725 吨公里/元，累计增幅达到约 123%。但是，2009~2011 年，运输强度存在明显的波动。

基于式（4.20）可以计算得出 2001~2019 年中国民航部门碳排放与运输收入脱钩弹性值并识别出各年脱钩状态，结果如表 4.6 所示。

表4.6　2001~2019年中国民航部门碳排放与运输收入脱钩弹性值及其脱钩状态

研究期	$\Delta C / C$	$\Delta R / R$	ε	脱钩状态
2001~2002	0.1204	0.0711	1.6938	扩张性负脱钩
2002~2003	0.0080	−0.0507	−0.1580	强脱钩
2003~2004	0.3040	0.3399	0.8944	增长连接
2004~2005	0.1132	0.0989	1.1445	增长连接
2005~2006	0.1395	0.1784	0.7818	弱脱钩
2006~2007	0.1293	0.0856	1.5102	扩张性负脱钩
2007~2008	0.0395	−0.0285	−1.3859	强脱钩
2008~2009	0.1189	0.0228	5.2179	扩张性负脱钩
2009~2010	0.1653	0.3178	0.5201	弱脱钩
2010~2011	0.0750	0.0959	0.7822	弱脱钩
2011~2012	0.0855	0.0441	1.9371	扩张性负脱钩
2012~2013	0.1181	−0.0148	−7.9810	强脱钩
2013~2014	0.1090	0.0701	1.5564	扩张性负脱钩
2014~2015	0.1299	0.0430	3.0207	扩张性负脱钩
2015~2016	0.1242	0.0532	2.3349	扩张性负脱钩
2016~2017	0.1273	0.0899	1.4168	扩张性负脱钩
2017~2018	0.0911	0.0962	0.9471	增长连接
2018~2019	0.0640	0.0343	1.8640	扩张性负脱钩

根据 2001~2019 年中国民航部门运输收入与碳排放量脱钩计算的结果，可以看出，样本时期内中国民航部门碳排放与运输周转量之间以扩张性负脱钩现象为主，即民航部门运输收入的增长仍然是以能源消费量增长为代价，并且脱钩状态长期基本稳定。

　　由于中国的经济发展一般都是五年一规划，基于此，从不同的五年规划时期来看，表 4.6 显示的负脱钩状态主要发生在"十二五"规划和"十三五"规划期间。特别是 2013~2017 年，我国民航二氧化碳排放量增加 9996 万吨，增长 12.17%，运输增加收入增长 12.15%。几乎相同的运输收入增加和二氧化碳排放趋势表明，民航对能源消耗的依赖性很大。这主要是由于自 2012 年以来，我国民航逐步摆脱了经济危机带来的经济不景气的局面，民航部门出台了一系列刺激发展的政策。这些政策措施在帮助民航回弹发展的同时也带来了一系列的负面影响，例如，在运用高额的投资来拉动内需、建设机场等基础设施的同时，忽略了航线网络规划和运力配备不合理、机队结构不够完善等问题。实际上，这是延续了粗放的发展方式，在此期间航空公司能源使用效率、碳排放效率及运行效率普遍较低。这应该是导致民航部门发展与环境影响长期负脱钩的主要原因。碳排放与运输收入实现"脱钩"的状态有 5 年，其中 2005~2006 年、2009~2011 年为"弱脱钩"状态，这三年民航碳排放的增长低于航空运输收入的增长，表明能源使用效率有所提高；2002~2003 年及 2012~2013 年为"强脱钩"状态，这两年虽然碳排放与运输收入实现脱钩，但是碳排放在增长，运输收入却在减少，不利于民航部门的绿色发展。2003~2005 年及 2017~2018 年为"增长连接"状态，表示在航空运输收入增长的同时，碳排放也在同步增长，而且变化速度大体相当。自 2011 年以来，在世界经济复苏艰难、国内经济下行压力加大的情况下，2012~2013 年的运输收入出现下降，但民航其他主要运输指标保持平稳增长。从最近几年的航空运输发展趋势来看，尤其在 2015~2019 年民航碳排放平均脱钩指数达到 1.6407，这说明在今后一段时期还会更多地保持"扩张性负脱钩"这种状态。

　　根据式（4.6），可以得出民航业不同发展阶段碳排放与运输收入的脱钩稳定性系数，如图 4.10 所示，其中 2011~2019 年的脱钩稳定系数为 1.65，大于 1，这说明民航部门的脱钩稳定性总体上是变化的，脱钩状态有变化的可能。"十五"计划期间，脱钩稳定性系数为 2.68，远大于 1，阶段稳定性最差。可能是因为中国民航的机制体制改革，以及还没有从亚洲金融危机完全走出，能源价格波动较大，民航用能行为不稳定，飞机空负荷率高等，进而使得民航部门碳排放的脱钩状态不稳定。"十一五"规划和"十二五"规划期间，脱钩稳定性系数分别为 1.77 和 1.85，较"十五"计划期间出现明显下降，这表明我国民航业的产业发展基本摆脱了金融危机的影响，机制体制改革基本步入正轨，运输收入和碳排放量基本同步增长。"十三五"规划期间，脱钩稳定性系数为 0.48，小于 1，说明该阶段脱钩稳定性良好。但该研究区间的碳排放与运输收入的关系却稳定在扩张性负脱钩的状态。这也说明未来一段时间民航运输收入的增长要建立在二氧化碳大量排放的基础上。

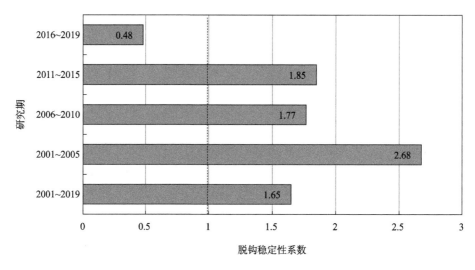

图 4.10　中国民航部门碳排放的脱钩稳定性指标

　　综上所述，中国民航部门碳排放与产业发展之间离实现稳定的脱钩状态还有一定的距离，这说明中国民航部门碳排放变动仍然受宏观环境等诸多不确定性因素的影响，民航部门发展与节能减排的矛盾依旧突出，因此有必要进一步探讨碳排放脱钩的内在动因。

4.4.3　民航碳排放与运输周转量脱钩关系的分解

　　根据前文构建的分解分析模型可知，本章对民航部门碳排放与运输收入脱钩状态的分解主要是基于碳排放变动的影响因素分解分析。2001~2019 年，中国民航部门碳排放变动的驱动因素可以利用式（4.18）来计算（各影响因素的影响程度具体结果见表 4B.1）。

　　整体来看，中国民航部门的碳排放总量从 2001 年的 0.169 亿吨增长到 2019 年的 1.161 亿吨，除了生产过程外，运营过程和外部经济活动都是民航部门碳排放增长的主要动力（图 4.11）。

　　需要特别说明的是，由于民航部门能源消耗的特殊性，能源消费结构主要为航空煤油，并且在研究期间其他替代能源的比例几乎可以忽略，因此反映能源结构的两个影响因素碳排放系数（CI）和其他能源所占比例（ES）都没有发挥作用，即 ΔC_{ci} 和 ΔC_{es} 的结果都为 0。另外，从影响因素来看（图 4.12），全要素能源效率（TFEE）、潜在运输强度（PTI）及外部经济活动（EA）都对碳排放的增长起了促进作用。其中 EA 和 PTI 在民航部门碳排放增长过程中起了绝对核心的作用，

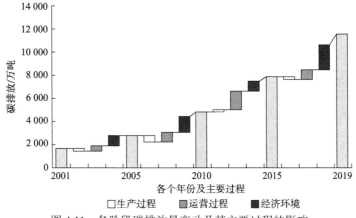

图 4.11　各阶段碳排放量变动及其主要过程的影响

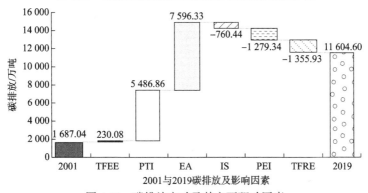

图 4.12　碳排放变动及其主要驱动因素

瀑布图的两边为初始值和最终值，中间是影响因素

碳排放增长的贡献量分别为 7596.33 万吨和 5486.86 万吨。其他影响因素，包括产业结构（IS）、潜在能源强度（PEI）及全要素运输收入效率（TFRE）都有效抑制了民航部门碳排放的增长，减排贡献量分别为 760.44 万吨、1279.34 万吨及 1355.93 万吨，减排作用几乎相当。

民航部门碳排放与运输收入间的关系可以通过脱钩状态来反映，2001~2019 年，民航部门碳排放与运输收入脱钩状态的驱动因素可以利用前文碳排放变动影响因素的分解分析及结合式（4.20）计算获得，具体结果见表 4B.2。

考虑到民航碳排放在研究期间持续增长，脱钩指标的数值越低说明民航部门的脱钩效果越好，具体地，如果脱钩指数的某一影响因素的分解分析计算结果小于 0，则说明该因素在民航部门碳排放脱钩进程中扮演了正向驱动作用。反之，如果脱钩指数的某一影响因素分解分析计算结果大于 0，则该因素在民航部门碳排放脱钩过程中起到了负向作用。整体来看，如图 4.13 所示，外部经济活动效应（ε-EA）在研究期间，除了在 2002~2003 年、2007~2008 年，以及 2012~2013 年影响值小于 0 外，其他年份全都是大于 0，说明 ε-EA 是抑制民航部门碳排放与运输收入脱钩的最主要因素。对应地，潜在能源强度效应（ε-PEI）在研究期间除了 2002~2003 年、2008~2009 年、2010~2012 年，以及 2016~2017 年这几个年份的影响值大于 0 外，其他年份都小于 0，这说明 ε-PEI 是促进民航部门碳排放与运输收入脱钩的最主要因素。其他影响因素对脱钩状态的影响在不同年份呈现出不同的变化特征，有必要从时间维度进一步讨论。需要特别说明的是，由于民航部门能源结构的单一性，反映能源结构的两个影响因素碳排放系数（ε-CI）和其他能源所占比例（ε-ES）都没有对民航部门碳排放和运输收入的脱钩发挥作用。

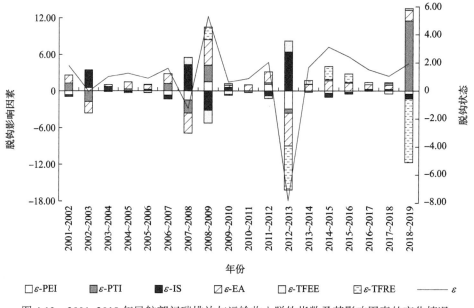

图 4.13　2001~2019 年民航部门碳排放与运输收入脱钩指数及其影响因素的变化情况

从时间角度来看，由于中国的经济发展，以及民航的发展都存在五年一规划的属性，政策规划的约束存在阶段性特征。这就导致不同规划期间，民航部门的发展方式、运营特点及碳排放特征存在差异。因此我们将民航部门碳排放脱钩研究的时期跨度分为四个阶段，分别为：2001~2005 年的"十五阶段"、2006~2010 年的"十一五阶段"、2011~2015 的"十二五阶段"，以及 2016~2019 年的"十三五阶段"（由于 2020 年民航发展的部分数据指标还无法获取，因此只延伸到 2019 年）。从分解分析的结果可以明显看出，"十三五阶段"外部经济活动的碳排放促增效果最为明显，"十二五阶段"的运营过程对碳排放促增最为显著，"十一五阶段"的生产过程的减排作用最为明显，"十五阶段"碳排放增长相对比较平稳。因此各个阶段不同过程与不同影响因素对民航部门碳排放脱钩也必然存在不同的影响程度。

具体到各个影响因素来看，在"十五阶段"和"十一五阶段"PEI 都是碳排放下降的最主要因素，其中在"十一五阶段"PEI 的减排效果最明显，影响值为 0.73（表示 PEI 使得碳排放量在 2006 年的基础上下降了约 27%）。如图 4.14 所示，ε-PEI 效应在"十五阶段"和"十一五阶段"对碳排放脱钩的贡献最为显著，分别为 -0.25 和 -0.40。ε-PEI 效应在"十二五阶段"没能促进碳排放脱钩，贡献值为 0.27；"十三五阶段"尽管 ε-PEI 效应又对碳排放的脱钩发挥了促进作用，但此时 ε-PEI 效应对脱钩的影响已经明显下滑（ε-TFRE 效应的脱钩作用更为显著）。PEI 表示民航部门在能源使用无效率损失的前提下单位运输周转量的能源消耗问题，PEI 的下降反映了能源使用技术的进步。在"十五阶段"和"十一五阶段"，潜在能源强度从 2001 年的 1.20 千克/吨公里稳步下降到了 2010 年的 0.89 千克/吨公里，因此有效抑制了碳排放的增加。然而，PEI 在"十二五阶段"非但没能抑制排放，反而起到了促增作用，影响值为 1.07；与此同时，尽管 PEI 在"十三五阶段"的减排作用出现改善（影响值 0.92），但整体来看 PEI 的减排作用明显存在减弱的趋势。这说明，民航部门随着能源使用和飞机发动机等技术的不断完善，从"十二五阶段"开始能源使用技术进步出现了瓶颈，民航部门应加大研发方面的投入突破瓶颈，持续发挥技术进步促进碳排放脱钩的功效。

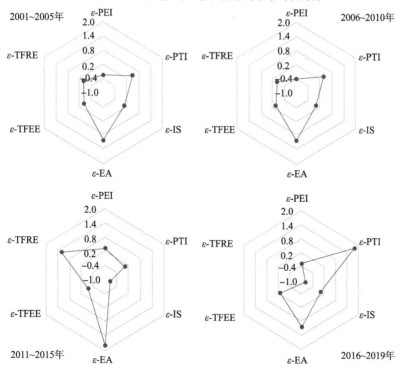

图 4.14　2001~2019 年民航部门碳排放脱钩影响因素

对于 EA 来说，随着经济环境的不断提升，人民收入水平越来越高，人们有意愿也有能力使用更加舒适、安全、快捷的航空运输方式。这从民航部门的产业结构也可以体现，如图 4.13 所示，随着民航运输规模的不断扩张，在经济系统中所占的比例逐年提升（尤其是从 2001 年到 2006 年，产业结构提升明显）。因此，EA 在各个阶段都是提升碳排放的主要原因，IS 也大多都促进碳排放的提升。如图所示，从"十五阶段"到"十三五阶段"这四个阶段中，ε-EA 的脱钩影响程度均为正，并且除了"十三五阶段"，其他时期都是抑制碳排放脱钩的最大障碍。特别地，在"十三五阶段"，ε-EA 对碳排放脱钩的影响程度小于 ε-PTI，这主要是由于这段时期 EA 对碳排放的促增作用显著小于 PTI，这说明外部经济环境的改善对于航空运输的需求影响开始小于民航部门自身运营能力的影响。实际上，对民航部门来说，潜在运输强度存在逐年上升的趋势，从 2001 年的 2.01[①] 吨公里/元逐年上升到 2019 年的 6.11 吨公里/元，这反映了民航运输能力的不断提升。从经济意义上可以理解为，随着国民收入水平的不断提升，运输费用可能已经不再是影响人们出行方式选择的最主要因素，航空公司的运输能力的提升对运输规模的影响和碳排放的影响更大,这需要引起政策制定者的关注。

对于 TFEE 来说，该影响因素在"十五阶段"和"十二五阶段"均扮演微弱的促减角色（影响值分别为 0.98 和 0.96），而在"十一五阶段"和"十三五阶段"均扮演微弱的促增角色（影响值均为 1.04）。与之对应的如图 4.13 所示，ε-TFEE 在"十五阶段"和"十二五阶段"均对碳排放脱钩起了促进作用；而在"十一五阶段"和"十三五阶段"均对碳排放脱钩起了抑制作用。这说明能源使用效率的变化对民航部门碳排放的影响不是太显著，也反映了民航部门尤其是各航空公司可以对生产过程要素投入和产出维持在一个相对稳定的比例，民航部门可以通过学习国内外先进管理水平、优化能源、劳动力、机队规模等投入要素的最优配置，挖掘和发挥全要素能源效率在民航碳减排过程中的作用，使得 TFEE 在民航碳排放脱钩过程中发挥更大的作用。对于运营过程中的 ε-TFRE 也是类似的情况。2001 年到 2019 年间，除了 2018~2019 年可能由数据的异常而引起增长，其他年份的运营效率整体存在下降趋势，从 2001 年的 1 下降到 2018 年的 0.71。因此，TFRE 没能发挥抑制碳排放增长的功能，ε-TFRE 也没能有效促进民航碳排放的脱钩，民航部门需要对运营效率进行进一步提升。当然，运营效率的提升可能更多涉及销售部门、营销部门等对于运营收入方面的改善。

---

① 此处取的近似值，余同。

4.5　本　章　小　结

随着经济发展及运输需求的不断扩张，民航部门将成为一个主要的二氧化碳排放源。为了应对这一全球性难题，如前文所述，全球航空业已经开始了一系列的低碳发展行动。为了能够从总体上把握民航部门碳排放与行业发展之间的关系，本章从碳排放与运输规模及碳排放与运输收入两个维度对中国民航部门碳排放与行业发展的脱钩状况进行分析，在精确识别民航部门碳排放脱钩状态的基础上，进一步利用分解分析方法探索影响脱钩状态及其变动的主要驱动因素。

具体来看，为了探究中国民航部门碳排放与行业发展之间的关系，本章一方面对民航部门运输周转量与碳排放量进行了脱钩分析，并对脱钩状态进行了分析，识别影响脱钩的主要驱动因素；另一方面，在识别民航部门碳排放与运输收入脱钩状态及其变动的影响因素时，考虑到民航部门碳排放是一个系统性问题，不同部门不同过程对民航碳排放的影响方式不同，并且，民航部门碳排放还与效率有关，基于此，本章构建了一种新的分解分析框架，在对民航碳排放全流程效率测度的基础上分解分析了碳排放与运输收入的脱钩状态。

实证研究结果表明，无论是碳排放与运输周转量，还是碳排放与运输收入之间的脱钩状态均以扩张性负脱钩现象为主，即民航部门的规模扩张及运输收入的增加目前仍然是以能源消费量的快速增长为代价的，并且民航部门碳排放的脱钩稳定性整体表现一般，脱钩状态有出现反复的可能性。影响因素分解分析结果表明，能源强度效应和产业结构效应主导了民航部门碳排放与运输周转量脱钩状态的趋势，是推动民航部门脱钩发展的关键因素；外部经济环境是民航碳排放与运输收入实现脱钩的最主要障碍，而民航部门潜在能源强度的稳步下降是碳排放与运输收入实现脱钩的主要动力。

附录4A 中国民航相关统计数据

表4A.1 1996~2015年中国民航部门相关统计指标

年份	运输周转量/10亿吨公里	收入/10亿元	能源消耗/万吨	年份	运输周转量/10亿吨公里	收入/10亿元	能源消耗/万吨
1996	8.061	12.692	301.4	2006	30.580	37.611	1000.5
1997	8.668	13.455	327.5	2007	36.530	40.702	1129.9
1998	9.297	12.306	377.6	2008	37.677	39.394	1174.5
1999	10.611	13.771	387.4	2009	42.707	40.777	1314.2
2000	12.250	14.828	494.1	2010	53.845	52.795	1531.4
2001	14.119	15.634	535.6	2011	57.744	57.727	1646.3
2002	16.493	22.884	600.1	2012	61.032	60.187	1787.0
2003	17.079	21.744	604.9	2013	67.172	59.262	1998.1
2004	23.100	29.037	788.8	2014	74.812	63.545	2216.0
2005	26.127	32.048	878.1	2015	85.165	69.265	2503.9

附录4B 民航碳排放（脱钩状态）及其影响因素

表4B.1 2001~2019年碳排放变化的影响因素

年份	PEI	PTI	IS	EA	TFEE	TFRE	总量
2001~2002	−0.744	1.549	−0.334	1.561	0.000	0.000	2.032
2002~2003	−0.512	1.650	−2.802	1.815	0.000	0.000	0.151
2003~2004	−0.796	0.204	4.283	2.102	0.000	0.000	5.793
2004~2005	−0.029	0.756	−0.356	2.830	−0.388	0.000	2.813
2005~2006	−1.229	−0.201	1.313	3.538	0.437	0.000	3.858
2006~2007	−1.884	3.206	−1.706	4.459	0.000	0.000	4.075
2007~2008	1.490	2.172	−4.395	3.345	−1.205	0.000	1.407
2008~2009	1.275	2.293	−2.636	3.518	−1.784	1.732	4.398

续表

年份	PEI	PTI	IS	EA	TFEE	TFRE	总量
2009~2010	−7.046	0.000	7.823	4.521	3.523	−1.979	6.842
2010~2011	0.121	−1.084	0.019	4.563	0.000	0.000	3.619
2011~2012	2.500	0.659	−1.755	4.089	−1.059	0.000	4.434
2012~2013	2.446	0.565	−5.344	4.456	−1.505	6.032	6.650
2013~2014	−0.560	0.000	−0.259	4.749	0.280	2.653	6.863
2014~2015	−1.111	0.000	−1.926	5.052	0.556	6.497	9.068
2015~2016	−0.882	0.000	−1.205	5.543	0.441	5.902	9.799
2016~2017	0.348	0.000	1.782	6.326	−0.174	3.009	11.291
2017~2018	−4.333	0.000	2.769	6.824	2.167	1.681	9.108
2018~2019	−1.846	43.100	−2.875	6.672	1.013	−39.087	6.977
2001~2019	−12.792	54.869	−7.604	75.963	2.302	−13.560	99.177

表4B.2　2001~2019年脱钩状态影响因素分析

年份	ε-PEI	ε-PTI	ε-IS	ε-EA	ε-TFEE	ε-TFRE	ε
2001~2002	−0.6204	1.2911	−0.2782	1.3014	0.0000	0.0000	1.6939
2002~2003	0.5348	−1.7231	2.9253	−1.8949	0.0000	0.0000	−0.1579
2003~2004	−0.1230	0.0315	0.6613	0.3246	0.0000	0.0000	0.8944
2004~2005	−0.0118	0.3076	−0.1450	1.1516	−0.1579	0.0000	1.1445
2005~2006	−0.2491	−0.0407	0.2660	0.7169	0.0886	0.0000	0.7817
2006~2007	−0.6982	1.1881	−0.6324	1.6527	0.0000	0.0000	1.5102
2007~2008	−1.4679	−2.1394	4.3296	−3.2952	1.1871	0.0000	−1.3858
2008~2009	1.5123	2.7208	−3.1269	4.1734	−2.1166	2.0549	5.2179
2009~2010	−0.5356	0.0000	0.5946	0.3437	0.2678	−0.1504	0.5201
2010~2011	0.0262	−0.2343	0.0040	0.9863	0.0000	0.0000	0.7822
2011~2012	1.0922	0.2878	−0.7668	1.7866	−0.4627	0.0000	1.9371
2012~2013	−2.9357	−0.6779	6.4137	−5.3479	1.8068	−7.2400	−7.9810
2013~2014	−0.1271	0.0000	−0.0588	1.0771	0.0635	0.6016	1.5563
2014~2015	−0.3702	0.0000	−0.6417	1.6831	0.1851	2.1644	3.0207
2015~2016	−0.2103	0.0000	−0.2872	1.3209	0.1051	1.4064	2.3349
2016~2017	0.0437	0.0000	0.2236	0.7938	−0.0219	0.3776	1.4168
2017~2018	−0.4506	0.0000	0.2880	0.7096	0.2253	0.1748	0.9471
2018~2019	−0.4931	11.5144	−0.7680	1.7824	0.2705	−10.4422	1.8640

第 5 章 中国民航碳排放总量变动的驱动因素

5.1 引　　言

　　近年来，地球气候环境日益恶化的趋势越来越受到世界各国及各相关行业的关注。根据 Owen 等（2010）及 Mayor 和 Tol（2010）的研究，民航部门当前的碳排放量约占全球能源消耗引起碳排放量的 3% 左右，但是随着边际燃油效率改进空间的降低及全球对民航运输需求的提高（自 1977 年以来全球运输规模每 15 年就翻番，据 ICAO 估计 2020 年运输周转量将是 2010 年的 2.5~3 倍），全球民航部门引起的航空排放及其对气候变化的影响越来越引起人们的重视（ICAO，2016）。与此同时，中国作为一个名副其实的航空大国，在引领全球民航发展的同时，也不可避免地引发了一系列的环境问题。2013 年中国民航部门的二氧化碳的排放量已经达到了 0.63 亿吨，约占全国二氧化碳排放量的 1%。经济全球化及中国经济的持续增长，对航空运输的需求会越来越大，由此引发的温室气体排放将会是中国碳排放增加的一个主要源头。为了构建一个更加"绿色"的民航发展模式，政府部门和民航总局相继出台了一系列针对民航部门的节能减排计划和政策。要想实现这些发展目标，基于自身发展压力和国家政策两方面的考虑，民航部门和国家需要科学地、有针对性地制定节能减排措施。基于此，我们需要根据目前的研究状况厘清影响中国民航部门能源消耗和碳排放的主要驱动因素。

　　根据前文的文献回顾，现有的关于民航部门碳排放的研究目前主要集中在三个方面：一是对碳排放的核算，包括对飞机不同飞行阶段、不同飞行轨迹的碳排放的核算，如对飞机巡航阶段碳排放量的核算（Williams et al.，2002）、对飞机起降阶段碳排放量的核算（Masiol and Harrison，2014；夏卿等，2008）。

二是对民航部门或者航空公司碳排放方面的绩效评估（Liu et al., 2017a）。三是评估民航部门碳排放对环境影响及减排政策制定的研究（Andreoni and Galmarini, 2012）。综上所述，民航部门碳排放相关的研究，近年来取得了较为丰硕的成果，然而针对民航部门碳排放驱动因素的研究还相对较少。研究和掌握民航部门影响碳排放的驱动因素可以帮助制定有针对性的减排策略进而建立和发展低碳经济（Long et al., 2015）。现有的一些民航部门碳排放影响因素研究表明经济发展和技术进步是民航部门碳排放影响最大的两个因素。其中有代表性的研究是 Sgouridi 等（2011）利用计量经济学方法回归分析了 5 个影响因素对民航部门二氧化碳排放的影响程度。

　　上述研究说明了影响因素分析方法在民航部门碳排放领域中的成功应用。分解分析方法是影响因素分析方法的一个重要分支，经过第 2 章的介绍我们知道，SDA 方法和 IDA 方法在能源环境领域得到了广泛的应用并取得了丰硕的成果，然而近年来 Zhou 和 Ang（2008）、Zhang 等（2012）、Liu 等（2017b）等运用 PDA 方法，在碳排放分解分析领域中做了应用研究并将此方法与 SDA 方法和 IDA 方法进行了比较。研究结论表明，PDA 方法具有如下三个方面的优点。第一，PDA 方法对数据的要求相较于 SDA 方法和 IDA 方法比较容易获得，具体地，使用 IDA 方法一般都需要行业级或行业级以上的数据，SDA 方法一般都是结合投入产出方法，这样就需要国家级的投入产出表数据，而 PDA 方法仅需要部门级的数据就可以进行分解分析。第二，PDA 方法是基于生产理论的分解分析方法，与 SDA 方法和 IDA 方法相比，PDA 方法可以突出对整个生产过程的系统进行研究，特别地，可以对生产技术从技术效率和技术进步两个方面进行考量。第三，在影响因素的定量计算方面，PDA 方法的分解结果可以同时通过因子互转检验、时间互转检验及零值稳定性检验，而 SDA 方法和 IDA 方法中仅有少数的方法可以同时通过上述三项检验。因此 PDA 方法越来越受到研究学者的关注。虽然 PDA 方法存在上述优点，但是 PDA 方法由于自身的局限性在应用过程中仍然存在一些问题，在理论方面如何克服存在的弊端并在实证研究上应用到能源环境领域，尚需进一步的研究。根据现有的研究，PDA 方法相较于 SDA 方法和 IDA 方法来说，应用得还不是很广泛，具体针对中国能源环境领域的研究更是鲜有。

　　本章的研究目的是对现有的 PDA 模型进行系统分析，探索现有 PDA 方法存在的一些不足，提出一种新的 PDA 理论框架，并运用改进后的 PDA 模型对中国民航部门碳排放做影响因素分析。

5.2　影响民航碳排放的特殊因素

如前分析，航空公司的燃油消耗及其地面能耗约占民航总能耗的96%。因此，民航的节能减排主要是节约燃油，节约燃油也就降低了排放。影响燃油使用效率的因素也就是影响民航节能减排的主要因素（谭惠卓，2013）。降低燃油消耗量是民航节能减排的主要任务。提高燃油使用效率、降低燃油消耗主要体现在用油时间和单位油耗两个方面，即燃油消耗量=用油时间×单位油耗。

5.2.1　无效用油时间

民航一次飞行的完整航线包括地面和空中两个阶段，这两个阶段都有降低燃油消耗的空间。

地面无效用油主要包括地面滑行等待时间和飞机停靠作业用油两个方面。根据谭惠卓（2013）的研究，对五大机场（北京首都国际机场、上海浦东国际机场、上海虹桥国际机场、广州白云国际机场、深圳宝安国际机场）的平均地面滑出时间进行加权平均计算，滑出时间的加权平均值为26.09分钟，类似地，选择与北京首都国际机场空运生产规模相当、跑道滑行道构型相似的香港国际机场、慕尼黑机场、菲尼克斯天港国际机场、洛杉矶国际机场四个类似机场作为对标机场，对标机场的平均滑出时间为14.97分钟，这说明五大机场的航班平均滑出时间比对标机场约多11分钟，大型机场地面节油具有很大空间。除地面滑行时间较长外，航班飞机在停靠作业时利用自身动力供电、制冷，也造成多余耗油，特别是飞机使用辅助动力装置（auxiliary power unit，APU）自身供电造成的耗油更为明显。根据波音公司提供的数据，使用APU的成本比使用地面电源高出数十倍。

空中无效用油主要体现在绕飞及等待两个方面。不合理的航线结构直接影响了航空器的运行效率和燃油消耗。目前中国空域内所有航线都是固定航线，75%以上的空域为空军所占用，民航可以使用和管理的空域只有23%，民航飞行被局限在航线上，空域的自由度小、利用率低。在这些固定航线中，受实际空域的限制，存在很多不利于航空器节油的空中盘旋等待和绕飞航线，有一些是"舍近求远"，甚至个别航线是"反其道而行之"的"大绕飞"。这种航线结构大大增加了无谓的飞行距离和时间，也增加了燃油消耗。

5.2.2　单位时间油耗

单位时间油耗与高度层利用、进场飞行程序设计、飞机选型与改装、燃油携带、飞行节油技术、重量控制、日常维护等要素相关。

（1）飞行高度层利用不合理。根据 ICAO 的规定，民航飞机的最佳飞行高度应在 25 000~30 000 米，在目前的空管体制下，规定的航线飞行高度层绝大多数都低于飞机的最佳飞行高度层（一般都在 7000~12 000 米），就此一项的燃油浪费可达 10%以上。

（2）进离场程序设计缺陷。在有限的使用空域下，传统的进离场飞行程序造成进离场航线交叉重叠。为避免冲突，不得不迂回避让，造成燃油消耗增加。目前我国大多数繁忙机场的进离场飞行程序都存在缺陷，如使用空域得不到改善，迂回绕飞造成的损失将更加严重。

（3）飞机选型与改装。不同机型的燃油效率有明显差异，一般而言，老旧飞机因设计、使用材料、设备老化等原因燃油效率偏低，而新型飞机的燃油效率较高。飞机选型是航空公司运营的首要工作与前提，一旦确定了飞机型号，就只能在其性能的基础上实施节油。飞机改装可在一定程度上降低飞行阻力、减轻飞机重量、提升升阻比等。目前，对飞机节油最有效的手段是加装翼梢小翼，根据对调研数据的分析，翼梢小翼改装的投资回报期约为 4 年。

（4）节油飞行技术的应用。首先，航空公司应全面、充分考虑机型的配备、高度层与航路的选择、飞行成本指数、气象条件等影响因素，以达到节约燃油、降低成本的目的，利用计算机制订合理的飞行计划，使飞行全过程总体得到优化。其次，飞机的飞行离不开飞行员，因而在飞行全过程中飞行员对节油飞行技术的应用将直接影响到航班飞机的油耗。在航班飞机的航前准备、滑行等待、起飞爬升、巡航、进近着陆等不同阶段都存在一定的节油空间。

（5）燃油携带量与飞机减重。民航部门对国内和国际飞机所应携带的燃油量都做了明确的规定。但是，在实际工作中，因为各种原因，最终携带的备份燃油量常常超过了民航局的规定。这些原因主要包括：为消除计算误差和增加安全系数，选择多加一定量的备份燃油；因备降场选择不合理，导致备份燃油携带量加大；因二次签派技术在国际航线上应用不普遍，导致备份燃油携带量相对过大等。

进一步通过减少飞机上的冗余物品，减少飞机重量，以利于飞机节油燃油。尽管减重幅度不是很大，但是每个细微的减重环节在高密度的航班飞行中，其节油效果都非常可观。

（6）飞机的维护有待加强。常见的可降低飞行油耗的维护手段主要有通过各种方法及时发现并排除导致飞机表面气动性能恶化的问题，以及仪表校验、发动机维护等。目前国内航空公司的飞机维护主要是出于对日常安全运行的考虑，并未上升到减少阻力和节能减排的高度。

通过以上分析，将影响民航部门碳排放的重要因素列于表5.1。

表5.1　民航部门碳排放的主要影响因素

一级要素	二级要素	三级要素	需协调部门
无效用油时间长	地面滑行等待时间长	场道配置不合理、协同决策不够	机场、空管、航空公司
	飞机停靠作业耗油多	过多使用辅助动力装置	机场、航空公司
	航线绕飞度高	航路不合理	军方、空管
	空中等待时间长	空域使用受限	军方、空管
单位时间油耗高	飞行高度层利用欠合理	高度层分配	军方、空管
	进离场飞行程序设计缺陷	程序设计	军方、空管
	飞机选型与改装欠合理	飞机选型	航空公司
		飞机改装	
	节油飞行技术工作待完善	航前准备阶段	航空公司
		起飞爬升阶段	
		巡航阶段	
		进近着陆阶段	
	燃油携带与重量控制欠合理	燃油数据不精确	航空公司
		备降场选择欠合理	
		二次签派技术应用不全面	
		飞机"瘦身"	
	飞机维护待加强	表面气动、发动机性能	航空公司

5.3 民航碳排放总量变动驱动因素模型

5.3.1 传统 PDA 模型

根据前文的介绍，在一个生产过程中，若向量 $X = (x_1, x_2, \cdots, x_N) \in R_+^N$、$Y = (y_1, y_2, \cdots, y_M) \in R_+^M$ 和 $C = (c_1, c_2, \cdots, c_p) \in C_+^P$ 分别表示 $N \times 1$ 非负实数投入、一个非负的 $M \times 1$ 期望产出向量及一个非负的 $P \times 1$ 非期望产出向量，那这些向量的元素都是非负实数，于是所有的投入、期望产出和非期望产出向量 (X, Y, C) 构成的生产技术集 T 便可表示为

$$T = \{(X, Y, C) : X \text{能生产出}(Y, C)\} \tag{5.1}$$

根据 Zhou 和 Ang（2008）的研究，含有非期望产出的生产技术集除了要求是凸性的，还需满足如下三个条件：①投入和期望产出 (X, Y) 是强可处置的，即如果 $(X, Y, C) \in T$，且 $X^1 \geqslant X$（或 $Y^1 \leqslant Y$），则有 $(X^1, Y, C) \in T$（或 $(X, Y^1, C) \in T$）。②产出是弱可处置的，即如果 $(X, Y, C) \in T$，且 $0 \leqslant \theta \leqslant 1$，则有 $(X, \theta Y, \theta C) \in T$。③期望产出和非期望产出是零点相关的，即若 $(X, Y, C) \in T$，且 $C = 0$，那么 $Y = 0$。

条件①意味着在具体的生产过程中，当投入提高时可能得到不变的两种产出；条件②说明当投入不变时，可能得到较少的两种产出的组合；条件③表明在实际生产过程中，生产期望产出时不可避免地伴随着非期望产出。基于此，假设有 N 个投入产出组合 (X_i, Y_i, C_i)，$i = 1, 2, \cdots, N$，则在规模报酬不变的条件下 T 可以表示如下：

$$T = \{(X, Y, C) : \sum_{i=1}^{N} w_i X_i \leqslant X, \sum_{i=1}^{N} w_i Y_i \geqslant Y, \sum_{i=1}^{N} w_i C_i = C \; w_i \geqslant 0, \; i = 1, 2, \cdots, N\} \tag{5.2}$$

其中，w_i 为权重变量；$\sum_{i=1}^{N} w_i X_i \leqslant X$ 和 $\sum_{i=1}^{N} w_i Y_i \geqslant Y$ 式保证了投入与期望产出的强可处置性；$\sum_{i=1}^{N} w_i C_i = C$ 反映了非期望产出的弱可处置性。

在所有投入产出构成的生产可能集 T 中，当投入确定时，所带来的最大期望产出及最小的非期望产出的组合所形成的面就是最优的生产前沿面。为了衡量不在最优前沿面上 DMU 的优劣，通过距离函数计算被评价 DMU 与前沿面的距离，从而得到相对效率。一般来说，Shephard 距离函数应用最为广泛，主要包括投入

导向和产出导向，分别表示为：当产出固定时，实现投入的最大幅度缩减；当投入固定时，实现期望产出的最大幅度扩张。具体地，t 时期的 Shephard 投入导向距离函数和产出导向距离函数可以分别表示如下：

$$D_e^t(X^t, Y^t, C^t) = \sup\left\{\lambda : (X^t/\lambda, Y^t, C^t) \in T^t\right\} \quad (5.3)$$

这些距离函数的计算可以用特定时期（ $s,t \in \{0,T\}$ ）的生产技术来处理，具体可以用如下的 DEA 框架来计算：

$$
\begin{aligned}
&\left[D_x^s(X_i^t, Y_i^t, C_i^t)\right]^{-1} = \min \lambda \\
&\text{s.t.} \quad \sum_{i=1}^N z_i X_i^s \leqslant \lambda X_i^t \\
&\qquad \sum_{i=1}^N z_i Y_i^s \geqslant Y_i^t \\
&\qquad \sum_{i=1}^N z_i C_i^s = C_i^t \\
&\qquad z_i \geqslant 0, i = 1, \cdots, N
\end{aligned}
\quad (5.4)
$$

$$
\begin{aligned}
&\left[D_y^s(X_i^t, Y_i^t, C_i^t)\right]^{-1} = \max \eta \\
&\text{s.t.} \quad \sum_{i=1}^N z_i X_i^s \leqslant X_i^t \\
&\qquad \sum_{i=1}^N z_i Y_i^s \geqslant \eta Y_i^t \\
&\qquad \sum_{i=1}^N z_i C_i^s = C_i^t \\
&\qquad z_i \geqslant 0, i = 1, \cdots, N
\end{aligned}
\quad (5.5)
$$

$$
\begin{aligned}
&\left[D_c^s(X_i^t, Y_i^t, C_i^t)\right]^{-1} = \min \theta \\
&\text{s.t.} \quad \sum_{i=1}^N z_i X_i^s \leqslant X_i^t \\
&\qquad \sum_{i=1}^N z_i Y_i^s \geqslant Y_i^t \\
&\qquad \sum_{i=1}^N z_i C_i^s = \theta C_i^t \\
&\qquad z_i \geqslant 0, i = 1, \cdots, N
\end{aligned}
\quad (5.6)
$$

对于投入导向的 Shephard 距离函数来说，要求在最大限度压缩投入要素的状态下实现既定产出，即 $D_x^t(X^t, Y^t, C^t) \geqslant 1$，且 $D_x^t(X^t, Y^t, C^t)$ 的值越接近 1，说明该 DMU 在投入技术上效率越好；对于期望产出导向的 Shephard 距离函数来说，要求在最大限度地扩张期望产出的条件下实现既定的投入和非期望产出，即 $D_y^t(X^t,Y^t,C^t) \leqslant 1$，若 $D_y^t(X^t,Y^t,C^t)$ 越大，说明该 DMU 在产出技术的效率上越好；对于非期望产出导向的 Shephard 距离函数来说，要求在最大限度压缩非期望产出的状态下实现既定投入和期望产出的生产状态，即 $D_c^t(X^t,Y^t,C^t) \geqslant 1$，若 $D_c^t(X^t,Y^t,C^t)$ 越接近 1，说明该 DMU 在投入技术上效率越好。若对于某个 DMU，有 $D_x^t(X^t,Y^t,C^t)=1$、$D_y^t(X^t,Y^t,C^t)=1$、$D_c^t(X^t,Y^t,C^t)=1$ 同时成立，则该 DMU 是处在生产前沿面上的，是生产技术有效的。

具体地，假设第 k 个 DMU 第 T 期的二氧化碳排放量为 C_k^T，则从第 0 期到第 T 期的二氧化碳排放量变化可以写为如下的分解形式：

$$D_k = \frac{C_k^T}{C_k^0} = \left(\frac{C_k^T / E_k^T}{C_k^0 / E_k^0} \right) \cdot \left(\frac{E_k^T / Y_k^T}{E_k^0 / Y_k^0} \right) \cdot \left(\frac{Y_k^T}{Y_k^0} \right) \qquad (5.7)$$

其中，C、E、Y 分别表示碳排放、能源投入和 GDP。在此基础上，Zhou 和 Ang（2008）将 Shephard 距离函数引入上述二氧化碳排放量变化影响因素分解分析的等式中，第 0 期的生产技术作为参考，我们可以将第 k 个决策单元的二氧化碳排放量变化表示如下：

$$D_k = \left(\frac{\left[C_k^T / D_c^0(E_k^T,Y_k^T,C_k^T) \right] \cdot \left(1/E_k^T \right)}{\left[C_k^0 / D_c^0(E_k^0,Y_k^0,C_k^0) \right] \cdot \left(1/E_k^0 \right)} \right) \times \left(\frac{\left[E_k^T / D_e^0(E_k^T,Y_k^T,C_k^T) \right] \cdot \left(1/Y_k^T \right)}{\left[E_k^0 / D_e^0(E_k^0,Y_k^0,C_k^0) \right] \cdot \left(1/Y_k^0 \right)} \right)$$
$$\times \left(\frac{Y_k^T}{Y_k^0} \right) \times \left(\frac{D_c^0(E_k^T,Y_k^T,C_k^T)}{D_c^0(E_k^0,Y_k^0,C_k^0)} \right) \times \left(\frac{D_e^0(E_k^T,Y_k^T,C_k^T)}{D_e^0(E_k^0,Y_k^0,C_k^0)} \right) \qquad (5.8)$$

式（5.8）中右边第一项表示潜在碳排放强度（PCFCH）的变化对二氧化碳排放变化的影响，根据前面的介绍，实际碳排放强度是指单位能源消耗所排放的二氧化碳量，而 PCFCH 是指在剔除二氧化碳排放技术无效的假设下，经过调整后的碳排放强度。在研究期间内，若二氧化碳排放效率提高会使得潜在碳排放强度变化加大，从而加大 PCFCH 对二氧化碳排放变化的影响，反之，若二氧化碳排放效率降低将会导致 PCFCH 变化减少，进而对碳排放量变化的影响也会变小。第二项是潜在能源强度（PEICH）的变化对二氧化碳排放变化的影响，实际能源强度一般是指单位 GDP 产出所需要消耗的能源，而 PEICH 是指假设能源利用不存在无效条件下的能源强度，研究期内能源使用效率的提高会扩大 PEICH 的变化幅度，从而加大能源强度对二氧化碳排放变化的影响，反之，若能源效率降低将导致 PEICH 变化减少，进而导致能源强度对碳排放变化的影响变小。第三项是 GDP（GDPCH）的变化对碳排放变化的影响。第四项和第五项实际上是两个 Malmquist 指数，分别表示二氧化碳排放的生产率水平（CEPCH）和能源使用的生产率水平（EUPCH）的变化对碳排放变化的影响。

　　显然，如果在所有的决策单元都不存在无效的情况下，那么所有的距离函数的值都将是 1，那么式（5.7）将会与式（5.8）完全相同。

　　为了方便，我们可以进一步以第 0 期的生产技术作为参考，第 k 个决策单元的二氧化碳排放量变化表示如下：

$$D_k = \text{PCFCH}_k^0 \times \text{PEICH}_k^0 \times \text{GDPCH}_k \times \text{CEPCH}_k^0 \times \text{EUPCH}_k^0 \qquad (5.9)$$

　　需要指出的是，式（5.9）中各个部分的距离函数都是基于时期 0 的生产技术。同样，可以将式（5.8）转化为基于 t 时期生产技术的分解形式，可以得到式（5.10）：

$$D_k = \text{PCFCH}_k^t \times \text{PEICH}_k^t \times \text{GDPCH}_k \times \text{CEPCH}_k^t \times \text{EUPCH}_k^t \qquad (5.10)$$

　　为了避免时期选择的任意性带来的研究结果的偏差，依照 Fisher 理想指数分解方法，将 0 期和 t 期的指数几何平均处理后得到最终的碳排放 PDA 分解形式：

$$
\begin{aligned}
D_k = {}& \left(\frac{\left\{ C_k^T \Big/ \left[D_c^0(E_k^T, Y_k^T, C_k^T) D_c^T(E_k^T, Y_k^T, C_k^T) \right]^{1/2} \right\} \cdot \left(1/E_k^T \right)}{\left\{ C_k^0 \Big/ \left[D_c^0(E_k^0, Y_k^0, C_k^0) D_c^T(E_k^0, Y_k^0, C_k^0) \right]^{1/2} \right\} \cdot \left(1/E_k^0 \right)} \right) \\[2mm]
& \times \left(\frac{\left\{ E_k^T \Big/ \left[D_e^0(E_k^T, Y_k^T, C_k^T) D_e^T(E_k^T, Y_k^T, C_k^T) \right]^{1/2} \right\} \cdot \left(1/Y_k^T \right)}{\left\{ E_k^0 \Big/ \left[D_e^0(E_k^0, Y_k^0, C_k^0) D_e^T(E_k^0, Y_k^0, C_k^0) \right]^{1/2} \right\} \cdot \left(1/Y_k^0 \right)} \right) \times \left(\frac{Y_k^T}{Y_k^0} \right) \\[2mm]
& \times \left(\frac{D_c^0(E_k^T, Y_k^T, C_k^T)}{D_c^0(E_k^0, Y_k^0, C_k^0)} \cdot \frac{D_c^T(E_k^T, Y_k^T, C_k^T)}{D_c^T(E_k^0, Y_k^0, C_k^0)} \right)^{1/2} \times \left(\frac{D_e^0(E_k^T, Y_k^T, C_k^T)}{D_e^0(E_k^0, Y_k^0, C_k^0)} \cdot \frac{D_e^T(E_k^T, Y_k^T, C_k^T)}{D_e^T(E_k^0, Y_k^0, C_k^0)} \right)^{1/2} \\[2mm]
= {}& \text{PCFCH}_k \times \text{PEICH}_k \times \text{GDPCH}_k \times \text{CEPCH}_k \times \text{EUPCH}_k
\end{aligned}
$$

$$(5.11)$$

　　进一步地，观察发现式（5.11）的最后两个部分分别为两个 Malmquist 指数，它们的区别就在于 CEPCH_k 是非期望产出导向的生产率指数，而 EUPCH_k 是投入导向的生产率指数。按照 Färe 等（1994b）的方法，最后两个部分可以进一步分解如下：

$$\text{CEPCH}_k = \frac{D_c^T(E_k^T, Y_k^T, C_k^T)}{D_c^0(E_k^0, Y_k^0, C_k^0)} \times \left(\frac{D_c^0(E_k^T, Y_k^T, C_k^T)}{D_c^T(E_k^T, Y_k^T, C_k^T)} \cdot \frac{D_c^0(E_k^0, Y_k^0, C_k^0)}{D_c^T(E_k^0, Y_k^0, C_k^0)} \right)^{1/2} \qquad (5.12)$$

$$\text{EUPCH}_k = \frac{D_e^T(E_k^T, Y_k^T, C_k^T)}{D_e^0(E_k^0, Y_k^0, C_k^0)} \times \left(\frac{D_e^0(E_k^T, Y_k^T, C_k^T)}{D_e^T(E_k^T, Y_k^T, C_k^T)} \cdot \frac{D_e^0(E_k^0, Y_k^0, C_k^0)}{D_e^T(E_k^0, Y_k^0, C_k^0)} \right)^{1/2} \qquad (5.13)$$

　　在关于 CEPCH_k 的等式中，右边第一项可以理解为二氧化碳排放的技术效率变化（CEEFCH）对碳排放变化的影响；第二项实际上是测度了二氧化碳排放方面的技术进步（CATECH）情况。类似地，在关于 EUPCH_k 的等式中，第一项可以理解为能源使用的技术效率变化（EUEFCH）对碳排放的影响；第二项反映了能源使用方面的技术进步（ESTECH）情况。

综合以上，第 k 个决策单元的二氧化碳排放可以被分解为以下 7 个影响因素：

$$
\begin{aligned}
D_k &= C_k^T / C_k^0 \\
&= \text{PCFCH}_k \times \text{PEICH}_k \times \text{GDPCH}_k \times \text{CEEFCH}_k \\
&\quad \times \text{CATECH}_k \times \text{EUEFCH}_k \times \text{ESTECH}_k
\end{aligned}
\tag{5.14}
$$

对于被分解出的 7 个影响因素而言，如果某一影响因素的计算结果小于 1，则说明该部分抑制了二氧化碳排放的增加；反之，如果某一影响因素的计算结果大于 1，则说明该部分促进了二氧化碳排放的增加。

5.3.2　考虑规模报酬可变的 PDA 模型构建

通过对现有的关于 PDA 方法的文献回顾，我们发现当前的所有关于 PDA 的文献在建立分解框架的时候都需要假设生产过程是基于规模报酬不变的。然而，Zhou 等（2010）指出实际的生产过程一般都是规模报酬可变的，尤其是在一些发展速度快的行业（如民航部门）。那么，基于规模报酬不变条件假设下的 PDA 分解结果便不能反映实际情况，并且没有办法分解出规模效率这个影响因素，这可能使得研究结论及政策建议缺乏全面性或者准确性。基于这方面的考虑，本节拟在规模报酬可变的前提假设下，重新构建 PDA 模型，并突出规模效率影响因素的分解分析。

根据前文的描述可知，含有非期望产出的生产技术集除了要求是凸性的，还需满足期望产出的强可处置性、期望产出和非期望产出零点相关等约束条件，基于此，假设有 N 个投入产出组合 (X_i, Y_i, C_i)，$i = 1, 2, \cdots, N$，则在规模报酬不变的条件下生产可能集 T_{crs} 可以表示如下：

$$
\begin{aligned}
T_{\text{crs}} = \Big\{ (X, Y, C) : \quad & \\
\sum_{i=1}^{N} w_i X_i &\leqslant X, \\
\sum_{i=1}^{N} w_i Y_i &\geqslant Y, \\
\sum_{i=1}^{N} w_i C_i &= C \\
w_i \geqslant 0, \quad & i = 1, 2, \cdots, N \Big\}
\end{aligned}
\tag{5.15}
$$

其中，w_i 为权重变量；$\sum_{i=1}^{N} w_i X_i \leqslant X$ 和 $\sum_{i=1}^{N} w_i Y_i \geqslant Y$ 式保证了投入与期望产出的

强可处置性；$\sum_{i=1}^{N} w_i C_i = C$ 反映了非期望产出的弱可处置性。

然而，根据 Färe 和 Grosskopf（2004）的研究，发现在实际的生产过程中规模报酬往往是可变的。进一步地，Kuosmanen（2005）、Zhou 等（2010）等学者都对该问题进行了研究，并较好地解决了这个问题。其中，Zhou 等（2010）的研究由于思路简洁、处理方便，得到了广泛的应用。具体地，在非参数分析框架下对生产可能集的两方面假设做了修改。

（1）非期望产出是弱可处置的，即若 $(X,Y,C) \in T$，且 $0 < \theta \leqslant 1$，那么 $(X, \theta Y, \theta C) \in T$。

（2）期望产出和非期望产出是零点相关的，即若 $(X,Y,C) \in T$，且 $C \to 0$，那么 $Y \to 0$。

与原始的假设相比，该假设唯一的区别就是改进后的生产可能集不包括（0,0,0），而（0,0,0）表示的经济意义就是没有投入产出，即没有生产。这样，改进后的生产可能集与原来的生产可能集在实际的生产活动中应该是没有区别的（实际的生产活动是有投入和产出的，否则便没有意义）。在此基础上构造规模报酬可变的生产可能集 T_{vrs} 为[①]

$$
\begin{aligned}
T_{\mathrm{vrs}} = \Big\{ (X,Y,C): & \\
& \sum_{i=1}^{N} w_i X_i \leqslant X, \\
& \sum_{i=1}^{N} w_i Y_i \geqslant \alpha Y, \\
& \sum_{i=1}^{N} w_i C_i = \alpha C \\
& \sum_{i=1}^{N} w_i = 1 \\
& \alpha \geqslant 1,\ w_i \geqslant 0,\ i = 1,2,\cdots,N \Big\}
\end{aligned}
\tag{5.16}
$$

其中，w_i 为权重变量；α 为一个大于等于 1 的约束变量；$\sum_{i=1}^{N} w_i X_i \leqslant X$ 和 $\sum_{i=1}^{N} w_i Y_i \geqslant \alpha Y$ 保证了投入与期望产出的强可处置性；$\sum_{i=1}^{N} w_i C_i = \alpha C$ 反映了非期望产出的弱可处置性；$\sum_{i=1}^{N} w_i = 1$ 保证了规模报酬的可变。

---

① 规模报酬可变条件下的环境生产技术集可以通过在生产可能集非期望产出约束的右边乘以一个不小于 1 的参数，具体可以参考 Färe 和 Grosskopf（2004）、Zhou 等（2008）的研究。

在所有投入产出构成的生产可能集 T_{vrs} 中，当投入确定时所带来的最大期望产出及最小的非期望产出的组合所形成的面就是最优的生产前沿面。为了衡量不在最优前沿面上决策单元的优劣，通过距离函数计算被评价 DMU 与前沿面的距离，从而得到相对效率。

具体地，假设第 k 个 DMU 第 T 期的二氧化碳排放量为 C_k^T，则从第 0 期到第 T 期的二氧化碳排放量变化可以写为如下的分解形式：

$$D_k = \frac{C_k^T}{C_k^0} = \left(\frac{C_k^T/E_k^T}{C_k^0/E_k^0}\right) \cdot \left(\frac{E_k^T/Y_k^T}{E_k^0/Y_k^0}\right) \cdot \left(\frac{Y_k^T}{Y_k^0}\right) \tag{5.17}$$

其中，C、E、Y 分别表示碳排放、能源投入和国内生产总值。

为了简要说明规模报酬可变条件下 PDA 方法的思想，本章仅以产出导向引入距离函数，具体表示如下：

$$
\begin{aligned}
D_i = \frac{C_i^T}{C_i^0} = &\left(\frac{C_i^T/E_i^T}{C_i^0/E_i^0}\right) \\
&\times \left(\frac{E_i^T \big/ (Y_i^T \left[D_{Y-crs}^T(E_i^T,Y_i^T,C_i^T) D_{Y-crs}^0(E_i^T,Y_i^T,C_i^T) \right]^{1/2})}{E_i^0 \big/ (Y_i^0 \left[D_{Y-crs}^0(E_i^0,Y_i^0,C_i^0) D_{Y-crs}^T(E_i^0,Y_i^0,C_i^0) \right]^{1/2})}\right) \\
&\times \left(\frac{D_{Y-vrs}^T(E_i^T,Y_i^T,C_i^T)}{D_{Y-vrs}^0(E_i^0,Y_i^0,C_i^0)}\right) \\
&\times \left(\left[\frac{D_{Y-crs}^0(E_i^T,Y_i^T,C_i^T)}{D_{Y-crs}^T(E_i^T,Y_i^T,C_i^T)} \cdot \frac{D_{Y-crs}^0(E_i^0,Y_i^0,C_i^0)}{D_{Y-crs}^T(E_i^0,Y_i^0,C_i^0)}\right]^{1/2}\right) \\
&\times \left(\frac{D_{Y-vrs}^0(E_i^0,Y_i^0,C_i^0)}{D_{Y-crs}^0(E_i^0,Y_i^0,C_i^0)} \bigg/ \frac{D_{Y-vrs}^T(E_i^T,Y_i^T,C_i^T)}{D_{Y-crs}^T(E_i^T,Y_i^T,C_i^T)}\right) \\
&\times \left(\frac{Y_i^T}{Y_i^0}\right)
\end{aligned}
\tag{5.18}
$$

类似传统的 PDA 分解方法，对于期望产出导向的 Shephard 距离函数来说，要求在最大限度地扩张期望产出的条件下实现既定的投入和非期望产出，即 $D_{Y-crs}^T(E_i^T,Y_i^T,C_i^T) \leqslant 1$（或 $D_{Y-vrs}^T(E_i^T,Y_i^T,C_i^T) \leqslant 1$），若 $D_{Y-crs}^T(E_i^T,Y_i^T,C_i^T)$（或者 $D_{Y-vrs}^T(E_i^T,Y_i^T,C_i^T)$）越大，则说明该 DMU 在产出技术的效率上越好。若对于某个 DMU，有 $D_{Y-crs}^T(E_i^T,Y_i^T,C_i^T)=1$、$D_{Y-vrs}^T(E_i^T,Y_i^T,C_i^T)=1$ 同时成立，该组合的总体生产技术是最有效率的。

式（5.18）的第一项可以看作是碳排放强度（CFCH）的变化对二氧化碳排放变化的影响。第二项是潜在能源强度（PEICH）的变化对二氧化碳排放变化的影响。类似地，民航部门实际能源强度一般是指单位运输周转量产出所需要消耗的能源，而 PEICH 是指假设能源利用不存在无效条件下的能源强度，研究期内能源使用效率提高会扩大 PEICH 的变化幅度，从而加大能源强度对二氧化碳排放的排放变化的影响，反之，若能源效率降低将导致 PEICH 变化减少，进而导致能源强度对碳排放变化的影响变小。第三项是纯技术效率（PTECH）的变化对碳排放变化的影响。第四项表示技术进步（TPCH）对碳排放变化的影响。第五项表示规模效率变化（SECH）对碳排放变化的影响。第六项表示产出（YCH）变化对碳排放变化的影响。

那么，综上我们可以发现在规模报酬可变条件下 PDA 的分解框架可以表示为

$$D_i = C_i^T / C_i^0 = \text{CFCH}_i \times \text{PEICH}_i \times \text{PTECH}_i \times \text{TPCH}_i \times \text{SECH}_i \times \text{YCH}_i \quad （5.19）$$

其中，计算过程中涉及的距离函数 $D_{Y-\text{crs}}^s(E_i^t, Y_i^t, C_i^t)$ 和 $D_{Y-\text{vrs}}^s(E_i^t, Y_i^t, C_i^t)$ 可以通过如下的 DEA 模型计算：

$$\left[D_{Y-\text{vrs}}^s(E_i^t, Y_i^t, C_i^t) \right]^{-1} = \max \eta$$

$$\text{s.t.} \quad \sum_{i=1}^N z_i E_i^s \leqslant \beta E_i^t$$

$$\sum_{i=1}^N z_i Y_i^s \geqslant \eta Y_i^t$$

$$\sum_{i=1}^N z_i C_i^s = C_i^t \qquad （5.20）$$

$$\sum_{i=1}^N z_i = \beta$$

$$z_i \geqslant 0, i = 1, \cdots, N$$

$$\left[D_{Y-\text{crs}}^s(E_i^t, Y_i^t, C_i^t) \right]^{-1} = \max \eta$$

$$\text{s.t.} \quad \sum_{i=1}^N z_i E_i^s \leqslant \beta E_i^t$$

$$\sum_{i=1}^N z_i Y_i^s \geqslant \eta Y_i^t \qquad （5.21）$$

$$\sum_{i=1}^N z_i C_i^s = C_i^t$$

$$z_i \geqslant 0, i = 1, \cdots, N$$

类似地，对于被分解出的 5 个影响因素而言，如果某一影响因素的计算结果小于 1 则说明该部分抑制了二氧化碳排放的增加；反之，如果某一影响因素的计算结果大于 1 则说明该部分促进了二氧化碳排放的增加。

5.4　数据来源与说明

5.4.1　投入与产出变量选择

　　总的来说，效率一般是指技术效率，主要是用来反映最优利用现有资源的能力。具体地，当投入固定时，技术效率反映的是获得最大产出的能力；当产出固定时，技术效率反映的是要求压缩最小投入的能力。本章研究了与民航碳排放相关的运营和生产过程，以及参考了现有的研究（表 5.2），本节将固定资本（K）、劳动力投入（L）作为投入变量，将运输周转量（RTK）作为期望产出，将二氧化碳（C）排放作为非期望产出。

表5.2　航空公司效率评价所选取的投入产出指标

文献	研究对象	投入变量	产出变量
Good 等（1993）	欧洲 8 家航空公司和美国 8 家航空公司 1976~1986 年的绩效评价	劳动力、航空材料消耗、航空设备、飞机数量	运输收入
Alam 和 Sickles（1998）	1970 年至 1990 年 11 家美国航空公司的技术效率	飞机数量、劳动力、能源、航空材料	运输周转量
Barros 等（2013）	欧洲航空公司运营绩效评估	劳动力、运营成本、飞机数量	除税及利息前盈利、运输周转量
Lee 和 Worthington（2014）	美国主流航空公司和低成本航空公司的技术效率	飞行距离、劳动力、固定资本	可用吨公里
Cui 等（2016a）	从 2008 年到 2012 年，11 家中国航空公司的能源效率	劳动力、固定资本、能源	运输周转量、运输收入、二氧化碳排放
Scotti 和 Volta（2017）	欧洲航空公司 2000~2010 年对二氧化碳敏感生产力的经验评估	可用的座位数量，可用吨公里	运输周转量、二氧化碳排放量
Cui 和 Li（2015c）	民航安全效率的变化趋势和影响因素	劳动力、固定资本、R&D 投入、安全软件和员工的投资	运输周转量、客运周转量、运输收入、二氧化碳排放量
Cao 等（2015）	放松管制后中国航空公司的生产力效率	劳动力、能源、飞机数量	运输周转量

　　需要特别说明的是，本章在对航空公司进行效率评价的投入产出指标中并没有涉及能源的投入，这主要是因为民航部门燃料消耗的单一性（99%以上的能源都是航空煤油），并且非期望产出二氧化碳的排放量就是由航空煤油消耗量乘排放因子得来的。

本章用各个航空公司所拥有的飞机数量作为固定资本投入，然而一个航空公司的固定资本投入除了购置飞机外往往还包括空中交通运输管理建设的投资、机场建设的投资及其他方面的投资。因此，各个航空公司所拥有的飞机是比各个航空公司的固定资本投入体量要小的，并且不同航空公司所拥有的飞机型号也不相同，如大型宽体飞机（200座以上）、中型飞机（100座以上，200座以下）、小型飞机（100座以下）等。但是对于航空公司而言，它们所拥有的飞机应该是最主要的固定资本投入，并且一般来讲航空公司拥有的飞机数量越多，那么大飞机的数量也就越多（Cao et al.，2015）。因此，利用各个航空公司所拥有的飞机数量来代表各个航空公司的固定资本规模还是相对合理的（Barros et al.，2013；Liu et al.，2017b）。

5.4.2　样本选择

本章采用有代表性的航空公司作为研究样本，进而反映中国民航部门碳排放效率及影响因素。样本选择与前面第3章的样本相同，12家航空公司分别是：中国国际航空公司（CCA）、中国南方航空公司（CSN）、中国东方航空公司（CES）、中国邮政航空公司（CYZ）、河北航空公司（HBH）、海南航空公司（CHH）、四川航空公司（CSC）、春秋航空公司（CQH）、奥凯航空公司（OKA）、华夏航空公司（HXA）、吉祥航空公司（DKH）和东海航空公司（EPA）。样本航空公司的具体属性如前文表3.3所示。

至于为什么选择这12家航空公司作为研究样本，这主要是基于如下两个方面的考虑：一方面，为什么只选择12家航空公司？在利用DEA方法进行效率评价时，决策单元（航空公司）越多实证研究的结果相对越好，并且决策单元的个数至少是投入产出指标个数的2倍（12>8）。但是由于数据的统计质量和统计指标的差异性，很难有针对性地搜集到所有航空公司指标数据，特别是如果在时间和截面两个维度上同时扩展样本，总会出现不同程度的缺省。因此本章只选择了12家航空公司。另一方面，为什么选择这12家航空公司？表3.3列出了本次研究选定的12家中国航空公司的基本属性。选择的样本包括3个中央航空公司、4个地方航空公司和5家公私合营的航空公司。12家航空公司中，7家航空公司都是国有的，5家是非国有，并且其中6家航空公司都是上市公司。

图5.1显示了在研究期（2007~2013年）内12家航空公司的运输周转量和二氧化碳排放量的分布情况。选定样本历年的运输周转量占整个民航部门总体运输周转量的60%以上，二氧化碳排放量占总二氧化碳排放量的80%左右。

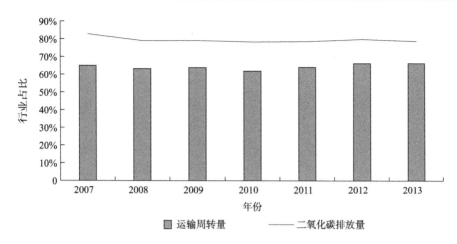

图 5.1　2007~2013 年样本航空公司的运输周转量和二氧化碳排放量在整个行业的占比

进一步地，表 5.3 给出了样本的统计学描述。综合上述分析，这 12 家航空公司可以很好地代表中国民航部门发展和碳排放情形，具体数据见附录 5A。

表5.3　样本航空公司投入产出变量的统计属性

变量	单位	样本量	平均值	标准差	最大值	最小值
固定资本投资（K）	飞机（架）	12×7	100.07	140.05	500.00	2.00
劳动力投资（L）	万人	12×7	1.75	2.59	9.39	0.016
运输周转量（Y）	亿吨公里	12×7	27.37	38.63	1399.91	0.025
二氧化碳（C）	万吨	12×7	314.99	456.60	1647.46	0.45

5.5　民航碳排放总量变动驱动因素实证结果

由于近年来民航部门发展迅猛，运输规模不断扩张，发展规模及规模效率的变化是否会对我国民航部门碳排放变化产生影响及产生怎样的影响？这是民航部门及航空公司在发展过程中必须面对的问题。基于这方面的考虑，本章从规模报酬可变方面对传统 PDA 方法做了理论拓展，进而对规模效率的变化进行了测度，在此基础上本节拟将改进后的模型应用到民航部门碳排放方面的研究，以期从生产理论视角探寻民航部门碳排放的主要驱动因素，进而帮助民航部门制定科学的、针对性的节能减排政策。

5.5.1　驱动因素结果概览

通过前文的理论分析，利用式（5.18）对中国民航部门 12 家航空公司 2007 年到 2013 年间的碳排放变化进行影响因素研究。以每两年为一个研究期，这样从 2007~2013 共有 6 个研究期。每个研究期内，民航部门碳排放变化都被分解出 5 个主要的影响因素，分别为：PEICH（潜在的能源强度变化）、PTECH（纯技术效率变化）、TPCH（技术进步变化）、SECH（规模效率变化）、RTKCH（运输周转量变化）。进一步地，根据运输周转量的定义，我们将 RTKCH 分解为 TVCH（运输总量的变化）及 TDCH（运输距离的变化）。具体分解结果如表 5.4 所示，表 5.5 给出了每个航空公司的累积分解结果，这些结果是每个研究期分解结果的乘积。

表5.4　2007~2013年各个研究期内二氧化碳排放变化及其影响因素贡献程度

航空公司		C^T/C^0	PEICH	PTECH	TPCH	SECH	RTKCH	TVCH	TDCH
CCA	2007~2008 年	0.9873	0.9733	1.0157	0.9979	1.0000	1.0008	0.9827	1.0184
	2008~2009 年	1.0521	0.9456	1.0025	0.9258	1.0000	1.0819	1.1430	0.9466
	2009~2010 年	1.1375	0.9505	1.0003	1.0255	1.0000	1.1667	1.1553	1.0099
	2010~2011 年	1.0346	0.9436	1.0360	0.9937	1.0000	1.0651	1.0433	1.0209
	2011~2012 年	1.0307	0.9669	1.0033	1.0136	1.0000	1.0482	1.0221	1.0256
	2012~2013 年	1.0515	0.9366	1.0465	0.9874	1.0000	1.0864	1.0519	1.0328
CSN	2007~2008 年	0.9905	0.9680	1.0185	0.9979	1.0000	1.0067	1.0420	0.9661
	2008~2009 年	1.0959	1.0192	0.9656	1.0281	1.0000	1.0855	1.1101	0.9778
	2009~2010 年	1.1881	0.7985	1.0913	0.9255	1.0000	1.3295	1.1694	1.1369
	2010~2011 年	1.0777	0.9620	1.0261	0.9837	1.0000	1.0988	1.0290	1.0679
	2011~2012 年	1.1328	1.0306	0.9719	0.9936	1.0000	1.1158	1.0613	1.0514
	2012~2013 年	1.1056	1.0728	0.9778	0.9872	1.0000	1.0674	1.0418	1.0246
CES	2007~2008 年	0.9450	1.0470	0.9794	0.9979	1.0000	0.9235	0.9473	0.9749
	2008~2009 年	1.1267	0.9303	1.0107	0.8258	1.0000	1.1681	1.2471	0.9367
	2009~2010 年	1.1265	0.9434	1.0040	1.0154	1.0000	1.1598	1.0820	1.0719
	2010~2011 年	1.0534	0.9547	1.0299	0.9937	1.0000	1.0781	1.0478	1.0289
	2011~2012 年	1.1004	1.0313	0.9716	1.0136	1.0000	1.0836	1.0601	1.0222
	2012~2013 年	1.0896	0.9957	1.0149	0.9678	1.0000	1.0920	1.0583	1.0318
CYZ	2007~2008 年	1.1435	0.9103	1.0814	0.9979	0.9716	1.1990	1.1622	1.0316
	2008~2009 年	1.0340	0.8428	1.1222	1.0258	0.9459	1.1260	1.2260	0.9184
	2009~2010 年	1.1615	0.9129	1.0339	1.0255	0.9880	1.2168	1.1813	1.0300
	2010~2011 年	1.1800	1.1106	0.9612	0.9937	0.9927	1.1188	1.1369	0.9841
	2011~2012 年	1.0053	1.1167	0.9522	1.0136	0.9812	0.9520	0.9705	0.9809
	2012~2013 年	0.9013	1.4640	0.8345	0.9874	1.0022	0.7443	0.6846	1.0873

航空公司	C^T/C^0	PEICH	PTECH	TPCH	SECH	RTKCH	TVCH	TDCH
HBH	2007~2008 年	10.2000	—	1.0000	—	1.1142	11.3415	17.7648	0.6384
	2008~2009 年	0.7168	1.0620	1.0000	1.0258	0.9431	0.6934	0.7342	0.9444
	2009~2010 年	1.4772	0.8588	1.0000	1.0255	1.0536	1.5959	1.8124	0.8806
	2010~2011 年	2.4156	0.5926	0.8146	0.9937	1.6069	3.1421	2.4791	1.2674
	2011~2012 年	0.9404	1.1204	0.9803	1.0136	0.9499	0.8875	0.9187	0.9660
	2012~2013 年	2.0380	0.9774	0.8724	0.9874	1.1748	2.0625	2.1730	0.9491
CHH	2007~2008 年	1.0826	1.0110	0.9966	0.9979	1.0000	1.0767	1.0092	1.0668
	2008~2009 年	1.3971	0.9817	0.9840	1.0258	1.0000	1.4101	1.3329	1.0579
	2009~2010 年	1.0316	0.8794	1.0399	1.0255	1.0000	1.1002	0.9843	1.1177
	2010~2011 年	1.1459	0.9030	1.0590	0.9937	1.0000	1.2059	1.1828	1.0196
	2011~2012 年	1.0872	1.1014	0.9401	1.0136	1.0000	1.0359	1.0902	0.9502
	2012~2013 年	1.1854	0.9942	1.0157	0.9874	1.0000	1.1889	1.2016	0.9894
CSC	2007~2008 年	1.0585	1.0151	0.9945	0.9979	1.0000	1.0504	1.0101	1.0399
	2008~2009 年	1.3232	0.9667	0.9916	1.0258	1.0000	1.3459	1.3211	1.0187
	2009~2010 年	1.2333	0.9866	0.9818	1.0255	1.0000	1.2416	1.1623	1.0683
	2010~2011 年	1.2109	0.9961	1.0084	0.9937	1.0000	1.2134	1.1821	1.0265
	2011~2012 年	1.1925	1.0729	0.9525	1.0136	1.0000	1.1512	1.1035	1.0432
	2012~2013 年	1.1763	1.0204	1.0026	0.9874	1.0000	1.1645	1.1418	1.0199
CQH	2007~2008 年	1.2296	1.0039	1.0000	0.9979	1.0000	1.2271	1.2555	0.9774
	2008~2009 年	1.5137	0.9501	1.0000	1.0258	1.0000	1.5527	1.4491	1.0715
	2009~2010 年	1.3563	0.9513	1.0000	1.0255	1.0000	1.3908	1.3711	1.0143
	2010~2011 年	1.2671	1.0128	1.0000	0.9937	1.0000	1.2591	1.2133	1.0378
	2011~2012 年	1.3374	0.9733	1.0000	1.0136	1.0000	1.3556	1.2705	1.0669
	2012~2013 年	1.1849	1.0257	1.0000	0.9874	1.0000	1.1700	1.1523	1.0153
OKA	2007~2008 年	1.2533	0.9602	1.0429	0.9979	0.9801	1.2783	1.3739	0.9305
	2008~2009 年	0.9131	0.9471	1.0670	1.0258	0.9387	0.9381	0.8865	1.0582
	2009~2010 年	0.9387	0.8578	1.1061	1.0255	0.9519	1.0135	1.0258	0.9880
	2010~2011 年	2.0131	1.0233	0.9249	0.9937	1.0760	1.9907	1.9991	0.9958
	2011~2012 年	1.2449	0.9738	0.9924	1.0136	1.0076	1.2617	1.2483	1.0108
	2012~2013 年	1.0506	1.0797	0.9648	0.9874	1.0100	1.0109	1.0817	0.9346
HXA	2007~2008 年	1.1551	1.0999	1.0189	0.9979	0.9348	1.0980	0.9981	1.1001
	2008~2009 年	1.0096	0.9619	1.3185	1.0258	0.7560	1.0322	1.1318	0.9120
	2009~2010 年	1.2542	0.8484	1.7895	1.0255	0.5915	1.3614	1.1476	1.1862
	2010~2011 年	1.1761	0.8930	1.0000	0.9937	1.0634	1.2428	1.1040	1.1256
	2011~2012 年	1.3156	0.9003	1.0000	1.0136	1.0395	1.3861	1.4796	0.9368
	2012~2013 年	1.2864	1.0060	0.5068	0.9874	1.9950	1.2841	1.3602	0.9441
DKH	2007~2008 年	1.4627	0.9080	1.0602	0.9979	0.9919	1.5351	1.4813	1.0363
	2008~2009 年	1.5848	0.8797	1.0409	1.0258	0.9987	1.6899	1.6949	0.9971
	2009~2010 年	1.4678	0.9129	1.0145	1.0255	1.0059	1.5361	1.4696	1.0452
	2010~2011 年	1.2521	0.9639	1.0253	0.9937	0.9999	1.2754	1.2099	1.0541

续表

航空公司		C^T/C^0	PEICH	PTECH	TPCH	SECH	RTKCH	TVCH	TDCH
DKH	2011~2012 年	1.2701	1.0766	0.9506	1.0136	1.0003	1.2241	1.2191	1.0041
	2012~2013 年	1.4150	1.0631	0.9743	0.9874	1.0082	1.3725	1.3025	1.0537
EPA	2007~2008 年	1.8430	0.5983	1.0000	0.9979	1.2913	2.3750	1.8533	1.2814
	2008~2009 年	1.6472	1.0198	1.0000	1.0258	0.9673	1.6344	1.7364	0.9412
	2009~2010 年	1.2984	0.9226	1.0000	1.0255	1.0150	1.3513	1.2976	1.0414
	2010~2011 年	1.1741	1.0443	1.0000	0.9937	0.9854	1.1497	1.1851	0.9701
	2011~2012 年	0.9787	1.0607	1.0000	1.0136	0.9579	0.9502	0.9747	0.9749
	2012~2013 年	0.9812	0.9392	1.0000	0.9874	1.0451	1.0125	0.9793	1.0339
平均	2007~2008 年	1.9459	0.9435	1.0173	0.9979	1.0237	2.0927	2.5734	1.0052
	2008~2009 年	1.2012	0.9589	1.0419	1.0258	0.9625	1.2298	1.2511	0.9817
	2009~2010 年	1.2226	0.9019	1.0884	1.0255	0.9672	1.2886	1.2382	1.0492
	2010~2011 年	1.3334	0.9500	0.9904	0.9937	1.0604	1.4033	1.3177	1.0499
	2011~2012 年	1.1363	1.0354	0.9762	1.0136	0.9947	1.1210	1.1182	1.0028
	2012~2013 年	1.2055	1.0479	0.9342	0.9874	1.1029	1.1880	1.1858	1.0097

表5.5　2007~2013年各航空公司各个影响因素的累积分解结果

航空公司	C^T/C^0	强度效应	生产技术效应			产出效应	
		PEICH	PTECH	TPCH	SECH	TVCH	TDCH
CCA	1.3249	0.7475	1.1079	0.9896	1.0000	1.4556	1.0528
CSN	1.7407	0.8379	1.0466	0.9961	1.0000	1.5390	1.2355
CES	1.5149	0.9008	1.0093	0.9681	1.0000	1.5026	1.0622
CYZ	1.4683	1.2716	0.9583	1.0440	0.8864	1.2714	1.0242
HBH	50.001	—	0.6967	—	1.2104	116.99	0.6169
CHH	2.3042	0.8630	1.0312	1.1320	1.0000	2.0515	1.2091
CSC	2.9341	1.0558	0.9324	1.0340	1.0000	2.3101	1.2360
CQH	5.0689	0.9174	1.0000	1.0932	1.0000	4.4309	1.1942
OKA	2.8284	0.8393	1.0900	1.0933	0.9590	3.3725	0.9152
HXA	2.9113	0.7260	1.2184	1.0904	0.9218	2.8804	1.1848
DKH	7.6565	0.8045	1.0631	1.0800	1.0048	7.0885	1.2045
EPA	4.4442	0.5856	1.0000	1.0230	1.2507	4.7237	1.2281
平均值	2.6705	0.8522	1.0389	1.0461	0.9986	2.5468	1.1356

注：HBH 航空公司由于 2007~2008 年发生重组，一些指标数值异常，进而在 DEA 效率测算时出现无解的情况[①]，因此影响 HBH 碳排放的 PEICH 和 TPCH 累计影响结果无法测算

---

① Wang 等（2015）的研究表明，在运用 DEA 进行效率评价过程中，线性规划无可行解主要是由于非期望产出弱可处置性。Asmild 等（2004）和 Färe 等（2007）的研究指出，当出现大量决策单元无可行解时，可以用 "windows" 的办法解决。由于本章中仅有一个决策单元无可行解，对结果影响较小，因此并没有进一步使用 "windows" 方法处理。

从表 5.4 和表 5.5 中可以看出，尽管各个航空公司碳排放变化情况不同，但每个航空公司的二氧化碳总排放量有所增加。一般来说，除了个别的航空公司，PEICH 和 SECH 的变化都能够有效地帮助减少二氧化碳排放；并且 PEICH 在降低民航二氧化碳排放过程中起主导作用。2007 年到 2013 年间，拉动二氧化碳排放的影响因素主要包括 PTECH、TPCH 和 RTKCH 的变化；其中 RTKCH 中的 TVCH 的变化是导致二氧化碳排放增加的最关键因素。

需要特别注意的是，在分解过程中式（5.18）的第一项 $\left(\dfrac{C_i^T/E_i^T}{C_i^0/E_i^0}\right)$ 反映的是碳排放系数效应，由于民航部门燃油使用的单一性，该项是被当成一个常数，分解分析过程中认为该项对民航部门碳排放变化是没有影响的。这也启示我们从另一个层面，即通过调整能源结构，来减少碳排放。事实上，利用由生物质原料和工业废弃物等形成的替代燃料的碳排放最终将返回来源物质，从而使得替代燃料的二氧化碳排放量成为中性。近年来很多研究在民航部门替代能源使用前景及替代能源对减少二氧化碳排放带来的环境效益等方面进行了深入的探讨，如赵晶等（2016），具体我们将在本书的第 11 章具体讨论。

此外，图 5.2 显示了三类不同航空公司的二氧化碳排放总体及影响因素的变化情况，包括中央航空公司、地方航空公司和公私合营航空公司。中央航空公司（CCA、CSN 和 CES）的碳排放变化明显高于其他相关航空公司。中央航空公司的二氧化碳排放量从 2007 年的 0.265 亿吨增加到 2013 年的 0.406 亿吨，增加了 53.07%。其中，中国南方航空公司产生了最多的二氧化碳排放量，并在研究期间保持强劲增长。在相同的研究期内，地方航空公司和公私合营航空公司二氧化碳排放量增长了近 3 倍，从 2007 年的 297.2 万吨增加到 2013 年的 902.1 万吨。这表明，小型和中等规模的航空公司正在经历高速增长，特别是像 EPA、DKH 和 CQH 之类的公私合营航空公司。

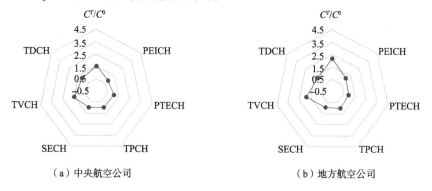

（a）中央航空公司　　　　　　　　（b）地方航空公司

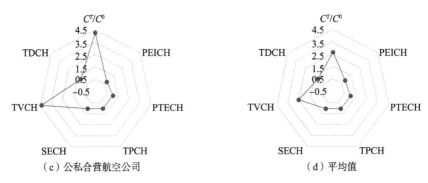

图 5.2 不同类型航空公司的碳排放变化及驱动因素影响程度

5.5.2 能源强度效应的影响

能源强度表示的是单位期望产出所需消耗的能源量。根据 Zhou 和 Ang（2008）的研究，本章中的潜在能源强度实际上是一个假设的变量，表示的是剔除运输周转量产出无效情况下的能源强度。换句话说，PEICH 表示的是一种调整后的能量强度变化对碳排放变化的影响，这涉及捕捉每单位运输周转量能源消耗，反映了能源和运输周转量活动的整体效率。表 5.5 显示，在研究期内 PEICH 累计值的变化范围从 0.5856（EPA）增长到了 1.2716（CYZ），几何平均值为 0.8522。这表明 PEICH 对于绝大多数航空公司的二氧化碳减排起主导作用。其中，EPA 潜在能源强度的大幅下降对其碳排放减排贡献作用最为显著，其次是 HXA 和 CCA。该结果说明能源强度的下降是驱动二氧化碳强度或排放量下降的一个重要因素，这与前人的一些研究结论基本吻合。

图 5.3 反映了潜在能源强度变化对 12 家样本航空公司在研究期内二氧化碳排放变化的具体影响情况。图 5.3 中 PEICH 对民航部门碳减排有递减的趋势，特别是自 2011 年以后 PEICH 甚至对于大部分航空公司的碳排放是促进的。这一趋势主要是由能源强度的变化所致，具体如图 5.4 所示。从 2007 年到 2011 年，随着节能技术和劳动生产力的不断提高，样本航空公司的能源强度连续下降（尤其在 2009~2010 年），但自 2011 年以来民航部门燃油使用技术及能源利用效率出现瓶颈，使得能源强度和潜在能源强度开始出现反弹。

5.5.3 生产水平的影响

PTECH、TPCH 及 SECH 三个影响因素都可以看成是与生产水平相关的影响因素。各个航空公司的 PTECH、TPCH 及 SECH 的计算都需要通过 DEA 框架与

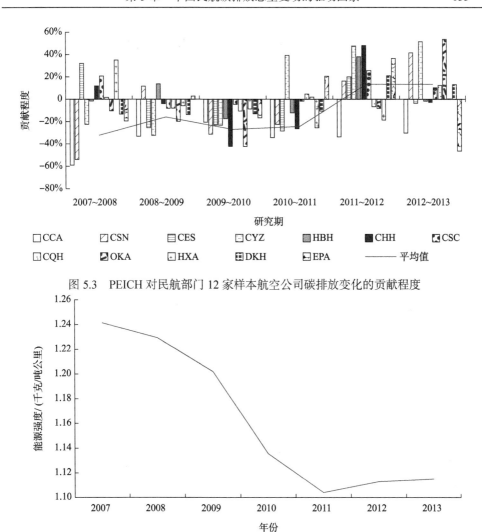

图 5.3　PEICH 对民航部门 12 家样本航空公司碳排放变化的贡献程度

图 5.4　民航部门 12 家样本航空公司从 2007 年到 2013 年的能源强度变化

所有决策单元的最佳生产前沿面进行比较。因此，随着生产技术的变化，这些影响因素对各个航空公司碳排放的变化也会产生影响。图 5.5 显示生产技术的变化对民航部门各个航空公司的二氧化碳排放变化的影响相对较小，并且自 2011 年以后开始促进减少航空公司的碳排放。表 5.5 表明，从 2007 年到 2013 年，PTECH 和 TPCH 对促进民航部门碳排放起到了拉动作用（这些结果与 Kim K 和 Kim Y（2012）的研究结果一致），SECH 对民航部门碳排放增加总体上有一个抑制的作用，但是影响程度相对较小。

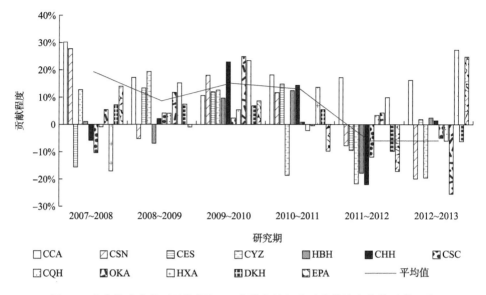

图 5.5　生产技术变化对民航部门 12 家样本航空公司碳排放变化的贡献程度

　　TPCH 反映的是各航空公司在运输周转量产出方面的技术革新。图 5.6 显示了从 2007 年到 2013 年 TPCH 对于各个航空公司碳排放变化的累积效应，整体来看技术反而促进了民航部门碳排放的增加。三家航空公司的产出技术进步因素对其碳排放的增加起到抑制作用：CCA（0.9896）、CSN（0.9961）和 CES（0.9681）。这三家航空公司都是中央航空公司，拥有雄厚的资本和丰富的资源，因而具有比其他航空公司更高的技术创新能力。

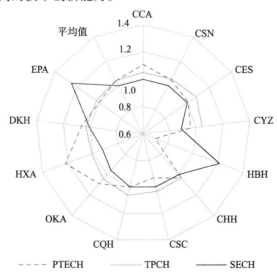

图 5.6　PTECH、TPCH 及 SECH 对样本航空公司碳排放变化的贡献程度

由于民航部门近年来发展迅猛，规模发展有可能出现无效的情形，进而影响整体的碳排放效率。当考虑规模报酬可变时，技术效率的变化主要由两个部分构成：纯技术效率（pure technical efficiency，PTE）和规模效率（scale efficiency，SE）。PTE 主要反映决策单元利用生产技术的能力，最大可能地获得产出，该值表示投入要素在使用上的效率。对于 PTECH 而言，类似于 TPCH，12 家航空公司中 9 家的 PTECH 值大于 1。仅有三个航空公司的纯技术效率变化对其碳排放有抑制作用，分别为 CYZ（0.9583）、HBH（0.6967）和 CSC（0.9324）。这三个航空公司均为地方航空公司，说明地方航空公司在运输周转量生产效率方面有了长足的改进。尤其是 HBH，从 2007 年到 2013 年，纯技术效率的提高使得其二氧化碳减少约 30%。SE 反映的是决策单元投入产出比例的优化能力，最大可能地获得产出，规模效率越高表示投入产出比例越合适，生产力也就越高。

如图 5.6 所示，SECH 显著影响了航空公司的二氧化碳排放量。从 2007 年到 2013 年，SECH 的累积效应有效地遏制了二氧化碳排放量。如表 5.5 所示，SECH 的几何平均值为 0.9986，表明规模效率的提高使得二氧化碳排放量每年减少 0.14%。CCA、CSN、CHH、CSC、CQH 和 CES 这 6 个航空公司的规模效率值始终等于 1，因此这 6 个航空公司的规模效率对其二氧化碳排放量的变化没有影响。SECH 对不同航空公司的碳排放变化的影响情况不同，其中 CYZ 的规模效率变化对其碳排放减少效果最佳，从 2007 年到 2013 年，SECH 减少了 11.36% 的碳排放。然而，SECH 对 EPA 碳排放的贡献率达到了 1.2507，这意味着 EPA 从 2007 年到 2013 年累积增加的碳排放有 25.07% 都是由投入产出比例失衡引起的，这应该引起 EPA 和民航部门决策者的注意。

SE 是衡量行业市场表现的一项重要指标，对于民航部门而言，了解各个航空公司的规模效率可以帮助航空公司研究其规模经济，并做出相应的决策。例如，航空公司可能会检查它们是否处于技术上最优的生产规模，如果不是，则决定它们是否应该扩张或收缩。图 5.7 显示，在研究期间，12 家样本航空公司中有一半处于最优生产规模，分别为：CCA、CSN、CES、CHH、CSC 和 CQH。那些没有达到最优规模效益的航空公司，其规模效率值都在一个平衡的分布中波动。大多数航空公司（特别是 HXA、OKA 和 HBH）在 2008~2010 年经历了规模效益的提高。相比之下，在 2010 年，一半的航空公司的规模效率值都是研究期内最低的。这应该主要是由于美国的金融危机的影响，在此期间，几乎所有航空公司的运输周转量和业务收入都大幅下降，因此反而减少了二氧化碳的排放。

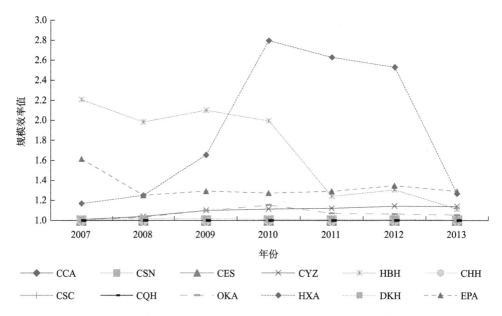

图 5.7　民航部门 12 家样本航空公司 2007 年到 2013 年的规模效率

5.5.4　运输周转量的影响

　　根据前文的计算可知，运输周转量是增加航空公司二氧化碳排放的主要驱动因素，对于绝大多数航空公司而言，运输周转量变化都是增加碳排放的关键因素，尤其是对于那些中小型航空公司，如 CHH、CSC、CQH 和 DKH。由于公司重组，HBH 在产出运输周转量方面经历了巨大的变化，导致其在 2007 年到 2013 年的二氧化碳排放量大幅增加。相比之下，对于 CYZ 来说，运输周转量对二氧化碳排放增加的贡献从 2007 年的 19.9%下降到了 2013 年的−25.6%。这主要是由 CYZ 发展转型，进而运输周转量大幅下降导致的。根据历史数据，民航部门的二氧化碳排放量和运输周转量是强正相关的。这就得出了一个结论：在抑制碳排放方面，必须减少运输周转量的增长。然而，对于中国这样一个民航事业迅速崛起的国家来说，未来民航部门运输周转量的需求将会继续增加，对于民航部门来说，如何通过控制管理运输周转量的增长来减缓碳排放增长显然是非常有意义的。

　　基于此，我们进一步研究运输周转量的变化对民航部门碳排放的影响机理。通过将 RTKCH 分解为运输总量的变化（TVCH）和运输距离的变化（TDCH）。如图 5.8 所示，TVCH 在增加二氧化碳排放方面发挥了主导作用，而 TDCH 对二氧化碳排放的影响较弱。特别是在 2008~2009 年，TDCH 甚至帮助减少了二氧化碳的排放量（0.9817）。这一结果凸显出可能的积极政策措施。例如，随着运输周转量的持续增长，可以通过优化航线的分布，加深和增加每单位距离的运输量，这将会抑制运输周转量对二氧化碳排放增加的影响。

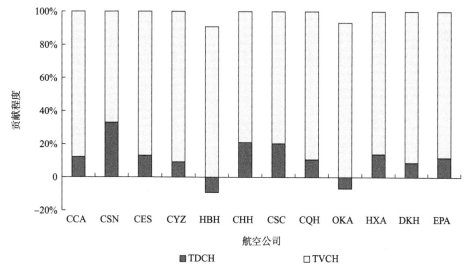

图 5.8　运输距离和运输总量分别对运输周转量的贡献程度

5.6　本章小结

　　本章首先从理论上对生产理论分解分析进行了改进和拓展。现有的关于生产理论分解分析的文献在建立分解框架的时候都需要假设生产过程是基于规模报酬不变的。然而，实际的生产过程一般是规模报酬可变的，尤其是在一些发展速度快的行业。基于规模报酬不变条件假设下的生产理论分解分析结果便不能反映实际情况，并且没有办法分解出规模效率这个影响因素，这可能使得研究结论及其政策建议缺乏全面性或者准确性。基于这方面的考虑，本章在规模报酬可变的条件下，进一步拓展了生产理论分解分析模型，并突出了规模效率影响因素的分解。

　　进一步地,本章选择 2007~2013 年中国民航部门 12 家具有代表性的航空公司作为样本，用考虑规模报酬可变的生产分解分析模型实证研究了中国民航部门碳排放的主要驱动因素。实证分析结果表明：首先，运输周转量变化（RTKCH）是增加民航部门二氧化碳排放的主要驱动因素，对大多数航空公司来说都是碳排放的最主要贡献者。而运输距离变化（TDCH）可能是一个关键的突破口，民航部门可以通过优化航线结构以减少运输周转量的增长对二氧化碳排放的拉动。其次，潜在能源强度变化（PEICH）在降低大多数航空公司的二氧化碳排放方面发挥了主导作用。在航空公司类型方面，PEICH 对公私合营航空公司的表现最好，接着是中央航空公司和地方航空公司，这也反映了技术进步对于公私合营航空公司的效果最好。最后，规模效率变化（SECH）确实对航空公司的二氧化碳排放产生了显著影响，其累积效应对遏制二氧化碳排放产生了积极影响。

附录 5A　航空公司投入产出数据

表5A.1　2007~2013年中国民航部门12家样本航空公司投入产出指标

	项目	飞机/架	劳动力/人	运输周转量/万吨公里	二氧化碳排放/万吨
2007 年	CCA	220	47 437	787 000.5	902.4
	CSN	339	50 943	735 822.7	946.6
	CES	240	53 641	550 702.5	803.5
	CYZ	11	1 137	8 396.4	11.6
	HBH	3	209	254.2	0.5
	CHH	39	8 886	14 3371.1	140.0
	CSC	36	2 795	93 286.1	90.8
	CQH	8	882	28 958.7	23.2
	OKA	8	663	11 982.3	12.1
	HXA	3	284	1 602.8	3.6
	DKH	6	618	12 794.8	13.1
	EPA	2	178	1 723.1	2.2
2008 年	CCA	242	41 764	787 635.0	890.9
	CSN	337	52 645	740 773.8	937.5
	CES	259	55 061	508 590	759.3
	CYZ	15	1 187	10 066.9	13.2
	HBH	3	157	2 883.0	4.6
	CHH	49	10 027	154 363.9	151.6
	CSC	40	3 340	97 991.9	96.2
	CQH	10	1 132	35 535.2	28.5
	OKA	9	807	15 317.4	15.2
	HXA	3	268	1 759.8	4.2
	DKH	10	868	19 640.7	19.2
	EPA	3	197	4 092.3	4.1

续表

项目		飞机/架	劳动力/人	运输周转量/万吨公里	二氧化碳排放/万吨
2009 年	CCA	260	47 750	852 154.7	937.3
	CSN	374	65 288	804 099.6	1 027.4
	CES	275	63 377	594 080.7	855.5
	CYZ	16	1 285	11 334.9	13.7
	HBH	2	253	1 999.0	3.3
	CHH	62	14 312	217 664.3	211.8
	CSC	46	5 241	131 889.0	127.2
	CQH	14	1 304	55 174.4	43.2
	OKA	8	763	14 369.7	13.9
	HXA	3	265	1 816.5	4.2
	DKH	14	1 166	33 191.3	30.5
	EPA	4	208	6 688.4	6.8
2010 年	CCA	282	48 890	994 225.2	1 066.2
	CSN	421	61 503	1 069 087.4	1 220.7
	CES	291	55 216	689 008.3	963.7
	CYZ	15	1 364	13 792.3	15.9
	HBH	6	394	3 190.3	4.9
	CHH	63	13 922	239 464.0	218.5
	CSC	54	4 238	163 755.4	156.9
	CQH	20	2 189	76 735.4	58.6
	OKA	10	840	14 563.9	13.0
	HXA	4	356	2 472.9	5.3
	DKH	17	1 901	50 983.6	44.7
	EPA	6	249	9 038.3	8.8
2011 年	CCA	309	59 831	1 058 918.5	1103.0
	CSN	453	65 322	1 174 703.3	1315.5
	CES	304	55 352	742 789.9	1015.1
	CYZ	16	1 472	15 431.4	18.8
	HBH	9	503	10 024.3	11.7
	CHH	76	18 078	288 764.8	250.4
	CSC	63	5 340	198 696.1	190.0
	CQH	27	2 736	96 617.8	74.2
	OKA	14	1 128	28 992.5	26.2
	HXA	5	374	3 073.2	6.2
	DKH	22	2 721	65 024.8	56.0
	EPA	6	342	10 391.0	10.3

	项目	飞机/架	劳动力/人	运输周转量/万吨公里	二氧化碳排放/万吨
2012 年	CCA	328	63 251	1 109 929.5	1 136.9
	CSN	500	84 198	1 310 756.9	1 490.2
	CES	334	65 858	804 884.5	1 117.0
	CYZ	17	1 509	14 690.7	18.9
	HBH	13	1 123	8 896.2	11.0
	CHH	82	19 507	299 140.2	272.2
	CSC	73	6 040	228 743.6	226.6
	CQH	32	3 523	130 970.4	99.3
	OKA	17	1 531	36 580.7	32.6
	HXA	7	484	4 259.8	8.2
	DKH	30	3 834	79 595.7	71.1
	EPA	7	423	9 873.9	10.1
2013 年	CCA	343	71 892	1 205 874.6	1 195.4
	CSN	467	93 854	1 399 109.3	1 647.5
	CES	372	68 008	878 919.8	1 217.1
	CYZ	18	1 416	10 934.5	17.0
	HBH	10	1 089	18 348.4	22.5
	CHH	93	19 894	35 5641.0	322.7
	CSC	81	7 330	266 371.4	266.5
	CQH	39	3 988	153 233.7	117.7
	OKA	23	1 792	36 979.1	34.3
	HXA	13	767	5 470.2	10.5
	DKH	34	4 175	109 243.3	100.6
	EPA	7	556	9 997.2	9.9

第6章　中国民航碳排放静态绩效及减排潜力

6.1 引　言

2020 年 9 月 22 日，国家主席习近平在第七十五届联合国大会一般性辩论上宣布，中国二氧化碳排放力争于 2030 年前达到峰值，努力争取 2060 年前实现碳中和[①]。进入 2021 年后，两会、中央全面深化改革委员会第十八次会议、中央财经委员会第九次会议等重要会议中碳达峰、碳中和相关议题表述在不断深入，特别是在 3 月 15 日召开的中央财经委员会第九次会议中，主要议题包括研究实现碳达峰、碳中和的基本思路和主要举措。

对于民航部门来说，由于目前《巴黎协定》下各国提交的国家自主贡献大多未考虑国际航空部门，为了有效遏制该部分温室气体排放，2016 年 10 月，国际民航组织第 39 届大会就建立全球市场机制以减少国际航空二氧化碳排放达成一致，建立了全球第一个行业减排市场机制——国际航空全球碳抵消和减排机制（carbon offsetting and reduction scheme for international aviation，CORSIA），以实现 2020 年后国际航空净排放零增长的目标。从全球范围来看，航空温室气体排放目前约占全球总排放的 1.4%，虽然比重不高，但其增长速度之快不容忽视。国际民航组织的 2016 年环境报告指出，到 2050 年，国际航空二氧化碳排放可能会从目前的约 7 亿吨增至 26 亿吨。

尤其对于中国民航部门来说，根据前文分析，中国民航部门的运输规模和碳排放量都将快速增长，在对经济做出贡献的同时也必将对环境造成影响。回顾中国民航的发展历程，1949 年中华人民共和国成立后中国的民航部门才开始逐步组建，20 世纪 80 年发展的基本框架才逐渐建立起来，而直到 20 世纪 90 年代才开

[①] http://www.ce.cn/xwzx/gnsz/szyw/202009/22/t20200922_35795589.shtml[2021-10-31]。

始了真正意义上的飞速发展。总体上，中国民航经历了近 70 年的改革与发展，由初创时的 30 多架小型飞机和不足 1 万人的年旅客运输量，发展到 2020 年全年运输周转量 1293.2 亿吨公里，运输规模飞速扩张。中国民航运输周转量已经连续数年稳居世界第二，是一个名副其实的航空大国。随着民航部门的不断发展及外部经济环境的不断改善，航空运输由于其快捷、安全、高效的典型特征，越来越受到人们的青睐。这样，航空运输需求将持续增长。基于此，对于中国民航部门来说，如何既实现运输规模的持续发展，又切实达到减排目标，是我国民航部门当前及未来相当长时间内面临的重大挑战。那么对于中国民航部门来说，要实现碳达峰、碳中和有必要对当前中国民航部门的碳排放绩效进一步分析，了解减排主体的减排潜力。

6.2　民航碳排放绩效评价指标

二氧化碳排放绩效作为环境绩效评价的一种，已成为研究减缓和适应全球变化的热点领域（刘明磊等，2011）。从已有研究成果来看，学者从各自不同的研究视角出发，根据不同研究范围、不同研究时段和不同方法体系，形成了一些指标来评价二氧化碳排放绩效，其发展历程大致经历了以下几个阶段：20 世纪 90年代，由于《京都议定书》的制定和实施，以国家为单元进行排放量计算的指标（国别指标）最早开始应用，此后又逐步形成其他一些指标（王群伟等，2010），如二氧化碳排放总量（Wang et al.，2005）、人均二氧化碳排放量（段海燕等，2012）、碳指数（Mielnik and Goldemberg，1999）、能源强度（Ang，1999）、二氧化碳排放强度（Sun，2005）、二氧化碳生产率（Färe and Grosskopf，2003）、工业累计人均二氧化碳排放量及人均单位 GDP 排放量（Zhang et al.，2008）。

其中，碳排放及碳强度两个指标作为发展经济学和环境经济学的研究重点，一直受到学者的广泛关注。二氧化碳排放强度是指单位 GDP 的二氧化碳排放量。从二氧化碳排放强度的定义来看，其指标值随着技术进步和经济增长而下降。二氧化碳排放强度的高低一般情况下取决于化石能源的碳排放系数、化石能源的结构、化石能源在能源消费总量中的比例、能源强度，以及技术进步、经济增长、经济结构变化、农村工业化和城市化进程等，但二氧化碳排放强度的高低并不代表效率的高低。例如，发展中国家的二氧化碳排放强度一般较高，但其效率并不高。需要注意的是：二氧化碳排放强度随着时间而下降，因为在这一过程中，经济是不断增长的，技术是不断进步的。当前，国内外关于能源二氧化碳排放研究主要集中在碳排放、碳强度的测度（Huang et al.，2019）、空间分异特征（李建豹等，2015）及其影响因素（Liu et al.，2017b）等方面。

具体地，对于民航部门来说，监测民航部门航空公司的能源及碳排放绩效，并确定影响绩效的主要因素，有助于制定有针对性的节能减排政策。民航部门绩效评价的定量研究近年来得到了广泛的讨论和重视。然而对于现有研究，总的来说，以上所列指标应用到民航碳排放绩效水平测度的文章中的还相对较少，并且基本上都具有"单要素"特征，其中多数都是以二氧化碳排放总量与其他要素的比率来表示的。单要素指标在测算和理解上相对比较容易，但二氧化碳排放绩效实质上是一种投入产出效率，它是经济发展过程、能源资本和劳动力投入、经济产出等诸要素共同作用的结果。因此，考虑二氧化碳生产过程中相关要素投入产出的指标，突出其"全要素"的特点才更为合理。

基于全要素和要素替代的思想，在环境生产过程中，资本、劳动力和能源作为投入要素形成国内生产总值一种期望产出和二氧化碳一种非期望产出，从而可以更加全面地评估二氧化碳排放绩效。在该思想框架下，碳排放绩效研究工作的主要研究方法大体分为两个方面：参数方法和非参数方法。参数方法主要有随机前沿分析法（Zou et al.，2014）、回归分析法（董健康等，2014）、贝叶斯距离前沿函数法（Assaf et al.，2014），Luenbeger 和 Malmquist 生产指数法（Barros and Couto，2013）、Topsis 和神经网络相结合的方法（Barros and Wanke，2015）。非参数方法主要有传统的数据包络分析法，以及把 DEA 方法与其他方法相结合对民航碳排放绩效进行研究。

其中，基于 DEA 的非参数方法，尤其是对民航部门的绩效评估方面的研究越来越流行。Schefczyk（1993）首先应用 DEA 模型对 1990 年全球 15 家代表性的航空公司进行绩效评价；Arjomandi 和 Seufert（2014）以全世界 6 个地区的 48 家低成本航空公司为样本，实证测算了他们从 2007 年到 2010 年间的环境和技术效率；Cui 等（2016a）提出一个基于虚拟前沿面的动态非径向 DEA 模型并利用其测量 2008~2012 年 22 家航空公司的能源效率。Li 等（2016）建立了一个两阶段 DEA 模型，并被用来评估 2008~2012 年 22 家国际航空公司的运营效率。此外，还有一些研究将 DEA 模型与其他方法相结合起来考察民航部门的绩效。例如，Tsionas（2003）结合 DEA 和 SFA 研究美国航空公司的减排措施对运营绩效的影响；Lozano 和 Gutiérrez（2011）提出了使用 DEA 和成本函数的联合模型，以便在确定环境影响、机队成本和运营成本之间的权衡方面有更多的控制性和灵活性。

然而，通过对上述文献的归纳，发现现有的研究中在"全要素"框架下综合考虑碳排放指标的、关于民航部门碳排放绩效方面的研究还相对较少。有代表性的研究主要包括：Lee 等（2015）综合考虑了民航部门在生产运营过程中产生的期望产出与非期望产出（二氧化碳排放），并运用 Malmquist-Luenberger 生产率指数对 11 家航空公司的绩效进行评价；Cui 等（2016b）为了分析 EU ETS 对航空公司绩效的影响，提出了一个动态环境 DEA 模型并测算了其对全球 2008~2014年 18 家大型航空公司的影响程度；Lee 等（2017）构建了一个两阶段 DEA 模型，将二氧化碳排放纳入民航部门运营效率和生产力评估的过程中，并分析了影响民航部门生产力变化的决定因素；Seufert 等（2017）在考虑民航部门二氧化碳排放的基础上提出了 Luenberger-Hicks-Moorsteen 指数，并利用该指数测算了2007~2013 年世界主要航空公司运营阶段的效率和生产率。

此外，在二氧化碳排放绩效影响因素方面，不少学者仍热衷于从环境绩效评价出发，通过借鉴环境库茨涅茨曲线假设，从不同的视角分析经济社会发展要素与二氧化碳排放绩效是否存在倒"U"形曲线或线性关系。另外一些研究则多利用指数分解法和结构分解分析法，从能源结构、能源强度、对外开放度、所有制结构和产业结构变化等多个方面分析对二氧化碳排放绩效的影响（ Zhang et al.，2009；王群伟等，2010）。

具体到民航部门，如前文所述，民航部门碳排放量及碳排放绩效相关的研究，近年来取得了较为丰硕的成果，政府和民航部门在不同的碳排放绩效指标下，相继出台了一系列针对民航的节能减排计划和政策。要想实现这些指标的发展目标，基于自身发展压力和国家政策两方面的考虑，民航部门需要科学地制定节能减排措施。研究和掌握民航部门影响碳排放绩效的驱动因素可以帮助制定有针对性的减排策略进而建立和发展低碳经济（Zhou et al.，2016b）。目前，研究民航部门二氧化碳排放总量及绩效变化的驱动因素是重点研究领域，所采用的方法主要有因素分解分析法（Liu et al.，2017b）和计量经济学法（Sgouridis et al.，2011）。

计量经济学法是采用线性或非线性回归工具，构造计量模型，得到的是各因素的单独影响因子（Owen et al.，2010）。计量分析法相对来说比较灵活，但时间跨度长的时间序列模型容易产生结构突变的问题，因此，如何提高该估计方法的有效性和可靠性，成为运用该方法的关键。Sgouridis 等（2011）利用回归分析的方法对民航部门 5 种通常的减少碳排放措施（技术效率进步、运作效率进步、新能源使用、需求转移和市场激励）进行研究，通过全球航空动态模型对 5 个因素分别进行量化分析，从而测度了各个影响因素对民航业碳排放的相对影响程度。董健康等（2014）使用 STIRPAT 模型构造协整方程，利用偏最小二乘回归的方法探究民航部门碳排放变动的主要驱动因素，并在此基础上预测未来碳排放情景。

相较于计量经济学方法，因素分解分析方法的核心思想是通过数学恒等变形分解出若干个影响因素并通过对各个影响因素的变化特征来分析研究对象的变化机理（Ang，2004）。由于思路简单并且易于操作，近年来分解分析方法在民航碳排放分解分析领域得到了越来越多的应用。有代表性的研究包括：Zhang等（2009）对与民航部门能源消耗相关的二氧化碳排放影响因素进行探析，研究结果表明人均经济活动、交通模式向民航方向转换和人口因素是拉动民航部门碳排放增长的主要因素，交通强度是减少民航部门二氧化碳排放的关键要素。Andreoni 和 Galmarini（2012）对欧洲的水路和民航两个部门的二氧化碳排放主要驱动因素进行了分解分析，该研究将 2001~2008 年欧洲 27 个国家的民航部门二氧化碳排放影响因素分解为二氧化碳排放强度影响、能源强度影响、产业结构影响及经济增长影响等四个方面。研究结果显示，经济增长和能源强度变化对所有国家民航部门二氧化碳排放增加均负有主要责任；排放强度对民航部门的二氧化碳排放量变动影响相对较小，这可能是因为二氧化碳排放强度在研究期内变化幅度不明显，也可能是因为被技术进步因素抵消了；产业结构的调整对各个国家民航部门的二氧化碳排放都起到正向促进作用。在此基础上，关于期望的技术进步因素是否有能力应对当前民航业飞速发展所带来的二氧化碳排放剧增的问题，Seufert 等（2017）、Li 等（2016）、Huang 等（2020）等学者都对其作了专门的讨论。

综上所述，国内外学者利用各种定量分析方法，围绕民航部门碳排放的绩效、影响因素等方面开展了大量实证研究。相关研究表明，经济活动、能源强度、技术创新等都是影响中国民航部门碳排放绩效变动的重要因素。已有国内外文献虽然从多个视角对碳排放及其动态变化展开了研究，但大部分学者是从宏观经济层面关注整个部门的碳排放绩效及其影响因素，缺乏对具体减排主体（各个航空公司）的深入研究，尤其是对于各减排主体的减排潜力缺乏进一步讨论；另外，上述研究都是建立在单要素指标的分解分析基础上的，随着数据包络方法在能源与环境领域的应用，越来越多的学者开始关注并尝试在全要素框架下探讨能源效率和环境效率等问题。正如 Ramanathan 指出的那样，不论是二氧化碳排放总量，还是二氧化碳强度都忽略了经济发展、能源结构及要素替代的影响作用。正因如此，考虑到民航部门生产运营活动中能源、劳动力、固定资产等投入要素间普遍存在的替代作用及飞机在运输过程的产出中通常伴随着二氧化碳等非期望的产物，对碳排放及其动态变化的研究有必要引入全要素的分析框架。

基于此，本章拓展了 Zhou 等（2010）和王群伟等（2011）对全要素二氧化碳排放绩效的单一化定义，利用环境生产技术和有向距离函数构造不同目标下的三类绩效指标，并以我国民航部门代表性航空公司为例测算其二氧化碳排放绩效和减排潜力。

6.3 研 究 方 法

6.3.1 环境生产技术

环境生产技术的基本思想是一般的生产过程都不可避免地存在类似废水、废气、废渣等非期望产出。同时，在投入要素一定的情况下，为尽可能减少非期望产出，往往需要安排一定的资源用于类似环保设备和人力的投入，从而有可能导致期望产出的减产。本节只关注二氧化碳排放绩效和减排问题，为实现对上述环境生产技术的数学描述，不妨设某航空公司由 N 种投入要素 $x = (x_1, x_2, \cdots x_n) \in R_N^+$ 形成期望产出运输周转量（y）和非期望产出二氧化碳（c），这样，民航部门生产过程可以表示为式（6.1）的形式：

$$P(x) = \{(y, c) : x \text{ 能生产出 } (y, c)\}, x \in R_N^+ \qquad (6.1)$$

其中，产出集 $P(x)$ 除具有传统生产技术所包含的闭合、有界、凸性特征及投入要素和期望产出的强可处置性外，也满足期望和非期望两类产出的联合弱可处置性（weak disposability）及"零结合"性（null-jointness）。联合弱可处置性表明二氧化碳的减少要以牺牲经济的发展为代价，两者的同比例减少才是可能的，若 $(y, c) \in P(x)$ 且 $0 \leqslant \theta \leqslant 1$，则 $(\theta y, \theta c) \in P(x)$；"零结合"性表明为了实现经济发展，必然伴随二氧化碳的生产，避免排放的唯一办法就是停止一切生产活动，若 $(y, c) \in P(x)$ 且 $c = 0$，则 $y = 0$。

在实际分析中，DEA 方法因具有无须设定具体函数形式、无须价格信息、没有量纲要求且计算方便等优势，常被用来表达上述环境生产技术的各项特征和性质。设有 K 个决策单元，对本章来讲即有 K 个航空公司，第 k 个航空公司的投入产出向量为 (x, y, c)，则可以构造满足上述条件的环境技术如式（6.2）所示：

$$P(x) = \{(x, y, c) :$$

$$\sum_{k=1}^{K} \lambda_k x_{kn} \leqslant x_{kn}, \ n = 1, 2, \cdots, N$$

$$\sum_{k=1}^{K} \lambda_k y_{kn} \geqslant y_k \qquad (6.2)$$

$$\sum_{k=1}^{K} \lambda_k c_k = c_k$$

$$\lambda_k \geqslant 0, \; k = 1, 2, \cdots, K \}$$

式（6.2）中的不等式约束表明了投入要素和期望产出的强可处置性，结合非期望产出的等式约束则说明了两类产出的联合弱可处置性及"零结合"性，系数 λ_k 为相对于被评价航空公司而重新构造的一个有效航空公司组合中第 k 个航空公司的组合比例。

6.3.2　指标构建

在全要素框架下衡量某个航空公司的二氧化碳排放绩效和减排潜力，一种基本的思路就是考虑在现有投入要素和既定运输规模产出的条件下，用理论上可达到的最小二氧化碳排放量与实际排放进行比较，进而判断排放绩效的高低和减排潜力的大小，这也是环境效率评价的基本思路。设被评价航空公司的投入产出向量为 (x_0, y_0, c_0)，式（6.3）给出了相应的排放绩效测算方法：

$$\alpha^* = \min \alpha$$

$$\sum_{k=1}^{K} \lambda_k x_{kn} \leqslant x_{0n}, \; n = 1, 2, \cdots, N$$

$$\sum_{k=1}^{K} \lambda_k y_k \geqslant y_0 \qquad\qquad (6.3)$$

$$\sum_{k=1}^{K} \lambda_k c_k = \alpha c_0$$

$$\lambda_k \geqslant 0, \; k = 1, 2, \cdots, K$$

其中，α 代表二氧化碳排放绩效，$1-\alpha$ 代表减排潜力，且满足 $0 < \alpha \leqslant 1$。α 值越大，说明该航空公司在现有资源消耗和运输规模水平下，二氧化碳排放绩效越好，减排潜力越小，$\alpha = 1$ 意味着该航空公司是所有航空公司中排放绩效最佳的，其减排潜力也最小。由于该思路只寻求尽可能地减少二氧化碳排放，而不考虑期望产出的增加与否，本节将 α 定义为全要素二氧化碳排放单一绩效指标。

为进一步考虑减少二氧化碳时运输周转量产出增加的情况，本节引入有向距离函数定义另一种二氧化碳排放绩效指标，并设距离函数如式（6.4）所示：

$$\vec{D}(x, y, c; g_y, -g_c) = \sup \{ \beta : (y + \beta g_y, c - \beta g_c) \in P(x) \} \qquad (6.4)$$

方向向量 $g = (g_y, -g_c)$ 寻求期望产出在 g_y 方向上的最大扩张及非期望产出在 g_c 方向上的最大收缩，即有向距离函数实现了对期望产出和非期望产出的非对称处理，这与传统 Shephard 距离函数要求的单纯实现产出最大化或投入最小化的思想是不一致的，式（6.5）基于方向向量 $g = (g_y, -g_c)$ 给出了具体的线性求解方法：

$$\beta^* = \max \beta$$

$$\sum_{k=1}^{K} \lambda_k x_{kn} \leqslant x_{0n}, \ n = 1, 2, \cdots, N$$

$$\sum_{k=1}^{K} \lambda_k y_k \geqslant (1 + \beta) y_0 \qquad\qquad （6.5）$$

$$\sum_{k=1}^{K} \lambda_k c_k = (1 - \beta) c_0$$

$$\lambda_k \geqslant 0, \ k = 1, 2, \cdots, K$$

其中，β 值表征了被评价航空公司既减少二氧化碳排放又增加运输周转量产出的能力，且有 $0 \leqslant \beta < 1$，本节将其定义为全要素二氧化碳排放径向综合绩效指标。与前面介绍的全要素二氧化碳排放单一绩效指标 α 相比，α 值表示航空公司运营过程中单纯的碳减排水平，而全要素二氧化碳排放径向综合绩效指标 β 表示航空公司除了减少碳排放外还要求运输规模同时扩张。β 值越大说明该地区的综合绩效越低，减排潜力越大，$\beta = 0$ 则表明该地区减排潜力最小，综合绩效最高。

在碳排放效率或者环境绩效等方面，目前早期已有的文献和研究是基于 Shephard 距离函数建立指标发展到用数据包络分析来评估效率的，而目前这一领域的一个新发展就是 Chambers 等（1996）建立的方向距离函数。方向距离函数假设的是产出的增加和投入的减少是按照一个设定方向以相同的比例进行的，所以可以看作是一种径向的效率评价方法。测算效率从公理化方法的角度看，径向的方法是一种比较受欢迎的方法，因为它具有的一些理想的数学特性。但是，当存在非零的松弛变量时，使用径向的方法所得的效率值可能会被高估。所以，非径向方向距离函数就被一些学者通过计算方向性松弛变量的方式提出来。王群伟等（2011）在这些研究的基础上，给出了对非径向方向距离函数的定义。

在上节的基础上，定义非径向距离函数如式（6.6）所示：

$$\vec{D}(x, y, c; g) = \max \left\{ \omega^T \sigma : (x, y, c) + g * \mathrm{diag}(\sigma) \in P(x) \right\} \qquad （6.6）$$

其中，$\omega = (\omega_x, \omega_y, \omega_c)^T$ 是标准化的权重向量，它与投入产出的数量有关；$g = (g_x, g_y, g_c)$ 为具体设定的方向向量，它规定了投入产出变化的方向；而 $\sigma = (\sigma_x, \sigma_y, \sigma_c)^T$ 是投入减少和产出增加各自的变化比例。对于民航部门投入产出来说，相应的最优解的亦是应用的数据包络分析模型，其数学规划表示如式（6.7）所示：

$$\sigma^* = \max\left(\omega_F\sigma_{i,F} + \omega_L\sigma_{i,L} + \omega_Y\sigma_{i,Y} + \omega_C\cdot\sigma_{i,C}\right)$$

$$\text{s.t.} \quad \sum_{k=1}^{K}\lambda_k F_k \leqslant F_k + g_{k,F}\sigma_{k,F}$$

$$\sum_{k=1}^{K}\lambda_k L_k \leqslant L_k + g_{k,L}\sigma_{k,L}$$

$$\sum_{k=1}^{K}\lambda_k Y_k \geqslant Y_k + g_{k,Y}\sigma_{k,Y}$$

$$\sum_{k=1}^{K}\lambda_k C_k = C_k + g_{k,C}\sigma_{k,C}$$

$$\lambda_k \geqslant 0 \quad \sigma \geqslant 0 \quad k = 1,\cdots,K$$

（6.7）

为更好地说明二氧化碳排放单一绩效与综合绩效，以及有向距离函数与Shephard 距离函数的内在联系与差异性，图 6.1 给出了简单的示意。

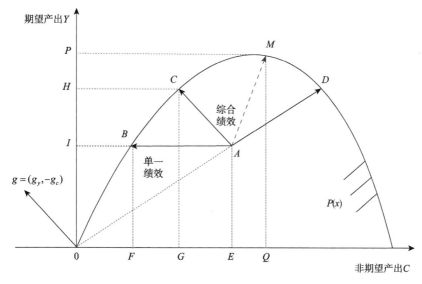

图 6.1　方向距离函数示意图

如图 6.1 所示，对于民航部门来说，点 A 代表生产技术集 P(x) 内的某一航空公司，线段 OI 和 OE 分别代表期望产出（运输周转量）和非期望产出（二氧化碳排放）的生产量。在只考虑碳排放减少的情况下，航空公司的生产运营过程从点 A 应朝着点 B 的方向移动以实现碳排放减少的最大化，这样单一碳排放绩效值为 $\alpha^* = \dfrac{\text{OF}}{\text{OE}}$，在此模式下二氧化碳的减排潜力为 EF。

显然，这种模式是实现了非期望产出的压缩，但期望产出与非期望产出是具有联合弱可处置性及"零结合"性的。对于航空公司来说，二氧化碳的减少要以牺牲运输规模的扩张为代价，因此在航空公司实际的生产过程中点 A 不应该朝着点 B 的方向移动。

在 Shephard 距离函数条件下，对期望产出和非期望产出是对称处理的，航空公司的生产运营过程应从点 A 朝着点 D 的方向移动以实现产出的最大化。显然，这种模式实现了运输规模的扩张，但二氧化碳排放也随之快速增加。与之相区别，在标准有向距离函数条件下考虑综合绩效时，点 A 沿着点 C 方向移动，既可以实现二氧化碳的减排（减排量为 GE），也可以实现运输规模的扩张（增加值为 HI），具体的全要素碳排放径向综合绩效值则可表示为 $\beta^* = \dfrac{\text{HI}}{\text{OI}} = \dfrac{\text{GE}}{\text{OE}}$。

另外，考虑非径向方向距离函数，如图 6.1 所示，图中对于点 A，如果按照方向 g 使用传统方向距离函数，则得到的前沿面上的基准点为 C 点；与径向方向距离函数相区别，如果使用非径向方向距离函数，所得到的基准点则可能是 BCD 段上的任意一点（不妨设为点 M），这样，对于航空公司的全要素碳排放非径向综合绩效值则可表示为 $\sigma^* = \dfrac{\text{PI}}{\text{OI}} = \dfrac{\text{QE}}{\text{OE}}$。由此可以看出非径向方向距离函数在效率评估方面比传统方向距离函数更具一般性和灵活性。

全要素碳排放单一绩效 α、全要素碳排放径向综合绩效指标 β，以及全要素排放非径向综合绩效指标 σ 均能给出被评价航空公司某一时间节点二氧化碳排放水平的相对值，尚缺乏绩效值提高或降低的动态比较，因此，进一步定义某一时期内第 k 个航空公司的碳排放绩效指数，如式（6.8）、式（6.9）、式（6.10）所示：

$$\alpha_k - \text{index} = \frac{\alpha_k^{t+1}}{\alpha_k^t}, \ k = 1, 2, \cdots, K \tag{6.8}$$

$$\beta_k - \text{index} = \frac{1 - \beta_k^{t+1}}{1 - \beta_k^t}, \ \beta_k^t \neq 1, \ k = 1, 2, \cdots, K \tag{6.9}$$

$$\sigma_k - \text{index} = \frac{1 - \sigma_k^{t+1}}{1 - \sigma_k^t}, \ \sigma_k^t \neq 1, \ k = 1, 2, \cdots, K \tag{6.10}$$

其中，$\alpha_k - \text{index} \geqslant 1$、$\beta_k - \text{index} \geqslant 1$ 或者 $\sigma_k - \text{index} \geqslant 1$ 表示 k 个航空公司排放绩效较上一个时期有所提高（或维持不变），反之，$\alpha_k - \text{index} < 1$、$\beta_k - \text{index} < 1$ 或者 $\sigma_k - \text{index} < 1$ 则说明碳排放绩效出现了退化。

6.3.3　不同指标的比较

目前，在衡量二氧化碳排放水平时常用碳强度指标，为此，把本章定义的 3 类指标与之做一个比较分析。碳强度是一种以绝对数值来表示的描述性指标，容易理解，实际的操作也比较方便，不足是没有体现出可优化的程度，不利于地区间的横向比较。单一绩效和综合绩效是考虑多种要素投入的全要素相对指标，且两者都体现了二氧化碳目标排放和实际排放间的差异，也提供了可减排的潜力。此外，四类指标之间也存在一定联系。碳强度指标由某地区二氧化碳排放量 c_0 与经济产出量 y_0 的比值来确定，而单一绩效和综合绩效在考虑投入要素约束后可行的优化组合为 $(y_0, \alpha^* c_0)$、$((1+\beta^*)y_0, (1-\beta^*)c_0)$、$((1+\sigma_y^*)y_0, (1-\sigma_c^*)c_0)$，同样可计算此时的碳强度。显然，从指标的信息量看，综合绩效指标兼顾了二氧化碳减排和经济发展的双重要求，且能与传统碳强度指标实现关联，无疑具有更大的优势，具体如表 6.1 所示。

表6.1　碳排放绩效水平指标的比较

碳排放指标	优点	缺点
碳强度 CI	容易理解、操作方便	不能体现出当前碳排放水平可优化的程度；不利于决策单元之间的个体横向比较
全要素单一碳排放绩效 α	可以比较碳排放绩效的高低，并且能够衡量决策单元减排潜力的大小	对数据要求较高，计算相对复杂；单一绩效不能兼顾碳排放和经济发展的双重要求
全要素径向综合碳排放绩效 β	可以比较碳排放绩效的高低，能够衡量决策单元减排潜力的大小，兼顾了碳排放和经济发展的双重要求，并且能够与传统碳强度指标实现关联	对数据要求较高，计算相对复杂；要求经济产出的增加和碳排放的减少按照一个设定方向以相同的比例进行
全要素非径向综合碳排放绩效 σ	可以比较碳排放绩效的高低，能够衡量决策单元减排潜力的大小，兼顾了碳排放和经济发展的双重要求，比传统方向距离函数更具一般性和灵活性，并且能够与传统碳强度指标实现关联	对数据要求高，计算复杂

6.4　数据来源与说明

总的来说，效率一般是指技术效率，主要用来反映最优利用现有资源的能力。具体地，当投入固定时，技术效率反映的是获得最大产出的能力；当产出固定时，技术效率反映的是要求压缩最小投入的能力。本章研究了与民航碳排放相关的运营和生产过程，以及参考了现有的研究（表 5.2），将固定资本（K）、劳动力投入（L）作为投入变量，将运输周转量（RTK）作为期望产出，二氧化碳（C）排放作为非期望产出。

需要特别说明的是，本章在对航空公司进行效率评价的投入产出指标中并没有涉及能源的投入，这主要是因为民航部门燃料消耗的单一性（99%以上的能源都是航空煤油），并且非期望产出二氧化碳的排放量就是通过航空煤油消耗量乘排放因子得来的。

本章用各个航空公司所拥有的飞机数量作为固定资本投入，然而一个航空公司的固定资本投入除了购置的飞机外往往还包括空中交通运输管理建设的投资、机场建设的投资及其他方面的投资。因此各个航空公司所拥有的飞机是比各个航空公司的固定资本投入体量要小的，并且不同航空公司所拥有的飞机型号也不相同，如大型宽体飞机（200 座以上）、中型飞机（100 座以上、200 座以下）、小型飞机（100 座以下）等。但是对于航空公司而言，它们所拥有的飞机应该是最主要的固定资本投入，并且一般来讲航空公司拥有的飞机数量越多，那么大飞机的数量也就越多（Cao et al.，2015）。因此，利用各个航空公司所拥有的飞机数量来代表各个航空公司的固定资本规模还是相对合理的（Barros et al.，2013；Liu et al.，2017a）。

本章采用有代表性的航空公司作为研究样本，进而反映中国民航部门碳排放效率及影响因素。本节选择的 12 家航空公司分别是：中国国际航空公司（CCA）、中国南方航空公司（CSN）、中国东方航空公司（CES）、中国邮政航空公司（CYZ）、河北航空公司（HBH）、海南航空公司（CHH）、四川航空公司（CSC）、春秋航空公司（CQH）、奥凯航空公司（OKA）、华夏航空公司（HXA）、吉祥航空公司（DKH）和东海航空公司（EPA）。各个航空公司投入产出数据及样本选择的依据前面章节已经详细介绍，此处就不再赘述。

6.5　民航碳排放绩效及减排潜力实证结果

6.5.1　航空公司碳排放绩效

利用 DEA 方法计算效率问题需要通过决策单元来构造前沿面，进而求解相应的线性规划。在此条件下，由式（6.3）求解 α 值，具体结果如表 6.2 所示，结果表明二氧化碳减少的单一绩效 α 在 2007~2013 年的平均值为 0.722。也就是说，在现有资本和劳动力投入下，12 个主要航空公司的二氧化碳排放量平均还可减少27.8%。此项数据表明这些航空公司的减排潜力是比较显著的，只是这并不意味着这种减排潜力在短期内就可全部挖掘出来，制约减排潜力的因素包括航空公司的运输规模、碳排放技术水平、运营市场化程度等各个方面，相应的减排工作也需要分阶段、分航空公司地逐步实施。

表6.2　样本航空公司2007~2013年单一碳排放绩效值（α）

航空公司	2007 年	2008 年	2009 年	2010 年	2011 年	2012 年	2013 年	年度平均
CCA	0.699	0.710	0.712	0.712	0.738	0.740	0.775	0.726
CSN	0.623	0.635	0.613	0.669	0.686	0.667	0.652	0.649
CES	0.549	0.538	0.544	0.546	0.562	0.546	0.554	0.549
CYZ	0.582	0.611	0.649	0.663	0.632	0.591	0.494	0.603
HBH	0.453	0.504	0.476	0.501	0.656	0.611	0.626	0.547
CHH	1.000	0.818	0.805	0.837	1.000	0.833	0.846	0.877
CSC	1.000	0.819	0.812	1.000	1.000	1.000	0.767	0.914
CQH	1.000	1.000	1.000	1.000	1.000	1.000	1.000	1.000
OKA	0.792	0.810	0.811	0.854	0.850	0.850	0.828	0.828
HXA	0.356	0.339	0.338	0.358	0.380	0.395	0.400	0.366
DKH	0.780	0.821	0.853	0.871	0.893	0.849	0.834	0.843
EPA	0.619	0.800	0.774	0.859	0.774	0.741	0.775	0.763
公司平均	0.704	0.700	0.699	0.739	0.764	0.735	0.713	—

注：表中平均数为根据原始数据计算得出的

利用式（6.6）可以进一步计算各个航空公司碳排放绩效的动态变化，表 6.3 给出了二氧化碳排放单一绩效指数 $\alpha_k - \text{index}$ 的数值。通过表 6.3 可发现，各个航空公司的平均指数存在明显的差异性，总体绩效指数 $\alpha_k - \text{index}$ 维持在 0.966~1.057，整体呈现出先上升后下降的趋势。

表6.3　二氧化碳排放单一绩效指数（$\alpha_k - \text{index}$）

航空公司	2007~2008 年	2008~2009 年	2009~2010 年	2010~2011 年	2011~2012 年	2012~2013 年	年度平均
CCA	1.016	1.003	1.000	1.036	1.003	1.046	1.017
CSN	1.019	0.966	1.091	1.026	0.972	0.978	1.009
CES	0.979	1.011	1.004	1.030	0.972	1.015	1.002
CYZ	1.051	1.062	1.022	0.954	0.934	0.836	0.976
HBH	1.114	0.943	1.054	1.309	0.931	1.025	1.063
CHH	0.818	0.984	1.040	1.195	0.833	1.016	0.981
CSC	0.819	0.992	1.232	1.000	1.000	0.767	0.968
CQH	1.000	1.000	1.000	1.000	1.000	1.000	1.000
OKA	1.022	1.002	1.053	0.995	1.000	0.975	1.008
HXA	0.952	0.997	1.059	1.063	1.039	1.011	1.020
DKH	1.052	1.040	1.021	1.025	0.951	0.982	1.012
EPA	1.291	0.967	1.110	0.901	0.958	1.045	1.045
公司平均	1.011	0.997	1.057	1.045	0.966	0.975	—

注：表中平均数为根据原始数据计算得出的

如图 6.2 所示，样本航空公司在 2007~2011 年碳排放绩效提升明显，这可能是由于航空公司深受全球金融危机的影响，运输规模大幅缩减，能源投入减少导致碳排放量下降，因而碳排放绩效提升。以 2007~2008 年为例，运输规模从 2007 年的 2.376 亿吨公里缓慢增长到 2008 年的 2.379 亿吨公里，但是碳排放却从 2007 年的 2949.6 万吨下降至 2008 年的 2924.5 万吨。因而导致碳排放绩效有所提升。然而，2011 年以来碳排放绩效呈现明显的下降趋势（2011~2012 年、2012~2013 年的绩效指数 $\alpha_k - \text{index}$ 均小于 1），这可能源于全球经济危机以后，中国民航部门逐渐摆脱经济危机的影响，在加快航空公司运输规模扩张的同时缺少了对环保净化设施的投入（如发动机能耗水平没有提升）。值得注意的是，此期间也是我国二氧化碳增速相对较快的一段时间。

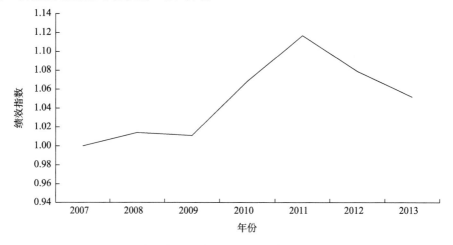

图 6.2　2007~2013 年民航部门航空公司单一碳排放绩效指数 $\alpha_k - \text{index}$

但是从年度平均指数来看，如表 6.3 所示，12 家航空公司中只有 3 家航空公司的二氧化碳排放绩效出现了退化，数值小于 1，分别是 CYZ（0.976）、CHH（0.981）和 CSC（0.968）。其中 CSC 退化最为明显，主要是受到 2011~2012 年及 2012~2013 年的影响。其他航空公司中，CCA 和 CQH 是仅有的两个航空公司，在研究期间没有出现过退化。对于 CCA 而言，作为中国三大航空公司（CAA、CSN、CES）之一，固定资本雄厚，长期推行一体化运营，具有强大的运营控制能力。另外，CCA 会通过持续增加 R&D 投入进行技术改造、管理创新、结构调整、基础设施建设和新技术应用等方面的优化，不断提升节能减排的能力和潜力。这也解释了中国三大航空公司的另外两家年度平均绩效均大于 1 的现象。

对于 CQH 而言，由于其历年都位于生产前沿面上且二氧化碳已实现相对最优状态，α 始终等于 1，因而其指数没有发生变化。需要说明的是，基于 DEA 方法测算的绩效值均为相对数，因此，绩效值和绩效指数都为 1 并不意味着该地区仍然保持着原有的绝对排放水平，也有可能是在技术进步的推动下促使生产前沿向外移动而一直处于最佳实践者（best performer）行列，或因与其他地区相比仍然处于领先水平而相对绩效依旧最好。

在分析二氧化碳排放单一绩效及其指数的基础上，利用式（6.5），进一步考察将二氧化碳减排和运输规模扩张双重目标结合在一起的综合绩效，如表 6.4。2007~2013 年，各航空公司平均综合绩效在 0.162 上下波动，意味着中国民航部门 12 个代表性航空公司在现有的投入水平下减少二氧化碳排放量、扩张运输规模产出 16%左右的比例是可能的，这一数值明显小于前文提到的二氧化碳排放量平均可减少的 27.8%。之所以存在差异，理论上是因为，综合绩效和单一绩效都是通过基于 DEA 方法的径向调整来衡量的，当两者可收缩或可扩张的比例不相等时，由于综合绩效的同比例要求，必然以比例小者为基准；实际中，若认为民航部门运输规模或者运输能力的扩张不那么重要，而将注意力都放在二氧化碳减排上，其减排量也势必大于同时兼顾减排和规模发展时的情形。

表6.4　二氧化碳排放综合绩效（β）

航空公司	2007 年	2008 年	2009 年	2010 年	2011 年	2012 年	2013 年	年度平均
CCA	0.000	0.000	0.168	0.000	0.000	0.149	0.113	0.061
CSN	0.232	0.224	0.240	0.199	0.186	0.200	0.211	0.213
CES	0.291	0.300	0.296	0.294	0.280	0.293	0.287	0.292
CYZ	0.265	0.241	0.213	0.203	0.225	0.257	0.339	0.249
HBH	0.377	0.329	0.355	0.332	0.208	0.242	0.230	0.296
CHH	0.000	0.100	0.108	0.000	0.000	0.091	0.000	0.043
CSC	0.000	0.000	0.104	0.000	0.000	0.000	0.000	0.015
CQH	0.000	0.000	0.000	0.000	0.000	0.000	0.000	0.000
OKA	0.116	0.105	0.104	0.079	0.081	0.081	0.094	0.094
HXA	0.475	0.494	0.495	0.473	0.449	0.433	0.429	0.464
DKH	0.123	0.098	0.079	0.069	0.057	0.082	0.091	0.086
EPA	0.235	0.111	0.128	0.036	0.128	0.149	0.127	0.130
公司平均	0.176	0.167	0.191	0.140	0.134	0.165	0.160	—

根据前面的计算可知，CQH 的二氧化碳排放已处于相对最优状态（表现为 α =1），已不可能既减少二氧化碳又增加经济产出，因而 β 值始终为 0。在只要求降低二氧化碳排放的条件下，CCA 虽然在研究期间仍有减排潜力（表现为 α < 1），但由于处在生产前沿面上，运输规模产出已没有扩张的可能，故 CCA 的二氧化碳排放综合绩效与 CQH 表现出一样的特性。2008 年和 2013 年的 CSC 航空

公司也是同样的情况。HBH 与 HXA 的综合绩效明显偏低，2007~2013 年的年度平均值分别仅为 0.704 和 0.536。

当利用式（6.9）计算 β_k – index 分析综合绩效的变动情况时，整体上呈现波动上升的趋势，如图 6.3 所示。观察图 6.3，各个航空公司的平均指数存在明显差异，绩效指数 β_k – index 维持在 0.984~1.063，但是与 α_k – index 指数变动趋势不同，整体呈现出波动上升的趋势。

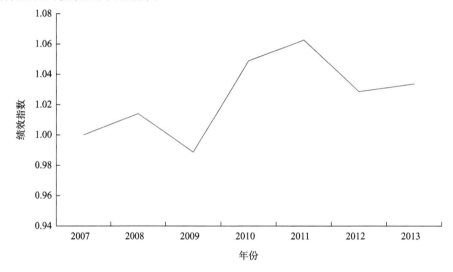

图 6.3　2007~2013 年民航部门航空公司全要素径向碳排放绩效指数 β_k – index

其中 2007~2011 年，碳排放绩效提升明显，2008~2009 年存在明显下降，2009 年以来碳排放绩效逐年提升。然而 2011~2012 年，碳排放绩效出现明显下降趋势（2011~2012 年的绩效指数 β_k – index 为 0.968，小于 1），这也是我国二氧化碳增速最快的一段时间，具体结果如表 6.5 所示。但是从年度平均指数来看，12 家航空公司中只有 2 家航空公司的二氧化碳排放绩效出现了退化，数值小于 1，分别是 CCA（0.988）和 CYZ（0.984）。这与前文全要素碳排放单一绩效 α_k – index 结果完全不同，主要的原因可能是对于运输规模已经较大的航空公司 CCA 和 CYZ 而言，同时扩充运输规模和压缩碳排放对于这两个航空公司来说相对更为困难。其他航空公司中，HBH 是碳排放绩效提升幅度最大的航空公司，年度平均达到 1.039。作为地方航空公司的代表，这是 HBH 在不断提升运力的前提下，持续对航空公司的低碳飞行、低碳管理等方面不断努力的结果。对于 CQH 而言，由于其历年都位于生产前沿面上且二氧化碳已实现相对最优状态，β 始终等于 0，因而其指数没有发生变化。与 α_k – index 类似，由于基于 DEA 方法测算的绩效值均为相对数，绩效指数为 1 并不意味着该地区仍然保持着原有的绝对排放水平，也有可能是在技术进步的推动下促使生产前沿向外移动而一直处于最佳实践者行列，或者因为与其他地区相比仍然处于领先水平而相对绩效依旧最好。

表6.5　二氧化碳排放单一绩效指数（$\beta_k - \mathrm{index}$）

航空公司	2007~2008 年	2008~2009 年	2009~2010 年	2010~2011 年	2011~2012 年	2012~2013 年	年度平均
CCA	1.000	0.832	1.202	1.000	0.851	1.043	0.988
CSN	1.011	0.979	1.055	1.015	0.983	0.987	1.005
CES	0.987	1.007	1.003	1.019	0.982	1.010	1.001
CYZ	1.031	1.037	1.013	0.972	0.959	0.890	0.984
HBH	1.076	0.961	1.036	1.187	0.957	1.015	1.039
CHH	0.900	0.991	1.121	1.000	0.909	1.100	1.004
CSC	1.000	0.896	1.116	1.000	1.000	1.000	1.002
CQH	1.000	1.000	1.000	1.000	1.000	1.000	1.000
OKA	1.012	1.001	1.029	0.997	1.000	0.986	1.004
HXA	0.965	0.998	1.043	1.046	1.028	1.008	1.015
DKH	1.028	1.021	1.011	1.013	0.973	0.990	1.006
EPA	1.162	0.982	1.105	0.905	0.976	1.025	1.026
公司平均	1.014	0.975	1.061	1.013	0.968	1.005	—

在分析二氧化碳排放径向综合绩效及其指数的基础上，利用式（6.5）进一步考察将所有投入产出指标多重目标结合在一起的综合绩效，结果如表 6.6 所示。2007~2013 年，各航空公司平均非径向综合绩效在 0.300 上下波动，这意味着中国民航部门 12 个代表性航空公司在现有的投入水平下进一步降低投入、增加期望产出、减少二氧化碳排放的综合能力可以提升 30%，这一数值明显高于前文提到的二氧化碳排放量平均可减少的 27.8%（单一碳排放绩效）和 16%（径向综合碳排放绩效）。之所以存在差异，理论上是因为综合绩效和单一绩效都是通过基于 DEA 方法的径向调整来衡量的，当两者可收缩或可扩张的比例不相等时，由于综合绩效的同比例要求，必然以比例小者为基准，然而以上两种绩效都是以径向调整为前提的，实际上固定资本、劳动力等投入要素对期望产出和非期望产出存在一定的替代作用，综合考虑不同要素以不同的比例调整更为灵活，这样使得碳排放综合效率可供改善的潜力空间更大，与实际情况更吻合。例如，当航空公司发现大量劳动力的投入和固定资本的投入对运营能力提升的贡献不同时，那么航空公司可以通过对两种投入以不同的比例进行调整，进而实现效率改善的效果更佳。

表6.6　全要素非径向二氧化碳排放综合绩效（σ）

航空公司	2007 年	2008 年	2009 年	2010 年	2011 年	2012 年	2013 年	年度平均
CCA	0.202	0.193	0.259	0.197	0.201	0.240	0.224	0.217
CSN	0.334	0.325	0.388	0.293	0.270	0.318	0.299	0.318
CES	0.376	0.404	0.422	0.370	0.344	0.384	0.377	0.382
CYZ	0.496	0.482	0.491	0.452	0.450	0.484	0.576	0.490
HBH	0.769	0.410	0.544	0.564	0.367	0.504	0.367	0.504
CHH	0.000	0.201	0.236	0.170	0.000	0.216	0.179	0.143
CSC	0.000	0.139	0.217	0.000	0.000	0.000	0.112	0.067
CQH	0.000	0.000	0.000	0.000	0.000	0.000	0.000	0.000
OKA	0.311	0.277	0.322	0.318	0.211	0.245	0.306	0.284
HXA	0.728	0.712	0.756	0.698	0.642	0.639	0.692	0.695
DKH	0.250	0.226	0.218	0.146	0.151	0.236	0.167	0.199
EPA	0.462	0.289	0.261	0.177	0.220	0.322	0.349	0.297
公司平均	0.327	0.305	0.343	0.282	0.238	0.299	0.304	—

　　根据前面的计算可知，CQH 的二氧化碳排放已处于相对最优状态（表现为 α =1），已不可能既减少二氧化碳又增加经济产出，因而 β 值始终为 0。同样，对于 CQH 来说，投入产出均处于最优状态，因而 σ 值也是始终为 0。在只要求降低二氧化碳排放的条件下，CCA 虽然在 2007 年、2008 年、2010 年和 2011 年仍有减排潜力，但由于处在生产前沿面上，运输规模产出已没有扩张的可能，故 CCA 的二氧化碳排放综合绩效与 CQH 表现出一样的特性。然而，在考虑非径向综合绩效的前提下，当要求降低二氧化碳排放时，尽管运输规模产出已没有扩张的可能，但可以通过压缩固定资本和劳动力，进一步提高效率。因此 2007~2011 年 CCA 的非径向绩效均不为 0。与此同时，2008 年和 2013 年的 CSC 航空公司也是同样的情况。HBH 与 HXA 的综合绩效相对最低，2007~2013 年的平均值分别仅为 0.496 和 0.305，也反映了这类航空公司有较大整体改善空间。

　　在利用式（6.7）计算 σ_k – index 分析综合绩效的变动情况时，整体上呈现波动上升的趋势，如图 6.4 所示。观察表 6.6，各个航空公司的平均指数存在明显差异，绩效指数 σ_k – index 维持在 0.975~1.299，与 α_k – index 指数变动存在差异，从 2011 年开始碳排放绩效出现下降，整体累积变化呈现出波动的趋势。

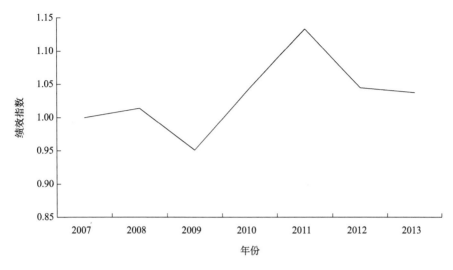

图 6.4　2007~2013 年民航部门航空公司全要素碳排放非径向绩效指数 σ_k – index

表 6.7 展示了民航部门各航空公司二氧化碳排放非径向综合绩效指数（σ_k – index），其中 2007~2011 年，碳排放绩效提升明显，然而 2011~2013 年，碳排放绩效呈现明显下降趋势，原因与前文分析的应该是一样的。但是从年度平均指数来看，12 家航空公司中有 4 家的二氧化碳排放绩效出现了退化，数值小于 1，分别是 CCA（0.997）、CYZ（0.975）、CHH（0.980）和 CSC（0.989）。这与前文单一绩效 α_k – index 及 β_k – index 结果完全不同，主要的原因可能是，不同类型的航空公司，其资源禀赋、发展阶段不同，碳排放效率提升的切入点可能不同。其他航空公司中，HBH 是碳排放绩效提升幅度最大的航空公司，年度平均达到 1.299。作为地方航空公司的代表，这是 HBH 在不断提升运力的前提下，持续对航空公司的低碳飞行、低碳管理等方面不断努力的结果。

表6.7　各航空公司二氧化碳排放非径向综合绩效（σ_k – index）

航空公司	2007~2008 年	2008~2009 年	2009~2010 年	2010~2011 年	2011~2012 年	2012~2013 年	年度平均
CCA	1.011	0.919	1.083	0.995	0.951	1.022	0.997
CSN	1.015	0.907	1.154	1.033	0.934	1.028	1.012
CES	0.955	0.970	1.089	1.042	0.939	1.011	1.001
CYZ	1.026	0.984	1.076	1.004	0.939	0.822	0.975
HBH	2.552	0.773	0.955	1.453	0.784	1.275	1.299
CHH	0.799	0.956	1.086	1.205	0.784	1.047	0.980
CSC	0.861	0.910	1.276	1.000	1.000	0.888	0.989
CQH	1.000	1.000	1.000	1.000	1.000	1.000	1.000
OKA	1.050	0.937	1.006	1.157	0.956	0.919	1.004

航空公司	2007~2008 年	2008~2009 年	2009~2010 年	2010~2011 年	2011~2012 年	2012~2013 年	年度平均
HXA	1.061	0.844	1.240	1.187	1.008	0.851	1.032
DKH	1.031	1.011	1.093	0.994	0.900	1.091	1.020
EPA	1.322	1.040	1.112	0.948	0.870	0.960	1.042
公司平均	1.140	0.938	1.098	1.085	0.922	0.993	—

对于 CQH 而言，由于其历年都位于生产前沿面上且二氧化碳已实现相对最优状态，σ 值始终等于 0，因而其指数没有发生变化。与 $\alpha_k-\text{index}$ 及 $\beta_k-\text{index}$ 类似，基于 DEA 方法测算的绩效值均为相对数，因而，绩效指数为 1 并不意味着该地区仍然保持着原有的绝对排放水平，也有可能是在技术进步的推动下促使生产前沿向外移动而一直处于最佳实践者行列，或因与其他地区相比仍然处于领先水平而相对绩效依旧最好。

6.5.2　航空公司碳减排潜力

根据前文对几类指标的比较分析，对航空公司而言，可通过消除运输规模产出和二氧化碳排放中的无效因素将综合绩效与碳强度联系起来。利用单一碳排放绩效测度方法，航空公司在同比例实现二氧化碳削减和运输规模产出扩张后形成的最终目标量的比值为 $\alpha^* \cdot \dfrac{c_0}{y_0}$；利用径向综合绩效测度方法，航空公司在同比例实现二氧化碳削减和运输规模产出扩张后形成的最终目标量的比值为 $\dfrac{(1-\beta^*)c_0}{(1+\beta^*)y_0}$；某航空公司在非径向效率测度模型下实现二氧化碳削减和运输规模产出扩张后形成的最终目标量的比值为 $\dfrac{(1-\sigma_c^*)c_0}{(1+\sigma_y^*)y_0}$，与该航空公司的初始碳强度 $\dfrac{c_0}{y_0}$ 仅存在系数 α^*、$\dfrac{1-\beta^*}{1+\beta^*}$ 与 $\dfrac{1-\sigma_c^*}{1+\sigma_y^*}$ 的差别，因此，不妨将单一碳排放绩效、径向综合碳排放绩效和非径向综合碳排放绩效定义为潜在 α-碳强度、潜在 β-碳强度和潜在 σ-碳强度。图 6.5 给出了 12 个航空公司总体初始碳强度、潜在 α-碳强度、潜在 β-碳强度和潜在 σ-碳强度在 2007~2013 年的变动情况。可以明显发现，四种碳强度在变动趋势上大体一致，但潜在碳强度明显小于初始碳强度。如 2007 年 12 个航空公司的初始碳强度为 1.28 千克/吨公里，潜在 β-碳强度、潜在 α-碳强度、和潜在 σ-碳强度分别为 0.86 千克/吨公里、0.83 千克/吨公里、0.62 千克/吨公里，其余年份的碳排放强度可下降潜力也都在 50%左右，这与前文分析得出的总体上存在较大减排潜力的结论是相符的。

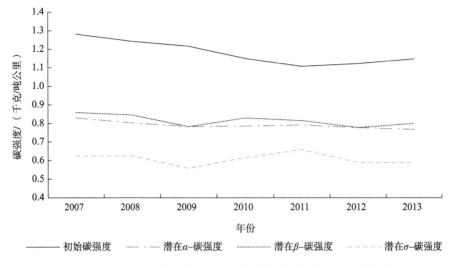

图 6.5　2007~2013 年民航部门不同绩效指数下的碳强度变化情况

进一步分析 12 个航空公司的初始碳强度排名和潜在碳强度排名情况（表 6.8），不同的比较标准导致了部分航空的排名发生了较大的变化。潜在碳强度相对排名上升表明这些航空公司的减排潜力较大，反之则意味着减排潜力较小。同时，从潜在碳强度的排序中也可以获得不同航空公司在资源投入、碳排放和运输发展方面的更多信息。其中，CES 的初始碳强度排名为第 10，但是在单一碳排放综合绩效测度下，去除技术无效的情况其潜在 α-碳强度排名变为第 1，这说明对于 CES 来说如果单纯聚焦于碳强度的降低，那么其碳强度可以达到所有决策单元中最低的 0.7777 千克/吨公里；CSN 的初始碳强度排名第 8，但是在径向综合碳排放绩效测度下，去除技术无效的情况，其潜在 β-碳强度排名变为第 1，这说明对于 CSN 来说，如果同时兼顾碳排放的压缩及运输规模的扩张，那么其碳强度可以达到所有决策单元中最低的 0.7777 千克/吨公里；特别地，对于 HXA 来说，其原始碳强度为 2.1335 千克/吨公里是所有决策单元中碳强度最高的航空公司，但是在非径向综合碳排放绩效测度下，去除技术无效的情况，其潜在 σ-碳强度排名变为第 1，这说明对于 HXA 来说，在考虑所有投入产出可以灵活调整的前提下，如果能够有效控制固定资产、劳动力的投入，扩大运输规模压缩碳排放，那么其碳强度可以达到所有决策单元中最低的 0.3811 千克/吨公里。比较而言，潜在 σ-碳强度的值相对最低，这也说明不同投入和产出间存在一定的替代作用，在现有的生产技术前提下，调整投入和产出指标的规模，可以有效提升碳排放综合效率。HXA 的排序说明，该航空公司目前没能有效地协调资源投入、规模发展与二氧化碳排放的关系，但从潜在的发展来看，有待进一步优化发展模式。

表6.8　各航空公司在不同绩效指标下的碳强度排名（单位：千克/吨公里）

航空公司	初始碳强度		潜在 α-碳强度		潜在 β-碳强度		潜在 σ-碳强度	
	结果	排名	结果	排名	结果	排名	结果	排名
CCA	1.0725	7	0.7780	6	0.9606	12	0.6918	9
CSN	1.2008	8	0.7781	8	0.7777	1	0.6203	7
CES	1.4185	10	0.7777	1	0.7779	4	0.6336	8
CYZ	1.3004	9	0.7780	5	0.7778	2	0.4422	2
HBH	1.4528	11	0.7779	3	0.7779	3	0.4754	3
CHH	0.9326	3	0.8170	11	0.8583	10	0.7092	10
CSC	0.9750	5	0.8905	12	0.9491	11	0.8629	12
CQH	0.7779	1	0.7779	4	0.7779	5	0.7779	11
OKA	0.9408	4	0.7778	2	0.7779	6	0.5247	4
HXA	2.1335	12	0.7781	9	0.7780	7	0.3811	1
DKH	0.9251	2	0.7780	7	0.7780	8	0.6173	6
EPA	1.0415	6	0.7883	10	0.7980	9	0.5631	5

6.6　本　章　小　结

对二氧化碳排放绩效及减排潜力的科学测算是实现我国民航部门碳中和、碳达峰减排目标的重要依据。针对目前多使用碳强度作为衡量民航部门二氧化碳排放水平的实际情况，本章在全要素框架下，利用环境生产技术和有向距离函数定义了三类新的绩效评价指标，分别是只要求二氧化碳减少的全要素单一绩效指标、同时实现运输规模发展与二氧化碳减排的径向综合绩效指标，以及考虑不同投入产出要素最优配置的非径向综合绩效。在此基础上，以我国 12 个代表性航空公司为例，研究其二氧化碳排放绩效和减排潜力，主要结论包括以下几个方面。

首先，就总体而言，二氧化碳排放单一绩效在样本期间的平均值为 0.722，径向碳排放综合绩效的平均值为 0.162，非径向碳排放综合绩效的平均值为 0.300，也就是说，只减少二氧化碳排放、同时满足运输扩张与二氧化碳减排、所有投入产出要素的潜力分别为 27.8%、16.2% 和 30.0%，且在时间维度上表现出退化趋势。总体绩效偏低的现状表明，作为二氧化碳排放重要源头的四大航空公司（CCA、CSN、CES、HBH）既应承担更多的减排责任，同时在减排的过程中实现运输规模的发展也是完全可能的。另外，调整投入资源的配置，可以使得减排潜力更大。

径向和非径向碳排放综合绩效指标体现了资源投入压缩、二氧化碳减排和运输规模扩张协调发展的理念，也契合中央政府提出的"又好又快，减排增效"的发展方针，应值得提倡。

其次，就个体而言，不同航空公司二氧化碳排放的单一绩效、径向综合绩效和非径向综合绩效都存在较大的差异性。CQH 和 CSC 这两个航空公司由于接近或位于前沿面上而明显优于其他航空公司，减排潜力也相对较小；HXA 则因偏离前沿面较远而最为落后，非径向综合碳排放绩效结果也表明 HXA 的减排潜力最大，因此以 HXA 为代表的航空公司减排潜力有待挖掘和释放。需要注意的是，影响二氧化碳排放的因素涉及经济发展、运输规模、能源结构、管理水平、技术进步和政策制度等多个方面，减排潜力的挖掘需要有计划、分阶段地逐步实施。特别是差异性的存在，给减排政策的制定和实施带来了难度。

最后，就碳强度和三类绩效指标的比较及组合分析而言，单纯减少碳排放获得的潜在碳强度、在现有投入要素的约束下实现二氧化碳较少和运输规模扩张后获得的潜在碳强度，以及在资源投入与产出均可以调整的框架下获得的潜在碳强度与初始碳强度在变动趋势上基本一致，但初始碳强度明显高于潜在碳强度，这进一步表明了民航部门中主要航空公司减排潜力的存在。以潜在碳强度为排序标准时，CQH、HXA 等航空公司的排名出现了较大幅度的变化。其中 CQH 初始碳强度排名最好而 HXA 潜在碳排放强度排名最好，其他主要航空公司一方面可向CQH 学习，进一步优化发展模式，另一方面也可根据不同碳强度排序标准时的排名变动及两者绝对数值的比较，为减排目标的合理设定提供借鉴。

附录 6A　减排潜力测度 MATLAB 程序

（1）α 水平及其减排潜力代码：

```
[n,m,t]=size(F);
    PP=[];
    for j=1:t
        for i=1:n
            f=[zeros(1,n),1];
            A=[F(:,:,j)',0;
```

```
            L(:,:,j)',0;
             -Y(:,:,j)',0];
         b=[F(i,:,j)';L(i,:,j)';-Y(i,:,j)'];
         Aeq=[C(:,:,j)',-C(i,:,j)'];
         beq=[0];
         lb=zeros(1,n+1);
         ub=[];
         [p,q,exitflag]=linprog(f,A,b,Aeq,beq,lb,ub);
         if exitflag ~= 1
              warning('Optimization exitflag: %i', exitflag)
         end
         Q(i,j)=-q;
         P(i,:)=p(n+1,1);
    end
    PP=[PP,P];
end
```

（2）β 水平及其减排潜力代码:

```
[n,m,t]=size(F);
    PP=[];
    for j=1:t
        for i=1:n
            f=[zeros(1,n),-1];
            A=[F(:,:,j)',0;
                L(:,:,j)',0;
                -Y(:,:,j)', Y(i,:,j)'];
            b=[F(i,:,j)';L(i,:,j)';-Y(i,:,j)'];
            Aeq=[C(:,:,j)', C(i,:,j)'];
```

```
beq=[ C(i,:,j)'];

lb=zeros(1,n+1);

ub=[];

[p,q,exitflag]=linprog(f,A,b,Aeq,beq,lb,ub);

if exitflag ~= 1

        warning('Optimization exitflag: %i', exitflag)

end

Q(i,j)=-q;

P(i,:)=p(n+1,1);

    end

PP=[PP,P];

    end
```

（3）σ 水平及其减排潜力代码：

```
[n,m,t]=size(F);

PP=[];

for j=1:t

    for i=1:n

        f=[zeros(1,n),-(1/4),-(1/4),-(1/4) ,-(1/4)];

        A=[F(:,:,j)',F(i,:,j)',zeros(1,3);

            L(:,:,j)',0,L(i,:,j)',zeros(1,2);

            -Y(:,:,j)',zeros(1,2),Y(i,:,j)',zeros(1,1)];

        b=[F(i,:,j)';L(i,:,j)';-Y(i,:,j)'];

        Aeq=[C(:,:,j)',zeros(1,3),C(i,:,j)'];

        beq=[C(i,:,j)'];

        lb=zeros(1,n+4);

        ub=[];

        [p,q,exitflag]=linprog(f,A,b,Aeq,beq,lb,ub);
```

```
        if exitflag ~= 1
            warning('Optimization exitflag: %i', exitflag)
        end
        Q(i,j)=-q;
        P(i,:)=p(n+1:n+4,1);
    end
    PP=[PP,P];
end
```

第7章 中国民航碳排放动态绩效及驱动因素

7.1 引 言

为了有效减少民航部门碳排放量，欧盟委员会于 2006 年 12 月采纳了关于将航空业碳排放纳入欧洲排放交易体系的建议，并于 2008 年 11 月正式通过了该建议，同时颁布了正式的关于航空业的减排指令[①]。欧盟委员会认为，尽管航空业目前的碳排放占总排放量的比例不大（约为 2%），但是考虑到未来民航部门的巨大发展潜力，其产生的碳排放必呈井喷之势，因此需要对其碳排放进行严格监控和约束。受此法令的影响，我国有包括中国国际航空公司、南方航空公司、东方航空公司等在内的 33 家航空公司需要为此支付巨额的减排支出。与此同时，作为一个负责任的民航大国，为了建设一个更加"绿色"的民航发展模式，中国政府有针对性地制定了一些民航部门节能减排的政策措施，如国家发展和改革委员会在《民航局关于加快推进行业节能减排工作的指导意见》中明确提出，到 2020 年，实现收入吨公里能耗和收入吨公里二氧化碳排放均比 2005 年下降 22%。中国民用航空局也提出在"十三五"期间中国民航部门的平均能源强度和平均碳排放强度与"十二五"期间相比要下降 4% 以上。在如此的国际和国内减排压力下，中国民航部门需要提出积极应对措施，这对树立我国民航业的环境友好型形象以及实现民航部门可持续发展具有重要的积极作用。

[①] 欧盟委员会于 2008 年正式生效的减排指令，从 2011 年开始适用于所有在欧盟境内运营的航班，而从 2012 年 1 月 1 日起将该指令扩大适用于所有进出欧盟境内的国际航班。2011 年 3 月，欧盟委员会公布了首个航空业年度减排限额，即 2012 年不超过 2.13 亿吨，2013 年不超过 2.09 亿吨。根据该指令，2004 年到 2006 年全球航空公司飞往欧盟境内航班总量所产生的碳排放量平均值的 97% 被定为"免费额度"，然后再按照 2010 年全球各航空公司的市场份额进行分配，配额的时效长达 8 年。在 8 年中，任何一家航空公司的排放超出免费配额，就必须以吨计算购买碳排放配额。

在制定有针对性的减排措施之前，要了解碳排放的特征并监测碳排放绩效。前文主要就民航部门碳排放特征及影响因素做了分析，进一步对民航部门甚至到具体航空公司的碳排放绩效进行监测将会是制定和明确民航部门减排任务的基础，也是衡量民航部门各个航空公司公平发展机会的重要依据。

通过前文的文献回顾，相比于民航部门，其他行业已从不同视角、不同维度形成了一些有代表性的几类常用的碳排放指标，分别为国别排放指标、人均排放指标、单位 GDP 排放指标及国际贸易排放指标。具体而言，在前文中我们做了系统回顾，通过对现有碳排放绩效的评价指标的梳理，我们发现当前碳排放绩效指标基本是在单要素基础上构建的静态指标，这样得到的评价结果一般只适用于截面的横向比较但是无法从时间维度进行纵向分析。进一步而言，在考虑系统生产过程的框架下，从技术进步、技术效率及规模效率等视角对指标进行多要素的综合分析较少。在此基础上，对碳排放绩效的差异性，以及基于差异性对行业内决策单元的异质性研究更是鲜见。因此，本章拟借鉴王群伟等（2010）、Zhou 等（2010）的思想，在生产理论视角下，综合考虑多种相关要素，利用环境生产技术构造出一种可考察碳排放绩效动态变化的指数——全局 Malmquist 碳排放绩效指数（global Malmquist carbon emissions performance index，GMCPI）。GMCPI 是通过求解几个 DEA 模型来计算的，为了检验指数的敏感性，也为了使指数具有统计属性，本章进一步对 GMCPI 进行 Bootstrap 修正处理。基于构建的碳排放绩效指数，本章利用 2007~2013 年我国 12 个具有代表性的航空公司面板数据，对其二氧化碳排放绩效进行实证研究，并就碳排放绩效讨论类型差异性及其影响因素。

7.2　民航碳排放绩效指数

7.2.1　全局环境 DEA 技术

根据现有的研究，本节假设民航的整体运营系统包括资源投入、生产过程及最终产出。因此，民航部门的二氧化碳排放可以看成是生产过程中产生的一个非期望产出。那么，对于航空公司 $i = 1, \cdots, M$ 在时期 $t = 1, \cdots, T$ 的生产技术可以表示为

$$S_{i,t}^{c} = \left\{ (X_{i,t}, Y_{i,t}, C_{i,t}) : X_{i,t} \text{ 能产出 } Y_{i,t} \text{ 和 } C_{i,t} \right\} \tag{7.1}$$

其中，$X_{i,t}$ 表示投入要素；$Y_{i,t}$ 和 $C_{i,t}$ 分别表示期望产出和非期望产出；上标 c 表示

生产技术满足规模报酬不变的假设。那么第 m 个决策单元在 t 时期的投入产出数据可以表示为 $X_{m,t}, Y_{m,t}, C_{m,t}$。分段线性生产技术 $S_{i,t}^c$ 可以表示为

$$S_{i,t}^c = \left\{ (X_{i,t}, Y_{i,t}, C_{i,t}) : \sum_{i=1}^{M} z_i X_{i,t} \leqslant X_{m,t} \right.$$
$$\sum_{i=1}^{M} z_i Y_{i,t} \geqslant Y_{m,t}$$
$$\sum_{i=1}^{M} z_i C_{i,t} = C_{m,t}$$
$$\left. z_i \geqslant 0, \ i = 1, 2, \cdots, M \right\}$$

（7.2）

上述定义实际上具体描述了决策单元（航空公司）$i = 1, \cdots, M$ 在时期 $t = 1, \cdots, T$ 的生产可能集，其中 $S_{i,t}^c$ 可以看成是同期基准生产技术，z_i 表示第 i 个航空公司的权重。为了解决同期基准生产技术可能出现的一些弱点（可传递性、技术退步及线性规划无可行解等），我们根据 Pastor 和 Lovell（2005）的研究进一步定义全局基准生产技术，具体对于第 $i = 1, \cdots, M$ 个航空公司而言，如式（7.3）所示：

$$S_i^g = \left\{ S_{i,1}^c \cup S_{i,2}^c \cup \cdots \cup S_{i,T}^c \right\}$$

（7.3）

全局基准生产技术所勾画的最优生产前沿面利用了所有决策单元在所有时期的数据。构建这样的生产可能集具有如下三个方面的优势：首先，通过对生产率变化的单一度量，使得生产率变化的测算具有传递性；其次，允许技术出现倒退的情形更加符合实际；最后，在全局生产可能集框架下可以避免出现线性规划无可行解的问题[①]。

过去的研究指出 $S_{i,t}^c$ 基于规模报酬不变假设，然而实际的生产过程往往是规模报酬可变的。当存在非期望产出时，在传统的 DEA 模型中简单地加一个约束并不能解决规模报酬可变的问题，因为这样会违背环境生产技术中非期望产出的弱可处置性原则。很多学者都对此问题进行了针对性的研究，并且利用非参数方法给出了合理的处理方式。基于 Zhou 等（2008）的方法，需要对生产可能集 $S_{i,t}^c$ 做如下两个方面的修改：①若 $(X_{i,t}, Y_{i,t}, C_{i,t}) \in S_{i,t}^c$，且 $0 < \theta \leqslant 1$，那么 $(X_{i,t}, \theta Y_{i,t}, \theta C_{i,t}) \in S_{i,t}^c$；②若 $(X_{i,t}, Y_{i,t}, C_{i,t}) \in S_{i,t}^c$，且 $C_{i,t} \rightarrow 0$，那么 $Y_{i,t} \rightarrow 0$。

这里 θ 是修正系数，与原始的两个假设相比，唯一的区别在于改进后的生产可能集中不包括（0,0,0），而（0,0,0）表示的经济意义是没有投入产出即没有生产。这样，改进后的生产可能集与原来的生产可能集在实际的生产活动中应该是没有区别的（实际的生产活动必然是有投入和产出的，否则便没有意义）。在此

---

① 由于篇幅限制，本章没有详细展开，具体可以参考 Oh（2010）的研究。

基础上构造规模报酬可变的生产可能集[①]：

$$S_{i,t}^{v} = \left\{ (X_{i,t}, Y_{i,t}, C_{i,t}): \sum_{i=1}^{M} z_i X_{i,t} \leqslant X_{m,t} \right.$$

$$\sum_{i=1}^{M} z_i Y_{i,t} \geqslant \alpha Y_{m,t}$$

$$\sum_{i=1}^{M} z_i C_{i,t} = \alpha C_{m,t} \qquad (7.4)$$

$$\sum_{i=1}^{N} z_i = 1$$

$$\left. \alpha \geqslant 1, z_i \geqslant 0, \ i = 1, 2, \cdots, M \right\}$$

其中，上标 v 表示生产技术满足规模收益可变。

7.2.2   GMCPI 的构建

本章侧重于分析二氧化碳排放绩效，同时探寻理论上最小二氧化碳排放量，因此选择二氧化碳导向的距离函数进行测度。基于 Wang 等（2015）的研究，二氧化碳排放导向的 Shephard 距离函数分别表示如（7.5）~式 7.7 所示：

$$D_{i,t}^{c}(X_{i,t}, Y_{i,t}, C_{i,t}) = \sup\left\{ \theta: (X_{i,t}, Y_{i,t}, C_{i,t}/\theta) \in S_{i,t}^{c} \right\} \qquad (7.5)$$

$$D_{i,t}^{v}(X_{i,t}, Y_{i,t}, C_{i,t}) = \sup\left\{ \theta: (X_{i,t}, Y_{i,t}, C_{i,t}/\theta) \in S_{i,t}^{v} \right\} \qquad (7.6)$$

$$D_{i}^{g}(X_{i,t}, Y_{i,t}, C_{i,t}) = \sup\left\{ \theta: (X_{i,t}, Y_{i,t}, C_{i,t}/\theta) \in S_{i}^{g} \right\} \qquad (7.7)$$

其中，θ 表示修正系数；上标 c、v、g 分别表示规模报酬不变、规模报酬可变及全局基准生产技术。上述表达式的实际意义是二氧化碳排放的最大压缩量，并且对于具体的航空公司而言，反映了其在特定时间点的二氧化碳排放绩效。为了进一步研究一段时间内碳排放绩效的动态变化情况，我们有必要对 Malmquist 生产率指数进行拓展，提出 GMCPI，并将其应用于民航部门各个航空公司的碳排放绩效的动态研究中。

全局生产技术是基于所有决策单元所有时期的数据构建的一个共同的、单一的最优前沿面。实际上，碳排放效率 $D_{i}^{g}(X_{i,t}, Y_{i,t}, C_{i,t})$ 的变化反映的就是碳排放绩效的变动情况。假设 t 和 s（$t<s$）分别表示不同的两个时期，那么 GMCPI 可以具体表示为

---

① 规模报酬可变条件下的环境生产技术集可以通过在生产可能集非期望产出约束的右边乘以一个不小于 1 的参数（α），具体可以参考 Färe 和 Grosskopf（2004）、Zhou 等（2008）的研究。

$$\text{GMCPI}_i(t,s) = \frac{D_i^g(X_{i,t}, Y_{i,t}, C_{i,t})}{D_i^g(X_{i,s}, Y_{i,s}, C_{i,s})} \tag{7.8}$$

与传统的 Malmquist 生产率指数相比,我们构建的 GMCPI 具有传递性且不会出现无可行解的问题。$\text{GMCPI}_i(t,s)$ 可以用来度量第 i 个航空公司从时期 t 到时期 s 的碳排放绩效变化。$\text{GMCPI}_i(t,s)>1$、$\text{GMCPI}_i(t,s)<1$、$\text{GMCPI}_i(t,s)=1$ 分别表示碳排放绩效提高、降低、不变。

7.2.3　GMCPI 的分解

与传统的 Malmquist 生产率指数一样,在规模报酬可变的前提假设下,$\text{GMCPI}_i(t,s)$ 也可以分解为三个部分,分别为纯技术效率变化(pure technical efficiency change,记为 PTECH)、规模效率变化(scale efficiency change,记为 SECH)及技术进步变化(technical progress change,记为 TPCH)。这三个部分的指数可以分别用如下三个式子表示:

$$\text{PTECH}_i(t,s) = \frac{D_{i,t}^v(X_{i,t}, Y_{i,t}, C_{i,t})}{D_{i,s}^v(X_{i,s}, Y_{i,s}, C_{i,s})} \tag{7.9}$$

$$\text{SECH}_i(t,s) = \frac{D_{i,s}^v(X_{i,s}, Y_{i,s}, C_{i,s})}{D_{i,s}^c(X_{i,s}, Y_{i,s}, C_{i,s})} \bigg/ \frac{D_{i,t}^v(X_{i,t}, Y_{i,t}, C_{i,t})}{D_{i,t}^c(X_{i,t}, Y_{i,t}, C_{i,t})} \tag{7.10}$$

$$\text{TPCH}_i(t,s) = \frac{D_i^g(X_{i,t}, Y_{i,t}, C_{i,t}) \big/ D_{i,t}^c(X_{i,t}, Y_{i,t}, C_{i,t})}{D_i^g(X_{i,s}, Y_{i,s}, C_{i,s}) \big/ D_{i,s}^c(X_{i,s}, Y_{i,s}, C_{i,s})} \tag{7.11}$$

在本章中,具体到航空公司的绩效评价,纯技术效率变化指数[$\text{PTECH}_i(t,s)$]反映的是航空公司是否能够有效地利用现有技术来实现期望产出的最大化,体现了投入要素的使用效率的变化;规模效率变化指数[$\text{SECH}_i(t,s)$]反映的是航空公司投入与产出的规模是否达到最优,是否需要扩大或者缩小运营规模;技术进步变化指数[$\text{TPCH}_i(t,s)$]反映的是航空公司由生产技术变化所引起的碳排放效率变化。

具体测算 $\text{GMCPI}_i(t,s)$ 及其三个部分的指数时需要计算碳排放导向的 Shephard 距离函数。根据碳排放导向的 Shephard 距离函数及 DEA 技术的定义,我们可以通过计算以下 DEA 形式的模型得到函数的值:

$$\left[D_{i,t}^c (X_{i,t}, Y_{i,t}, C_{i,t}) \right]^{-1} = \min \theta$$

$$\text{s.t.} \sum_{i=1}^{M} z_i X_{i,t} \leqslant \beta X_{i,t}$$

$$\sum_{i=1}^{M} z_i Y_{i,t} \geqslant Y_{i,t} \qquad (7.12)$$

$$\sum_{i=1}^{M} z_i C_{i,t} = \theta C_{i,t}$$

$$z_i \geqslant 0, \quad i = 1, \cdots, M$$

$$\left[D_{i}^g (X_{i,t}, Y_{i,t}, C_{i,t}) \right]^{-1} = \min \theta$$

$$\text{s.t.} \sum_{t=1}^{T} \sum_{i=1}^{M} z_i X_{i,t} \leqslant \beta X_{i,t}$$

$$\sum_{t=1}^{T} \sum_{i=1}^{M} z_i Y_{i,t} \geqslant Y_{i,t} \qquad (7.13)$$

$$\sum_{t=1}^{T} \sum_{i=1}^{M} z_i C_{i,t} = \theta C_{i,t}$$

$$z_i \geqslant 0, \quad i = 1, \cdots, M, \quad t = 1, \cdots, T$$

$$\left[D_{i,t}^y (X_{i,t}, Y_{i,t}, C_{i,t}) \right]^{-1} = \min \theta$$

$$\text{s.t.} \sum_{i=1}^{M} z_i X_{i,t} \leqslant \beta X_{i,t}$$

$$\sum_{i=1}^{M} z_i Y_{i,t} \geqslant Y_{i,t} \qquad (7.14)$$

$$\sum_{i=1}^{M} z_i C_{i,t} = \theta C_{i,t}$$

$$\sum_{i=1}^{M} z_i = \beta$$

$$z_i \geqslant 0, \quad i = 1, \cdots, M$$

上述计算过程中的变量 β 表示的是一个调整参数，式（7.14）中的约束 $\sum_{i=1}^{N} z_i = \beta$ 使得生产过程满足规模报酬可变，具体可以参见 Zhou 等（2008）的研究。

7.2.4　GMCPI 的修正

根据前文的定义，GMCPI 的实质是两个时期的最优生产前沿面的变化，通过计算碳排放导向的 Shephard 距离函数来度量变化。该距离函数是通过 DEA 来测算的。DEA 在进行效率评价的时候变量量纲的变化对结果是没有影响的，因此在利用样本进行推断时一般都不考虑总体的分布特征，这样导致 DEA 评价的结果对于样本的敏感度会非常高。那么当选择的样本存在较大的异质性，或者说样本中有个别极端异常值及其他一些随机因素的干扰时，就会使得 DEA 测算的结果失真。本章提出的 GMCPI 是建立在 DEA 效率评价基础上的，因此利用 GMCPI 进行绩效评价的结果也会很不稳定。另外，单纯靠 DEA 计算的距离函数去测度各个决策单元的碳排放绩效，从而去判断各个决策单元碳排放绩效的好坏，这在统计意义下不妥，也就是说基于 DEA 的 GMCPI 在进行碳排放绩效动态评价的时候缺乏统计意义。为了弥补这方面的不足，有必要对 GMCPI 的评价结果进行统计方面的修正。本章在 Simar 和 Wilson（1998）研究的基础上，利用数理统计中常用的 Bootstrap 方法来解决。实际上，Bootstrap 方法的核心思想是扩充样本，即利用有限的样本生成更多的样本，利用生成的样本计算出更多的绩效值，这样每个被评价决策单元便有了足够多的绩效值从而可以构造绩效的经验分布情况，在此基础上便可以获得更加详细的统计推断。

根据 Simar 和 Wilson（1998）以及 Daraio 和 Simar（2007）的方法，我们对 GMCPI 进行修正，具体的算法步骤如下：

第一步：根据公式（7.8）和公式（7.13）计算第 $i=1,\cdots,M$ 个决策单元从时期 t 到时期 s 的碳排放绩效变化 $GMCPI_i(t,s)$。

第二步：根据 Simar 和 Wilson（1999a）的方法，利用双变量核密度估计及其反应函数产生 t 和 s 两个时期的伪数集 $\left\{K_i^t, L_i^t, Y_i^t, C_i^{t*}\right\}$ 和 $\left\{K_i^s, L_i^s, Y_i^s, C_i^{s*}\right\}$，其中 $i=1,\cdots,M$ [①]。

第三步：利用第二步产生的两个伪数集计算 $i=1,\cdots,M$ 的碳排放绩效指数 $GMCPI_{i,b}^*(t,s)$。

第四步：重复第二步和第三步 B 次，这样对于第 $i=1,\cdots,M$ 个决策单元便可以提供 B 个估计值 $\left\{GMCPI_{i,b}^*(t,s), b=1,2,\cdots,B\right\}$ [②]。

[①] 关于双变量核密度估计及其反应函数具体的处理方法可以参考 Simar 和 Wilson（1999b）。

[②] 对 B 的大小，不同研究者选择不同，Simar 和 Wilson（1998）的研究中 B 的大小为 1000，但是 Daraio 和 Simar（2007）在其研究中表明 B 应该至少大于 2000。

7.3　数据来源与说明

中国作为一个新兴的航空大国，尤其是近年来民航部门发展迅猛，本章采用有代表性的航空公司作为研究样本，进而反映中国民航部门碳排放效率及影响因素。本章选择的 12 家航空公司分别是：CCA、CSN、CES、CYZ、HBH、CHH、CSC、CQH、OKA、HXA、DKH 和 EPA。至于为什么选择这 12 家航空公司作为研究样本主要是基于两个方面的考虑，具体我们在前文已经做了讨论，这里不再赘述。

总的来说，效率一般是指技术效率，主要是用来反映最优利用现有资源的能力。具体地，当投入固定时，技术效率反映的是获得最大产出的能力；当产出固定时，技术效率反映的是要求压缩最小投入的能力。本章研究了与民航碳排放相关的运营和生产过程，并参考现有的研究（代表性的研究如表 7.1 所示），将固定资本（K）、劳动力（L）作为投入变量，将运输周转量（RTK）作为期望产出，二氧化碳排放（C）作为非期望产出。

表7.1　航空公司效率评估相关文献中投入产出指标选择

作者	研究对象	投入变量	产出变量
Good 等（1993）	1976~1986 年，欧洲最大的 8 家航空公司及美国最大的 8 家航空公司绩效评估	劳动力、材料、飞行设备	运输收入
Alam 和 Sickles（1998）	1970~1990 年，美国 11 家代表性航空公司的技术效率评估	飞机、劳动力、能源、材料	运输周转量
Barros 和 Peypoch（2009）	欧洲代表性航空公司的运营效率评估	劳动力、运营支出、飞机	客运周转量、税前收入
Lee 和 Worthington（2014）	比较全服务航空公司和低成本航空公司运营效率	飞行距离、劳动力、总资产	最大运力
Cui 和 Li（2015a）	2008~2012 年，中国 12 家代表性航空公司的技术效率测度	劳动力、固定资本、能源	运输周转量、总收入、碳排放
Scotti 和 Volta（2017）	2000~2010 年，欧洲航空公司碳排放绩效评估	可提供座位数、可提供运输周转量	乘客周转量、货运周转量、二氧化碳排放
Cui 和 Li（2015c）	航空公司安全效率的动态评估，以及影响其变化的驱动因素	劳动力、固定资本、研发投入、安全软件及员工的投入	运输周转量、总收入、二氧化碳排放
Cao 等（2015）	金融危机后中国航空公司效率和生产率的变化趋势	劳动力、能源、机队规模	飞行距离、运输周转量

需要特别说明的是，本章在对航空公司进行效率评价的投入产出指标中并没有涉及能源的投入，这主要是因为民航部门燃料消耗的特殊性（99%以上的能源都是航空煤油），并且非期望产出二氧化碳的排放量就是通过航空煤油消耗量乘以排放因子得来的，这样二氧化碳排放和能源消费实际上是完全线性相关的，因此我们没有将能源作为主要的投入变量。本章用各个航空公司所拥有的飞机作为固定资本投入，然而一个航空公司的固定资本投入除了购置飞机往往还包括空中交通运输管理建设的投资、机场建设的投资及其他方面的投资。因此各个航空公司所拥有的飞机价值是比各个航空公司的固定资本投入体量要小的，并且不同航空公司所拥有的飞机型号也不相同，如大型宽体飞机（200座以上）、中型飞机（100座以上，200座以下）、小型飞机（100座以下）等。但是对于航空公司而言，它们所拥有的飞机应该是最主要的固定资本投入，并且一般来讲航空公司拥有的飞机越多，大飞机的数量也就越多。因此，利用各个航空公司所拥有的飞机来代表各个航空公司的固定资本规模是相对合理的。

7.4　民航碳排放绩效变动特征与驱动因素实证结果

7.4.1　碳排放绩效的动态演变

首先用传统的规模报酬不变条件的 DEA 方法计算了 12 家航空公司 2007 年至 2013 年的碳排放效率，具体计算结果如表 7.2 所示。相比于 GMCPI，表 7.2 中的碳排放效率是基于当年的横截面数据计算的，可以称为静态碳排放效率。这些静态碳排放效率反映了各个航空公司碳排放绩效的优劣情形。

表7.2　2007~2013年12家航空公司的碳排放效率

航空公司	2007 年	2008 年	2009 年	2010 年	2011 年	2012 年	2013 年	平均值
CCA	0.6990	0.7100	0.7118	0.7120	0.7377	0.7401	0.7745	0.7264
CSN	0.6230	0.6346	0.6128	0.6687	0.6861	0.6668	0.6520	0.6491
CES	0.5493	0.5380	0.5437	0.5459	0.5623	0.5463	0.5544	0.5486
CYZ	0.5816	0.6111	0.6488	0.6627	0.6324	0.5908	0.4941	0.6031

续表

航空公司	2007 年	2008 年	2009 年	2010 年	2011 年	2012 年	2013 年	平均值
HBH	0.4528	0.5045	0.4757	0.5012	0.6561	0.6109	0.6261	0.5468
CHH	0.8206	0.8178	0.8047	0.8369	0.8863	0.8332	0.8463	0.8351
CSC	0.8231	0.8185	0.8116	0.7968	0.8035	0.7653	0.7673	0.7980
CQH	1.0000	1.0000	1.0000	1.0000	1.0000	1.0000	1.0000	1.0000
OKA	0.7924	0.8099	0.8112	0.8541	0.8500	0.8499	0.8282	0.8280
HXA	0.3559	0.3389	0.3378	0.3576	0.3803	0.3953	0.3996	0.3665
DKH	0.7804	0.8207	0.8532	0.8707	0.8925	0.8487	0.8337	0.8428
EPA	0.6193	0.7997	0.7735	0.7851	0.7737	0.7411	0.7745	0.7524

　　表 7.2 的结果表明中国民航部门各航空公司碳排放绩效方面存在如下两个方面的具体特征：首先，不同航空公司的碳排放绩效差距比较大。从 2007 年到 2013 年各个航空公司的平均碳排放效率值来看，碳排放绩效水平由高到低依次是 CQH、DKH、CHH、OKA、CSC、EPA、CCA、CSN、CYZ、CES、HBH 和 HXA。碳排放绩效最好的是 CQH，其效率值为 1.0000，绩效最差的航空公司为 HXA，其效率值为 0.3665。其次，不同航空公司碳排放绩效之间的差距在逐渐变大。2007 年到 2013 年，碳排放绩效较好的航空公司效率值整体提高，如 HBH 和 EPA 碳排放效率分别提高 38.27% 和 25.06%，然而有的航空公司效率值反而在进一步下降，如 CYZ 和 CSC 的碳排放效率分别下降 15.04% 和 6.78%。

　　为了评估 12 家航空公司的动态碳排放效率，我们计算了 2007~2013 年 6 个区间的 GMCPI。为了给指数赋予统计属性，进一步地解决测算结果中存在的不确定性问题，我们使用 Simar 和 Wilson（1999a）提出的 Bootstrap 程序来纠正 GMCPI 的计算结果（本节迭代了 2000 次）。具体而言，表 7.3 显示了各个航空公司从 2007~2008 年到 2012~2013 年 GMCPI 的动态变化情况，GMCPI 及其 3 个影响因素的累积变化情况如表 7.4 所示。

表7.3　2007年到2013年GMCPI变化

航空公司	2007~2008 年	2008~2009 年	2009~2010 年	2010~2011 年	2011~2012 年	2012~2013 年
CCA	1.0132	1.0288*	1.0256	1.0299*	1.0173**	1.0331**
CSN	1.0163*	0.9901	1.1186**	1.0194	0.9852	0.9653**
CES	0.9775*	1.0363**	1.0299	1.0235*	0.9843**	1.0020**
CYZ	1.0482	1.0893	1.0471	0.9479	0.9470	0.8258

续表

航空公司	2007~2008 年	2008~2009 年	2009~2010 年	2010~2011 年	2011~2012 年	2012~2013 年
HBH	1.1123	0.9671	1.0799	1.3004	0.9434	1.0121
CHH	0.9950	1.0091	1.0661**	1.0526**	0.9533**	1.0030**
CSC	0.9921	1.0173*	1.0070**	1.0020**	1.0031	0.9901**
CQH	0.9980	1.0256	1.0256*	0.9940	1.0132**	0.9872**
OKA	1.0204	1.0277	1.0799	0.9891	1.0132	0.9625*
HXA	0.9506**	1.0225**	1.0858	1.0571	1.0537**	0.9980
DKH	1.0493	1.0661	1.0460	1.0183	0.9634	0.9699**
EPA	1.2887	0.9921	1.0406	0.9794	0.9709	1.0320
平均值	1.0385	1.0227	1.0543	1.0345	0.9873	0.9818

**和*分别表示决策单元的碳排放绩效值在 95%和 90%的水平下显著

表7.4　2007~2013年碳排放绩效及其影响因素的累积变化（2007=1）

航空公司	累积 GMCPI	GMCPI 的分解			排名
		累积 PTECH	累积 SECH	累积 TPCH	
CCA	1.1572**	0.9029	1.0000	1.2806**	4
CSN	1.0912**	0.9548	1.0000	1.1432**	7
CES	1.0531*	0.9903	1.0000	1.0639*	9
CYZ	0.8863**	1.1237**	1.0475**	0.7540**	12
HBH	1.4424**	0.8759**	0.8273**	1.9974**	1
CHH	1.0773**	0.9691	1.0000	1.1099**	8
CSC	0.9733	1.0718**	1.0000	0.9066	11
CQH	1.0437*	1.0000	1.0000	1.0437*	10
OKA	1.0923**	0.9337	1.0251	1.1406**	6
HXA	1.1732**	0.8926**	0.9986	1.3169**	3
DKH	1.1134*	0.9395**	0.9960	1.1913	5
EPA	1.3056**	1.0000	0.8002**	1.6333**	2
平均值	1.1174	0.9712	0.9746	1.2151	—

**和*分别表示决策单元的碳排放绩效值在 95%和 90%的水平下显著

　　如表 7.3 和表 7.4 显示，所有样本航空公司的碳排放绩效 GMCPI 都发生了改变（通常是改善）。然而，2011~2012 年和 2012~2013 年的 GMCPI 的平均值均小于 1，说明这段时间民航部门的碳排放绩效整体有下降的趋势。特别是在 2011~2012 年，

12 家航空公司中只有 5 家航空公司的碳排放绩效有所提高，分别为 CCA、CSC、CQH、OKA 和 HXA。具体来看，如表 7.4 所示，HBH 和 EPA 两个航空公司的碳排放绩效提高幅度位于前列，与 2007 年相比分别累积改善了 44.24% 和 30.56%；与此同时 CYZ 和 CSC 是 12 家航空公司中仅有的两家累积碳排放绩效指数小于 1 的，说明这两个航空公司的累积碳排放绩效非但没有改善反而存在下降的趋势，其中 CYZ 下降了 11.37%，CSC 下降了 2.67%。经过 2000 次自迭代的 Bootstrap 之后，结果显示大部分都能通过 90% 的显著性检验，这也说明我们构建的 GMCPI 进行绩效评价的结果还是相对稳健的。但是部分决策单元的碳排放绩效指数的变化并不总是显著的。例如，2007~2008 年，大多数航空公司的碳排放绩效都有着明显改善，然而，只有 CSN、CES 和 HXA 在统计意义上是显著的。在 2011~2012 年，虽然有 7 家航空公司碳排放绩效下降，但只有 CES 和 CHH 是显著的。

根据前文分析可知，GMCPI 的变化是由于纯技术效率变化（PTECH）、规模效率变化（SECH）和技术进步变化（TPCH）引起的。图 7.1 反映了 GMCPI 及其三个影响因素从 2007 年到 2013 年的累积效应。

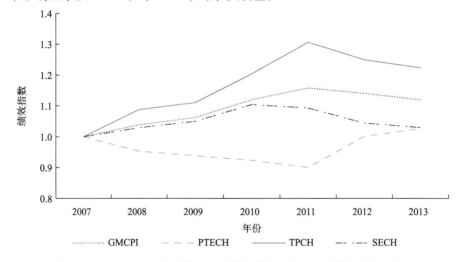

图 7.1　　2007~2013 年民航部门碳排放绩效及其三个部分的累积变化

表 7.5~表 7.7 分别展示了 PTECH、SECH 及 TPCH 对各个航空公司碳排放绩效变动的贡献程度。

表7.5　PTECH对各个航空公司碳排放绩效的影响

航空公司	2007~2008 年	2008~2009 年	2009~2010 年	2010~2011 年	2011~2012 年	2012~2013 年
CCA	0.9843	0.9970	1.0000	0.9653[*]	0.9970	0.9560[**]
CSN	0.9814	1.0352[*]	0.9166[**]	0.9747[*]	1.0288[**]	1.0225[**]

续表

航空公司	2007~2008 年	2008~2009 年	2009~2010 年	2010~2011 年	2011~2012 年	2012~2013 年
CES	1.0215**	0.9891	0.9960	0.9709	1.0288**	0.9852**
CYZ	0.9515**	0.9416**	0.9588**	1.0384	1.0582*	1.1905
HBH	0.6098	1.0000	1.5674**	0.8278**	1.1779*	0.9398
CHH	1.0030	1.0163	0.9615	0.9443**	1.0638	0.9843**
CSC	1.0060	1.0081	1.0183	0.9921	1.0493	0.9970
CQH	1.0000	1.0000	1.0000	1.0000	1.0000	1.0000
OKA	0.9690*	0.9747	0.9294	1.0142	1.0111	1.0373**
HXA	0.9634	0.8881**	0.4771**	1.0000	1.8762*	1.1655**
DKH	0.9470**	0.9671**	0.9766	0.9747	1.0593	1.0173
EPA	1.0000	1.0000	1.0000	1.0000	1.0000	1.0000
平均值	0.9531	0.9848	0.9835	0.9752	1.1125	1.0246

**和*分别表示决策单元的碳排放绩效值在 95%和 90%的水平下显著

表7.6　SECH对各个航空公司碳排放绩效的影响

航空公司	2007~2008 年	2008~2009 年	2009~2010 年	2010~2011 年	2011~2012 年	2012~2013 年
CCA	1.0000	1.0000	1.0000	1.0000	1.0000	1.0000
CSN	1.0000	1.0000	1.0000	1.0000	1.0000	1.0000
CES	1.0000	1.0000	1.0000	1.0000	1.0000	1.0000
CYZ	1.0000	1.0010	1.0215	1.0091	1.0111	1.0040
HBH	1.4728**	1.0604*	0.6061**	0.9225**	0.9124**	1.0384**
CHH	1.0000	1.0000	1.0000	1.0000	1.0000	1.0000
CSC	1.0000	1.0000	1.0000	1.0000	1.0000	1.0000
CQH	1.0000	1.0000	1.0000	1.0000	1.0000	1.0000
OKA	1.0091	1.0246**	1.0225	0.9911	0.9891**	0.9891**
HXA	1.0893**	1.1299**	1.9802**	0.9407**	0.5131**	0.8489**
DKH	1.0040	0.9940	1.0030	1.0010	0.9930	1.0010
EPA	0.7746**	1.0341	0.9852*	1.0152**	1.0438	0.9569
平均值	1.0292	1.0203	1.0515	0.9900	0.9552	0.9865

**和*分别表示决策单元的碳排放绩效值在 95%和 90%的水平下显著

表7.7　TPCH对各个航空公司碳排放绩效的影响

航空公司	2007~2008 年	2008~2009 年	2009~2010 年	2010~2011 年	2011~2012 年	2012~2013 年
CCA	1.0299**	1.0309**	1.0256	1.0661**	1.0204	1.0811**
CSN	1.0352**	0.9569	1.2210**	1.0460	0.9569**	0.9443
CES	0.9569**	1.0482**	1.0341	1.0537**	0.9569**	1.0173**

续表

航空公司	2007~2008 年	2008~2009 年	2009~2010 年	2010~2011 年	2011~2012 年	2012~2013 年
CYZ	1.1013**	1.1561**	1.0707**	0.9050	0.8850**	0.6906**
HBH	1.2392**	0.9124	1.1377**	1.7036**	0.8787	1.0373**
CHH	0.9911	0.9930	1.1086**	1.1148**	0.8961	1.0183**
CSC	0.9872**	1.0081	0.9881	1.0101	0.9200	0.9921
CQH	0.9980	1.0256**	1.0256**	0.9940	1.0132	0.9872
OKA	1.0428	1.0288	1.1364**	0.9843	1.0132	0.9381**
HXA	0.9050	1.0194	1.1494**	1.1236**	1.0953**	1.0091
DKH	1.1038	1.1086*	1.0684	1.0438	0.9166	0.9524
EPA	1.6639**	0.9597	1.0560**	0.9653	0.9302	1.0787**
平均值	1.0878	1.0261	1.0851	1.0842	0.9569	0.9789

**和*分别表示决策单元的碳排放绩效值在 95%和 90%的水平下显著

　　整体来看，12 家航空公司 2013 年的碳排放绩效与 2007 年相比平均提高了 11.74%。其间，2007 年以来的全球金融危机严重影响了中国民航部门各个航空公司的管理水平、技术应用及专业人才的培养和储备，进而导致了纯技术效率变化持续对碳排放绩效的提高起到抑制作用（如图 7.1 所示，直到 2011 年 PTECH 才摆脱全球经济萧条的影响实现反弹）。尽管如此，由于规模效率和技术进步因素的持续改善，2007~2011 年整体的碳排放绩效仍然保持年均 3.74%的速度在提高。2011~2013 年处在"十二五"初期，生产与运营的管理水平和人才储备跟不上民航部门迅速扩张的速度，进而导致技术进步变化和规模效率变化对民航部门碳排放绩效提高起到抑制作用，其中 TPCH 和 SECH 分别下降了 4.48%和 4.31%，这也解释了民航部门整体碳排放绩效下降的原因。

　　根据图 7.1 的 GMCPI 走势及其三个部分的变动情形，GMCPI 的改进主要是由于 TPCH 因素的改进，PTECH 和 SECH 的累积影响作用相对较小。TPCH 反映了民航部门各个航空公司如何通过技术的创新与改进来提高节能减排的能力。对于民航部门，具体到在开发运输飞机新技术并进行整体优化时，不是通过简单地组合单个优化部件来实现的。相反，设计师需要先完全整合最优的方法，然后在此框架下进行相关方面的改进。例如，在改进燃油效率提高二氧化碳减排能力的过程中还必须考虑其他因素，包括飞机噪声、可操作性、安全性、可靠性、成本和舒适度等。因此，随着民航部门节能减排技术的不断提高，其他技术要求也在不断提高，这可能会减少 TPCH 对 GMCPI 的未来影响。

　　TPCH 发生变化意味着每个航空公司的最佳前沿技术发生了变化。然而，对于一家特定航空公司而言，TPCH 值大于 1 并不表示该航空公司改变了样本的最佳生产前沿面。要找出样本航空公司中推动最佳前沿面改变的创新者，我们可以使用 Kumar（2006）定义的一套标准。如表 7.8 所示，创新者主要包括 CQH、CSC 和 CHH 三家航空公司。

表7.8　使得前沿面发生改变的航空公司

时间	创新者
2007~2008 年	—
2008~2009 年	CQH
2009~2010 年	CSC
2010~2011 年	CHH、CSC
2011~2012 年	CSC、CQH
2012~2013 年	—

在研究期间，这三家航空公司不断通过不同的途径转变增长方式。CQH 是一家公私合营属性的航空公司，对于这种类型的航空公司而言，增加运输规模常常受到资金的限制，因此，CQH 将重点放在提高飞机的利用率上（后面章节将具体解释飞机利用率与航空公司运营效率之间的关系）。其中，根据中国民用航空局的统计数据，2013 年 CQH 的飞机利用率比行业平均水平高出 78.1%。相比之下，CHH 和 CSC 均属于央属企业，具有资金和技术上的优势，因此它们通过投入大量资金和技术来调整机队结构，提高运输效率。例如，CSC 已经将其所有的飞机变成更节油的空客飞机。这些创新者利用自身的优势所采取的这些措施大大提高了碳排放绩效。

7.4.2　碳排放绩效的差异性

中国作为一个新兴的航空大国，尤其是近年来民航部门发展迅猛，本章采用有代表性的航空公司作为研究样本，进而反映中国民航部门碳排放效率及影响因素。本章选择的 12 家航空公司分别是：CCA、CSN、CES、CYZ、HBH、CHH、CSC、CQH、OKA、HXA、DKH 和 EPA。根据航空公司的不同类型和不同属性，整体将航空公司分成三大类，分别是中央航空公司、地方航空公司及公私合营航空公司，具体在前面章节已经介绍过，此处不再赘述。

这三类航空公司都经历了中国民航产业迅猛发展的阶段，由于不同航空公司所具有的优势不同，因而在扩张公司运输规模上会采取不同的方式和策略[具体可以参考 Cao 等（2015）的研究]。例如，对于中央航空公司来说，相对于其他类型的航空公司，中央航空公司拥有最先进的技术、最大的经营规模和最好的管理体系，因而中央航空公司的发展效率应该更高。那么对于碳排放绩效来说，不同类型的航空公司的碳排放绩效异质性应该会比较明显。基于此，本节对不同类型的航空公司碳排放绩效异质性问题进行了具体研究。表 7.9 提供了研究期间中央航空公司、地方航空公司和公私合营航空公司的 GMCPI 及其三个部分的平均值与累积值。

表7.9　三类航空公司的平均和累积GMCPI及其三个部分的变化

航空公司类型	平均值				累积值			
	GMCPI	PTECH	SECH	TPCH	GMCPI	PTECH	SECH	TPCH
中央航空公司	1.0161	0.9914	1.0000	1.0254	1.1005	0.9493	1.0000	1.1626
地方航空公司	1.0152	1.0017	0.9947	1.0297	1.0948	1.0101	0.9687	1.1920
公私合营航空公司	1.0229	0.9920	0.9939	1.0400	1.1456	0.9532	0.9640	1.2652

表 7.9 显示，2007~2013 年三类航空公司的 GMCPI 平均值均大于 1，这表明三类航空公司的碳排放绩效均有所改善。其中，公私合营航空公司的碳排放绩效累积改善了 14.56%，是三类航空公司中改善幅度最高的。中央航空公司和地方航空公司的碳排放绩效均提高了约 10%。对于影响碳排放绩效的三个方面来说，PTECH、SECH 和 TPCH 在三类航空公司的表现也是不一致的。总体来说，中央航空公司及公私合营航空公司的 GMCPI 的改善主要是由于 TPCH 的改善，TPCH 累积改善效果分别达到 16.26%和 26.52%；地方航空公司的碳排放绩效改进主要来自 PTECH 和 TPCH 的提高；对于中央航空公司而言，PTECH（平均值为 0.9914）是降低其碳排放绩效的关键因素，与此同时中央航空公司由于一直相对处于最优生产规模，因此 SECH（平均值为 1.0000）一直没有影响到碳排放绩效的变化。类似地，对于公私合营航空公司而言，PTECH（平均值为 0.9920）也对碳排放绩效的提高起到了抑制作用，值得注意的是该类型航空公司的生产规模并没有达到最优从而导致 SECH（平均值为 0.9939）对 GMCPI 产生了负面影响。

为了描述民航部门不同类型航空公司的碳排放绩效的不同演化过程，本章采用绝对 β 收敛理论（Barro and Sala-i-Martin，1992）来检验不同类型航空公司碳排放绩效的敛散性问题。具体地，β 收敛性可以通过如下的回归分析模型获得：

$$\ln(y_{i,t}/y_{i,0}) = \alpha + \beta\ln(y_{i,0}) + \varepsilon_{i,t} \tag{7.15}$$

其中，$y_{i,0}$ 和 $y_{i,t}$ 分别表示第 i 个航空公司在时期 0 和时期 t 的 GMCPI；$\ln(y_{i,t}/y_{i,0})$ 表示第 i 个航空公司从时期 0 到时期 t 的碳排放绩效增长率；α 是一个截距项常数，表示的是航空公司稳定状态下的技术进步；β 为民航部门基期碳排放绩效取对数后的系数；$\varepsilon_{i,t}$ 表示随机扰动项。当 β 的值小于 0 时，说明各航空公司的碳排放绩效的增长率与其初期的绩效水平是反向的，即存在收敛性，反之则是发散的。

对面板数据进行回归分析，需要选择固定效应模型或是随机效应模型。因此，在利用式（7.15）进行回归估计之前，本节利用 Hausman 检验对民航部门的面板数据进行检验，结果表明固定效应模型更为合适[具体可以参考 Hansen（2000）]，详细的估算结果如表 7.10 所示。

表7.10　各航空公司GMCPI碳排放绩效收敛性结果

参数	所有样本	中央航空公司	地方航空公司	公私合营航空公司
α	−0.0119 （−1.4923）	−0.0196* （−1.8453）	−0.0043 （−0.2095）	−0.0152** （−1.8905）
β	−0.9230*** （−7.3495）	−1.0535*** （−3.6022）	−0.8628*** （−3.2186）	−0.9773*** （−7.7739）
调整 R^2	0.4733	0.4610	0.3300	0.7123

注：括号内为 t 统计量

***、**和*分别表示 1%、5%和 10%的显著性水平

从表 7.10 可以看出，包括中央航空公司、地方航空公司、公私合营航空公司及所有样本航空公司在内，回归系数 β 均为负值，并都通过 1%的显著性水平检验。这说明我国民航部门不同类型航空公司之间的碳排放绩效是存在绝对 β 收敛的。碳排放绩效水平较低的航空公司的碳排放绩效指数的改善率要高于相应绩效水平高的航空公司，存在低水平对高水平的“追赶效应”，各航空公司的碳排放绩效水平存在趋同的趋势。回归系数 β 值表明中央航空公司自身的收敛速度和趋同性要更快些，公私合营航空公司次之，地方航空公司则最为缓慢。今后，为进一步促进碳排放绩效的收敛性，缩小不同类型航空公司碳排放绩效的差异性，有必要采取一定的政策措施来加强民航部门航空公司间有关碳减排技术、运营管理等方面的经验交流和沟通，以便更好地实现先进减排技术和运营理念的扩散。

7.4.3　碳排放绩效变动的驱动因素

根据前人的研究，许多外部因素都会影响到民航部门的二氧化碳排放，进而影响其碳排放绩效，确定影响民航部门碳排放绩效的关键因素可以极大地影响其节能减碳的政策规划。首先，直观可知，降低单位时间内的发动机燃油消耗应该会降低整体燃料消耗。因此，单位时间的燃料消耗率（fuel consumption rate, FCR）可能会影响每个航空公司的碳排放绩效。其次，飞机的起降过程包括不同的飞行模式，飞机在不同的飞行模式下会有不同的时间设定和推力设定，不同的推力对燃料消耗率的需求也是不同的。因此，飞机的起降次数（move times, MOV）可能会影响碳排放，进而影响碳排放绩效。进一步地，Lee 等（2009）的研究指出，

民航飞机的单位产出能耗与飞行里程是呈现负相关的，这意味着航程越长，碳强度（每单位产出的碳排放量）就越低。因此，民航部门的航线分布（distance，DIS）也可能会影响其碳排放绩效。特别地，IATA（2015）指出，航空公司应该充分利用其主要的生产性固定资本来提高各个航空公司的飞机利用率（utilization rate，UR），因此航空公司为了扩大运输规模会选择增加飞机的飞行小时数，这样在增加产量的同时一方面压缩了机队规模，缩减了固定资本投资，减少资金占用，降低生产成本，提高经济效益；另一方面可以倒逼航空公司提高管理水平和运营效率。基于上述分析，表 7.11 列出了可能对航空公司 GMCPI 有影响的四个因素。

表7.11　影响航空公司碳排放绩效的影响因素

变量	影响因素	指标解释
X_1	燃料消耗率	各个航空公司在单位时间内的燃油消耗量
X_2	起降次数	各个航空公司所有飞机一年内的起降次数
X_3	航线分布	各个航空公司每架飞机的飞行距离
X_4	飞机利用率	各个航空公司每架飞机一年的生产飞行小时数

本章的样本量相对较小，因此在考察影响因素对于碳排放绩效的影响时，灰色关联分析方法相对更为合适。灰色关联分析方法的基本思想是计算参考数据序列与多个比较数据序列之间的几何相似性，计算的几何相似度越高，其关系越接近。因此，本节试图利用灰关联分析帮助确定影响民航碳排放绩效的最主要因素，进而制定有针对性的政策建议。

民航部门的碳排放绩效指数 GMCPI 是一个变化率的指标，因此，我们也将四个影响因素转换成相对指标形式，具体如下：

$$z_t^i = \frac{Z_{t+1}^i}{Z_t^i} \qquad (7.16)$$

其中，Z_t^i 表示第 i 个影响因素在时期 t 的具体数值；Z_{t+1}^i 表示第 i 个影响因素在 $t+1$ 时期的具体数值；z_t^i 表示第 i 个影响因素相对于时期 t 的变化率。假设有 N 个决策单元，每个决策单元有 M 个指标，共有 T 个观测期。面板数据中第 i 个对象第 m 个指标在 t 时期的指标值记为 $x_i(m,t) > 0$，则称：

$$X_i = \begin{pmatrix} x_i(1,1) & x_i(1,2) & \cdots & x_i(1,T) \\ x_i(2,1) & x_i(2,2) & \cdots & x_i(2,T) \\ \vdots & \vdots & & \vdots \\ x_i(M,1) & x_i(M,2) & \cdots & x_i(M,T) \end{pmatrix}$$

为指标 m 的数据矩阵，那么所有的指标对应的数据矩阵 $X = (X_1, X_2, \cdots, X_N)$ 称为面板数据的矩阵序列。

基于崔立志和刘思峰（2015）的研究，两个面板数据之间的灰色关联分析可以通过如下的步骤计算：

第一步：计算发展速度关联度。

$$d_{ij}^1(m,t) = \frac{\Delta_{ij}(m,t)}{x_j(m,t)} \tag{7.17}$$

其中，$\Delta_{ij}(m,t) = x_i(m,t) - x_j(m,t)$。变量 $\Delta_{ij}(m,t)$ 表示两个面板数据的发展水平的差异性，$d_{ij}^1(m,t)$ 值越小就说明两个研究对象的发展速度关联度就越接近，反之亦然。

第二步：计算增长速度关联度。

$$d_{ij}^2(m,t) = \frac{\Delta_i(m,t)}{x_i(m,t-1)} - \frac{\Delta_j(m,t)}{x_j(m,t-1)} \tag{7.18}$$

其中，$\Delta_i(m,t) = x_i(m,t) - x_i(m,t-1)$，$\Delta_j(m,t) = x_j(m,t) - x_j(m,t-1)$，$t = 2,3,\cdots,T$。$\Delta_i(m,t)$ 和 $\Delta_j(m,t)$ 分别表示两个研究对象相同时期的增长速度差异性，$d_{ij}^2(m,t)$ 值越小就说明两个研究对象的增长速度关联度就越接近，反之亦然。

第三步：计算综合关联度。

$$\gamma_{i0} = \frac{1}{2} \cdot \frac{1}{T} \sum_{t=1}^{T} \frac{1}{1 + \left| d_{i0}^1(m,t) \right|} + \frac{1}{2} \cdot \frac{1}{T-1} \sum_{t=2}^{T} \frac{1}{1 + \left| d_{i0}^2(m,t) \right|} \tag{7.19}$$

$$\gamma_{j0} = \frac{1}{2} \cdot \frac{1}{T} \sum_{t=1}^{T} \frac{1}{1 + \left| d_{j0}^1(m,t) \right|} + \frac{1}{2} \cdot \frac{1}{T-1} \sum_{t=2}^{T} \frac{1}{1 + \left| d_{j0}^2(m,t) \right|} \tag{7.20}$$

若有 $\gamma_{i0} \geqslant \gamma_{j0}$，则称相关因素 X_i 和 X_0 的关联优于因素 X_j 和 X_0 的关联，记 $X_i \succ X_j$，其中称 "$\succ$" 为由灰色矩阵关联度导出的关联序。

本节用上述方法计算了民航部门主要影响因素与碳排放绩效的灰色关联性的主要结果，如表 7.12 所示。结果表明，GMCPI 与四个影响因素均高度相关。影响因素与 GMCPI 的关联度从高到低依次为：$X_3 \succ X_1 \succ X_4 \succ X_2$。DIS 与 GMCPI 的相关度最高，其次是 FCR、UR 和 MOV。这意味着 DIS 是影响民航部门碳排放绩效的最重要因素。因此，随着空中交通需求的不断增长，民航运输航线的分布应该进一步优化，以增加单位距离的负荷。这将是缓解由运输周转量引起的碳排放绩效下降的理想途径之一。

表7.12　各个航空公司的GMCPI与四个影响因素的灰色关联度

航空公司	GMCPI & FCR	GMCPI & MOV	GMCPI & DIS	GMCPI & UR
CCA	0.9713	0.9646	0.9705	0.9601
CSN	0.9357	0.9493	0.9569	0.9398
CES	0.9408	0.9186	0.9309	0.9423
CYZ	0.8408	0.9048	0.9626	0.8771
HBH	0.8130	0.6449	0.8435	0.5833
CHH	0.9496	0.8340	0.9257	0.8921
CSC	0.9008	0.9026	0.9500	0.9519
CQH	0.9077	0.8574	0.9696	0.9352
OKA	0.7809	0.7652	0.9232	0.8030
HXA	0.9055	0.9269	0.9272	0.8840
DKH	0.9005	0.8314	0.9612	0.8805
EPA	0.8776	0.8345	0.9246	0.8813
平均值	0.9016	0.8480	0.9600	0.8710

7.5　本章小结

在制定有针对性的减排措施之前，首先要了解碳排放的特征并监测碳排放绩效。相比于民航部门，其他行业从不同视角、不同维度等方面形成了一些有代表性的四类常用的碳排放指标。通过对现有碳排放绩效的评价指标的梳理，我们发现当前碳排放绩效指标基本是在单要素基础上构建的静态指标，这样得到的评价结果一般只适用于截面的横向比较，但是没法从时间维度进行纵向分析。在此基础上，对碳排放绩效差异性，并基于差异性对行业内决策单元的异质性研究更是鲜见。因此，有必要构建一个能克服上述缺点的碳排放绩效评价方法并对民航部门碳排放绩效进行监测。

本章在考虑环境生产技术的基础上，首先构造了 GMCPI。本章运用 GMCPI 对 2007 年至 2013 年 12 家中国航空公司的民航碳排放绩效进行了动态测算，并提出引入 Bootstrap 对 GMCPI 结果进行统计推断。其次，本章将 GMCPI 分解为三个组成部分，讨论了不同类型航空公司间 GMCPI 的差异性和趋同性。最后，基于灰色关联分析确定了影响民航碳排放绩效的重要因素。实证研究结果表明：第一，样本航空公司的累积 GMCPI 从 2007 年到 2013 年提高了 11.93%。分解分析表明，这一改进主要是由技术进步变化（TPCH）引起的，其累积效应为 21.51%，促进 GMCPI 改善的其他因素还包括规模效率变化（SECH，2.54%）和纯技术效率变化（PTECH，2.88%）。对于具体的航空公司而言，HBH 的 GMCPI 改善幅度最大达到 44.24%，然而，CSC 和 CYZ 两个航空公司碳排放绩效出现了下降，下降幅度分别为 2.67% 和 11.37%。第二，三类航空公司的二氧化碳排放绩效存在明显差异，但是存在收敛的趋势。公私合营类航空公司的 GMCPI 累积改善最多，达到 14.56%，中央航空公司和地方航空公司的表现也有类似的改善，大约为 10%。在碳排放绩效方面，碳排放绩效较低的航空公司存在"追赶效应"。与 GMCPI 水平较高的航空公司相比，GMCPI 水平较低的航空公司的 GMCPI 增长率更高。第三，灰色关联分析表明，与民航部门碳排放绩效表现的相关度依次为 DIS、FCR、UR 和 MOV。

附录 7A　GMCPI 进行 Bootstrap 修正的 MATLAB 程序

```
Z(:,:,1)=X1;

Z(:,:,2)=X2;

Z(:,:,3)=X3;

Z(:,:,4)=X4;

Z(:,:,5)=X5;

Z(:,:,6)=X6;

Z(:,:,7)=X7;

[n,m,t]=size(X);

s=size(Y,2);

for k=1:t

    X1=[];Y1=[];Z1=[];

    X1=X(:,:,1:k);

    Y1=Y(:,:,1:k);
```

```
Z1=Z(:,:,1:k);
XX=[];YY=[];ZZ=[];f=[];A=[];b=[];Aeq=[];beq=[];lb=[];p=[];q=[];
for w=1:k
    XX=[XX;X1(:,:,w)];
    YY=[YY;Y1(:,:,w)];
    ZZ=[ZZ;Z1(:,:,w)];
end
for i=1:n
    for j=1:k
        f=[zeros(1,n*k+1),1];
        A=[XX',-X(i,:,j)',zeros(m,1);
            -YY',zeros(s,2)];
        b=[zeros(m,1);-Y(i,:,j)'];
        Aeq=[ZZ',0,-Z(i,:,k)'];
        beq=0;
        lb=[zeros(1,n*k+2)];
        ub=[];
        [p,q,exitflag]=linprog(f,A,b,Aeq,beq,lb,ub);
        if exitflag ~= 1
            warning('Optimization exitflag: %i', exitflag)
        end
        Q(i,k)=q;
    end
end
end
[n,m,t]=size(X);
s=size(Y,2);
```

```
for o=1:2000
    for i=1:m
        for j=1:t
            X1(:,i,j)= bootstrp(n,@mean,X(:,i,j));
        end
    end
    for i=1:s
        for j=1:t
            Y1(:,i,j)= bootstrp(n,@mean,Y(:,i,j));
            Z1(:,i,j)= bootstrp(n,@mean,Z(:,i,j));
        end
    end
    for k=1:t
        X2=[];Y2=[];Z2=[];
        X2=X1(:,:,1:k);
        Y2=Y1(:,:,1:k);
        Z2=Z1(:,:,1:k);
        XX=[];YY=[];ZZ=[];f=[];A=[];b=[];Aeq=[];beq=[];lb=[];p=[];q=[];
        for w=1:k
            XX=[XX;X2(:,:,w)];
            YY=[YY;Y2(:,:,w)];
            ZZ=[ZZ;Z2(:,:,w)];
        end
        for i=1:n
            for j=1:k
                f=[zeros(1,n*k+1),1];
                A=[XX',-X(i,:,j)',zeros(m,1);
```

```
                    -YY',zeros(s,2)];
                b=[zeros(m,1);-Y(i,:,j)'];
                Aeq=[ZZ',0,-Z(i,:,k)'];
                beq=0;
                lb=[zeros(1,n*k+2)];
                ub=[];
                [p,q,exitflag]=linprog(f,A,b,Aeq,beq,lb,ub);
                if exitflag ~= 1
                    warning('Optimization exitflag: %i', exitflag)
                    q=1;
                end
                Q(i,k)=q;
            end
        end
    end
    QQ=[];
    for u=1:t-1
        QQ(:,u)=Q(:,u+1)./Q(:,u);
    end
    QQQ(:,:,o)=QQ;
end
Q1=sum(QQQ,3)/2000-QQ;
Q2=QQ-Q1;

for i=1:2000
    Q3(:,:,i)=QQQ(:,:,i)-QQ;
end
```

```
for i=1:2000
    for j=1:12
        for k=1:6
            P(j+k*12-12,i)=Q3(j,k,i);
        end
    end
end
for i=1:72
    P1=P(i,:);
    P2=sort(P1);
    P3(i,:)=P2;
end
P4(:,1)=P3(:,51);
P4(:,2)=P3(:,1949);
P4(:,1)=P3(:,51);
P4(:,2)=P3(:,1949);
QQ1=[];
QQ2=[];
%excel 整
QQ3=QQ+QQ1;
QQ4=QQ+QQ2;
```

第三篇　民航碳排放：国际比较

第8章 考虑过程特征的民航碳排放总量驱动因素

8.1 引 言

2018 年 IEA 的研究表明，2016 年全球交通部门的碳排放总量约为 80 亿吨，占全球碳排放量近 24%（IEA，2018）。2016 年全球交通部门的碳排放量比 1990 年增加了 71%，所有交通模式中民航运输产生的碳排放增速最高，达到 115%（Liu et al.，2020）。根据 Grote 等（2014）的核算，2010 年以来民航部门历年产生的碳排放量约占当年全球碳排放量的 2.5%。如果航空运输规模按当前的速度扩张，到 2050 年航空运输航油消耗所产生的二氧化碳可能占全球碳排放量的 25%左右（Owen et al.，2010；Dray et al.，2019）。更复杂的是，民航运输过程所产生的碳排放绝大部分都进入高空的平流层和对流层，由此形成的温室效应更为明显[具体见 Owen 等（2010）]。因此，航空碳减排逐渐成为学者、政策制定者和全球航空组织、机构关注的焦点问题。

在此背景下，为了控制碳排放总量，提高碳排放效率，一系列航空碳减排措施相继出台。例如，2008 年，欧盟颁布了一项法令，要求将航空运输业纳入欧盟排放交易体系。2009 年，IATA 提出了一个强有力的减排政策，即要求全球民航部门在 2020 年之前每年能效提高 1.5%；到 2020 年实现碳中和增长；与 2005 年相比，到 2050 年减少 50%的碳排放量（IATA，2013）。经过多年的努力，2016 年 10 月，ICAO 第 39 次会议正式通过国际航空全球碳抵消和减排机制，形成了第一个行业层面的减排市场机制。在上述这些减排方案的执行过程中，不同航空公司制订了符合企业自身发展模式的航空排放控制方案，包括新加坡航空公司的"Aspire 计划"、西南航空公司的"绿色飞行计划"和葡萄牙航空公司的"二氧化碳排放抵消计划"（Li et al.，2016；Liu et al.，2020）。

　　在排放总量控制和排放效率提升政策的约束下，航空公司的行为对民航碳排放的变化有重要影响（Liu et al.，2017b）。然而，在实际碳减排实施过程中，航空公司往往更关注碳减排总量目标，忽视航空运输活动过程中的效率提升，从而阻碍航空公司高效地实现减排目标。换句话说，航空公司制定的碳减排政策可能会导致总量减排和效率提升的矛盾。这种冲突给航空公司在数量（碳排放总量）控制和质量（碳排放效率）提高之间的权衡带来了巨大挑战。这个问题促使我们思考以下几个现实问题：航空公司在减排政策下的碳减排成果如何？航空公司在减少碳排放方面效率如何？在实施二氧化碳减排时还需要哪些方面的额外工作来实现碳减排目标？哪些航空公司做得很好？哪些航空公司需要做得更多？要解决这些问题，了解航空公司整个活动过程中的效率变化与碳排放变化的内部传导机制显得尤为重要。因此，需要对民航碳排放的完整过程进行详细分析，以便更加精准和全面地识别影响因素。

　　基于上述讨论，本章对民航部门碳排放过程进行阶段划分，并进一步结合分解分析和归因分析来研究民航部门碳排放量变化的核心影响因素。本章研究的主要工作和创新点如下：首先，考虑航空公司碳排放的实际流程，对航空公司从生产到运营的两个阶段分别进行效率评估，这样可以更好地反映航空公司在整个碳排放过程中不同阶段的具体表现；其次，结合两阶段效率测度框架，提出了一种新的分解分析方法，进而可以识别效率变化对碳排放变化的影响，即该方法可以量化分析民航部门碳排放"质"与"量"之间的传导机制；最后，选择 2011~2017 年全球代表性的国际航空公司，应用新构建的分解分析方法对其进行驱动因素的识别，并进一步结合归因分析，确定影响航空公司碳排放变动的关键要素及哪些航空公司应该对民航碳排放的变化负责。

8.2　民航碳排放的"质"与"量"

　　随着民航减排政策实施的不断深化，学者对民航部门碳排放问题进行了深入的研究。现有的相关研究可以分为两类：第一类研究主要聚焦于民航部门碳排放总量的特征，概括为"量的研究"，旨在确定实施的民航碳减排措施是否合适；第二类研究主要着眼于碳排放效率或绩效的特征，概括为"质的研究"，旨在评价分析民航部门碳减排的效果，进而找出有效实现低碳发展的最优途径。

从"量"的视角来看，民航碳排放研究主要集中在碳排放核算、排放特征、排放趋势及碳排放预测等方面。在排放核算方面，以往的研究主要采用民航常用的统计指标来收集统计数据，这些具体的统计数据用于计算燃料消耗、二氧化碳排放、碳强度、碳排放动态演化特征和趋势等（Fan et al.，2010；Kousoulidou and Lonza，2016；Fukui and Miyoshi，2017）。这些碳排放核算研究涉及的方法主要有排放因子法（基于清单的方法）（Zhou et al.，2016b；Liu et al.，2017a）、实测法（Boeing，2016）和物质平衡法（Leuning et al.，2008）。在碳排放核算的基础上，民航碳排放研究已经进一步扩展到排放特征和排放趋势预测（Jovanovic and Vracarevic，2016）。例如，He 和 Xu（2012）分析了全球民航部门碳排放的历史与现状。考虑未来碳排放在诸多不确定条件下的实际情况，Zhou 等（2016b）描述了我国民航部门碳排放变化影响因素的演变规则，并预测了中国民航能源消耗和碳排放的未来走势。Liu 等（2020）在 Zhou 等（2016b）的研究基础上，探讨了 1985~2015 年中国民航碳排放变化的驱动因素；并应用蒙特卡罗模拟方法预测了 2016~2030 年中国民航部门碳排放总量及碳排放强度（单位运输周转量的二氧化碳排放）的演变趋势、减排潜力和峰值路径等。类似地，很多学者和机构也都在情景分析框架下，通过结合回归分析法（Owen et al.，2010）、德尔菲法（Linz，2012）、元分析方法（Gudmundsson and Anger，2012）等，对民航碳排放问题进行了预测。

综上所述，民航部门碳排放"量"的研究主要集中在碳排放的"表面特征"上。然而，利用影响因素分析（influencing factors analysis，IFA）法对民航部门碳排放变化背后的驱动因素进行探索的研究相对较少。碳排放变动影响因素分析在其他领域，包括区域和行业层面，都得到了广泛的应用，代表性的研究包括 Long 等（2015）、Wang 等（2015）、Liu 等（2018）。对于民航部门来说，驱动因素的精准识别可以更好地为民航部门碳减排政策和措施的制定提供信息依据，促进民航部门低碳经济的高效发展。现有的影响因素分析法主要包括两类：计量经济学分析法和因素分解分析法。从计量经济学分析的角度来看，Brueckner 和 Abreu（2017）利用 1995~2015 年美国航空公司的年度数据，将航空公司的总碳排放变化归因于航空公司的可用座位里程（运载能力）、平均载客量、飞行距离、平均载客率、飞机的平均机龄、航班延误（flight delay，FD）率及平均每年的燃油价格。然而，计量经济学分析法一般基于条件均值函数的假设，难以获得因变量单独个体的信息（Zhu et al.，2020）。此外，计量经济学分析法假设了个体自变量对碳排放的同质性影响，在整个条件分布上没有差异，实际上处于不同发展阶段的不同类型航空公司间存在较大的异质性，因此计量经济学分析方法得到的各个影响因素的结果可能与航空公司实际碳排放情况不一致（Zhu et al., 2019）。

为避免上述计量经济学分析法中存在的不足，很多研究采用因素分解分析法探讨碳排放变化的影响因素。该方法可以将一个综合指标的变化分解为若干成分，主要分为 PDA 方法、IDA 方法和 SDA 方法三种类型（Zhou et al., 2020）。其中，代表性的研究主要包括：Liu 等（2017b）采用 PDA 方法对中国民航碳排放驱动因素进行了识别；Wang 等（2014）采用 IDA 方法研究了影响中国能源消费变化的主要因素；Su 等（2019）使用乘法形式的 SDA 方法确定了总体隐含能源和排放强度的影响因素。这些研究得到了丰富的研究结果，进一步表明了对民航部门碳排放变化驱动因素识别的重要性。

从"质"的角度来看，降低碳排放量的一个重要途径是了解碳排放的模式，提高碳减排效率。Barros 等（2013）指出，民航碳排放效率评价为制定和明确民航部门所需的减排任务提供了依据，也为衡量各航空公司的公平发展机会提供了基础（Li and Cui, 2017）。因此，很多学者对民航碳排放绩效进行了研究，现有的关于碳排放效率测度的方法主要包括参数方法和非参数方法（Yu, 2010; Xu and Cui, 2017; Wang et al., 2020）。

对于参数方法来说，早期研究主要采用成本函数（Lozano and Gutiérrez, 2011）、贝叶斯距离前沿函数（Tsionas, 2003）、优劣解距离法（technique for order preference by similarity to an ideal solution, TOPSIS）与神经网络结合的方法（Barros and Wanke, 2015）及随机前沿模式（Balliauw et al., 2018）等参数分析方法。非参数方法主要包括 DEA 方法和与其他方法结合的扩展方法（Wanke and Barros, 2016; Huang et al., 2020）。非参数方法不需要事先设定生产函数的形式，因此得到了广泛的应用，代表性成果主要包括：Schefczyk（1993）首先推广了基于 DEA 的方法来估算 1989~1992 年 15 家航空公司的民航环境效率；Arjomandi 和 Seufert（2014）研究了 2007~2010 年全球 6 个地区 48 家低成本航空公司的环境和技术效率；Cui 等（2016a）提出了一种改进的 DEA 模型，并对 2008~2012 年 22 家国际航空公司的能源效率进行了测算。在此基础上，一些研究将 DEA 技术与其他方法相结合，对民航碳排放绩效进行更为全面的评测。例如，Tsionas（2003）将 DEA 与随机前沿分析法相结合，并应用这一扩展方法来衡量美国航空公司的效率。Lozano 和 Gutiérrez（2011）设计了一种使用 DEA 和成本函数的联合方法，这样在进行民航环境影响和运营成本之间的权衡时具有更好的可控性与灵活性。

近年来，网络 DEA 模型能够对企业内部生产过程具有较好的解释能力，因此其在航空公司效率评价中也受到了广泛的关注（Zhu，2011；Lu et al.，2012；Mallikarjun，2015；Yu et al.，2019）。Zhu（2011）利用两阶段网络 DEA 模型对 2007~2008 年美国 21 家航空公司的效率进行了研究。Lu 等（2012）和 Duygun 等（2016）采用了 Zhu（2011）提出的多阶段框架来评价航空公司的完整运营过程。Mallikarjun（2015）首次提出了三阶段 DEA 模型，并对 2012 年 27 家航空公司的效率进行了评价。此后，三阶段 DEA 结构及其改进形式在航空公司效率评价中得到了广泛的应用（Li and Cui，2017； Losa et al.，2020）。Xu 和 Cui（2017）进一步将航空活动的内部过程细分为四个阶段的网络结构，并对 2008~2014 年 19 家国际航空公司的整体和区域能源效率进行了评价。与单阶段航空效率评价方法相比，网络 DEA 可以为航空活动的内部结构提供更深入的洞察。但在阶段划分方面，针对碳排放的整个生成过程的研究还相对较少，研究成果相对匮乏，不利于决策者制定有针对性的、全面的减排政策。

通过对现有文献的梳理，民航碳排放研究中涉及"量"与"质"的分析已经取得了丰硕的研究成果。然而，以往的研究要么单纯关注数量的变化，要么单纯关注质量的变化，很少有研究对"质"与"量"之间的内在关系进行系统的剖析和研究。对于现有的研究来说，只关注减少碳排放总量是有误导性的，因为这可能会增加额外的投入，产生额外的排放。同样，如果只考虑提高排放效率，则总排放控制效果可能会减弱，甚至无法实现。因此，了解碳排放"质"与"量"之间的传导机制是有效实现民航减排的关键问题。本章考虑航空公司活动的不同阶段，对民航碳排放效率进行分阶段评价，进一步识别效率变动对碳排放总量变化的影响，从而帮助民航部门实现高质量减排。

8.3　研　究　方　法

8.3.1　民航两阶段投入产出过程

具体航空公司的专业工作涉及多个部门，不同阶段有不同的运行机制。比如，以南方航空公司为代表的航空公司，其完整的业务流程包括投资部门、采购部门、人事部门、资本运营部门、安全部门、机务部门、销售部门。表 8.1 总结了现有研究中具有代表性的航空公司绩效评估的分析，并且这些研究主要都是聚焦于对航空公司内部结构细分的探索。通过表 8.1 的总结，当前使用网络 DEA 模型评估航空公司效率的研究通常将航空公司的完整流程划分为四个阶段：生产阶段、服务阶段、运营阶段、销售阶段。航空公司的这些不同阶段的日常活动可以进一步归纳为三类：技术、生产和操作。考虑到航空公司的特殊性，与普通公司相比，航空公司提供的是运输服务，而不是有形的产品（Li et al., 2015），也就是说，航空公司并不参与飞机、燃油和发动机技术开发等业务，因此航空公司的日常活动通常不涉及技术相关的内容。

表8.1　网络DEA模型测算民航部门绩效相关代表性研究

文献	方法	阶段一	阶段二	阶段三
Tan 和 Chen（2011）	两阶段：生产阶段、服务阶段	投入：飞机、能源消耗 产出：航班频率、飞行距离、飞行时间	投入：航班频率、飞行距离、飞行时间 产出：乘客总量、客运周转量、货物总量、货运周转量	—
Lu 等（2012）	两阶段：生产阶段、销售阶段	投入：劳动力、能源消耗、固定资本、运营成本、设备成本 产出：可用座位公里、可提供货物公里	投入：可用座位公里、可提供货物公里 产出：客运周转量、非客运收入	—
Tavassoli 等（2014）	两阶段：技术阶段、服务阶段	投入：飞机、劳动力、货运飞机数量 产出：客运周转量、货运周转量	投入：客运周转量、货运周转量 产出：客运周转量、货运周转量	—
Mallikarjun（2015）	三阶段：运营阶段、服务阶段、销售阶段	投入：运营支出 产出：可用座位公里	投入：可用座位公里、机队规模、目的地数量 产出：客运周转量	投入：客运周转量 产出：收入
Duygun 等（2016）	两阶段：生产阶段、销售阶段	投入：燃料成本，固定资本，工资、奖励，其他运营成本 产出：可用座位公里、可提供货物公里	投入：可用座位公里、可提供货物公里、销售成本 产出：客运周转量、货运周转量	—
Cui 和 Li（2018）	两阶段：运营阶段、财务阶段	投入：劳动力、能源消耗 产出：运输收入、温室气体排放	投入：第一阶段效率的倒数 产出：运输收入及其他收入	—

结合表 8.1 中的阶段划分方法，本章将航空公司的业务活动整体划分为两个阶段：生产阶段和运营阶段（图 8.1）。网络 DEA 的主要目的是探索系统内部结构并打开系统的"黑箱"（Cook et al., 2010），因此本章用两阶段 DEA 方法对航空公司碳排放整个系统的"黑箱"进行分析。

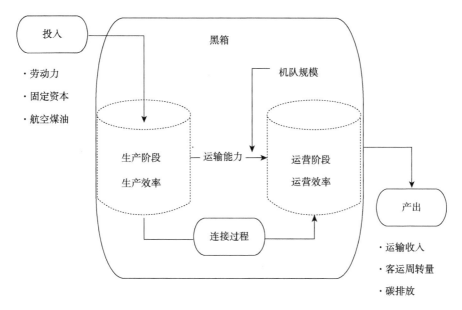

图 8.1 航空公司两个阶段投入产出过程示意图

对于生产阶段，如图 8.1 所示，航空公司应充分利用资源（劳动力、固定资本、航空煤油等）增加运输能力，各航空公司的运输能力可通过可用座位公里（available seat kilometers，记为 ASK）指标来反映。高效的生产过程要求航空公司根据现有资源尽可能多地增加客运（Örkcü et al.，2016）。

对于运营阶段，如图 8.1 所示，航空公司应做到安全、及时、方便、舒适地满足旅客运输需求。运营阶段的投入指标包括航空公司的运输能力和机队规模。在生产阶段产生的可用座位公里被认为是本阶段的投入，衡量的是航空公司可以提供的航空运输服务能力。机队规模代表可用飞机数量，解释了航空公司的运行条件；但是，这些条件不受运营管理人员的控制（Mallikarjun，2015）。此外，为了解决指数对称性问题，机队规模、航空煤油与劳动力之间存在着正相关的比例关系，这些变量之间可以相互替代，实际上都反映航空公司的运输规模。因此，本章仅将可用座位公里和机队规模作为航空公司运营阶段的主要投入，用于实现运输服务和产生运输收入。当然在航空公司追求期望产出的同时会不可避免地产生温室气体排放（航油燃烧产生），二氧化碳是其中的典型代表（Liu et al.，2017a）。为了实现高效运营，航空公司应使用最少数量的飞机和座位来实现最大的客运周转量（revenue passenger kilometers，RPK）和航空运输收入；航空公司还应尽量减少非期望产出（二氧化碳排放）。为了说明这种联系，如图 8.1 所示，运输能力在整个过程的生产和运营之间起着连接作用。表 8.2 详细总结了航空公司两个阶段（生产和运营）的投入和产出指标。

表8.2　航空公司两个阶段的投入和产出指标

阶段	投入	期望产出	非期望产出
生产阶段	航空煤油（E） 劳动力（L） 固定资本（K）	可用座位公里（ASK）	—
运营阶段	可用座位公里（ASK） 机队规模（FS）	运输收入（Y） 客运周转量（RPK）	碳排放（C）

8.3.2　两阶段效率评估模式

式（8.1）描述了民航部门生产阶段技术，反映航空公司的生产过程。

$$T_1 = \left\{ (K, L, E, \text{ASK}) : (K, L, E) \text{能产出 ASK} \right\} \tag{8.1}$$

通常假设投入和产出是可自由处置的。此外，它们还满足传统的生产理论假设，即满足凸性和闭集（Färe et al., 1994a）。

式（8.2）描述了运营过程中的多产出运营技术：

$$T_2 = \left\{ (\text{ASK}, \text{FS}, \text{RPK}, Y, C) : (\text{ASK}, \text{FS}) \text{能产出 RPK}, Y, C \right\} \tag{8.2}$$

表示环境变量的非期望产出（C）发生在运营阶段。因此，式（8.2）中的运营技术集可以表示为环境生产技术（environmental production technology，EPT）。EPT 也应满足 T_1 的基本假设，包括闭集、凸性和投入与期望产出的自由可处置（Wang et al., 2019）。此外，非期望产出（C）应该满足弱可处置性以及与期望产出的零结合性（Wang et al., 2017），如式（8.3）所示：

$$\begin{cases} \text{If } (\text{ASK}, \text{FS}, \text{RPK}, Y, C) \in T_2 \text{ and } 0 \leqslant \theta \leqslant 1, \text{ then } (\text{ASK}, \text{FS}, \theta \text{RPK}, \theta Y, \theta C) \in T_2 \\ \text{If } (\text{ASK}, \text{FS}, \text{RPK}, Y, C) \in T_2 \text{ and } C = 0, \text{ then } \text{RPK} = 0, \ Y = 0 \end{cases}$$

$$\tag{8.3}$$

弱可处置性的假设要求期望产出和非期望产出能够同时以一定的比例发生变化。这意味着减少非期望产出（二氧化碳排放）并不是没有成本的，而是以降低期望产出为代价来实现的（Wang et al., 2018）。零结合性生产的假设意味着非期望产出是不能避免的，除非停止进行期望产出的生产过程。

在生产技术 T_1 和运营技术 T_2 中，由于民航部门航空运输面临巨大的市场需求，因此对应的生产技术集假设为规模收益不变是更加合理的（Tavassoli et al., 2014）。具体地，对于第 i（$i=1,\cdots,I$）个航空公司，该航空公司利用前文说明的投入指标进行生产和运营活动，生产和运营活动的技术集可以分别定义为式（8.4）（生产技术集）和式（8.5）（运营技术集）。

$$\hat{T}_1(K,L,E,\text{ASK}) = \begin{cases} \sum\limits_{i=1}^{I} \lambda_i K_i \leqslant K, \sum\limits_{i=1}^{I} \lambda_i L_i \leqslant L, \quad \sum\limits_{i=1}^{I} \lambda_i E_i \leqslant E \\ \sum\limits_{i=1}^{I} \lambda_i \text{ASK}_i \geqslant \text{ASK}, \lambda_i \geqslant 0, i = 1,\cdots,I \end{cases} \quad (8.4)$$

$$\hat{T}_2(\text{ASK},\text{FS},\text{RPK},Y,C) = \begin{cases} \sum\limits_{i=1}^{I} \lambda_i \text{ASK}_i \leqslant \text{ASK}, \quad \sum\limits_{i=1}^{I} \lambda_i \text{FS}_i \leqslant \text{FS} \\ \sum\limits_{i=1}^{I} \lambda_i \text{RPK}_i \geqslant \text{RPK} \\ \sum\limits_{i=1}^{I} \lambda_i Y_i \geqslant Y, \sum\limits_{i=1}^{I} \lambda_i C_i = C, \; \lambda_i \geqslant 0, \; i = 1,\cdots,I \end{cases} \quad (8.5)$$

其中，λ_i 表示第 i 个航空公司在所构建的技术前沿中所占的权重。根据 Wang 等（2019）的研究，我们构造了非径向距离函数来识别生产和运营过程中的投入与产出两个不同阶段的效率，具体如式（8.6）和式（8.7）所示，并以此来估计两个不同阶段的效率损失情况。

$$\vec{D}(K,L,E,\text{ASK};\vec{g}) = \sup\{\omega^T \beta : ((K,L,E,\text{ASK}) + \vec{g} \times \text{diag}(\beta)) \in T_1\} \quad (8.6)$$

$$\vec{D}(\text{ASK},\text{FS},\text{RPK},Y,C;\vec{g}) = \sup\{\gamma^T \theta : ((\text{ASK},\text{FS},\text{RPK},Y,C) + \vec{g} \times \text{diag}(\theta)) \in T_2\} \quad (8.7)$$

其中，需要说明的是，效率损失是指生产过程中的投入和产出没能处于最佳配置的状态：当投入固定时，效率损失表明理想产出可以进一步扩大，或者非期望产出可以进一步减少；当产出固定时，效率损失表明存在过量投入的情况（Zhou and Ang，2008）。

在上述这些表达式中，$\omega^T = (\omega_K,\omega_L,\omega_E,\omega_{\text{ASK}})$ 和 $\gamma^T = (\gamma_{\text{ASK}},\gamma_{\text{FS}},\gamma_{\text{RPK}},\gamma_Y,\gamma_C)$ 分别是与生产阶段和运营阶段的投入与产出相关的归一化权重向量。为方便描述，$\vec{g} \times \text{diag}(\beta)$ 和 $\vec{g} \times \text{diag}(\theta)$ 可以分别用 $\vec{g}_1$ 和 $\vec{g}_2$ 表示，这样 $\vec{g}_1 = (g_K,g_L,g_E,g_{\text{ASK}})$ 和 $\vec{g}_2 = (g_{\text{ASK}},g_{\text{FS}},g_{\text{RPK}},g_Y,g_C)$ 分别表示生产和运营两个阶段的投入与产出调整方向的方向向量。表达式 $\beta = (\beta_K,\beta_L,\beta_E,\beta_{\text{ASK}})$ 和 $\theta = (\theta_{\text{ASK}},\theta_{\text{FS}},\theta_{\text{RPK}},\theta_Y,\theta_C)$ 分别表示生产和运营两个阶段的投入与产出的相应压缩或扩充比。式（8.6）和式（8.7）所定义的方向距离函数可以利用线性规划式（8.8）和式（8.9）来求解：

$$\vec{D}_i\left(K_i, L_i, E_i, \text{ASK}_i; \vec{g}_i\right)_1 = \max\left(\omega_K \beta_{i,K} + \omega_L \beta_{i,L} + \omega_E \beta_{i,E} + \omega_Y \beta_{i,\text{ASK}}\right)$$

$$\text{s.t.} \sum_{i=1}^{I} \lambda_i K_i \leqslant K_i + g_{i,K}\beta_{i,K}$$

$$\sum_{i=1}^{I} \lambda_i L_i \leqslant L_i + g_{i,L}\beta_{i,L}$$

$$\sum_{i=1}^{I} \lambda_i E_i \leqslant E_i + g_{i,E}\beta_{i,E} \tag{8.8}$$

$$\sum_{i=1}^{I} \lambda_i \text{ASK}_i \geqslant \text{ASK}_i + g_{i,Y}\beta_{i,\text{ASK}}$$

$$\lambda_i \geqslant 0, \quad \beta \geqslant 0, \quad i = 1, \cdots, I$$

$$\vec{D}_i\left(\text{ASK}_i, \text{FS}_i, \text{RPK}_i, Y_i, C_i; \vec{g}_i\right)_2 = \max\left(\gamma_{\text{ASK}}\theta_{i,\text{ASK}} + \gamma_{\text{FS}}\theta_{i,\text{FS}} + \gamma_{\text{RPK}}\theta_{i,\text{RPK}} + \gamma_Y \theta_{i,Y} + \gamma_C \theta_{i,C}\right)$$

$$\text{s.t.} \sum_{i=1}^{I} \lambda_i \text{ASK}_i \leqslant \text{ASK}_i + g_{i,\text{ASK}}\theta_{i,\text{ASK}}$$

$$\sum_{i=1}^{I} \lambda_i \text{FS}_i \leqslant \text{FS}_i + g_{i,\text{FS}}\theta_{i,\text{FS}}$$

$$\sum_{i=1}^{I} \lambda_i \text{RPK}_i \geqslant \text{RPK}_i + g_{i,\text{RPK}}\theta_{i,\text{RPK}}$$

$$\sum_{i=1}^{I} \lambda_i Y_i \geqslant Y_i + g_{i,Y}\theta_{i,Y}$$

$$\sum_{i=1}^{I} \lambda_i C_i = C_i + g_{i,C}\theta_{i,C}$$

$$\lambda_i \geqslant 0, \quad \theta \geqslant 0, \quad i = 1, \cdots, I$$

$$\tag{8.9}$$

其中，以 $x \in \{K, L, E, \text{ASK}\}$ 为投入产出指标的生产阶段距离函数 $\vec{D}_{i,x}\left(K_i, L_i, E_i, \text{ASK}_i; \vec{g}_i\right)_1 = \beta_{i,x}$，代表了样本航空公司中第 i 个航空公司在生产阶段的投入或产出可以缩小或扩张的比例。以 $x \in \{\text{ASK}, \text{FS}, \text{RPK}, Y, C\}$ 为投入产出指标的运营阶段距离函数 $\vec{D}_{i,x}\left(\text{ASK}_i, \text{FS}_i, \text{RPK}_i, Y_i, C_i; \vec{g}_i\right)_2 = \theta_{i,x}$ 代表了样本航空公司中第 i 个航空公司在运营阶段投入或产出可以缩小或扩张的比例。

　　在计算了投入和产出的调整比例后，我们可以进一步定义相应的效率指数。在生产阶段，产出导向的以 $x \in \{K, L, E, \text{ASK}\}$ 为投入、产出指标的效率为

$$\frac{1}{1 - \vec{D}_{i,x}\left(K_i, L_i, E_i, \text{ASK}_i; \vec{g}_i\right)_1} = \frac{1}{1 - \beta_{i,x}}$$，即全要素生产效率。

在运营阶段，以 $x \in \{\text{ASK,FS,RPK},Y,C\}$ 为投入产出指标的产出导向的效率可以表示为 $1 + \vec{D}_{i,x}\left(\text{ASK}_i,\text{FS}_i,\text{RPK}_i,Y_i,C_i;\vec{g}_i\right)_2 = 1 + \theta_{i,x}$，即全要素运行效率。

需要特别说明的是，$\vec{D}_i\left(K_i,L_i,E_i,\text{ASK}_i;\vec{g}_i\right)_1 = 0$ 或 $\vec{D}_i(\text{ASK}_i,\text{FS}_i,\text{RPK}_i,Y_i,C_i;\vec{g}_i)_2 = 0$ 表示生产或运营过程在方向 $\vec{g}_i$ 上没有效率损失，反之亦然。

在两个阶段效率测度的基础上，遵循 Guo 等（2017）指出的整体效率可以表示为两个阶段效率的乘积形式。因此，航空公司整体效率（TE）=全要素生产效率（$\dfrac{1}{1-\beta_{i,x}}$）× 全要素运行效率（$1+\theta_{i,x}$）。

8.3.3　基于 TEM 的分解方法

在两阶段效率分析的框架下，本节利用扩展的 Kaya 恒等方程式对航空公司的碳排放进行分解分析。式（8.10）表明航空公司的碳排放与碳排放系数（$\dfrac{C}{E}$）、能源消耗（E）、可用座位公里（ASK）、客运周转量（RPK）和运输收入（Y）密切相关。

$$C_i^s = \underbrace{\left(\frac{C_i^s}{E_i^s}\right) \times \left(\frac{E_i^s}{\text{ASK}_i^s}\right)}_{\text{生产阶段}} \times \underbrace{\left(\frac{\text{ASK}_i^s}{Y_i^s}\right) \times \left(\frac{Y_i^s}{\text{RPK}_i^s}\right) \times \left(\text{RPK}_i^s\right)}_{\text{运营阶段}} \qquad (8.10)$$

其中，$s \in \{T-1, T\}$。

考虑到不同阶段的效率情况，本节拟探索一种能够识别效率对碳排放量影响的分解方式，基于此，式（8.10）可以被重写为式（8.11）：

$$C_i^s = \underbrace{\frac{C_i^s}{E_i^s} \times \frac{E_i^s}{E_i^s - \beta_{i,E}^* E_i^s}}_{\text{生产相关}} \times \underbrace{\frac{E_i^s - \beta_{i,E}^* E_i^s}{Y_i^s + \theta_{i,Y}^* Y_i^s} \times \text{ASK}_i^s}_{\text{连接相关}} \times \underbrace{\frac{Y_i^s + \theta_{i,Y}^* Y_i^s}{Y_i^s} \times \frac{\text{RPK}_i^s}{\text{ASK}_i^s} \times \frac{Y_i^s}{\text{RPK}_i^s}}_{\text{运营相关}} \qquad (8.11)$$

$$\equiv \underbrace{\text{ES} \times \text{TFEE}}_{\text{生产效应}} \times \underbrace{\text{PEI} \times \text{TLC}}_{\text{连接效应}} \times \underbrace{\text{TFRE} \times \text{LF} \times \text{ROP}}_{\text{运营效应}}$$

在式（8.11）中，等号的右侧，航空公司的碳排放总量被分解为七个影响因素。

第一个影响因素（$\dfrac{C_i^s}{E_i^s}$）可以定义为碳排放因子，由于不同种能源的碳排放

系数短时期内基本是不变的，所以 $\dfrac{C_i^s}{E_i^s}$ 实际上反映了能源消耗结构变动的影响

（ES）。第二个影响因素是（ $\dfrac{E_i^s}{E_i^s - \beta_{i,E}^* E_i^s}$ ）表示能源使用效率，反映了航空公司生产阶段的全要素能源效率（TFEE）。这两个因素综合反映了航空公司生产过程对碳排放变动的影响，即生产效应（production effect）。

第三个影响因素（ $\dfrac{E_i^s - \beta_{i,E}^* E_i^s}{Y_i^s + \theta_{i,Y}^* Y_i^s}$ ）表示剔除能源使用无效及收入无效情况下理想的潜在能源强度，反映了整个过程中能源使用技术的变化（PEI）。第四个影响因素（ ASK_i^s ）可以定义为规模效应，反映航空公司运输能力对碳排放变动的影响（TLC）。这两个因素综合反映了航空公司生产和运营两个阶段的连接对航空公司碳排放的影响，即连接效应（link effect）。

第五个影响因素（ $\dfrac{Y_i^s + \theta_{i,Y}^* Y_i^s}{Y_i^s}$ ）表示航空公司的运输收入效率，反映了航空公司运营阶段的全要素收入效率（TFRE）。第六个影响因素（ $\dfrac{\mathrm{RPK}_i^s}{\mathrm{ASK}_i^s}$ ）表示实际运输周转量与可提供周转量的比例，反映的是航空公司的载运率（LF）。第七个影响因素（ $\dfrac{Y_i^s}{\mathrm{RPK}_i^s}$ ）表示单位周转量的运输收入，实际上是航空运输强度的倒数形式，反映航空公司运输收入水平（ROP）。这三个因素共同反映了航空公司运营过程对碳排放变化的影响，即运营效应（operation effect）。

基于式（8.11）的分解方式，航空公司碳排放量从 $T-1$ 期到 T 期的排放变化比率 $D_{\text{tot}}^{T-1,T}$ 可以表示为式（8.12）的形式：

$$
\begin{aligned}
D_{\text{tot}}^{T-1,T} &= \frac{C_i^T}{C_i^{T-1}} \\
&= \underbrace{D_{\text{ES}}^{T-1,T} \times D_{\text{TFEE}}^{T-1,T}}_{\text{生产效应}} \times \underbrace{D_{\text{PEI}}^{T-1,T} \times D_{\text{TLC}}^{T-1,T}}_{\text{连接效应}} \times \underbrace{D_{\text{TFRE}}^{T-1,T} \times D_{\text{LF}}^{T-1,T} \times D_{\text{ROP}}^{T-1,T}}_{\text{运营效应}}
\end{aligned}
\tag{8.12}
$$

式（8.12）右侧七个因素表示碳排放变动的影响程度。分过程、不同影响因素的具体含义如表 8.3 所示。

表8.3　各个影响因素的含义

过程效应	驱动因素	含义（对样本航空公司从时间 $T-1$ 期到 T 期的影响情况）
生产效应	$D_{ES}^{T-1,T}$	碳排放因子的影响，反映能源消费结构变化对碳排放变动的影响
	$D_{TFEE}^{T-1,T}$	全要素能源效率的影响，反映航空公司能源消费和生产效率变化对碳排放变动的影响
连接效应	$D_{PEI}^{T-1,T}$	潜在能源强度的影响，反映去除能源使用无效和产出无效状态下单位运输周转量的能源消耗量变化对碳排放总量变动的影响
	$D_{TLC}^{T-1,T}$	可用座位公里的影响，反映航空公司运输能力的变化对碳排放总量变动的影响
运营效应	$D_{TFRE}^{T-1,T}$	全要素收入效率变化的影响，反映航空公司运营阶段收入效率变化对碳排放总量变动的影响
	$D_{LF}^{T-1,T}$	航空公司载运率变化对碳排放总量变动的影响
	$D_{ROP}^{T-1,T}$	运输收入能力的影响，反映单位周转量运输收入变化对碳排放变动的影响

对数平均迪氏指数（logarithmic mean divisia index，LMDI）方法是 IDA 模型的一个分支，主要用于变量不多而且涉及时间序列性质的情况，是应用比较广泛的影响因素分解分析方式。另外，当涉及多个分解级别时，LMDI 方法中的 LMDI-I 模型在子集上提供了完美的分解，并且与整体分解中的结果保持一致（Ang，2015）。因此，我们应用 LMDI-I 模型来进行民航部门航空公司碳排放变动的乘法形式分解。使用式（8.13）和式（8.14）计算每个因子 $D_x^{T-1,T}$ 的影响程度，其中投入产出指标为 $x \in \{ES, TFEE, PEI, TLC, TFRE, LF, ROP\}$。

$$D_x^{T-1,T} = \exp\left(\sum_{i=1}^{N} \varpi_i^{S-V} \cdot \ln \frac{X^T}{X^{T-1}} \right) \qquad (8.13)$$

$$\varpi_i^{S-V} = \frac{L(C_i^{T-1}/C^{T-1}, C_i^T/C^T)}{\sum_{i=1}^{N} L(C_i^{T-1}/C^{T-1}, C_i^T/C^T)} \qquad (8.14)$$

其中，ϖ_i^{S-V} 表示航空公司碳排放的权重，$L(C_i^{T-1}/C^{T-1}, C_i^T/C^T) = \dfrac{C_i^{T-1}/C^{T-1} - C_i^T/C^T}{\ln(C_i^{T-1}/C^{T-1}) - \ln(C_i^T/C^T)}$ 为对数平均函数。如果分解结果为影响因素 $D_x^{T-1,T}=1$，则该影响因素不会影响[$T-1$，T]期间的碳排放变化；如果分解结果为影响因素 $D_x^{T-1,T}>1$，则该影响因素会促进[$T-1$，T]期间的碳排放增加；如果分解结果为影响因素 $D_x^{T-1,T}<1$，则该影响因素会抑制[$T-1$，T]期间的碳排放增长或减少排放。

8.4　数据来源与说明

　　本章基于 2011 年至 2017 年 7 年间全球代表性航空公司的数据进行实证研究。初始年份选择 2011 年主要是因为欧盟在 2011 年宣布从 2012 年 1 月 1 日起,所有从欧盟境内起飞和降落在欧盟境内的航班将受到碳排放的约束。因此,许多航空公司寄希望于提高效率,以平衡利润与欧盟的碳减排要求。

　　尽管大部分非欧盟国家政府禁止本国航空公司遵守欧盟碳排放交易计划,但是 Cui 等(2016b)指出非欧盟国家(如中国和美国)的航空公司已经为欧盟碳排放交易体系实施了重要的准备措施。也就是说,航空业被纳入欧盟排放交易体系,不仅对欧盟航空公司,对全球航空公司都将产生直接影响(Anger and Köhler,2010)。因此,2011~2017 年,样本选择的航空公司包括欧盟和非欧盟航空公司。基于数据的可用性和样本的代表性,选取了全球 15 家航空公司的实证数据,样本航空公司的具体属性如表 8.4 所示。

表8.4　样本航空公司的公司属性

航空公司	IATA 代码	国家	地区
达美航空公司	DL	美国	
西南航空公司	WN	美国	北美洲
阿拉斯加航空公司	AS	美国	
法航荷航空公司	AF	法国	欧洲
汉莎航空公司	LH	德国	
阿联酋航空公司	EK	阿联酋	
南方航空公司	CZ	中国	
中国国际航空公司	CA	中国	
东方航空公司	MU	中国	亚洲和大洋洲
海南航空公司	HU	中国	
国泰航空公司[1]	CX	中国	
新加坡航空公司	SQ	新加坡	

续表

航空公司	IATA 代码	国家	地区
日本航空公司	JL	日本	
大韩航空公司	KE	韩国	
澳洲航空公司	QF	澳大利亚	

1）国泰航空隶属于英资控股的太古集团，国泰航空公司的总部设在香港，以香港国际机场作为枢纽进行运营管理，并多次获得最佳北亚洲航空公司奖。因此，本书在分析的时候将其归类在亚洲和大洋洲地区

从图 8.2 可以看出，在研究期间内，15 家样本航空公司的客运周转量（RPK）与碳排放呈现出相似的年增长趋势。在这些样本航空公司中，有 6 家航空公司的客运周转量在全球所有航空公司中排名前 10 位（分别为 DL、EK、CZ、LH、AF 和 CA）。与此同时，碳强度呈现稳固下降的趋势，这与全球民航碳排放发展趋势几乎一致。此外，这些航空公司来自不同的地区，能够反映区域特征。另外，不同航空公司的运营方式可能会对航空公司的碳排放效率存在一定的影响，但影响程度相对较小（Cui and Li，2018；Huang et al.，2020），在样本选择的时候我们兼顾了不同类型的航空公司：有的是低成本航空公司（如 WN），有的是全服务航空公司（如 CA）。因此，这些航空公司有效地代表了全球航空公司，选择它们作为研究样本是合适的。

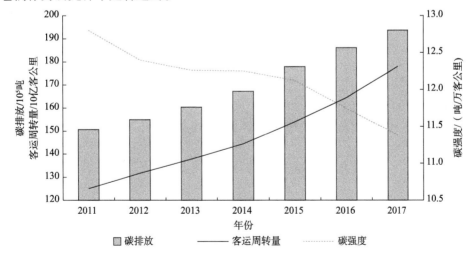

图 8.2　样本航空公司碳排放、碳强度及客运周转量的变化（2011~2017 年）

由于民航高空运输的特殊性，民航飞机必须遵循非常严格的燃油类型要求（主要体现在燃料储存、燃料经济性和安全性上）。航空煤油是民航部门能源消费的主导类型，Yuan 等（2015）的统计研究表明，2014 年以来，民航总燃料消耗的

99%以上是喷气煤油。因此，与 Liu 等（2020）的处理方式一样，本节假设所有民航碳排放都来自喷气煤油燃烧。

另外，各个航空公司的劳动力（L）、航空煤油（E）、机队规模（FS）、可用座位公里（ASK）、固定资本（K）和运输收入（Y）均可以从每家航空公司的年报中收集。其中，固定资本和运输收入换算为 2011 年不变价格。碳排放（C）数据来自样本航空公司的可持续发展、环境和企业社会责任报告。附录 8A 提供了 15 家样本航空公司的投入产出数据，表 8.5 提供了样本航空公司在 2011~2017 年投入产出和中间产品指标数据的统计属性。

表8.5 主要投入产出变量的统计性描述

变量	单位	平均值	中间值	最大值	最小值	标准差
航空煤油（E）	10^4 吨	539.96	491.11	1 099.85	101.77	258.72
劳动力（L）	人	53 989.63	46 278.00	128 856.00	8 558.00	33 679.32
固定资本（K）	10^8 美元	14 669.61	14 143.50	26 563.00	3 373.00	5 971.28
可用座位公里（ASK）	10^8 客公里	183.04	151.57	409.32	42.45	96.32
机队规模（FS）	架	393.19	308.00	856.00	100.00	231.19
客运周转量（RPK）	10^8 客公里	147.87	123.50	350.37	24.57	81.14
运输收入（Y）	10^6 美元	17 876.31	15 555.90	41 244.00	3 849.04	9 634.67
碳排放（C）	10^4 吨	1 700.88	1 547.00	3 464.52	320.57	814.98

8.5 民航碳排放两阶段驱动因素实证结果

8.5.1 民航碳排放总量与绩效

总体而言，所研究的 15 家样本航空公司的碳排放总量从 2011 年到 2017 年逐渐增加，从 2011 年的 1506.6 万吨增加到 2017 年的 1937.5 万吨，年均增长率为 4.3%。碳排放总量在 2014 年之后增长尤为显著，这主要是由全球经济一体化导致的对快速、舒适、安全旅行的需求增加（Arjomandi et al.，2018）。图 8.3 显示了 15 家航空公司碳排放总量的变化率情况，总体来看差异明显。其中，8 家航空公司（EK、CZ、AS、HU、CA、MU、JL 和 WN）的碳排放量呈显著上升趋势，年均增长率超过 5%。航空公司 EK 的增长率最大，年均增长率为 11.8%，这主要是公司规模和航空运输规模的快速扩张导致的。航空公司 AS 经历了 2016 年至 2017 年最大的碳排放增长率，其他航空公司的碳排放变化相对较小，年均增长率不到 1.5%。以航空公司 AF 为例，有时甚至会出现下降趋势（2015~2017 年），这主要是该航空公司在 2015 年后大规模裁员和部分长途航班暂停导致航空公司的运输规模大幅缩减。因此，较低的航空运输规模导致碳排放量的增长较小。

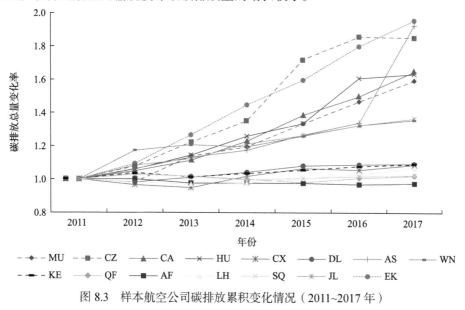

图 8.3 样本航空公司碳排放累积变化情况（2011~2017 年）

　　对于航空公司而言，通过技术进步可以有效改进飞机发动机的性能，进而提升能源使用效率。飞机制造材料的改进可以使飞机自身的重量大幅减轻、飞机外形的设计更加符合空气动力学，从而实现节能减排（Lee et al.，2010）。然而，这需要对研发进行大量长期的投资。此外，淘汰旧飞机还需要大量的固定资本投资。因此，对于航空公司而言，充分利用现有技术，提高航空公司的管理水平和运输效率以减少碳排放是经济、高效的（Cui et al.，2018）。

　　本章测量了不同阶段的航空公司的效率问题，包括生产阶段的全要素能源效率（total factor energy efficiency，TFEE）和运营阶段的全要素收入效率（total factor revenue efficiency，TFRE）。利用前文中的非径向方向距离函数——式（8.8）和式（8.9）分别测度两个阶段的效率。参考 Wang 等（2019）的研究，本节将方向向量设置为 $\vec{g}_1 = (-K, -L, -E, \text{ASK})$ 和 $\vec{g}_2 = (-\text{ASK}, -\text{FS}, \text{RPK}, Y, -C)$。生产阶段和运营阶段的权重向量分别为 $\omega_1^T = (1/4, 1/4, 1/4, 1/4)$ 和 $\omega_2^T = (1/5, 1/5, 1/5, 1/5, 1/5)$。此外，根据 Guo 等（2017）的研究，航空公司的整体效率可以表示为两个阶段效率的乘积，整体效率结果如图 8.4 所示，详细结果在附录 8B 中列出。

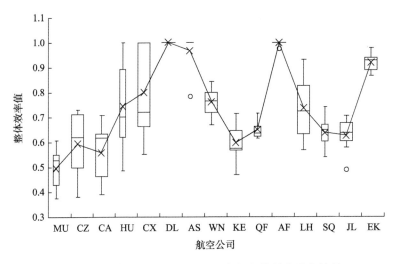

图 8.4　样本航空公司 2011~2017 年的整体效率分布情况

　　15 家样本航空公司 2011~2017 年整体平均效率值为 0.739，总体呈现"升—降—升"的变化趋势。整体效率值最高为 2014 年的 0.772；而 2016 年效率值最低为 0.691。在研究期间，不同航空公司的效率值存在较大波动，如图 8.4 所示。对于具体航空公司来说，欧美发达航空公司的整体运输效率要显著高于亚洲新兴航空公司。所有航空公司中，DL、AF 和 AS 的综合效率值最高，分别达到 1.000、0.997 和 0.969。除 AF 和 DL 外，其他航空公司的效率值存在下降趋势。效率值较高的航空公司在生产和运营阶段都采取了一系列措施。例如，为优化机队结构，2012 年后航空公司 DL 更新了 30 架最新的 A321 和 A330-300 飞机，这些机型的飞行燃油效率更高，可为客户提供更好的机上体验。航空公司 AS 逐步配备了最先进的终端处理技术，包括可同时快速传输 6 个单元装载设备的全自动材料处理系统（ICAO，2016）。未来，这些措施可能会被 MU、CZ 和 CA 等低效率航空公司（这些航空公司的效率值都小于 0.6）所模仿与采用。考虑到航空公司整体效率的显著差异，下面我们将从生产和运营两阶段的角度（TFEE 和 TFRE）进一步探讨航空公司的效率，具体结果如表 8.6 和表 8.7 所示。

表8.6　生产阶段（投入导向）的年度效率结果（2011~2017年）

航空公司	生产阶段（TFEE）						
	2011 年	2012 年	2013 年	2014 年	2015 年	2016 年	2017 年
MU	0.779	0.849	0.829	0.836	0.853	0.718	0.803
CZ	0.931	0.970	0.961	0.977	0.868	0.746	1.000
CA	0.831	0.845	0.883	0.883	0.874	0.716	0.791

航空公司	生产阶段（TFEE）						
	2011 年	2012 年	2013 年	2014 年	2015 年	2016 年	2017 年
HU	0.939	0.886	1.000	1.000	1.000	1.000	1.000
CX	1.000	1.000	1.000	1.000	0.607	0.551	1.000
DL	1.000	1.000	1.000	1.000	1.000	1.000	1.000
AS	1.000	1.000	1.000	1.000	1.000	1.000	0.895
WN	1.000	0.963	0.970	0.986	1.000	0.938	0.982
KE	0.712	0.716	0.575	0.562	0.572	0.471	0.578
QF	0.831	0.844	0.875	0.902	1.000	0.917	1.000
AF	1.000	1.000	1.000	1.000	1.000	1.000	1.000
LH	0.694	0.711	0.741	0.753	0.954	0.961	0.930
SQ	0.597	0.610	0.743	0.672	0.666	0.539	0.651
JL	0.706	0.674	0.680	0.636	0.632	0.490	0.577
EK	0.865	0.934	0.941	0.900	0.927	0.877	0.976
平均值	0.859	0.867	0.880	0.874	0.864	0.795	0.879

表8.7　运营阶段（投入导向）的年度效率结果（2011~2017年）

航空公司	运营阶段（TFRE）						
	2011 年	2012 年	2013 年	2014 年	2015 年	2016 年	2017 年
MU	0.715	0.715	0.639	0.654	0.567	0.526	0.465
CZ	0.772	0.754	0.644	0.719	0.551	0.509	0.519
CA	0.852	0.761	0.706	0.698	0.595	0.565	0.496
HU	0.516	0.646	0.668	0.787	0.701	1.000	1.000
CX	0.722	0.718	1.000	1.000	1.000	1.000	1.000
DL	1.000	1.000	1.000	1.000	1.000	1.000	1.000
AS	1.000	1.000	1.000	1.000	1.000	1.000	0.878
WN	0.761	0.695	0.698	0.812	0.844	0.854	0.779
KE	1.000	1.000	1.000	1.000	1.000	1.000	1.000
QF	0.816	0.846	0.728	0.695	0.649	0.673	0.619
AF	0.977	1.000	1.000	1.000	1.000	1.000	1.000
LH	0.819	0.867	0.882	0.962	0.978	0.887	0.865
SQ	1.000	1.000	1.000	1.000	1.000	1.000	1.000
JL	1.000	1.000	1.000	1.000	1.000	1.000	1.000
EK	1.000	1.000	1.000	1.000	1.000	1.000	1.000
平均值	0.863	0.867	0.864	0.888	0.859	0.868	0.841

表 8.6~表 8.7 显示，2011 年至 2017 年，15 家样本航空公司的 TFEE 和 TFRE 平均值保持相对稳定。总体来看，TFEE 的变化对整体效率的变化影响较大。TFEE 从 2011 年的 0.859 上升到 2017 年的 0.879，而 TFRE 从 2011 年的 0.863 下降到 2017 年的 0.841。除此之外，TFEE 从 2016 年的 0.795 显著提升到 2017 年的 0.879，增幅达到 10.57%。这反映了对于航空公司来说，民航部门在生产过程中对能源、劳动力、资本等生产要素的配置还需要进一步优化，管理水平有待进一步提高。在所有样本航空公司中，航空公司 AF 在生产和运营阶段的效率都表现良好，2011 年至 2017 年该航空公司生产效率始终处于最优前沿，2012 年后运营效率达到并一直处于最优前沿。比较而言，航空公司 KE、JL 和 SQ 在生产过程中的效率表现最差。因此，以这三个航空公司为代表的低效率航空公司需要重点关注技术进步和提高生产过程的效率。同时，中国四大航空公司（HU、MU、CZ、CA）在运营阶段的整体表现远低于平均水平，表明中国航空公司需要在航空运营方面投入更多的精力。

为了进一步探索航空公司两阶段效率的异质性，将所有航空公司根据 TFEE 和 TFRE 的值分为四个不同的组别。在图 8.5 中，边界（两条虚线）代表研究期间航空公司 TFEE（0.860）和 TFRE（0.864）的平均值。从 TFEE 来看，欧美航空公司（如 AF、DL、AS、WN）的全要素能源效率要优于亚洲航空公司（如 KE、JL、SQ 和 MU）。从 TFRE 来看，发达国家航空公司（如 JL、SQ、KE 和 AF）的全要素收入效率高于发展中国家航空公司（如 MU、CA、CZ）。

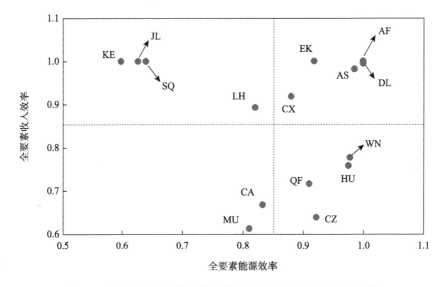

图 8.5 基于两阶段效率水平的航空公司分类（2011~2017 年）

具体而言（图 8.5），样本航空公司中有 5 家 I 类航空公司（AF、DL、AS、EK 和 CX）表示"在能源使用和运输收入产出的全要素效率均相对较高"，这些航空公司在生产和运营阶段都具有较高的效率水平，是其他航空公司寻求提高民航整体效率的基准和参考，在今后的发展中应继续保持现有的生产流程绩效和运营流程优势，加强与其他航空公司的合作交流，进一步增强溢出效应。相比之下，样本航空公司中有 2 家III类航空公司（CA 和 MU）表示"能源使用和运输收入产出的全要素效率均相对较低"。与第 I 类航空公司相比，第III类航空公司在生产过程和运营过程绩效方面的全要素效率较低。这些航空公司要认识到提高综合效率的难点，努力提高生产和运营能力。

样本航空公司中有 4 家 II 类航空公司（LH、SQ、JL 和 KE）表示"生产阶段全要素能源效率低，但运营阶段全要素收入效率高"。这些航空公司在生产阶段效率低下，但在运营效率方面表现良好。这些航空公司应保持现有的运输收入产出优势，同时通过减少对能源的依赖来提高能源使用绩效。相比之下，样本航空公司中有 4 家IV类航空公司（WN、HU、QF 和 CZ）表示"生产阶段全要素能源效率高，但运营阶段全要素收入效率低"。类似于 II 类航空公司，IV类航空公司可以通过改善运输收入的能力及引入新的运营和管理措施来进一步提高运营效率。

8.5.2　民航碳排放变动影响因素

基于两阶段效率评估，通过式（8.12）~式（8.14）可以计算出驱动 15 家样本航空公司碳排放变动的关键因素。由于分解分析方法是在 2011~2017 年每 2 年为一个区间进行研究，这导致每家航空公司有 6 个研究区间，如表 8.8 所示。另外，需要说明的是该研究假设民航碳排放全部来自喷气煤油燃烧，因此能源结构保持不变，不影响民航碳排放的变动。表 8.8 显示从 3 个过程来看，连接效应是 2011~2017 年碳排放增长的主要驱动力，累积贡献值为 1.4606（2011~2017 年 TLC 与 PEI 两个影响因素的乘积）；生产过程相关影响因素（2011~2017 年 TFEE 的影响）和运营过程相关影响因素（2011~2017 年 TFRE、LF 及 ROP 三个影响因素的乘积）对碳排放变化的累积影响值均小于 1（分别为 0.9622 和 0.9150）。这表明，对于样本航空公司来说，生产过程和运营过程都在碳减排过程中扮演了积极的作用。

表8.8 航空公司历年碳排放变化及其驱动因素（2011~2017年）

时期	总体变化	生产相关因素	连接相关因素		运营相关因素		
	D_{tot}	D_{TFEE}	D_{TLC}	D_{PEI}	D_{TFRE}	D_{LF}	D_{ROP}
2011~2012 年	1.0282	0.9857	1.0450	0.9803	0.9991	1.0085	1.0105
2012~2013 年	1.0349	0.9886	1.0410	1.0270	1.0038	1.0022	0.9732
2013~2014 年	1.0428	1.0079	1.0450	1.0506	0.9717	0.9998	0.9699
2014~2015 年	1.0634	1.0061	1.0604	1.0256	1.0413	1.0052	0.9286
2015~2016 年	1.0467	1.0920	1.0548	0.9623	1.0159	1.0069	0.9232
2016~2017 年	1.0413	0.8917	1.0615	1.0365	1.0321	1.0115	1.0165
几何平均值	1.0428	0.9936	1.0513	1.0132	1.0104	1.0057	0.9697
2011~2017 年	1.2860	0.9622	1.3498	1.0821	1.0641	1.0346	0.8311

图 8.6 显示，对于具体航空公司来说，除了 DL、KE 和 JL 这 3 家航空公司外，连接效应是其他 12 家航空公司碳排放增长的最大驱动因素。其中，对航空公司 EK、LH 和 CZ 的影响最大，连接效应对这 3 家航空公司碳排放的累积贡献分别达到 2584 万吨、1186.8 万吨和 1109 万吨。运营效应促进了 7 家航空公司的碳减排，这种效应对于 HU、CX、AF 和 EK 的减排效果最好。运营效应帮助这些航空公司从 2011 年到 2017 年累计减少了超过 500 万吨的碳排放。对于 CA 和 DL 两家航空公司来说，运营相关的影响因素非但没能遏制碳排放，反而成为促进碳排放增长的关键因素。生产效应相关影响因素对碳减排的贡献仅占运营效应相关影响因素对碳减排影响的一半左右（51.8%），但是，它抑制了大多数航空公司碳排放的增长，尤其是运输规模较大的航空公司，如 LH、QF 和 EK 等。

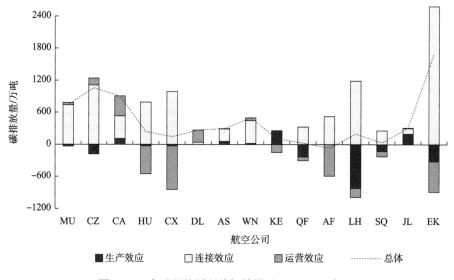

图 8.6 3 个过程的累积分解结果（2011~2017 年）

不同过程对碳排放变动有不同的影响；因此，进一步分析不同航空公司的内部驱动因素非常重要。图 8.7 显示了 6 个影响因素的累积变化情况及其演化趋势。从 2011 年到 2017 年，碳排放量累积增加了 28.6%，其中 TLC 的变化是引起碳排放增长的最重要因素，累积贡献值为 1.3498。除 2011~2012 年和 2016~2017 年外，ROP 值（累积值为 0.8311）均小于 1，这表明 ROP 是促进碳排放减少的最重要因素。分时间段来看，2011~2012 年碳排放受 TFEE、PEI、TFRE 抑制影响，使得此期间总体排放量增幅最小。然而，2014~2015 年除 ROP 外，其他因素均对碳排放起到了显著的促进作用，成为碳排放增长最大的时期。从两阶段过程来看，生产阶段 TFEE 的增加表明燃料资源得到了有效利用，减少了碳排放。相比之下，运营过程中的产出效率下降，尤其是在 2014~2015 年，TLC 的变化是碳排放增长的最重要因素。与此同时，TFRE 出现了大幅下降，进而促进了当年碳排放量的迅猛增长。特别地，PEI 和 LF 的累积贡献值均超过 1（分别为 1.0821 和 1.0641），促进了整体碳排放量的增加。

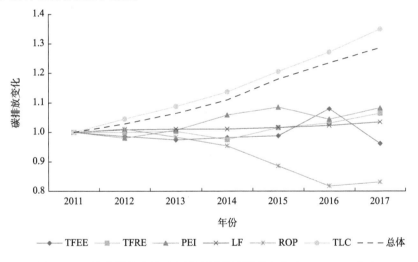

图 8.7　民航碳排放及其对应影响因素的累积变化（2011~2017 年）

图 8.8 显示，对于绝大部分航空公司而言，在考虑不同因素对不同航空公司的影响程度时，TLC 是连接过程中促进碳排放增长的最重要因素。TLC 表示每家航空公司可以提供的可用座位公里（ASK）的变化，反映航空公司运力的投入，因此 TLC 反映了航空公司的运输能力。近年来，航空公司不断投入运力资源（扩充机队规模、开发新航线）以扩大运输规模。运输能力的增加要求航空公司在生产运营过程中材料投入增加（主要为航油燃料的增加），从而促进了能源消耗带来的碳排放量的增加。Liu 等（2017b）与 Cui 和 Li（2018）均指出，运输规模的扩大是民航碳排放增长的最重要原因。

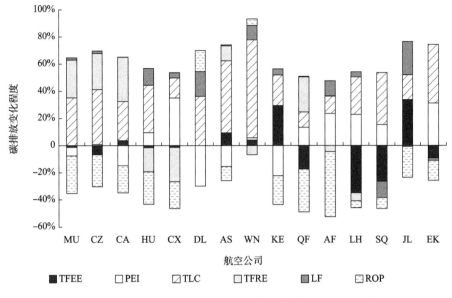

图 8.8　各航空公司碳排放变化的累积分解结果（2011~2017 年）

　　TLC 对航空公司碳排放的影响与不同航空公司的发展阶段和规模属性直接相关。例如，在所有航空公司中，结合各个航空公司碳排放总量的变化，TLC 对 MU、CZ、CA 和 EK 的碳排放增长贡献最大，对这些航空公司碳排放的增长量都超过了 800 万吨（具体结果见附录表 8C.1）。航空公司 AS 和 WN 的绝大部分碳排放增长都是由交通运输规模的扩大引起的，TLC 对两个航空公司碳排放的贡献程度分别为 53.1% 和 72.0%。对比这些航空公司，TLC 对碳排放贡献较大的航空公司的运输规模都比较大，都处于快速发展阶段。其中，对于中国的三大航空公司——MU、CZ 和 CA 来说尤为显著。从碳减排的角度来看，航空公司在现有运输能力的前提下，优化路线结构、提高资源利用效率可能是更好的发展方式。

　　PEI 属于连接过程中的另一个因素，该因素只在两个时间段发挥抑制碳排放增加的作用：2011~2012 年和 2015~2016 年。图 8.8 显示，PEI 的累积影响导致 9 家航空公司的碳排放量增加。从经济学角度来解释，PEI 反映了剥离运营过程及能源使用无效状态下单位周转量的能源消耗，是能源使用技术的直观体现，间接反映了航空公司飞机发动机的技术性能（Liu et al., 2017a）。对于航空公司来说，不断的技术进步可能导致能源使用技术达到瓶颈阶段。航空公司应进一步加大能源使用技术的研发投入，突破这一瓶颈。具体而言，CX、AF、LH、EK 等航空公司可以增加固定资本投资，通过更新机队、淘汰旧飞机和提高航空公司的整体燃油性能来减少碳排放。

　　运营效应在减少航空公司碳排放过程中扮演了主导地位，因而需要进一步分析运营效应减排的内在驱动因素。在考虑不同因素对不同航空公司的不同影响时，图 8.8 显示 ROP 是运营阶段减少碳排放的最重要因素。ROP 是运输强度（transportation intensity，TI）的倒数形式，过去的研究主要从两个角度关注 ROP 和运输强度对碳排放的影响：效率（Wang et al., 2011）和结构（Huang et al., 2019）。从效率的角度来看，ROP 反映了航空公司在运营阶段的运输绩效，运输绩效的变化反映了资源利用和要素配置的变化，进而影响输出（包括非期望产出二氧化碳）；从结构的角度来看，ROP 的差异主要反映了运输类型的不同，具体来说，随着航空运输市场的逐步开放，来自其他运输方式的竞争更加激烈，影响了航空运输的方式和运输需求，进而影响碳排放。Wang 等（2011）和 Huang 等（2019）发现运输强度的变化是碳排放变化的最关键因素。本章结果表明，除 2011~2012 年和 2016~2017 年外，ROP 有效促进了碳减排，这一结果与 Huang 等（2019）的研究结果一致。

对于具体航空公司而言，除 DL 和 WN 外，ROP 的累积效应在推动碳排放减少方面发挥了主导作用。图 8.9 显示了 ROP 值存在持续下降的趋势，其中Ⅲ类和Ⅳ类航空公司的跌幅最大，均超过 30%。前文的研究结果表明，Ⅲ类和Ⅳ类航空公司代表"运营阶段全要素收入效率低"的类型，并且Ⅲ类和Ⅳ类航空公司中 2/3 的航空公司都是中国航空公司。这表明，从效率的角度来看，中国民航业的快速发展和运力的不断提升，带动了民航运营水平的逐年提升。因此，相应的 ROP 值不断降低，有效抑制了碳排放。从结构上看，随着运输市场化程度的提高，其他运输方式（如高铁）对民航运输的影响不断显现（特别是在中国，由于其大规模发展高铁）。因此，航空运输需求的下降导致碳排放量出现减少。

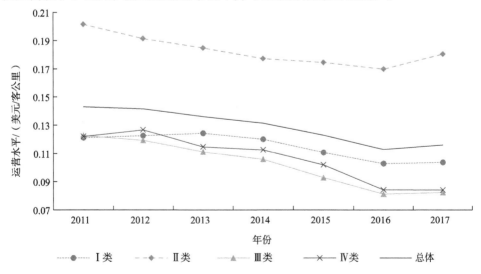

图 8.9　不同类型航空公司运输收入效率变化趋势（2011~2017 年）

从经济角度来看，ROP 的变化能够有效抑制碳排放增长也是合理的。ROP 代表航空公司单位客公里的运输收入，体现在每运输距离的票价变化中。2012 年以来，民航部门逐渐以增值税（value added tax，VAT）取代营业税，直接提高了航空公司的运输成本，进而降低了 ROP（Cui et al.，2018）。此外，ROP 的下降也间接反映了航线结构的变化。随着航空公司之间竞争的加剧，航线结构不断优化合理，航线结构的合理分布、飞机机型和航线的优化匹配可以有效抑制运输规模扩大导致的碳排放增加。

影响运营过程对碳排放总量变化效果的另外两个因素分别是 TFRE 和 LF，整体来看这两个影响因素都增加了碳排放。LF 的变化反映了飞机载运率的变化，是反映民航运输效率和经济效益的重要指标。从时间序列来看，各航空公司整体载运率呈现稳步上升趋势，但变化幅度相对较小，由 2011 年的 0.781 逐步上升至 2017 年的 0.819。这表明了航空公司飞机载运能力的利用程度和航空运输、飞行组织等的合理性均得到了优化。对于 TFRE，之前的分析结果表明航空公司全要素运输效率整体呈下降趋势，尤其是 2014 年之后，部分航空公司出现明显下滑（MU、CZ 和 CA 均下降了 35%以上）。这些航空公司的运输收入效率损失较大，资源配置不能得到最优的利用，导致碳排放量增加明显。因此，在航空公司运营方面，应加大人才培养投入，加强管理经验的学习和交流，提高运营效率。特别地，以 MU、CZ 和 CA 等为代表的运营规模相对较大、扩张速度相对较快的航空公司更应关注这些领域。

从生产过程来看，提高能源利用效率可以有效促进碳减排。2011~2017 年，航空公司整体 TFEE 由 0.8590 提升到 0.8789，有效抑制了航空公司碳排放，累积贡献值为 0.9622。总体来看，TFEE 的变化呈现出"升—降—升"的变化趋势，2011~2013 年小幅上升，2013~2016 年显著下降，2016~2017 年反弹回升。其中，2016~2017 年 TFEE 提高了 10.6%，这是抑制当年碳排放快速增长的主要原因。从附录 8C 也可以明显看出，TFEE 的改进有效地促进了 8 家航空公司的碳减排。其中，TFEE 对 LH 的减排贡献最大，达到 819.7 万吨。对于航空公司 LH，平均每吨航空煤油的投入可以带来 3039.4 吨公里的运力增长，在 15 家航空公司中排名第四。此外，在 15 家航空公司中，LH 航空公司的单位劳动力带来的运力提升排名第一。航空公司 LH 在能源和劳动力生产方面的良好表现主要得益于其独特的内部条件与环境。近年来，LH 不断加强员工培训，同时增加与其他航空公司的交流学习机会，提升管理水平。此外，LH 航空公司还大力发展新能源的使用，更好地优化了生产过程。资源利用和分配效率的显著提高使得扩大运输规模并减少排放成为可能。

8.5.3　民航碳排放变化结果归因

在探讨了不同影响因素如何驱动民航碳排放的变化之后，有必要进一步了解各个影响因素影响程度的来源，也就是说需要识别不同航空公司对各因素的贡献如何。这可以为不同航空公司碳减排政策的差异化设计提供参考。Choi 和 Ang（2012）提出的归因分析方法能够有效地完成这一目标。以全要素能源效率（TFEE）的影响为例，通过式（8.15）可以计算出各航空公司对 TFEE 的贡献情况，另外五个影响因素也可以类似地推导出来。

$$D_{\text{tfee}}^{T-1,T}-1=\sum_{i=1}^{I} D_{\text{tfee}}^{T-1,T}-1=\sum_{i=1}^{I}\frac{\dfrac{w_i^{S-V} F_i^{T-1}}{L(F_i^{T-1}\cdot D_{\text{tfee}}^{T-1,T},F_i^{T})}}{\sum_{i=1}^{I}\dfrac{w_{ij}^{S-V} F_{ij}^{T-1}}{L(F_i^{T-1}\cdot D_{\text{tfee}}^{T-1,T},F_i^{T})}}\cdot(\frac{F_i^{T}}{F_i^{T-1}}-1) \qquad (8.15)$$

其中，$F_i^s=\dfrac{E_i^s}{(E_i^s-\beta_{i,E}^{*}E_i^s)}$。$D_{\text{tfee}}^{T-1,T}-1$ 表示 T–1 至 T 期间全要素能源效率影响的变

化比率。表达式 $\dfrac{\dfrac{w_i^{S-V} F_i^{T-1}}{L(F_i^{T-1}\cdot D_{\text{tfee}}^{T-1,T},F_i^{T})}}{\sum_{i=1}^{I}\dfrac{w_{ij}^{S-V} F_{ij}^{T-1}}{L(F_i^{T-1}\cdot D_{\text{tfee}}^{T-1,T},F_i^{T})}}\cdot\dfrac{F_i^{T}}{F_i^{T-1}}$ 是指第 i 个航空公司在 T–1 到 T 期间

对 TFEE 变化的百分比贡献系数。

TLC 产出规模效应在民航部门碳排放增长过程中起绝对主要的作用，TLC 对航空公司碳排放增长的促进作用主要归因于航空公司 EK（7.11%）、CZ（5.18%）、MU（4.29%）、CA（4.11%）的影响。此外，所有航空公司都对 TLC 因子有积极贡献。ROP 是民航部门碳减排的最主要影响因素，其中 MU（−2.41%）、AF（−2.20%）、CZ（−2.08%）、CA（−2.06%）等航空公司均通过 ROP 对降低民航碳排放发挥了重要作用。相比之下，DL（0.60%）和 WN（0.21%）等航空公司在运输收入产出绩效上表现较差，因此对 ROP 效应起到了负向作用，进而导致民航碳排放增加。从不同航空公司对 TLC 和 ROP 两个关键的促增与促减影响因素的贡献程度来看，15 家航空公司存在明显的异质性特征，如图 8.10 所示。

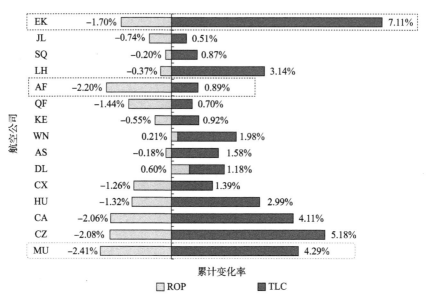

图 8.10　样本航空公司对 TLC 和 ROP 的累积贡献作用（2011~2017 年）

样本航空公司对影响因素 TLC 的年平均贡献率为 5.130%，累积贡献率为 36.84%。这主要是因为航空公司运输规模不断扩张，2011~2017 年样本航空公司的运输规模增幅明显，达到38.21%。航空公司对 TLC 的总体贡献率从 2011 年的 4.495%上升到 2017 年的 6.155%，呈现波动上升的趋势。表 8.9 详细展示了 2011~2017 年所有航空公司对 TLC 效应的贡献情况，总体来看各个航空公司对 TLC 的贡献均为正（即增加民航碳排放）。航空公司 EK 的年度贡献值为 1.025%，与其他航空公司相比明显较大。此外，航空公司 MU、CZ 和 CA 对 TLC 的影响均占总影响的 10%以上。与其他航空公司相比，JL 的贡献最小，年平均贡献为 0.074%。这主要是由于研究期内该航空公司的年均运输规模增长率较小（1.82%）。

表8.9　各个航空公司对TLC效应的贡献程度

航空公司	2011~2012 年	2012~2013 年	2013~2014 年	2014~2015 年	2015~2016 年	2016~2017 年	平均值
MU	0.370%	0.610%	0.332%	0.783%	0.835%	0.635%	0.594%
CZ	0.663%	0.595%	0.771%	0.875%	0.692%	0.765%	0.727%
CA	0.399%	0.551%	0.660%	0.753%	0.621%	0.481%	0.577%
HU	0.149%	0.231%	0.490%	0.186%	0.477%	0.884%	0.403%
CX	0.182%	−0.125%	0.382%	0.389%	0.154%	0.173%	0.192%
DL	−0.248%	0.129%	0.361%	0.368%	0.231%	0.110%	0.158%
AS	0.087%	0.105%	0.106%	0.157%	0.158%	0.639%	0.209%

续表

航空公司	2011~2012 年	2012~2013 年	2013~2014 年	2014~2015 年	2015~2016 年	2016~2017 年	平均值
WN	0.411%	0.122%	0.035%	0.478%	0.377%	0.237%	0.277%
KE	0.265%	0.028%	0.124%	0.151%	0.155%	0.072%	0.132%
QF	0.250%	0.019%	0.066%	0.019%	0.202%	0.049%	0.101%
AF	0.081%	0.139%	−0.069%	0.245%	0.071%	0.259%	0.121%
LH	0.092%	0.115%	0.236%	0.243%	0.489%	1.288%	0.411%
SQ	0.302%	0.256%	0.109%	−0.023%	−0.072%	0.203%	0.129%
JL	0.130%	0.105%	0.034%	0.120%	−0.019%	0.072%	0.074%
EK	1.362%	1.225%	0.868%	1.297%	1.109%	0.289%	1.025%
累积贡献率	4.495%	4.104%	4.504%	6.041%	5.479%	6.155%	5.130%

注：本表中平均值和累积贡献率数据是用各时间段原始数据计算后经四舍五入得到

对于影响因素 ROP 来说，2011 年至 2017 年各航空公司的年度贡献率为 −2.969%，具体结果如表 8.10 所示。效果最为显著的是 2014~2015 年和 2015~2016 年两个时期，贡献率分别达到−7.138%和−7.684%。具体而言，2014~2015 年，除航空公司 LH 和 JL 外，其他航空公司均对影响因素 ROP 产生负面影响，超过半数的航空公司（8 家航空公司）对 ROP 实现碳减排的贡献率超过 0.5%，航空公司 AF 的贡献率最大，为−1.271%。2011~2012 年和 2016~2017 年，ROP 对碳排放增长的贡献率分别达到 1.053%和 1.647%。究其原因，2011~2012 年，DL、KE、QF 和 AF 这 4 家航空公司承担了 ROP 促进碳排放的主要责任，这 4 家航空公司对 ROP 增长的贡献率为 201.4%。2016~2017 年，除 AS、QF 和 LH 这 3 家航空公司外，其他 12 家航空公司均促进了 ROP 对碳排放增加的影响。特别是 JL 贡献最大，对 ROP 贡献率达到 31.45%，这凸显了航空公司需要对其运营流程、运营效率保持警惕的必要性。

表8.10　各个航空公司对ROP效应的贡献程度

航空公司	2011~2012 年	2012~2013 年	2013~2014 年	2014~2015 年	2015~2016 年	2016~2017 年	平均值
MU	−0.287%	−0.288%	−0.347%	−0.849%	−0.924%	0.002%	−0.449%
CZ	0.021%	−0.620%	0.175%	−1.046%	−0.992%	0.095%	−0.395%
CA	−0.026%	−0.562%	−0.261%	−0.803%	−0.833%	0.199%	−0.381%
HU	0.027%	−0.255%	−0.011%	−0.218%	−1.107%	0.017%	−0.258%
CX	−0.088%	0.026%	−0.113%	−0.765%	−0.656%	0.153%%	−0.241%
DL	0.530%	0.231%	0.314%	−0.275%	−0.469%	0.204%	0.089%
AS	0.008%	0.051%	−0.024%	−0.063%	−0.107%	−0.092%	−0.038%
WN	0.230%	0.145%	0.102%	−0.132%	−0.192%	0.016%	0.028%

航空公司	2011~2012 年	2012~2013 年	2013~2014 年	2014~2015 年	2015~2016 年	2016~2017 年	平均值
KE	0.485%	−0.238%	−0.165%	−0.732%	−0.306%	0.304%	−0.109%
QF	0.507%	−0.737%	−0.521%	−0.523%	−0.214%	−0.105%	−0.266%
AF	0.599%	0.197%	−1.513%	−1.271%	−0.755%	0.225%	−0.420%
LH	0.280%	−0.357%	−0.309%	0.484%	−0.250%	−0.274%	−0.071%
SQ	−0.304%	−0.024%	0.167%	−0.116%	−0.047%	0.139%	−0.031%
JL	−0.646%	−0.195%	−0.411%	0.140%	−0.072%	0.518%	−0.111%
EK	−0.281%	−0.053%	−0.095%	−0.970%	−0.759%	0.246%	−0.319%
累积贡献率	1.053%	−2.681%	−3.012%	−7.138%	−7.684%	1.647%	−2.969%

注：本表中平均值和累积贡献率数据是用各时间段原始数据计算后经四舍五入得到

15 家样本航空公司对碳排放影响因素的贡献程度呈现出不同的特征。这主要是由航空公司自身的异质性造成的：不同的航空公司具有不同的属性特征（如发展水平、运输规模、运输结构等）。例如，图 8.10 显示，从两个关键驱动因素（TLC 和 ROP）来看，样本航空公司中有 3 家典型的航空公司可以分别代表 3 种不同的航空公司类型：航空公司 EK 对 TLC 贡献最大（7.11%），与此同时也能够通过对 ROP 的贡献有效减少碳排放（−1.70%）；航空公司 MU 对 ROP 碳减排的贡献最大（−2.41%），对 TLC 碳排放增长的贡献也较大（4.29%）；航空公司 AF 对 TLC 碳排放增长的贡献较小（0.89%），但对 ROP 碳减排有很大的贡献（−2.20%）。

航空公司 EK 是世界上发展较快的航空公司之一，拥有一支完全由大型飞机组成的运输机队。在运营过程中，EK 投资了最先进的飞行计划系统，采用了先进的飞行计划，有效降低了运营成本。这使得 EK 在扩大运输规模提升碳排放的同时，也能够通过对 ROP 的贡献有效抑制碳排放。作为中国三大航空公司之一的 MU，经历了一系列的兼并重组之后，其运输规模不断扩大，对 TLC 的累积贡献较大。考虑到中国民航市场正在逐步放开，航空公司之间的竞争日趋激烈，与此同时，其他运输方式，特别是高速铁路对民航的影响日益显著，这使得航空公司 MU 对 ROP 的贡献最大，有效抑制了碳排放的增长。这种情况也可以用于解释其他三家中国航空公司（CZ、CA 和 HU）类似的贡献效应。相比之下，欧洲最大的航空公司 AF 在这两方面的贡献都相对较小，这主要是因为以 AF 为代表的航空公司在运输规模和运营能力方面相对稳定，导致变化不大。

8.6　本　章　小　结

本章有针对性地、更为精确地为制定民航碳减排政策提供了理论依据，提出了两阶段效率测度框架下的分解分析方法。利用新构建的方法，实证研究了2011~2017 年 15 家代表性的国际航空公司碳排放变化的驱动因素。在此基础上，结合归因分析，探讨全球民航碳排放变化的驱动因素及谁该负主要责任。实证研究得出了如下三个重要结论。

第一，全球经济一体化加大了对快速、舒适、便捷的航空运输的需求，全球民航碳排放增速迅猛。2011 年到 2017 年，航空公司总体效率经历了"上升—下降—上升"的趋势。从两个阶段来看，全要素能源效率（TFEE）整体呈现上升趋势，而全要素收入效率（TFRE）则整体呈现下降趋势。航空公司的整体效率值受全要素能源效率变化的影响较大。为进一步探讨航空公司两阶段效率的异质性，将样本航空公司分为四个不同的组别类型。结果表明，与亚洲航空公司相比，欧美国家航空公司在全要素能源效率上具有更高的效率；发达国家航空公司的全要素收入效率高于发展中国家航空公司；亚洲航空公司，尤其是发展中国家那些发展迅速的航空公司[如中国国际航空公司（CA）和东方航空公司（MU）]，更应引起重视。不同航空公司之间应主动采取措施，如加强与欧美航空公司的沟通，引进先进的生产经营方式，学习和应用先进的管理技术，以提高其生产经营绩效。

第二，从过程角度看，连接过程效应是促成民航碳排放增加的最重要过程，其他过程都有效抑制了碳排放。从影响因素来看，反映航空公司规模效应的 TLC 和反映航空公司运营水平的 ROP 这两个影响因素分别是驱动碳排放增减的主导因素。由于全要素能源效率的增加，能源资源被有效利用以减少碳排放，其余因素（TFRE、LF 和 PEI）都促进了碳排放量的增长。因此，从政府角度来看，可以通过制定一揽子碳税政策，进一步放开航空运输市场化，以提高收益运营绩效。从航空公司的角度来看，也应深化运营改革，如更新机队结构、合理布局航线结构、优化机型与航线匹配等。在现有运输能力难以大幅改变的前提下，提高资源利用效率可能是抑制运输规模扩大带来的碳排放增加的较好途径。例如，航空公司可以组织节油飞行技术培训，提高燃油使用效率，特别是对于运输能力投入较大的航空公司更应如此。

第三，通过对影响航空公司碳排放变动的两个关键因素——可提供的运输能力（TLC）与运输产出效率（ROP）的归因分析发现，不同类型的航空公司具有不同的发展属性，对 TLC 和 ROP 的贡献存在较大差异。具体地，TLC 对碳排放增加的主要贡献者是那些运输规模快速增长的航空公司，包括阿联酋航空公司（EK）和中国的南方航空公司（CZ）。相比之下，东方航空公司（MU）和法航荷航航空公司（AF）是运营水平较高的航空公司，与其他航空公司相比，它们对 ROP 减排的贡献作用更加显著。因此，不同类型的航空公司应设计差异化政策，从而进一步优化未来的碳减排措施。

附录 8A　样本航空公司的投入产出数据

表8A.1　样本航空公司投入产出指标数据（2011~2017年）

航空公司	K/亿美元	L/人	E/万吨	ASK/亿客公里	FS/架	RPK/亿客公里	Y/亿美元	C/万吨
2011 年								
MU	11 345	59 872	398	128	377	101	124.73	1 254
CZ	13 816	54 326	393	151	444	122	132.93	1 239
CA	16 128	54 912	442	152	432	123	150.46	1 392
HU	4 951	8 558	119	42	108	25	38.49	376
CX	7 016	20 753	517	126	132	102	126.16	1 629
DL	20 223	78 352	916	378	740	310	351.15	2 886
AS	3 373	11 840	102	48	165	40	43.18	321
WN	12 127	45 392	443	194	698	157	156.58	1 397
KE	11 993	15 623	387	84	140	65	102.36	1 219
QF	15 531	33 169	388	133	283	107	131.49	1 224
AF	6 416	102 014	895	268	586	219	315.61	2 819
LH	18 851	119 084	902	258	636	203	308.08	2 842
SQ	13 381	22 514	439	108	100	88	148.58	1 382
JL	14 842	32 884	270	79	215	53	171.74	850
EK	13 718	62 697	562	201	169	160	186.28	1 770
2012 年								
MU	12 963	66 207	391	137	410	109	127.96	1 232
CZ	16 041	73 668	424	170	491	136	147.80	1 336
CA	18 637	59 328	464	161	461	130	157.44	1 460
HU	5 537	9 476	127	46	117	27	43.28	399
CX	8 235	21 986	500	130	138	104	127.41	1 574
DL	20 713	73 561	900	371	730	311	366.70	2 834

续表

航空公司	K/亿美元	L/人	E/万吨	ASK/亿客公里	FS/架	RPK/亿客公里	Y/亿美元	C/万吨
AS	3 609	11 955	108	51	172	43	46.57	340
WN	12 766	45 861	520	206	694	166	170.88	1 637
KE	13 488	16 056	402	88	146	69	118.75	1 266
QF	16 334	33 584	401	139	298	112	150.98	1 263
AF	6 307	100 744	896	269	573	224	338.11	2 821
LH	19 548	118 368	888	260	627	208	323.05	2 797
SQ	13 098	23 189	451	113	101	94	150.98	1 421
JL	12 721	32 634	292	81	216	57	157.74	920
EK	15 846	67 907	615	237	197	189	211.54	1 936
2013 年								
MU	14 978	68 874	454	152	478	120	134.12	1 429
CZ	19 698	80 175	481	187	561	148	145.81	1 515
CA	20 483	64 854	492	176	497	142	157.50	1 551
HU	6 771	10 347	137	53	131	33	45.44	431
CX	12 171	22 655	491	127	140	105	128.82	1 547
DL	21 854	77 755	927	375	743	314	377.73	2 919
AS	3 893	12 163	115	54	182	46	51.56	363
WN	13 389	44 381	535	210	680	168	176.99	1 686
KE	14 105	18 311	392	89	147	68	112.28	1 236
QF	13 436	33 265	396	140	312	111	130.23	1 246
AF	6 460	96 417	875	272	552	228	350.67	2 758
LH	21 121	117 343	876	263	622	213	321.89	2 761
SQ	13 027	23 716	446	118	103	95	152.44	1 406
JL	11 884	33 719	303	83	222	59	155.56	955
EK	19 875	75 496	713	271	217	215	240.05	2 244
2014 年								
MU	17 299	69 849	476	161	515	128	134.08	1 499
CZ	21 608	82 132	532	210	612	167	168.23	1 676
CA	22 514	68 553	543	194	540	155	164.89	1 711
HU	8 110	10 674	150	68	169	38	52.27	474
CX	12 624	23 719	527	135	147	112	135.88	1 660
DL	21 929	79 655	956	386	772	327	403.62	3 010
AS	4 299	12 739	120	58	196	48	53.68	377
WN	14 292	46 278	530	211	665	174	186.05	1 669
KE	14 354	20 567	401	91	148	68	108.35	1 263
QF	10 113	30 751	389	142	308	110	115.92	1 226
AF	6 571	94 666	875	271	546	229	307.24	2 758

航空公司	K/亿美元	L/人	E/万吨	ASK/亿客公里	FS /架	RPK/亿客公里	Y/亿美元	C/万吨
LH	20 278	118 973	883	268	615	219	321.72	2 780
SQ	13 523	23 963	437	121	105	94	155.66	1 377
JL	10 778	34 919	327	84	224	60	142.59	1 031
EK	22 333	84 153	814	296	231	235	259.94	2 565
2015 年								
MU	20 253	71 033	531	182	551	146	133.03	1 674
CZ	21 952	87 202	677	236	667	190	165.03	2 132
CA	23 001	77 374	613	215	590	172	162.59	1 931
HU	8 918	11 781	160	75	202	42	50.97	503
CX	12 891	26 824	551	143	146	122	131.21	1 737
DL	23 039	82 949	991	398	809	337	407.04	3 122
AS	4 802	13 858	129	64	212	53	55.98	406
WN	15 601	49 583	559	226	704	189	198.20	1 762
KE	14 771	20 815	409	94	156	72	98.51	1 287
QF	9 097	28 622	381	142	299	113	105.98	1 201
AF	5 823	89 490	875	277	599	236	279.05	2 757
LH	19 709	119 559	908	274	600	224	343.64	2 860
SQ	14 144	24 350	442	120	102	94	152.29	1 392
JL	11 785	36 273	341	86	226	65	158.96	1 074
EK	23 016	95 322	898	334	251	255	255.72	2 827
2016 年								
MU	21 713	75 333	585	206	596	168	131.16	1 841
CZ	21 085	93 132	731	256	702	206	157.99	2 303
CA	21 448	80 022	662	233	623	188	158.36	2 086
HU	8 367	11 230	192	94	238	83	56.95	605
CX	12 691	26 674	546	146	146	123	118.91	1 720
DL	24 375	83 756	998	405	832	343	396.39	3 144
AS	5 666	14 760	136	71	285	60	59.31	429
WN	17 044	53 536	587	239	723	201	204.25	1 850
KE	16 682	20 844	418	97	160	76	97.08	1 315
QF	9 539	29 204	392	149	303	119	106.65	1 234
AF	5 409	87 917	868	279	552	238	260.80	2 734
LH	21 159	123 287	929	287	617	226	339.40	2 925
SQ	16 433	25 194	447	118	106	93	148.69	1 407
JL	12 125	39 243	357	86	230	65	157.35	1 126
EK	23 678	105 746	1 012	368	259	277	258.00	3 188

续表

航空公司	K/亿美元	L/人	E/万吨	ASK/亿客公里	FS /架	RPK/亿客公里	Y/亿美元	C/万吨
				2017 年				
MU	23 360	75 277	635	226	637	183	143.47	2 000
CZ	22 250	96 234	729	281	754	231	178.93	2 297
CA	23 595	83 506	729	248	655	201	173.64	2 295
HU	10 347	24 772	195	141	410	121	83.87	615
CX	14 218	26 029	563	150	149	127	125.04	1 772
DL	26 563	87 000	1 002	409	856	350	412.44	3 157
AS	6 284	20 183	196	100	304	84	79.33	618
WN	18 539	56 100	602	248	706	208	211.71	1 896
KE	17 647	20 363	422	98	164	78	106.23	1 330
QF	12 253	29 596	397	150	309	121	106.00	1 250
AF	5 973	87 312	873	286	545	248	278.44	2 751
LH	23 008	128 856	965	323	728	261	381.41	3 040
SQ	19 825	25 901	450	123	107	96	158.06	1 416
JL	13 489	41 930	369	88	231	68	185.60	1 161
EK	23 420	103 363	1 100	377	268	292	278.31	3 465

附录 8B　样本航空公司的整体效率

表8B.1　样本航空公司的整体效率（2011~2017年）

航空公司	整体效率（两阶段效率的乘积）							
	2011 年	2012 年	2013 年	2014 年	2015 年	2016 年	2017 年	平均值
MU	0.557	0.607	0.530	0.547	0.484	0.378	0.373	0.496
CZ	0.719	0.731	0.619	0.702	0.478	0.380	0.519	0.593
CA	0.708	0.643	0.623	0.616	0.520	0.405	0.392	0.558
HU	0.485	0.572	0.668	0.787	0.701	1.000	1.000	0.745
CX	0.722	0.718	1.000	1.000	0.607	0.551	1.000	0.800
DL	1.000	1.000	1.000	1.000	1.000	1.000	1.000	1.000
AS	1.000	1.000	1.000	1.000	1.000	1.000	0.786	0.969
WN	0.761	0.669	0.677	0.801	0.844	0.801	0.765	0.760
KE	0.712	0.716	0.575	0.562	0.572	0.471	0.578	0.598
QF	0.678	0.714	0.637	0.627	0.649	0.617	0.619	0.649
AF	0.977	1.000	1.000	1.000	1.000	1.000	1.000	0.997

航空公司	整体效率（两阶段效率的乘积）							
	2011 年	2012 年	2013 年	2014 年	2015 年	2016 年	2017 年	平均值
LH	0.568	0.616	0.654	0.724	0.933	0.852	0.804	0.736
SQ	0.597	0.610	0.743	0.672	0.666	0.539	0.651	0.640
JL	0.706	0.674	0.680	0.636	0.632	0.490	0.577	0.628
EK	0.865	0.934	0.941	0.900	0.927	0.877	0.976	0.917

附录 8C 各个影响因素对样本航空公司碳排放的累积影响

表8C.1 各个影响因素对样本航空公司碳排放的累积影响（2011~2017年）（单位：万吨）

航空公司	影响因素的影响程度					
	TFEE	PEI	TLC	TFRE	LF	ROP
MU	−32.6	−158.8	897.7	708.7	41.2	−710.3
CZ	−180.1	22.3	1086.6	717.1	47.7	−636.1
CA	110.4	−442.4	862.5	972.0	2.1	−601.6
HU	−27.6	167.4	621.4	−314.9	217.8	−425.1
CX	−25.5	699.1	289.7	−507.0	77.4	−390.3
DL	0.0	−202.5	245.1	0.0	123.4	105.0
AS	57.3	−94.2	327.4	67.3	4.7	−65.3
WN	23.2	9.9	414.7	−38.7	62.6	27.1
KE	255.6	−192.5	194.4	0.0	39.2	−185.0
QF	−228.7	177.7	148.3	344.1	7.0	−421.5
AF	0.0	336.6	185.7	−65.0	159.3	−685.2
LH	−819.7	536.0	650.9	−138.9	86.4	−117.0
SQ	−126.9	73.8	184.2	0.0	−57.8	−38.8
JL	197.9	−4.2	106.4	0.0	143.9	−133.0
EK	−317.1	1086.4	1497.6	0.0	−65.8	−506.9

第9章 考虑运营约束的民航碳排放绩效驱动因素

9.1 引　　言

改革开放以来，随着人口规模扩张与经济增长，国际民航运输业发展迅速。与此同时，航空公司作为民航部门的运营主体，面临着日益复杂的经营环境和日益激烈的市场竞争。譬如，伴随着国际航空去监管化，航空公司被赋予了更广泛的经营权，公私合营航空公司、低成本航空公司等不同类型的航空公司快速发展，同时航空公司的经营范围也不断扩张，越来越多的航空公司进入国际航空市场（Wanke et al.，2015）。这无疑对航空公司的经营能力和市场竞争力提出了更高的要求。

随着航空运营绩效表现越来越受到航空公司的重视，学者也逐步意识到进行航空公司绩效评估的必要性，并对此进行了广泛的研究（Wanke and Barros，2016；Zou et al.，2014；Chow，2010）。现有研究不仅强调了提升期望产出（如运输收入、运输规模等）在提升经营绩效中的重要作用，还强调了受到环境和市场约束、控制非期望产出，以及环境负效应（如二氧化碳排放）和社会负效应（如航班延误）在航空运营管理中的必要性（Li et al.，2016；Tsionas et al.，2017）。

乘客的环保意识和服务质量意识的逐步提升，使得大多数航空公司在效率提升和运营管理过程中面临着新的挑战。其中，最受关注的环境问题之一就是航空运输过程中的二氧化碳排放。2016 年，全球民航运输活动共产生了 8.15 亿吨二氧化碳排放，占据了全世界人类产生二氧化碳排放总量的 2%。尽管这只是一个相对较低的比例，但民航业运输规模逐年迅速扩张，碳排放量高速增长：2010~2020 年全球民航部门碳排放年均增幅约为 6%。航空公司二氧化碳排放及其对气候变化的影响已成为国际社会关注的焦点。2008 年，欧盟将航空业纳入 ETS；2009 年 IATA 在全球范围内发布了限制航空公司二氧化碳排放的承诺；2016 年 10 月，ICAO 正式通过了针对全球的基于市场的排放抵消计划，即国际航空碳抵消和减排计划。有关二氧化碳排放的法规对航空公司运营的影响越来越大，促使航空公司对二氧化碳排放进行有效管理，以减轻其对运营绩效的负面影响。许多学者将二氧化碳排放量作为一种非期望产出纳入航空公司的绩效评估中（Liu et al.，2017b）。在这些评估模型中，不同航空公司的运营绩效和效率呈现出了不同的特征。例如，相比欧洲和北美洲，亚洲航空公司的经济效益更佳（Arjomandi and Seufert，2014）；受到碳交易政策的影响，欧洲航空公司的环保绩效表现更佳。

　　服务质量是航空公司面临的另一个挑战。良好的服务质量有助于航空公司留住顾客，并保持其市场地位。Buell 等（2015）的研究表明，一个公司的最重要的收益来源部分所对应的顾客更加重视服务质量，在同等替代产品的条件下，它们更倾向于选择服务质量更佳的产品。目前，航空服务质量还是一个相对主观的术语，业界尚未形成具体的、普适的定义。现有研究中，研究者一般从多个不同的维度来讨论航空公司的服务质量。例如，Bowen 和 Headley（2012）将航空服务质量分为四个维度：准点率、非自愿拒绝登机、行李处理不当报告和旅客投诉。在这些因素之中，航班是否准点到达目的地是乘客最关心的问题。虽然研究者就服务质量与顾客满意度之间的正相关关系达成了共识，但顾客满意度对航空公司运营绩效的影响存在地区差异。Steven 等（2012）的研究指出，2003~2009 年，市场集中度削弱了美国 12 家最大航空公司的客户满意度与航空公司盈利能力之间的关系。与在竞争更激烈的市场中运营的航空公司相比，在集中市场中的航空公司提升客户服务满意度的动机更小。然而，Choi 等（2015）的研究指出，美国航空公司尽管在 2008~2011 年必须权衡取舍服务质量与生产力，从长远来看，这一制约是可以被克服的；Wanke 等（2015）在对亚洲航空公司的研究中发现，运营效率和服务质量之间存在着弱正向相关的关系；Tsionas 等（2017）研究并证明了中国航空公司的技术效率和延误之间存在相互依赖关系；Chen 等（2017c）研究指出，2006~2014 年，航班延误与碳排放之间的关系影响了中国航空公司的效率水平。鉴于服务质量与生产绩效之间的关系随着业务的发展而不断变化，进一步研究近年来世界各大航空公司航班延误与航空公司绩效之间的关系具有重要意义，这将有助于航空运营商采取适当的策略，减少航班延误可能造成的生产力损失。

　　综上所述，航空公司绩效评估研究由来已久，该研究工作能够有效帮助民航部门和航空公司提高绩效与应对市场竞争。随着越来越多的外部约束和环境变量被纳入航空公司经营管理，航空公司绩效评估研究随之变化。尤其值得关注的是，自一系列民航二氧化碳排放法规公布以来，二氧化碳排放成为航空公司运营过程中一项重要的非期望产出。同时，航班延误也成为航空公司运营的重要外部约束变量。本章将建构一个综合的航空公司生产力绩效评估模型，该模型同时将二氧化碳排放及航班延误等航空公司的多重经营变量纳入评价。本章重点考察不同航空公司的绩效变化情况，通过比较中国与其他国家航空公司的效率和生产率情况，为中国民航高质量绿色发展提供思路和依据。

9.2　民航效率/生产率研究现状

现有的航空公司效率和生产率文献研究来自多个国家与地区的航空公司。表 9.1 总结了有关民航部门效率与生产率评估相关的代表性研究。

表9.1　现有关于民航部门碳排放效率与生产率方面的代表性研究

文献	研究对象	研究期间	研究方法	相关因素
Distexhe 和 Perelman （1994）	33 个航空公司	1977~1991 年	Malmquist 指数归因分析	I（投入）—飞机，劳动力 O（产出）—ATK 产出归因—平均重量载运率 投入归因—平均飞机数
Bhadra （2009）	14 个美国航空公司	1985~2006 年	DEA	I—航空煤油，劳动力，飞行阶段英里数与飞行阶段英里数之比，飞机利用率，每架飞机的座位数，飞机 O—ASM
Greer （2009）	18 个美国航空公司	1999~2008 年	DEA 和 Tobit 回归	I—劳动力，能源，全机队座位数 O—ASM
Greer （2008）	9 个美国航空公司	2000~2004 年	DEA，Malmquist 指数	I—劳动力，能源，载客量 O—ASM
Barros 和 Peypoch （2009）	27 个欧盟航空公司	2000~2005 年	DEA-CCR 和两阶段回归	I—劳动力，运营成本，飞机 O—RPK，EBIT
Chow （2010）	16 个中国航空公司	2003~2007 年	Malmquist 指数	I—员工，使用的飞机煤油，座位容量 O—RTK
Martini 等 （2013）	33 个意大利机场	2005~2008 年	两阶段 DEA，方向距离函数	I—机场的航站区，可用行李提取线的数量，跑道长度和飞机停放位置 期望产出—RTK 非期望产出—空气污染、噪声

续表

文献	研究对象	研究期间	研究方法	相关因素
Cao 等（2015）	29 个不同类型中国航空公司	2005~2009 年	DEA，Malmquist 指数	I—劳动力，能源，飞机 O—总航班数，RTK
Fan 等（2014）	20 个中国机场	2006~2009 年	DEA	I—跑道长度，航站楼区域，行李认领 期望产出—RPK，RTK 非期望产出—航班延误
Zou 等（2014）	15 个美国航空公司	2010 年	随机前沿分析	考虑的因素——燃油，RPM，飞机规模（座位/航班），载运率
Chang 等（2014）	27 个全球代表性航空公司	2010 年	SBM-DEA	I—可用吨公里，燃料，员工 期望产出—RTK 非期望产出—二氧化碳排放
Mallikarjun（2015）	美国民航部门	2012 年	网络 DEA	I—运营成本；O—ASM I—ASM，机队规模，目的地；O—RPM I—RPM；O—运输收入
Wanke 等（2015）	35 个亚洲航空公司	2006~2012 年	TOPSIS 马尔可夫链蒙特卡罗法	I—员工，飞机总数，运营成本，支付的工资总额，资产折旧，总资产，固定资本 O—RPK，EBIT，载客人数、总收入
Chen 等（2017c）	13 个主要的中国航空公司	2006~2014 年	随机网络 DEA	I—燃料，飞机，员工 中间过程—着陆和起飞次数 非期望产出—航班延误，二氧化碳排放 期望产出—货物、乘客人数
Merkert 和 Hensher（2011）	58 个航空公司	2007~2009 年	两阶段 DEA	I—劳动力，ATK，RPK，价格 O—RTK
Arjomandi 和 Seufert（2014）	48 个航空公司	2007~2010 年	DEA 模型结合 Bootstrap 方法	I—劳动力，固定资本； 期望产出—ATK 非期望产出—二氧化碳排放
Choi 等（2015）	12 个美国航空公司	2008~2011 年	DEA	I—劳动力，ASM O—RPM，运输收入
Li 等（2016）	22 个航空公司	2008~2012 年	网络 DEA	I—劳动力，能源；O—ASK，ATK I—ASK，ATK，机队规模；O—RPK，RTK，温室气体排放 I—RPK，RTK，营销支出；O—商业收入
Cui 和 Li（2015a）	11 个航空公司	2008~2012 年	虚拟边界 DEA	I—雇员，股本，能源 期望产出—RTK，RPK，商业收入 非期望产出—二氧化碳排放
Wanke 和 Barros（2016）	19 个拉丁美洲航空公司	2010~2014 年	虚拟边界动态 DEA	I—员工，飞机 O—国内航班数，拉丁美洲航班数，世界航班数

续表

文献	研究对象	研究期间	研究方法	相关因素
Barros 和 Couto （2013）	23 个欧洲航空公司	2000~2011 年	Luenberger 生产率指数	I—员工，运营成本，可用座位公里 O—每乘客公里收入，运输货物吨收入
Lee 等 （2017）	34 个全球代表性航空公司	2004~2010 年	Luenberger 生产率指数 广义最小二乘估计	I—燃料，飞行小时数，员工，飞机平均运力 O—RTK，二氧化碳排放
Seufert 等 （2017）	33 个全球代表性航空公司	2007~2013 年	Luenberger-Hicks-Moorsteen 指数	I—劳动力，固定资本 O—ATK，二氧化碳排放
Arjomandi 等（2018）	21 个全球代表性航空公司	2007~2013 年	Meta-Frontier DEA	I—劳动力，固定资本 O—ATK，二氧化碳排放

注：ATK 表示 available ton kilometers，可用吨公里；ASM 表示 available seat miles，可用座位英里；ASK 表示 available seat miles，可用座位公里；RPK 表示 revenue passenger kilometers，客运周转量；RPM 表示 revenue passenger miles，收入客英里；RTK 表示 revenue ton kilometers，运输周转量；EBIT 表示 earnings before interest and tax，息税前利润

　　Distexhe 和 Perelman（1994）测度了北美洲、欧洲及亚洲和大洋洲航空市场在放松碳排放管制过程中航空公司的效率与生产率变化。他们的研究结果表明，这些航空公司中的大多数在 1977~1988 年经历了生产率的增长。竞争更加激烈的环境导致大多数被评估的航空公司，特别是亚洲航空公司的效率提高，并且技术进步对航空公司效率和生产率的影响主要发生在全球大型航空公司。Chang 等（2014）的研究发现，亚洲航空公司的经济和环境效率要明显优于欧洲与北美洲的航空公司。Arjomandi 和 Seufert（2014）的研究也得到了类似的研究结论，他们的研究结果表明，2007~2010 年，来自中国和北亚的航空公司的技术效率最高，而欧洲航空公司的环境绩效最好。从航空公司类型视角来看，Li 等（2016）除了发现亚洲航空公司的经济和环境效率要明显优于欧洲与北美洲航空公司外，还进一步发现低成本航空公司比全服务航空公司更容易受到外部环境的影响。Lee 等（2017）的研究结果也表明，低成本航空公司比主流全服务航空公司更有效率，这主要是低成本航空公司的高运营效率所致。

　　此外，成本压力被认为是导致这些年来航空公司效率提高的重要因素之一（Merkert and Hensher，2011）。Cui 和 Li（2015a）的研究表明，固定资本投资及固定资本的使用效率是推动能源效率提升的一个重要因素，这也解释了2008~2012 年，全球金融危机对航空公司的能源效率变化产生重大影响的原因。近年来，民航部门被纳入欧洲碳排放交易体系中，这必然会对欧洲航空公司的成本产生影响，基于此，Seufert 等（2017）和 Arjomandi 等（2018）对欧洲航空公司 2007~2013 年的环境效率进行研究，研究结果表明这段时间航空公司的环境效

率不断提升，直接验证了成本因素会严重影响航空公司的效率变化。此外，他们的研究还进一步表明，在技术措施方面，一些亚洲航空公司的表现也要优于其他所有航空公司。

Bhadra（2009）的研究表明，美国航空公司的绩效随着时间的推移逐渐趋同，为了提高其效率与生产率，美国航空公司有很强的并购倾向。Greer（2008，2009）调查了美国航空公司并且发现这些航空公司的效率和生产率在 2000~2004 年有一定程度的提高。影响因素分析结果表明，航空公司的机队规模、平均航段距离及对转机航班的依赖性是影响航空公司效率的关键要素。Zou 等（2014）在 2010 年对 15 家美国干线航空公司的研究中发现，航空公司的能源使用效率存在明显差异，其中效率最低的航空公司比效率最高的航空公司效率低 25%~42%。Mallikarjun（2015）表明，美国国家航空公司 2012 年在控制开支和获得运输收入方面比主流航空公司效率更高。Choi 等（2015）研究了服务质量与生产率之间的关系，他们建议美国航空公司需要对服务质量和生产效率之间进行权衡取舍，因为服务质量可能有助于提高客户满意度和组织绩效。

Barros 和 Peypoch（2009）研究了欧洲航空公司并发现其在观察期内效率整体有所提高。由于技术变革停滞不前，运输规模增长率普遍下降，规模经济是航空公司效率增长的重要来源。Barros 和 Couto（2013）研究发现，除了几家低成本航空公司外，大多数欧洲航空公司在 2000~2011 年没有实现生产率的提升，无论是在技术方面还是在效率方面均表现欠佳。Martini 等（2013）评估了 33 个意大利机场的效率，研究结果表明，机队构成是影响机场技术/环境效率的关键因素；越是受地方政府严格控制的航空公司，往往越具有更好的技术/环境效率；低成本航空公司对机场的技术效率产生了积极影响，但正如预期的那样，对环境绩效没有显著影响。Chow（2010）对中国代表性航空公司进行研究，发现自 2004 年以来，随着中国放松管制而出现更多的非国有航空公司，这些非国有航空公司的绩效表现要优于国有航空公司。Cao 等（2015）的一项研究也发现了类似的结果，其研究结果表明私人航空公司的生产率提高，主要来自效率改进。然而，更多依赖技术创新的国有航空公司的生产率有所下降。

在考虑航班延误对航空公司效率的影响时，Fan 等（2014）发现，2006~2009 年，中国 20 个主要机场的效率有所提高，国际枢纽机场的表现优于非枢纽机场和区域枢纽机场。Chen 等（2017c）的研究结果表明，中国航空公司在 2006~2012 年效率停滞不前，大多数中国航空公司的飞行效率高于网络效率，并且在控制航班延误方面取得了比减少二氧化碳排放量方面更大的进展。Tsionas 等（2017）确定了技术效率和航班延误之间的相互依赖关系，在管理者和监管者评估航空公司业绩时，有必要综合考虑航班延误的情况。基于相同的研究期间，Wanke 等（2015）的研究结果显示，亚洲航空公司在 2006~2012 年效率没有增长，需要通过优化成本结构和促进市场化来进一步提高效率。

综上所述，由于聚焦层面和维度不同，现有文献中关于航空公司生产率/效率的研究结果差别很大。特别地，21 世纪以来国际航空业低成本航空公司的放松管制和蓬勃发展，以及 2008 年航空业被纳入 ETS 后开始的航空二氧化碳排放管制，都是重要的研究样本期，很多学者在此期间进行了大量的研究，产生了丰富的研究成果。不同国家和地区的航空公司，主要是亚洲、大洋洲、欧洲和北美洲的航空公司，都经历了生产率/效率的持续变化。例如，21 世纪以来，亚洲航空公司由于其高技术效率而成为最具经济效益的航空公司，但在环境绩效方面却低于欧洲航空公司，这主要是由于欧洲将碳排放交易机制引入民航部门，促进了航空公司的环境效率。美国航空公司的业绩有随时间变化而趋同的趋势；低成本航空公司的繁荣成为提高民航部门运输效率和生产率的新来源。随着航空市场的自由化和更多规章制度的出台，学者越来越重视航空公司综合绩效评估，并且通过纳入不同的外部环境和属性变量来研究其对航空公司绩效变化的影响。

从研究方法来看，上述研究应用了大量不同类型的模型，其中以两种相对效率评价方法——DEA 和随机前沿分析法的应用最为广泛。作为一种非参数方法，DEA 采用了数学规划技术来衡量多投入多产出的效率，该方法在航空公司和其他行业的绩效研究中得到了广泛应用（Martini et al.，2013；Cao et al.，2015；Chang et al.，2014；Chen et al.，2017c；Zhou et al.，2016b）。对于航空公司来说，传统的投入指标包括劳动力、资本、能源和飞机；产出指标包括运输收入、客运周转量、可用座位里程（包括 ASM 和 ASK）、商业收入和运输周转量等。环境因素（如噪声、空气污染、温室气体、市场地位和航班延误）对航空公司效率评估的影响越来越受到重视（Martini et al.，2013；Fan et al.，2014；Tsionas et al.，2017；Arjomandi and Seufert，2014）。考虑不同运营阶段的网络效率评估也成为主要研究方向（Mallikarjun，2015；Li et al.，2016）。此外，传统的基于 DEA 的方法缺乏统计推断特征，这意味着获得的结果可能会受到投入产出变量中的统计误差或外部随机效应冲击的影响（Chen et al.，2017c）。Simar 和 Wilson（1998，1999a）以及 Daraio 和 Simar（2007）提出的 Bootstrap 方法具有确定多投入、多产出情况下非参数估计统计性质的优势。因此，Bootstrap 方法通常与 DEA 方法结合，以克服研究结果缺乏统计推断的弊端（Arjomandi and Seufert，2014）。

通过对现有研究的系统回顾，无论是研究对象还是研究方法，现有的航空公司绩效评估主要集中在运营绩效和环境绩效两个方面，并且，考虑环境约束和运营服务质量约束对航空公司效率与生产率影响的综合评价尚未形成。另外，现有研究的研究时期大多是针对特定事件选择的，如 2000 年之前的放松管制进程和 2009 年以来的欧盟碳排放交易计划，对当下航空公司效率和生产率绩效的测度与评估还比较缺乏，无法对民航部门及航空公司提供实时、有效、针对性的建议。从研究方法角度来看，适用于效率测度的 DEA 方法虽然被广泛应用于民航业绩效评估研究，但是也由于不能进行结果的稳健性检验而受到很多学者的批评。

　　基于此，本章通过构建包含非期望产出的 DEA 模型，系统地对航空公司效率和生产率进行了综合评价与比较分析。与现有文献比较，本章提出了一种综合考虑二氧化碳排放和航班延误对航空公司生产率影响的航空公司生产率绩效评价方法。为了克服 DEA 方法不能对评价结果进行统计属性分析的弊端，本章进一步结合了 Bootstrap 方法，验证结果的稳健性。总的来说，本章构建的评估方法为测度航空公司效率和生产率变化的潜在来源提供了一个可行的研究思路。利用该评估方法，本章针对包括中国及国外代表性航空公司进行比较分析。这有助于中国民航部门动态监测航空公司效率和生产率的变化情况，并采取适当的措施来管理二氧化碳排放和航班延误。

9.3　研　究　方　法

　　为了能够将二氧化碳排放量和航班延误纳入航空公司生产率绩效评估，本节在 Färe 等（1994b）构建的 Malmquist 生产率指数模型的基础上进行了改进。考虑到航空运营商（航空公司）一般期望在同等产出条件下实现投入资产组合的优化，本章采用了投入导向的 Malmquist 生产率指数。此外，研究还使用了全局 Malmquist 指数方法来克服几何平均 Malmquist 指数方法下模型存在的非循环性和无可行解的缺点（Pastor and Lovell，2007）。

　　为了构建一个合适的生产技术集，本章基于现有的航空公司效率和生产率研究特征，选择了一些投入产出变量及属性变量。其中，对于投入指标的选取来说，劳动力、资本和燃料等通常被当成投入指标；对于产出指标来说，客运/货运收入吨公里、运输收入及利润等都是典型的期望产出指标（Scheraga，2004；Zou et al.，2014；Merkert and Hensher，2011；Arjomandi et al.，2018）。与货币量指标相比，实物量被认为更适合作为投入/产出指标，因为它们消除了价格因素（如劳动力费用、税收和燃料费用）的影响（Greer，2009）。因此，本章仅使用实物变量作为投入/产出指标。

本章所涉及的航空公司的经营活动仅限于与航空飞行有关的业务活动。劳动力和资本被用作投入变量。结合现有研究投入指标的选取方式，资本变量由机队规模（K）表示，劳动力变量以全职同等雇员人数（L）来衡量（Li et al.，2016；Tsionas et al.，2017；Wanke et al.，2015）。同时，将航班延误率（准时到达率的对应项）作为投入端准点率属性的代理变量，以此衡量航空公司的正点率水平。收入乘客公里数（Y）被用作期望产出变量，二氧化碳排放量作为非期望产出变量①。此外，将载运率（LF）作为产出端准点率属性的代理变量，反映了客运周转量（RPK）和可用座位公里（ASK）之间的相对比例，即航空公司将可达到的运输能力转换为实际运输规模的能力，通常可以将载运率视为航空公司销售和营销能力的重要指标（Greer，2008）。假设所有的投入和期望产出是强可处置的，而非期望产出是弱可处置的。根据 Prior（2006）的研究，航班延误（FD）可以作为具有强可处置性的投入变量，而载运率（LF）可以作为具有强可处置性的产出变量。

这样，考虑碳排放与航班延误的环境生产技术过程可描述为式（9.1）：

$$S = \{(L,K,\mathrm{FD},Y,C,\mathrm{LF}):(L,K,\mathrm{FD})\ \mathrm{can\ produce}\ (Y,C,\mathrm{LF})\} \qquad (9.1)$$

考虑投入导向的 Shephard 距离函数，要求当所有其他因素保持不变，各投入要素能够最大限度地减少，具体如式（9.2）所示。其中，θ 是距离函数的倒数，表示航空公司当前的技术效率。

$$D_I(L,K,\mathrm{FD},Y,C,\mathrm{LF}) = \sup\left\{\theta\,\middle|\,\left(\frac{L}{\theta},\frac{K}{\theta},\frac{\mathrm{FD}}{\theta},Y,C,\mathrm{LF}\right)\in S\right\} \qquad (9.2)$$

基于此，本节进一步定义了全局 Malmquist 生产率指数（global Malmquist performance index，GMPI），如式（9.3）所示：

$$\mathrm{GMPI}_i^{s,t} = \frac{D_c^G(L_i^s,K_i^s,Y_i^s,C_i^s,\mathrm{FD}_i^s,\mathrm{LF}_i^s)}{D_c^G(L_i^t,K_i^t,Y_i^t,C_i^t,\mathrm{FD}_i^t,\mathrm{LF}_i^t)} \qquad (9.3)$$

其中，距离函数中的下标 c 表示规模报酬不变的条件；i 表示第 i 个决策单元；上标 s 和 t 分别代表基期和研究期。

根据 Färe 等（1994a）的研究，距离函数可通过乘性分解的方式分解出与决策单元自身属性相关的变量（$\mathrm{ACH}_i^{s,t}$）和与生产过程中投入产出实物数量相关的变量（$\mathrm{PCH}_i^{s,t}$）：

---

① 模型只考虑了碳排放产出，而没有考虑能源消耗投入，主要的原因是避免能源消耗与碳排放之间的线性关系对模型计算的影响。根据 IPCC 的统计，航空公司的燃料种类非常单一（99%以上为航空煤油，具体见 Liu et al.，2020），这样就使能源消耗和二氧化碳排放量之间存在着很强的线性关系。

这样式（9.3）中的分子、分母可以进一步变形如式（9.4）的形式：

$$D_c^G(L_i^t,K_i^t,Y_i^t,C_i^t,\mathrm{FD}_i^s,\mathrm{LF}_i^s) = \hat{D}_c^G(L_i^t,K_i^t,Y_i^t,C_i^t)A_c^G(\mathrm{FD}_i^s,\mathrm{LF}_i^s) \qquad （9.4）$$

此外，在对航空公司进行实证分析时，考虑到由于航空公司的快速扩张，大多数国际航空公司并未以最佳规模运营，在分解中有必要进一步考虑规模变化的影响（Arjomandi and Seufert，2014）。因此，本节构建的 GMPI 可以被进一步分解为式（9.5）的形式：

$$
\begin{aligned}
\mathrm{GMPI}_i^{s,t} &= \frac{A_c^G(\mathrm{FD}_i^s,\mathrm{LF}_i^s)}{A_c^G(\mathrm{FD}_i^t,\mathrm{LF}_i^t)} \times \frac{\hat{D}_c^G(L_i^s,K_i^s,Y_i^s,C_i^s)}{\hat{D}_c^G(L_i^t,K_i^t,Y_i^t,C_i^t)} \\
&= \frac{A_c^G(\mathrm{FD}_i^s,\mathrm{LF}_i^s)}{A_c^G(\mathrm{FD}_i^t,\mathrm{LF}_i^t)} \times \frac{\hat{D}_v^s(L_i^s,K_i^s,Y_i^s,C_i^s)}{\hat{D}_v^t(L_i^t,K_i^t,Y_i^t,C_i^t)} \\
&\quad \times \frac{\hat{D}_c^s(L_i^s,K_i^s,Y_i^s,C_i^s)\big/\hat{D}_v^s(L_i^s,K_i^s,Y_i^s,C_i^s)}{\hat{D}_c^t(L_i^t,K_i^t,Y_i^t,C_i^t)\big/\hat{D}_v^t(L_i^t,K_i^t,Y_i^t,C_i^t)} \\
&\quad \times \frac{\hat{D}_v^G(L_i^s,K_i^s,Y_i^s,C_i^s)\big/\hat{D}_v^s(L_i^s,K_i^s,Y_i^s,C_i^s)}{\hat{D}_v^G(L_i^t,K_i^t,Y_i^t,C_i^t)\big/\hat{D}_v^t(L_i^t,K_i^t,Y_i^t,C_i^t)} \\
&\quad \times \left[\frac{\hat{D}_c^G(L_i^s,K_i^s,Y_i^s,C_i^s)\big/\hat{D}_v^G(L_i^s,K_i^s,Y_i^s,C_i^s)}{\hat{D}_c^s(L_i^s,K_i^s,Y_i^s,C_i^s)\big/\hat{D}_v^s(L_i^s,K_i^s,Y_i^s,C_i^s)} \right. \\
&\quad \left. \times \frac{\hat{D}_c^t(L_i^t,K_i^t,Y_i^t,C_i^t)\big/\hat{D}_v^t(L_i^t,K_i^t,Y_i^t,C_i^t)}{\hat{D}_c^G(L_i^t,K_i^t,Y_i^t,C_i^t)\big/\hat{D}_v^G(L_i^t,K_i^t,Y_i^t,C_i^t)} \right] \\
&= \mathrm{ACH}_i^{s,t} \times \mathrm{PECH}_i^{s,t} \times \mathrm{SECH}_i^{s,t} \times \mathrm{PTCH}_i^{s,t} \times \mathrm{STCH}_i^{s,t}
\end{aligned}
\qquad （9.5）
$$

其中，距离函数中的下标 v 表示规模报酬可变的条件。

式（9.5）分解出的五个组成部分分别是准点率变化（attribute of punctuality change，ACH）因素、纯效率变化（potential efficiency change，PECH）因素、规模效率变化（scale efficiency change，SECH）因素、纯技术变化（pure technological change，PTCH）因素和规模技术变化（scale technology change，STCH）因素。$\mathrm{ACH}_i^{s,t}$ 表示准点率变化对航空公司生产率的影响；$\mathrm{PECH}_i^{s,t}$ 表示追赶效应，反映了 i 航空公司的技术效率从 s 到 t 时刻是接近前沿还是远离前沿；$\mathrm{PTCH}_i^{s,t}$，反映了最优前沿的改变，衡量 i 航空公司 s 时期生产技术与 t 时期生产技术的变化；$\mathrm{SECH}_i^{s,t}$ 和 $\mathrm{STCH}_i^{s,t}$ 分别表示技术效率中规模效率的变化和技术进步中规模技术的变化。

本章定义的投入导向的距离函数是效率的倒数，因此其在数值上大于 1，距离值变小表明技术效率的提高。对于这些影响因素，测算结果大于 1 表示生产率得到了提高，测算结果小于 1 表示生产率水平出现了下降，测算结果等于 1 表示生产率没有变化。

式（9.5）中所有投入导向的距离函数可以在特定的生产技术集合下使用 DEA 技术进行估计，这样进一步计算出 GMPI 结果，其中：

方向距离函数 $D_c^t(L_i^t, K_i^t, Y_i^t, C_i^t, \mathrm{FD}_i^t, \mathrm{LF}_i^t)$ 可以通过式（9.6a）计算：

$$
\left[D_c^t(L_i^t, K_i^t, Y_i^t, C_i^t, \mathrm{FD}_i^t, \mathrm{LF}_i^t) \right]^{-1} = \min \theta
$$

$$
\text{s.t.} \quad \sum_{i=1} z_i^t L_i^t \leqslant \theta L_i^t
$$

$$
\sum_{i=1} z_i^t K_i^t \leqslant \theta K_i^t
$$

$$
\sum_{i=1} z_i^t \mathrm{FD}_i^t \leqslant \theta \mathrm{FD}_i^t
$$

$$
\sum_{i=1} z_i^t Y_i^t \geqslant Y_i^t \tag{9.6a}
$$

$$
\sum_{i=1} z_i^t C_i^t = C_i^t
$$

$$
\sum_{i=1} z_i^t \mathrm{LF}_i^t \geqslant \mathrm{LF}_i^t
$$

$$
z_i^t \geqslant 0, \quad i = 1, 2, \cdots, I
$$

方向距离函数 $D_c^G(L_i^t, K_i^t, Y_i^t, C_i^t, \mathrm{FD}_i^t, \mathrm{LF}_i^t)$ 可以通过式（9.6b）计算：

$$
\left[D_c^G(L_i^t, K_i^t, Y_i^t, C_i^t, \mathrm{FD}_i^t, \mathrm{LF}_i^t) \right]^{-1} = \min \theta
$$

$$
\text{s.t.} \quad \sum_{t=1}\sum_{i=1} z_i^t L_i^t \leqslant \theta L_i^t
$$

$$
\sum_{t=1}\sum_{i=1} z_i^t K_i^t \leqslant \theta K_i^t
$$

$$
\sum_{t=1}\sum_{i=1} z_i^t \mathrm{FD}_i^t \leqslant \theta \mathrm{FD}_i^t
$$

$$
\sum_{t=1}\sum_{i=1} z_i^t Y_i^t \geqslant Y_i^t \tag{9.6b}
$$

$$
\sum_{t=1}\sum_{i=1} z_i^t C_i^t = C_i^t
$$

$$
\sum_{t=1}\sum_{i=1} z_i^t \mathrm{LF}_i^t \geqslant \mathrm{LF}_i^t
$$

$$
z_i^t \geqslant 0, \quad i = 1, 2, \cdots, I, \quad t = 1, 2, \cdots, T
$$

方向距离函数 $\hat{D}_c^t(L_i^t, K_i^t, Y_i^t, C_i^t)$ 可以通过式（9.6c）计算：

$$\left[\hat{D}_c^t(L_i^t, K_i^t, Y_i^t, C_i^t)\right]^{-1} = \min \hat{\theta}$$

$$\text{s.t.} \quad \sum_{i=1} z_i^t L_i^t \leqslant \hat{\theta} L_i^t$$

$$\sum_{i=1} z_i^t K_i^t \leqslant \hat{\theta} K_i^t$$

$$\sum_{i=1} z_i^t Y_i^t \geqslant Y_i^t \qquad (9.6c)$$

$$\sum_{i=1} z_i^t C_i^t = C_i^t$$

$$z_i^t \geqslant 0, \quad i = 1, 2, \cdots, I$$

方向距离函数 $\hat{D}_c^G(L_i^t, K_i^t, Y_i^t, C_i^t)$ 可以通过式（9.6d）计算：

$$\left[\hat{D}_c^G(L_i^t, K_i^t, Y_i^t, C_i^t)\right]^{-1} = \min \hat{\theta}$$

$$\text{s.t.} \quad \sum_{t=1}\sum_{i=1} z_i^t L_i^t \leqslant \hat{\theta} L_i^t$$

$$\sum_{t=1}\sum_{i=1} z_i^t K_i^t \leqslant \hat{\theta} K_i^t$$

$$\sum_{t=1}\sum_{i=1} z_i^t Y_i^t \geqslant Y_i^t \qquad (9.6d)$$

$$\sum_{t=1}\sum_{i=1} z_i^t C_i^t = C_i^t$$

$$z_i^t \geqslant 0, i = 1, 2, \cdots, I, t = 1, 2, \cdots, T$$

方向距离函数 $\hat{D}_v^t(L_i^t, K_i^t, Y_i^t, C_i^t)$ 可以通过式（9.6e）计算：

$$\left[\hat{D}_v^t(L_i^t, K_i^t, Y_i^t, C_i^t)\right]^{-1} = \min \hat{\theta}$$

$$\text{s.t.} \quad \sum_{i=1} z_i^t L_i^t \leqslant \hat{\theta} L_i^t$$

$$\sum_{i=1} z_i^t K_i^t \leqslant \hat{\theta} K_i^t$$

$$\sum_{i=1} z_i^t Y_i^t \geqslant Y_i^t \qquad (9.6e)$$

$$\sum_{i=1} z_i^t C_i^t = C_i^t$$

$$\sum_{i=1} z_i^t = 1$$

$$z_i^t \geqslant 0, \quad i = 1, 2, \cdots, I$$

方向距离函数 $\hat{D}_v^G(L_i^t, K_i^t, Y_i^t, C_i^t)$ 可以通过式（9.6f）计算：

$$\left[\hat{D}_v^G\left(L_i^t, K_i^t, Y_i^t, C_i^t\right)\right]^{-1} = \min\hat{\theta}$$

$$\text{s.t.} \quad \sum_{t=1}\sum_{i=1} z_i^t L_i^t \leqslant \hat{\theta}L_i^t$$

$$\sum_{t=1}\sum_{i=1} z_i^t K_i^t \leqslant \hat{\theta}K_i^t$$

$$\sum_{t=1}\sum_{i=1} z_i^t Y_i^t \geqslant Y_i^t \qquad\qquad (9.6\text{f})$$

$$\sum_{t=1}\sum_{i=1} z_i^t C_i^t = C_i^t$$

$$\sum_{t=1}\sum_{i=1} z_i^t = 1$$

$$z_i^t \geqslant 0, \quad i = 1, 2, \cdots, I, \quad t = 1, 2, \cdots, T$$

9.4　数据来源与说明

本章选取 15 家具有代表性的国际航空公司作为样本进行实证评价，分别为东方航空公司（MU）、南方航空公司（CZ）、中国国际航空公司（CA）、海南航空公司（HU）、国泰航空公司（CX）、达美航空公司（DL）、阿拉斯加航空公司（AS）、西南航空公司（WN）、大韩航空公司（KE）、澳洲航空公司（QF）、法航荷航航空公司（AF）、汉莎航空公司（LH）、新加坡航空公司（SQ）、日本航空公司（JL）及阿联酋航空公司（EK）。所选的航空公司来自亚洲和大洋洲、北美洲和欧洲，且都是其国家的代表性航空公司。

亚洲和大洋洲地区的航空公司近年来发展迅速，并且 Arjomandi 等（2018）研究指出很多亚洲航空公司在环境绩效方面要明显优于其他航空公司。亚洲航空公司已经成为国际航空业的重要组成部分，因此本章的研究样本中大部分航空公司都来自亚洲和大洋洲。另外，对于样本选择的 15 家航空公司中有 14 家航空公司的运输周转量名列全球前 25 名。需要特别说明的是 CZ、CA、MU 和 HU（中国四大航空公司）占据了中国民航运输规模的绝大部分份额。对于 HU 来说，尽管其运输规模比其他三家航空公司小，但 HU 在样本期间发展迅速，机队规模从 108 架增加到 410 架，运输周转量迅速扩张所带来的环境问题也相对比较严峻（Liu et al.，2017b）。因此，HU 因其重要的市场地位和规模扩张而被纳入样本。总体而言，该样本选择对于全球航空公司具有足够的代表性。

另外，对于研究时期的选择，研究区间为 2011~2017 年。之所以选择该时间段作为研究时期，是因为本章希望阐明航空公司在航空公司生产率变化方面的最新特征，特别是航班延误与航空公司生产率之间的关系。将选择样本的起始年份选择在 2011 年是因为国际航空公司在 2011 年才彻底从 2008 年金融危机中复苏，开始处于相对稳定的运营发展时期。

有关航空公司的劳动力（L）、机队规模（K）、运输周转量（Y）和航空公司的载运率（LF）的数据来自被评估航空公司历年的年报，可以从航空公司给的官方网站获取。有关航空公司的航空煤油消耗和二氧化碳排放的数据来自各航空公司发布的年报。只有少数几家航空公司提供了有关其二氧化碳排放量的详细资料，因此根据《IPCC 国家温室气体排放清单》（IPCC，2006），本章利用航空煤油的燃料消耗量及其排放系数估算了其他航空公司的二氧化碳排放量。考虑到航空公司 95%以上的能耗是由航空煤油燃烧引起的（Cui and Li，2015a），因此通过这两种方式获得的二氧化碳排放量可以认为近似一致（Huang et al.，2019）。

所有航空公司航班延误数据主要来源于官方航空指南（Official Aviation Guide，OAG）中航空公司和机场的准点率表现数据，"Flightstats"中的航空公司准点率表现报告及美国交通统计局（the bureau of transportation statistics，BTS）的航空旅行消费者报告，这些数据均可以从公开网站获取。为保证数据一致性，这些数据采用相同的延误率标准进行了修正。此处延误率被定义为样本期间内各航空公司在预定着陆时间后超过 15 分钟到达目的地的航班的比例。表 9.2 显示了所有数据的统计描述结果。

表9.2 航空公司投入产出及属性变量的统计性描述

	变量	单位	平均值	标准差	最小值	最大值
投入	机队规模（K）	架	393	231	100	856
	劳动力（L）	人	53 990	33 679	8 558	128 856
期望产出	运输周转量（Y）	1×10^9人公里	147.87	81.14	24.57	350.37
非期望产出	二氧化碳排放（C）	1×10^4吨	1 700.88	814.98	320.57	3 464.52
属性	航班延误（FD）		19.09%	6.02%	8.15%	35.30%
	载运率（LF）		79.51%	5.89%	56.05%	87.83%

9.5　民航碳排放绩效及驱动因素实证结果

9.5.1　技术效率结果

本节实证研究针对 2011~2017 年的 15 家航空公司展开。首先，采用 DEA 方法，分别在模型Ⅰ~模型Ⅳ 4 种不同约束条件下测度了航空公司的全局技术效率情况，如表 9.4 所示。模型Ⅰ测度基础生产技术集下，即只考虑劳动力、固定资本和运输周转量下的技术效率[技术集为 $S_1=(L, K, Y)$]；模型Ⅱ在生产技术集 S_1 的基础上进一步考虑碳排放约束[技术集为 $S_2=(L, K, Y, C)$]下的环境技术效率；模型Ⅲ在技术集 S_1 的基础上进一步考虑航空公司载运率和航班延误两个属性约束下的综合效率[技术集为 $S_3=(L, K, FD, Y, LF)$]；模型Ⅳ在技术集 S_1 的基础上综合考虑了碳排放约束、航班延误及载运率等综合影响下的综合效率[技术集为 $S_4=(L, K, FD, Y, LF, C)$]。15 家航空公司在不同测度模型下的技术效率值及其变化，如表 9.3 所示。

表9.3　4种投入产出指标下15家航空公司的DEA平均全局技术效率结果

航空公司	Ⅰ-基本模型	Ⅱ-碳排放约束		Ⅲ-延误约束			Ⅳ-双重约束	
	效率值	效率值	变化率	效率值	变化率	航班延误率（2017 年）	效率值	变化率
DL	0.738	0.861	0.12	0.977	0.24	0.146	0.983	0.25
WN	0.589	0.603	0.01	0.775	0.19	0.213	0.788	0.20
AS	0.585	0.639	0.05	0.933	0.35	0.174	0.953	0.37
AF	0.502	0.574	0.07	0.850	0.35	0.140	0.874	0.37
LH	0.400	0.427	0.03	0.677	0.28	0.190	0.713	0.31
SQ	0.979	0.978	0.00	0.994	0.02	0.159	0.996	0.02
CX	0.969	0.974	0.01	0.977	0.01	0.288	0.982	0.01
EK	0.944	0.985	0.04	0.955	0.01	0.140	0.997	0.05
KE	0.716	0.860	0.14	0.921	0.21	0.150	0.949	0.23
QF	0.659	0.692	0.03	0.788	0.13	0.153	0.801	0.14
HU	0.596	0.685	0.09	0.866	0.27	0.200	0.897	0.30
CA	0.435	0.485	0.05	0.548	0.11	0.250	0.558	0.12
CZ	0.408	0.484	0.08	0.530	0.12	0.280	0.551	0.14
MU	0.377	0.419	0.04	0.497	0.12	0.270	0.517	0.14
JL	0.343	0.369	0.03	0.664	0.32	0.152	0.700	0.36

注：所有变化率均指特定模型和模型Ⅰ下效率得分值之间的差距

根据表 9.3 所示结果，与模型 Ⅰ 相比，当在生产技术集中考虑非期望产出二氧化碳排放（模型 Ⅱ）时，技术效率值略有提高。Lee 等（2017）的研究结论也表明在进行效率和绩效评估时，将二氧化碳排放纳入投入产出指标体系所得到的结论更符合实际。虽然 DEA 方法在进行效率测度时，综合更多的投入产出变量通常会获得更高的效率值（Martini et al.，2013），但 DEA 模型的本质是线性规划，更多的变量就增加了更多的约束，生产前沿会向内收缩，因此考虑不同变量使得效率值变化的影响基本上源自新包含的变量本身。对比模型 Ⅰ 和模型 Ⅱ 的结果，表明对于样本航空公司来说，所有航空公司都开始了减少二氧化碳排放的努力并取得了积极的效果，这与 Arjomandi 等（2018）的结果相似。相较于其他航空公司，一些亚洲航空公司，如 KE，在二氧化碳减排方面取得了更大的进展。

此外，航班延误属性的引入也导致了航空公司效率发生了较大变化，具体如表 9.3 中的模型 Ⅲ 结果所示。15 家航空公司中的绝大多数在准点率管理方面取得了比二氧化碳排放量更大的进步，这与 Chen 等（2017c）的研究结果基本一致。然而，当将航空公司实际的航班延误情况与对应的效率值进行比较时发现，航空公司较低的航班延误率并不总是对应于较高的技术效率。几家代表性航空公司（如 DL、AS、AF、LH、JL 和 KE）的效率提升得益于它们的低航班延误政策的实施和准时率的提高。不过，也有一些航空公司例外，如 SQ，几乎没有从其较低的航班延误表现中获益，对技术效率产生正向影响；相应地，航班延误率较高的航空公司，如 WN 和 HU，也没有因为延误率高而影响其技术效率的提升。Steven 等（2012）的研究结论表明，航空公司存在一个利润最优的准点率表现水平，如对于美国航空公司来说，准时率约为 82% 时航空公司的利润最优。此外，在集中度高的航空市场中，航空公司改善客户服务的积极性较差。这意味着，当航空公司的正点率管理受到市场和财务等多种因素限制的时候，低航班延误率策略往往不是最有利于航空公司生产率绩效的选择。这一结果解释了航空公司在航班准点率管理方面采用不同策略的原因。

总的来说，在综合考虑到二氧化碳排放和航班延误约束的情况下，模型 Ⅳ 所测度的研究结果表明，在所有地区航空公司中，只有北美洲航空公司整体保持了较高的平均效率水平。北美洲成熟的航空市场为这些航空公司提供了长期稳定的乘客需求增长和良好的运营环境。在所有的样本航空公司中，2 家欧洲航空公司的技术效率的平均水平低于这些北美洲航空公司。欧洲是除北美洲以外最重要的航空市场，然而，由于欧洲机场的拥挤效应，运输产出能力受到了限制，进而影响了其在效率上的提升（Arjomandi et al.，2018）。此外，亚洲和大洋洲 10 家航空公司的技术效率值存在较大的差异，规模较小的航空公司往往具有更好的技术效率值。对于样本中的大多数亚洲和大洋洲航空公司来说，由于这些地区的航空股市场还处在发展阶段，航空公司大都处于技术追赶过程中，规模有限，更容易迅速调整其业务模式，从而获得更多的效率收益。但是，中国的三大航空公司（MU、CZ 和 CA）规模庞大，因此需要投入更多的时间来获得较高的技术效率提升。

9.5.2　GMPI 及其驱动因素

前文主要从静态的视角来探讨航空公司技术效率，下面将进一步从动态的角度来识别航空公司生产率绩效的变动情况，以及绩效变动的核心驱动因素。采用前述介绍的距离函数估计方法来动态测度航空公司的生产率情况，具体结果见附录 9A，如图 9.1~9.3 所示。

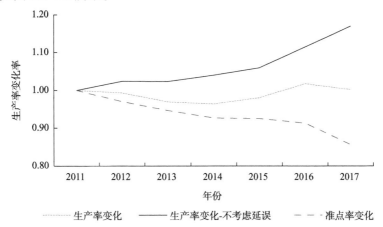

图 9.1　生产率及其驱动因素的累积变化（2011~2017 年）

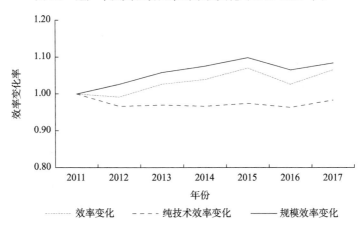

图 9.2　效率及其驱动因素的累积变化（2011~2017 年）

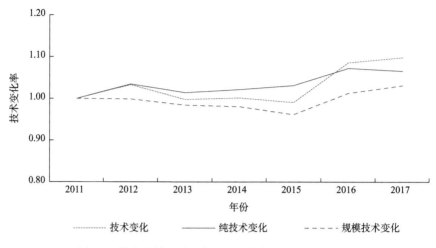

图 9.3　技术及其驱动因素的累积变化（2011~2017 年）

　　总的来说，样本研究期间，这 15 家航空公司的生产率指数存在波动变化的趋势。在测度模型的选择中，若在不考虑准点率变量的情况下，样本航空公司的生产率有一定程度的提高，2011~2017 年增幅达到 17%。与预期的结果不同，在研究期间，准点率的提高并没有促进航空公司生产力的提升。2012~2016 年，航空公司生产率指数（含准点率变化系数）略有下降，下降幅度约为 3%，这主要是准点率变化所带来的影响。如图 9.4 所示，2013~2014 年，航空公司的航班延误和载运率都有所下降。2014~2016 年，航空公司的航班延误变化有所提高，但是载运率没有明显增加。这些结果表明，航班延误变化并没有对这些航空公司的市场表现产生显著影响。航空公司为提升准点率付出了额外的成本（Choi et al.，2015），然而，在短期内，客户所感知的服务改善并不一定能转化为航空公司的实际生产率的提高。

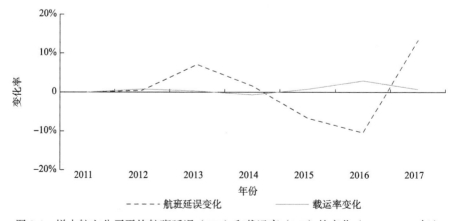

图 9.4　样本航空公司平均航班延误（FD）和载运率（LF）的变化（2011~2017 年）

进一步考虑航空公司碳排放绩效变动的驱动因素。实物变量变化，主要包括效率变化和技术变化因素，是航空公司生产率增长的主要驱动因素。航空公司的效率在 2011~2017 年以每年 1.09%的速度增长，这一增长主要来源于规模效率以年均 1.39%的增幅在提升。然而，研究期间，样本航空公司的纯技术效率值略有下降。这表明，大多数航空公司正处于规模报酬递增的发展阶段，主要表现为通过不断扩大运输规模以满足日益增长的市场需求。大多数航空公司受益于航空市场的扩大，整体的运营效率有所提升。

此外，在研究期间，样本航空公司的技术水平得到了持续的改进。随着全球航空运输周转量以每年约 4%的速度快速增长，近年航空公司更加注重技术创新。然而，2012~2015 年，样本航空公司的整体技术水平不但没有取得提升，反而存在下降的趋势。这主要是由于全球航空市场自 2008 年金融危机中复苏后依然低迷，仍需时间加速恢复和稳固。特别是在 2012 年，大多数航空公司都出现了推迟机队更新的迹象。这主要是由于自 2012 年以来，新兴经济体的增长率大幅下降，航空运输旅客需求增长停滞不前，加之燃油价格居高不下，给航空公司的运营带来了沉重的负担，由此航空公司在技术方面的投资力度出现放缓或减少的局面。

纯技术水平的变化对航空公司生产率产生了正向影响，使得整体的生产率年均增长率达到了 1.09%。在规模技术变化方面，2012~2015 年，航空公司处于规模收益递减阶段。航空公司现有的技术进步主要来源于技术引进，而非自主创新，是不可持续的。2015 年后，情况有所好转，航空公司的纯技术变化（PTCH）和规模技术变化（STCH）都在生产率变化上起到了积极的推动作用。

9.5.3　GMPI 的统计检验

为了克服 DEA 效率值缺乏统计属性的缺点，我们进一步使用 Bootstrap 方法对 2011 年至 2017 年 15 家航空公司的 GMPI 结果进行统计推断[具体过程可以参考 Simar 和 Wilson（1999a）与 Zhou 等（2010）]。附录 9A 展示了 GMPI 估计值和 5 个驱动因素及其统计推断结果。表 9.4 归纳了 GMPI 变化及 5 个驱动因素结果分别在 0.05 和 0.1 的显著性水平下达到显著的航空公司个数。结果表明，这些指标的变化在大多数情况下具有统计学意义，证实了 GMPI 结果的可靠性。

表9.4　样本航空公司GMPI及其驱动因素的统计属性（单位：个）

时间	显著性水平		GMPI	ACH	PECH	SECH	PTCH	STCH
2011~2012 年	显著性	5%	10	13	9	8	13	5
		10%	0	1	1	1	0	2
2012~2013 年	显著性	5%	14	9	10	7	9	10
		10%	1	3	2	2	4	2
2013~2014 年	显著性	5%	8	9	10	9	10	8
		10%	4	3	2	3	3	3
2014~2015 年	显著性	5%	14	11	10	8	9	6
		10%	0	1	1	3	4	5
2015~2016 年	显著性	5%	8	13	9	9	9	3
		10%	2	1	2	1	5	5
2016~2017 年	显著性	5%	10	11	9	9	13	8
		10%	2	0	2	2	1	5

　　表 9.5 列举了不同地区 15 家样本航空公司 GMPI 和 5 个驱动因素的年平均结果。结果表明，不同地区航空公司在生产率和驱动因素上的表现存在很大差异。总体来看，大多数航空公司的生产率能够保持在原来的水平，部分航空公司的 GMPI 在研究时期里有所提高。

表9.5　样本航空公司的GMPI及其驱动因素的年平均变化

航空公司		排名	GMPI	ACH	PECH	SECH	PTCH	STCH
北美洲地区	WN	5	1.011	0.979	0.975	0.992	1.052	1.015
	DL	6	1.009	1.008	1.000	0.988	1.007	1.007
	AS	14	0.976	0.940	1.000	0.974	0.961	1.110
欧洲地区	AF	3	1.017	0.957	0.964	1.082	1.057	0.964
	LH	13	0.981	0.932	0.929	1.111	1.081	0.942
亚洲和大洋洲地区	QF	1	1.035	1.003	1.004	1.012	1.031	0.986
	MU	2	1.017	0.967	1.027	1.005	1.026	0.994
	CA	4	1.017	1.007	0.998	0.992	1.034	0.987
	CZ	7	1.003	0.986	0.996	1.005	1.033	0.982
	CX	8	1.000	1.000	1.000	1.000	1.000	1.000
	HU	9	1.000	0.911	1.000	1.088	1.000	1.009
	EK	10	1.000	0.986	1.000	1.000	1.000	1.014
	SQ	11	0.996	1.002	1.000	1.000	0.994	1.000
	KE	12	0.989	1.018	1.000	0.994	0.972	1.005
	JL	15	0.958	0.932	1.072	0.971	0.922	1.071

　　由表 9.5 可以明显看出，北美洲三家航空公司中有两家（分别为 WN、DL）

实现了生产力的提高。技术进步是这两家航空公司生产力提升的核心动力,从表
9.5 可以看出,在 2011~2017 年 WN 和 DL 两家航空公司整体都经历了技术的改进,
其 PTCH 值分别为 1.052 和 1.007。低成本航空公司 WN 倾向于更多地利用其最新
的机队和简化的操作技术。这三家样本航空公司中,只有 DL 提高了准点率(表
9.6),并在研究期间受到这种准点率改善的积极影响。在一个成熟的、自由竞争
的航空市场中,由于准点率的提高而带来的客户满意度更可能给航空公司带来实
际收益。此外,鉴于 DL 的准点率在所有航空公司中处于中等水平(2011~2017
年平均约 80%),该公司在准点率及生产率方面依然存在提升空间(Steven et al.,
2012)。

表9.6　样本航空公司航班延误率变化情况

航空公司	2011 年	2017 年	变化/个百分点
DL	17.70%	14.60%	−3.10
WN	18.70%	21.30%	2.60
AS	11.80%	17.40%	5.60
AF	15.23%	14.00%	−1.23
LH	13.66%	19.00%	5.34
QF	20.20%	15.30%	−4.90
MU	20.10%	27.00%	6.90
CA	27.22%	25.00%	−2.22
CZ	21.45%	28.00%	6.55
CX	18.00%	28.80%	10.80
HU	25.30%	20.00%	−5.30
EK	18.86%	14.00%	−4.86
SQ	17.65%	15.93%	−1.72
KE	25.36%	15.00%	−10.36
JL	9.40%	15.20%	5.80

　　欧洲地区的两个航空公司中,AF 实现了生产率增长(年均增幅为 1.7%),
而 LH 则出现了年均 1.9% 的下降。由于欧洲地区实施的航班禁令,欧洲航空公司
的运输需求受到限制,资源利用不足导致这些航空公司效率低下(Arjomandi et
al.,2018)。此外,从生产率指数变动的驱动因素来看,这两个航空公司仍然受

益于技术进步所带来的优势（PTCH 值分别为 1.057 和 1.081）。然而，从长期来看，考虑到未来技术更新的成本会越来越高，航空公司对于技术更新的积极性可能会降低，因此航空公司应更加重视自主创新和员工培训，以充分利用现有技术。

关于亚洲和大洋洲的航空公司，从效率和生产率角度来看，10 家航空公司可以分为 3 种不同类型。3 家航空公司（CX、EK 和 HU）的生产率保持不变（GMPI均为 1.000）。4 家航空公司（QF、MU、CA、CZ）的生产率呈现增长趋势（GMPI均大于 1），而其他 3 家航空公司（SQ、KE、JL）的生产率出现下降（GMPI均小于 1）。总体来看，大多数亚洲和大洋洲的航空公司仍然具有效率优势，这些优势主要来自规模效应。然而，随着航空市场运输规模的扩大，航空公司从规模效益中获得的收益将越来越少。这些航空公司需要进一步加强运营管理创新，提高其纯技术效率。此外，亚洲和大洋洲的航空公司一直在技术上追赶欧洲和北美洲的航空公司。一些航空公司通过引进技术来提高技术水平，而另一些航空公司则开始依靠自主创新和提高现有技术的利用率来提高技术水平。研究期间内，中国四大航空公司的生产率增长率超过了部分欧洲和北美洲航空公司，这主要是由于它们在技术改进方面表现良好。另外，从航空公司的准点率来看，如表 9.6 所示，KE 和 HU 都提高了准点率，但只有 KE 的生产率受益于准点率变化的积极影响（ACH 为 1.018，大于 1）。与 HU 航空公司相比，KE 航空公司更多地参与国际航空市场，这意味着其准点率的提高更容易得到客户的认可并反馈在生产率绩效变化中，而中国乘客（HU 的大多数客户）似乎更关心价格。

9.6　本章小结

随着民航运输业的迅猛发展，人们逐步意识到航空公司绩效评估的必要性。二氧化碳排放量和航班延误都是效率/生产率评估中重要的约束变量。构建一个同时考虑这两个因素的综合绩效评估模型，有助于民航部门及航空公司在不同的运营环境下制定适当的策略，减少二氧化碳排放和航班延误造成的效率/生产率损失。本章在综合考虑航空公司多重属性（包括碳排放、载运率、准点率等）的基础上，拓展传统的 Malmquist 生产率指数，并应用改进的 Malmquist 生产率指数（GMPI）模型对航空公司生产率及其驱动因素进行了评价，进而确定碳排放效率、技术和准点率等变化对航空公司生产率的影响。为了解决 DEA 方法得出的结果缺乏统计属性的问题，本章进一步结合 Bootstrap 方法对 GMPI 及其对应影响因素的结果进行统计推断。本章利用该针对航空公司的综合生产率绩效评估方法，对 2011~2017 年全球 15 家代表性航空公司进行了实证研究，得到了如下几个方面有意义的结论。

总的来说，15 家航空公司的 GMPI 结果和 5 个驱动因素在大多数情况下都通过了统计检验，这证明了基于 DEA 计算的 GMPI 结果的可靠性。随着航空市场在 2011~2017 年的快速扩张，大多数航空公司的效率和生产率存在波动变化的趋势，并实现了轻微的增长。在 15 家样本航空公司中，大多数在准点率管理方面取得了比二氧化碳排放量管理更大的进展。当考虑到市场和财务约束时，低航班延误策略往往不是所有航空公司的最佳选择。集中市场中的航空公司减少航班延误的积极性较低，因为它们在没有改善客户准点率服务体验的情况下，仍可能达到与竞争市场中的航空公司相同的效率水平。

在研究期间，样本航空公司中，虽然有几家航空公司的准点率有所提高，但准点率的变化并没有促进航空公司整体生产率的提升。航班延误与生产率之间的关系因航空公司而异。在一个更加自由化的航空市场中，适当提高准点率所带来的客户满意度更有可能使航空公司获得实际收益。然而，航空公司实际处于一个更集中的市场中，航空公司的绩效水平可能并不总是受益于其准点率的提高。同时，航空公司为优化其准点率会面临额外成本的增加，从而导致航空公司短期内的实际生产率提升不明显。然而，正如 Choi 等（2015）的研究指出，较优的航班准点率有助于提高客户满意度，吸引更多的旅客，减少航空公司资源的浪费，从而提高航空公司的长期绩效。提高航空公司航班准点率的方法有很多，包括航空公司调整机队、机型结构，以更灵活的方式分配飞机班次，减少飞机的技术缺陷等。其中性价比较高的方法之一是培训、提升一线员工和乘务员处理异常服务状况的能力（Sim et al., 2010）。

效率提升和技术进步是航空公司生产率增长的主要驱动因素。相较而言，欧洲和北美洲航空公司从技术变化中受益更多，然而由于未来技术进步成本增加，航空公司技术升级的积极性可能会相应下降，航空公司应该逐步转向自主创新，充分利用现有技术寻找更多的技术提升途径。例如，航空公司可以进一步加强飞行员和员工的低碳飞行技术及服务培训，这些未来将是航空公司竞争力的重要来源。欧洲航空公司的规模效率是其整体绩效较高的关键因素，然而欧洲航班由于受到政策影响，需求增势受到了抑制，考虑到当地航班拥挤状况短期内无法得到缓解，这些航空公司需要调整运营方式，更有效地利用资源。例如，欧洲当地航空公司可以增加长途国际航班数量，通过租赁方式升级机队，提升运输能力。与欧洲航空公司相比，大多数亚洲和大洋洲航空公司仍然受益于高技术效率的优势。以中国航空公司为主的部分亚洲航空公司的生产率增长速度比其他航空公司更快，且其生产率的增长主要得益于技术进步，这些航空公司（如南方航空公司）

得益于近年来航空市场的迅速扩张。然而随着运输规模增速逐渐平稳，航空公司从规模效率中获得的优势越来越小。这些航空公司需要进一步增强运营创新，通过提高其纯技术效率来实现生产率的持续改进。

附录 9A　样本航空公司 GMPI 及其影响因素

表9A.1　样本航空公司GMPI 指数变化

航空公司	2011~2012 年	2012~2013 年	2013~2014 年	2014~2015 年	2015~2016 年	2016~2017 年
MU	0.9902**	0.9459**	0.9503*	1.1415**	1.0562**	1.0338**
CZ	0.9167**	0.9257**	1.0343**	1.0078**	1.0724**	1.0705**
CA	0.9929	1.0167**	1.0061*	0.9914**	1.0848**	1.0116**
HU	0.9396**	0.9867*	0.8331**	0.8964**	1.4442	1.0000**
CX	0.9732	0.9959**	1.0015	1.0003**	1.0234	1.0063
DL	1.0548**	0.9658**	1.0104	1.0154**	1.0093**	1.0000**
AS	0.9950	0.9811**	0.9424**	1.0041**	1.0825**	0.8634**
WN	1.0739**	0.9742**	0.9637**	1.0824**	1.0042	0.9755*
KE	1.0000	0.9169**	0.9634**	1.0376**	1.0910	0.9338
QF	1.0099	0.9840**	1.0749**	1.1234**	1.0073**	1.0179**
AF	1.0817**	1.0583**	1.1373**	0.9416**	0.9695*	0.9297**
LH	0.9704**	1.0056**	1.0888**	0.9261**	0.9208**	0.9808
SQ	1.0000**	1.0000**	0.9981	1.0019	1.0000*	0.9755**
JL	0.9218**	0.8914**	0.9530	1.1374**	0.8796**	0.9865**
EK	1.0000**	1.0000**	0.9985	0.9829**	1.0189	1.0000*
几何平均值	0.9936	0.9757	0.9946	1.0169	1.0381	0.9845

注：**和*分别表示决策单元碳排放绩效值在 95%和 90%的水平下显著

表9A.2　样本航空公司ACH指数变化

航空公司	2011~2012 年	2012~2013 年	2013~2014 年	2014~2015 年	2015~2016 年	2016~2017 年
MU	0.9281**	0.9840	0.9310*	1.0225	0.9609**	0.9779**
CZ	0.9852**	0.9649*	0.9681**	1.0290	1.0400**	0.9355**
CA	1.0124**	0.9865*	1.0006*	1.0015**	1.0254*	1.0134**
HU	0.9648**	0.9493**	0.7641**	0.9175**	0.8883**	1.0000
CX	1.0114**	1.0185*	0.9773*	0.9933*	1.0099**	0.9902**
DL	1.0098**	0.9969**	0.9985	1.0298**	1.0096**	1.0014
AS	0.9539	0.9597**	0.9435**	0.9924**	1.1566**	0.6956**

续表

航空公司	2011~2012 年	2012~2013 年	2013~2014 年	2014~2015 年	2015~2016 年	2016~2017 年
WN	1.0367**	0.9287**	0.9562**	1.0408**	0.9795**	0.9370**
KE	0.9893**	1.0692	1.0579	1.0308**	1.0692**	0.9020**
QF	0.9906**	1.0102	1.0434**	1.0122	0.9493**	1.0145
AF	1.0225*	0.9602**	1.1115**	0.9141**	0.8983**	0.8589**
LH	0.9148**	0.9324**	1.0416**	0.9071**	0.9461**	0.8604**
SQ	0.9897**	1.0033**	1.0222	0.9880**	1.0457**	0.9642
JL	0.8451**	0.8874**	0.9141**	1.1180**	0.8704**	0.9806**
EK	0.9196**	1.0000**	1.0016**	0.9984**	1.0000	1.0000**
几何平均值	0.9703	0.9758	0.9788	0.9983	0.9873	0.9380

注：**和*分别表示决策单元碳排放绩效值在 95%和 90%的水平下显著

表9A.3　样本航空公司PECH指数变化

航空公司	2011~2012 年	2012~2013 年	2013~2014 年	2014~2015 年	2015~2016 年	2016~2017 年
MU	0.9892**	0.9592*	1.0222*	1.0999**	1.0318**	1.0653
CZ	0.8505**	0.9634**	1.0755**	0.9481**	1.0387*	1.1252**
CA	0.9211**	1.0311**	0.9961**	0.9715**	1.0226	1.0482*
HU	1.0000**	1.0000	1.0000**	1.0000**	1.0000**	1.0000**
CX	1.0000	1.0000**	1.0000	1.0000	1.0000*	1.0000
DL	1.0000	1.0000**	1.0000	1.0000	1.0000	1.0000*
AS	1.0000**	1.0000**	1.0000**	1.0000**	1.0000**	1.0000**
WN	0.8563	1.0808**	0.9864**	1.0306**	0.8866**	1.0297**
KE	1.0000**	1.0000**	0.9754**	1.0253**	1.0000	1.0000**
QF	0.9683**	0.9929**	1.0502**	1.1301**	0.8538**	1.0491
AF	1.0000	1.0000	0.8638**	0.9781*	0.9864**	0.9609**
LH	0.8975**	0.9958	0.8961**	0.9064**	0.9518**	0.9333**
SQ	1.0000	1.0000**	1.0000	1.0000**	1.0000	1.0000
JL	1.0403	1.0356**	1.1070**	1.0523	1.0880**	1.1117**
EK	1.0000**	1.0000*	1.00001	1.0000	1.0000**	1.0000**
几何平均值	0.9665	1.0035	0.9965	1.0081	0.9890	1.0204

注：**和*分别表示决策单元碳排放绩效值在 95%和 90%的水平下显著

表9A.4　样本航空公司SECH指数变化

航空公司	2011~2012 年	2012~2013 年	2013~2014 年	2014~2015 年	2015~2016 年	2016~2017 年
MU	1.0023**	1.0329	0.9938	1.0067**	0.9749	1.0201**
CZ	1.0158	1.0212**	0.9971*	1.0350*	0.9082*	1.0619**
CA	1.0134	1.0119	1.0033*	1.0099**	0.9452	0.9718**
HU	1.0198	1.1816**	1.1158**	1.0220**	1.2098	1.0000

续表

航空公司	2011~2012 年	2012~2013 年	2013~2014 年	2014~2015 年	2015~2016 年	2016~2017 年
CX	1.0000	1.0000	1.0000**	1.0000	1.0000**	1.0000
DL	1.0000**	1.0000**	1.0000	1.0000	0.8826	1.0532*
AS	1.0000**	1.0000**	1.0000**	1.0000**	1.0000**	0.8540
WN	1.0653	1.0110	0.9986	1.0008	0.7777**	1.1412**
KE	1.0061**	0.9886**	0.9097**	1.0617*	1.0249	0.9806*
QF	1.0211	1.0498*	0.9995*	1.0004	0.9828**	1.0181**
AF	0.9943**	1.0946	1.1827**	1.0566*	1.0235**	1.1502**
LH	1.1297**	1.0668	1.1574**	1.1041**	0.9858**	1.2363**
SQ	1.0000**	1.0000**	1.0000**	1.0000**	1.0000**	1.0000
JL	1.1354**	1.0295*	0.9189**	1.0301**	0.8943**	0.8447**
EK	1.0000*	1.0000**	1.0000**	1.0000**	1.0000**	1.0000**
几何平均值	1.0260	1.0314	1.0159	1.0214	0.9698	1.0174

注：**和*分别表示决策单元碳排放绩效值在 95%和 90%的水平下显著

表9A.5　样本航空公司PTCH指数变化

航空公司	2011~2012 年	2012~2013 年	2013~2014 年	2014~2015 年	2015~2016 年	2016~2017 年
MU	1.0567**	0.9605**	1.0083**	1.0422**	1.0853**	1.0089*
CZ	1.0926**	1.0152**	1.0137*	1.0594**	1.0132**	1.0090**
CA	1.0733**	1.0121	1.0257*	1.0319**	1.0469**	1.0150**
HU	0.9484**	0.9798**	0.9598**	0.9330**	1.2017	1.0000**
CX	0.9811**	0.9887*	0.9965**	1.0121**	1.0124*	1.0095**
DL	1.0404	0.9792**	1.0197**	1.0015**	1.0000**	1.0000**
AS	0.9866**	0.9718*	0.9592	0.9545**	0.9979**	0.8970**
WN	1.2626	0.9766*	1.0089**	1.0030*	1.1244**	0.9645**
KE	1.0000**	0.8962*	0.9613**	0.9583	1.0021*	1.0217**
QF	1.0377**	0.9840**	0.9839*	0.9900**	1.2551**	0.9599
AF	1.0141**	1.0041	1.1787**	1.0729**	1.0206**	1.0592**
LH	1.0905**	0.9904**	1.1152**	1.1543**	1.0584*	1.0871**
SQ	1.0000**	1.0000**	1.0000	1.0000**	0.9537*	1.0135**
JL	0.9651**	0.9500**	0.9100**	0.9432*	0.8918**	0.8776**
EK	1.0000**	1.0000**	0.9972**	1.0028	1.0000*	1.0000**
几何平均值	1.0342	0.9801	1.0074	1.0091	1.0406	0.9935

注：**和*分别表示决策单元碳排放绩效值在 95%和 90%的水平下显著

表9A.6 样本航空公司STCH指数变化

航空公司	2011~2012 年	2012~2013 年	2013~2014 年	2014~2015 年	2015~2016 年	2016~2017 年
MU	1.0183**	1.0102**	0.9965**	0.9674	1.0069**	0.9643*
CZ	0.9857	0.9605**	0.9828*	0.9421**	1.0787*	0.9492**
CA	0.9789	0.9759	0.9808*	0.9778*	1.0454	0.9654
HU	1.0070	0.8979**	1.0181*	1.0246*	1.1184	1.0000**
CX	0.9807*	0.9889**	1.0283	0.9950	1.0009	1.0068**
DL	1.0041**	0.9894**	0.9923	0.9845**	1.1326	0.9482**
AS	1.0571	1.0520*	1.0414	1.0601*	0.9379	1.6203*
WN	0.8994**	0.9830**	1.0141	1.0053	1.3223*	0.9185*
KE	1.0047	0.9680**	1.0677**	0.9649**	0.9935*	1.0333
QF	0.9936	0.9497*	0.9975**	0.9916*	1.0076*	0.9786**
AF	1.0492**	1.0027	0.8497**	0.9289*	1.0475*	0.9247**
LH	0.9594**	1.0250**	0.9037**	0.8838**	0.9800**	0.9089*
SQ	1.0104*	0.9967	0.9764**	1.0141**	1.0027	0.9982**
JL	0.9569	0.9918**	1.1265**	0.9951	1.1644**	1.2207**
EK	1.0874	1.0000**	0.9997**	0.9817**	1.0189	1.0000*
几何平均值	0.9986	0.9855	0.9964	0.9803	1.0534	1.0176

注：**和*分别表示决策单元的碳排放绩效值在 95%和 90%的水平下显著

第10章 民航碳减排的影子价格与减排成本

10.1 引　　言

随着国际社会对气候变化问题的日益关注，减少温室气体排放，走低碳发展道路已成为大多数国家的共识。作为世界最大的发展中国家和二氧化碳排放大国之一，中国面临国际和国内的双重减排压力。对民航部门来说，我们必须正视，民用航空带给我们经济利益的同时，也导致了温室气体排放的激增与环境恶化问题。

2016年，全球民用航空业整体排放约8.14亿吨二氧化碳当量，约占人为温室气体排放量的2%。为了应对气候变化，全球民用航空企业正在积极行动起来。2009年，ICAO制定了三个全球性目标来应对气候变化影响：其一，从2009年到2020年，将航空飞行器的年均燃油效率提高1.5%；其二，将二氧化碳净排放量稳定在2020年的水平；其三，到2050年将航空业的二氧化碳净排放量减少到2005年的一半。随着2016年国际民航组织第39届会议通过了《国际民航组织关于环境保护的持续政策和做法的综合声明——气候变化》和《国际民航组织关于环境保护的持续政策和做法的综合声明——全球市场措施机制》两份重要文件，第一个全球性行业减排市场机制已初步形成。

中国航空公司运输规模及碳排放增速远高于全球行业平均水平，若遵照国际航空减排市场机制决议，据估算中国民航部门碳交易的支出到2035年或将高达210亿元。如何有效应对这一局势，将是飞机制造商、航空公司需要共同面对的难题。尤其是对于航空公司来说，如何客观测度不同类型、不同区域航空公司的碳排放绩效及减排成本，为科学制定减排政策提供依据，是一个具有学术价值和现实意义的重要课题。特别地，通过对比中国民航部门主要航空公司与国外代表性航空公司在排放水平和减排成本等方面的优劣，可以为中国民航部门高质量、低成本减排提供更有针对性的思路。

对于民航部门来说，在追求减排目标实现的过程中，需要进一步考虑以最小的成本实现减排。现有的关于研究温室气体和气体污染物减排成本的思路大致可以分为两类：一是基于事后统计，通过对特定的减排措施或减排政策实施后的成本情况进行调查获得相关数据，测算不同减排措施或减排政策下的成本（姚云飞等，2012）；二是事前估计，利用宏观经济模型，如长期能源替代规划系统（long-range energy alternatives planning system，LEAP）模型、可计算一般均衡（computer general equilibrium，CGE）模型及多目标规划模型，研究不同经济发展或技术情境下的减排成本问题（王灿等，2005）。在上述两类思路下，用于计算污染物影子价格的距离函数方法得到了广泛的应用，如造纸厂的污水、电厂排放的二氧化硫，或是同一行业不同地区的污染物影子价格，如美国各州农业、我国各省电力行业。在距离函数的测度方法选择上，现有研究大都采用参数模型方法来考虑污染排放的影子价格。这种方法在估计、理解方面有许多优势，特别是采用超越对数（Translog）的随机前沿模型，可以同时考虑随机效应的影响和技术非效率因素对环境产出的前沿效应，但是这类参数方法也存在两个方面的不足：其一，如何设定"正确"的函数形式是实证研究所面临的巨大挑战，如果设定的模型与数据不能比较好地匹配或者模型存在形式错误，那么估计出来的参数就可能得出误导性的结论；其二，参数模型方法将数据进行连续化处理，无法得到经济个体（如企业）污染物排放变化的个体产出效应，即个体决策单元污染排放的影子价格。然而，污染排放的影子价格取决于排放自身的生产率水平，而参数模型估计的结果只能够得到一个整体平均的影子价格。

因此，本章拟采用非参数模型方法，通过 DEA 方法模拟环境生产前沿函数，计算全球 15 家代表性航空公司二氧化碳排放的影子价格。非参数方法较少地依赖对函数形式的假定，代价是忽略随机冲击（扰动因素）对产出前沿的效应，不能对计算结果展开有效的统计检验。但是，如果研究目的是考察所关注变量之间的一般规律和特征，随机冲击效应会随着样本的平均而弱化（涂正革和肖耿，2006，2008）。除此之外，利用非参数方法离散化进行实证研究，而不是用参数模型中所采取的连续处理方法，从而能够考察不同航空公司的离散变化特点。

10.2　研　究　方　法

10.2.1　碳排放影子价格建模

在影子价格分析框架中，我们一般使用距离函数来构造环境生产技术，从最初的 Shephard 距离函数到更一般化、更灵活的方向性距离函数及非径向距离函数。Shephard 提出了最初的距离函数形式——Shephard 距离函数。Färe 等（1994a）利用超越对数形式的 Shephard 产出距离函数构造环境生产技术，然后采用确定性的参数方法估计超越对数函数的参数并以此计算环境污染物的影子价格。根据 Chambers 等（1996），Shephard 产出距离函数如式（10.1）所示：

$$D_0(x,y,b) = \inf\{\theta > 0 : (y/\theta, b/\theta) \in P(x)\} \tag{10.1}$$

其中，θ 表示产出距离函数的值，表示在给定投入的情况下，产出组合 (y,b) 可以向环境生产技术前沿扩张的最大值。对于民航部门来说，投入指标一般包括固定资本、劳动力和能源，期望产出指标一般包括运输收入、运输规模、可用座位公里等，非期望产出指标一般主要聚焦在碳排放。类似地，根据 Shephard（1970），Shephard 投入距离函数可以定义为如式（10.2）所示：

$$D_t(y,b,x) = \sup\{\phi > 0 : (x/\phi) \in I(y,b)\} \tag{10.2}$$

其中，ϕ 表示投入距离函数的值，度量了在给定产出的情况下，投入要素组合可以向环境生产技术前沿缩减的最大倍数。

距离函数与收益、成本、利润等函数的对偶关系是推导影子价格计算公式的基础，具体而言，Shephard 产出距离函数与收益函数互为对偶，Shephard 投入距离函数与成本函数互为对偶。基于对偶关系，我们应用拉格朗日方法（Lagrangian method）和 Shephard 引理（Shephard's lemma）即可分别得到不同导向下距离函数情形下的影子价格计算公式，如式（10.3）和式（10.4）所示：

产出导向碳排放影子价格：

$$r_b = r_y \cdot \frac{\partial D_0(x,y,b)/\partial b}{\partial D_0(x,y,b)/\partial y} \tag{10.3}$$

投入导向碳排放影子价格:

$$r_b = r_y \cdot \frac{\partial D_t(y,b,x)/\partial b}{\partial D_t(y,b,x)/\partial y} \tag{10.4}$$

其中,r_b 表示非期望产出影子价格;r_y 表示期望产出影子价格。我们一般假定 r_y 等于期望产出的市场价格。

10.2.2 民航碳排放影子价格测度

接下来,我们需要估计距离函数从而计算式(10.3)或式(10.4)。传统的径向效率分析模型在同一比例上调整期望和非期望产出,有可能导致技术效率被高估,而非径向效率分析模型能够克服这一缺点。近年来,一些研究者开始将非径向 DEA 模型应用于测算非期望产出的影子价格,其中较为常用的是基于松弛变量的 DEA(slacks-based measure DEA,SBM-DEA)模型。根据前面章节,对民航部门的投入产出指标一般设置为:投入要素为固定资本(K)和劳动力(L);期望产出指标为运输收入(Y);非期望产出为二氧化碳排放(B),根据 Choi 等(2015),民航部门航空公司效率测度的 SBM-DEA 模型的表达式如式(10.5)所示:

$$D = \min \frac{1 - \frac{1}{2}\left(\frac{s_k}{K^n} + \frac{s_l}{L^n}\right)}{1 + \frac{1}{2}\left(\frac{s_y}{Y^n} + \frac{s_b}{B^n}\right)}$$

s.t.

$$\sum_{i=1}^{N} \lambda_i K_i + s_k = K^n$$

$$\sum_{i=1}^{N} \lambda_i L_i + s_l = L^n \tag{10.5}$$

$$\sum_{i=1}^{N} \lambda_i Y_i - s_y = Y^n$$

$$\sum_{i=1}^{N} \lambda_i B_i + s_b = B^n$$

$$s_k, s_l, s_y, s_b, \lambda \geqslant 0$$

其中,s_k、s_l、s_y、s_b 分别表示对应固定资本、劳动力、期望产出和非期望产出的松弛变量(slack variable);K^n、L^n、Y^n、B^n 分别表示第 n 个航空公司固定资本、劳动力、期望产出和非期望产出的观测值;λ 表示强度向量。如果所有的松弛变量为 0, 那么环境生产技术被认为是技术有效的。由于式 (10.5) 是非线性规划形式, 为方便求解需要将其转化为线性规划形式, 如式 (10.6) 所示:

$$D = \min\left(1 - \frac{1}{2}\left(\frac{S_k}{K^n} + \frac{S_l}{L^n}\right)\right)$$

s.t.

$$t + \frac{1}{2}\left(\frac{S_y}{Y^n} + \frac{S_b}{B^n}\right) = 1$$

$$\sum_{i=1}^{N} \mu_i K_i + S_k = tK^n$$

$$\sum_{i=1}^{N} \mu_i L_i + S_l = tL^n \qquad (10.6)$$

$$\sum_{i=1}^{N} \mu_i Y_i - S_y = tY^n$$

$$\sum_{i=1}^{N} \mu_i B_i + S_b = tB^n$$

$$S_k, S_l, S_y, S_b, \mu \geqslant 0; \quad t > 0$$

其中, $\mu = \lambda t$, $S_k = s_k t$, $S_l = s_l t$, $S_y = s_y t$, $S_b = s_b t$, 为了求解非期望产出的影子价格, 我们还需要写出式 (10.6) 的对偶形式。根据陈诗一 (2010), 我们假设 A, p_k, p_l, p_y, p_b 为对偶变量, 上述 SBM-DEA 模型的对偶形式如式 (10.7) 所示:

$$\max A$$

s.t.

$$A + p_k K^n + p_l L^n - p_y Y^n + p_b B^n = 1$$

$$\sum_{i=1}^{N} p_y Y_i - \sum_{i=1}^{N} p_b B_i - \sum_{i=1}^{N} p_k K_i - \sum_{i=1}^{N} p_l L_i = 0$$

$$p_k \geqslant \frac{1}{2K^n} \qquad (10.7)$$

$$p_l \geqslant \frac{1}{2L^n}$$

$$p_y \geqslant \frac{1}{2Y^n}$$

$$p_b \geqslant \frac{1}{2B^n}$$

求解出式 (10.7) 之后, 我们就可以计算出非期望的影子价格 $r_b = r_y p_b / p_y$。

此外，DEA 作为确定性的线性规划方法，也无法考虑随机误差。Kuosmanen（2005）提出的凸非参数最小二乘（convex nonparametric least squares，CNLS）法和随机非参数数据包络分析（stochastic non-parametric envelopment of data，Sto NED）法能够克服这一缺陷，一些研究者也开始将其用于非期望产出影子价格的测算工作。不过这类方法同样需要大量的数据，在现有文献中尚未得到广泛的应用，因此本章没有深入探讨。

10.3　民航部门碳排放影子价格内涵

通过对现有文献的梳理，目前关于交通碳排放减排边际成本的研究仍局限于整体交通部门层面，尚没有针对民航部门的研究，具体到哪些航空公司应该承担更高（或更低）的二氧化碳减排任务的讨论更是空缺。实际上，民航部门碳减排策略的制定通常需要以环境效率和影子价格作为依据。因为，从成本和效率两个方面来说，效率较高、边际减排成本（影子价格）相对较低的那些航空公司有能力也有潜力承担较多的减排任务，政策制定者在进行减排责任分担的时候可以更有针对性和导向性。在这方面，根据前面章节的讨论，民航部门环境效率相关的研究已经积累了丰富的成果，而民航部门减排成本（碳排放影子价格）方面的研究还有待进一步挖掘。

影子价格的定义实际上来源于运筹学中的最优化问题。从市场经济角度，当外在其他条件不变时，每增加一单位资源投入能够获得的利润增加部分即为对应资源的影子价格；从数学规划角度来看，影子价格反映了当现有的约束条件不变时，目标函数的边际变化情况（最优值的变化量与该特定资源变化量的比值），即目标函数对该资源变量的一阶偏导数。具体到民航碳排放来说，民航部门碳排放的影子价格体现了航空运输行业在碳交易市场中碳排放权的稀缺性，通常可以用于衡量民航部门碳排放权的边际效益价值。需要特别说明的是，民航碳排放影子价格虽然是民航部门碳排放边际减排成本的估计，但影子价格的测算结果并不代表碳市场中民航部门碳排放权的实际交易价格，而是反映了特定经济环境条件下民航部门碳排放权所体现出的市场价值，所以称为影子价格。民航部门各个航空公司碳排放的影子价格，与通常意义的价格不同，主要特征表现如下。

1. 影子价格的交易虚拟性

影子价格的虚拟性，表示民航部门碳排放的影子价格在碳交易市场中并不是真实存在的（实际上民航部门还没有被纳入碳交易市场），而是通过测算估计出的价格。这主要是由于碳排放价格的特殊性，在碳交易市场进行构建时，碳排放权并不能完全通过市场来定价，这就使得碳交易中的价格不能反映碳排放权作为稀缺资源的真实价值。另外，民航部门碳排放影子价格的虚拟性与时间有关，在利用影子价格测算民航部门的减排成本时，影子价格可能是虚拟的，但在未来的某一时间该价格有可能是碳交易市场中实际存在的。

2. 影子价格的成本最优性

从效率视角来看，如果民航部门碳排放权可以按其影子价格进行市场交易，这样可以体现民航运输过程中各类投入产出要素的配置处于帕累托最优状态，此时的碳排放过程落在有效前沿面上。从机会成本视角来看，民航部门碳排放的影子价格本身就是边际减排成本的最优估计，用于量化航空公司放弃最优生产运营过程所需要付出的收益代价。值得注意的是，民航部门各个航空公司碳排放影子价格的机会成本定义与对偶问题的最优值密切相关。

3. 影子价格的测度确定性

民航部门航空公司影子价格是民航部门碳排放权分配等决策制定的重要参考依据，当其他约束条件不变时，民航碳排放在特定时刻特定环境的影子价格应当具有唯一性的特点。只有当航空公司碳排放的影子价格在航空公司间确定时，其才能在航空公司碳排放权分配中发挥标尺的作用。显然，根据影子价格的测算方法，民航部门的影子价格与当下的投入产出指标、环境政策等外部实际环境有关，即当碳减排约束条件确定时，民航部门的影子价格就应该是唯一确定的。但是，在实际测算过程中，民航部门的影子价格又不是完全具有绝对的唯一性，这是因为在民航运输活动过程中，即使资源不变，如果发动机燃油技术、运输规模、利益目标发生变化，碳排放影子价格也可能会随之变化。

4. 影子价格的市场可及性

民航部门碳排放的影子价格作为碳排放权市场交易的重要依据，需要满足市场交易的可及性，否则没有必要对其进行测度。民航部门碳排放影子价格的可及性主要体现在以下两方面：一方面，航空公司通过提升碳排放环境效率的相关措施，能够获得等价于碳排放影子价格的市场实际收益；另一方面，航空公司如果通过控制碳排放并将多余的碳排放权拿到碳交易市场进行交易，也能获得与碳排放影子价格等价的收益。需要特别注意的是，碳排放影子价格的市场可及性与影子价格的交易虚拟性并不矛盾，影子价格的交易虚拟性对应的是碳交易市场中的买卖价格，而碳排放影子价格的市场可及性对应的是碳交易价格的不实际或收益的不现实，强调的是可供参考方案收益的可达到性。

10.4　数据来源与说明

本章的研究时间跨度为 2011~2017 年，之所以选择这个研究区间，是因为这项研究希望阐明航空公司在生产率变化方面的最新特征，特别是航班延误与生产率之间的关系。选择 2011 年为样本的起始年份是因为全球代表性航空公司在 2011 年才基本从 2008 年金融危机中复苏，并开始经历相对稳定的运营期。另外，2011 年欧盟宣布，从 2012 年 1 月 1 日起，所有国际航班和降落在欧盟境内的航班将获得排放许可。因此，许多航空公司寄希望于提高碳排放效率，以平衡利润收入与同时达到欧盟的碳减排要求。

需要特别说明的是，Cui 等（2016b）研究指出，非欧盟国家（如中国和美国）的航空公司已经为欧盟碳排放交易体系实施了重要的准备措施，尽管政府禁止本国航空公司遵守欧盟碳排放交易体系。航空业被纳入欧盟排放交易体系，不仅对欧洲航空公司，还对全球航空公司产生直接影响（Anger and Köhler，2010）。因此，2011~2017 年，样本选择的航空公司既包括隶属于欧盟的航空公司，也包括非欧盟的航空公司。

基于数据的可用性和样本的代表性，选取 15 家具有代表性的国际航空公司作为样本进行实证评价。选择的航空公司来自亚洲、大洋洲、北美洲和欧洲，都是对应国家和地区的代表性航空公司（表 10.1）。亚洲和大洋洲地区的航空公司近年来发展迅速，成为国际航空业的重要组成部分，因此为了比较分析的现实意义，大部分航空公司都来自亚洲和大洋洲。实际上根据 Arjomandi 等（2018）的研究，很多亚洲航空公司在环境绩效方面都要优于其他地区的航空公司。另外，15 家航空公司中有 14 家航空公司的运输规模（运输周转量）都排世界前 25 名。特别地，尽管海南航空公司运输规模相对不大，但是在研究期间其运输规模经历了快速扩张，能够很好地代表近年来快速扩张类型的航空公司。因此，总体而言，该样本选择对全球航空公司来说具有较好的代表性。

表10.1　样本航空公司的基本信息

航空公司	IATA 代码	国家	地区
达美航空公司	DL	美国	北美洲
西南航空公司	WN	美国	
阿拉斯加航空公司	AS	美国	
法航荷航航空公司	AF	法国	欧洲
汉莎航空公司	LH	德国	
阿联酋航空公司	EK	阿联酋	亚洲和大洋洲
南方航空公司	CZ	中国	
中国国际航空公司	CA	中国	
东方航空公司	MU	中国	
海南航空公司	HU	中国	
国泰航空公司	CX	中国	
新加坡航空公司	SQ	新加坡	
日本航空公司	JL	日本	
大韩航空公司	KE	韩国	
澳洲航空公司	QF	澳大利亚	

另外，研究期间，样本航空公司的碳排放伴随着客运周转量的增加呈现出明显的逐年增长趋势。在这些样本航空公司中，有 6 家航空公司的客运周转量（RPK）在全球排名前 10 位（分别是 DL、EK、CZ、LH、AF、CA）。与此同时，碳强度却呈明显的稳步下降趋势。从碳排放的变化特征来看，样本航空公司与全球民航碳排放发展趋势相一致（ICAO，2016）。此外，这些航空公司来自不同的地区，具有明显的区域特征。因此，这些航空公司有效地代表了全球航空公司，选择它们作为研究样本是合适的。

由于航空运输的特殊性，民航飞机必须遵循非常严格的燃油类型要求（主要受燃料储存、燃料经济性和安全性的约束）。航空煤油是能源消费的主导类型；Yuan 等（2015）证实了这一点，他们发现自 2014 年以来，民航总燃料消耗的 99%以上是喷气煤油。因此，与 Liu 等（2020）一样，本节假设所有民航碳排放都来自喷气煤油燃烧。有关劳动力（L）、固定资本（K）、运输收入（Y）的数据来自被评估航空公司的年鉴，这些年鉴可从航空公司各自的网站下载。有关航空煤油和二氧化碳排放的数据来自各航空公司年报。需要说明的是，此处的二氧化碳排放不是根据航空煤油消耗乘以系数估算的，而是实际的碳排放总量，由于只有少数几家航空公司提供了有关其二氧化碳排放量的详细资料，根据《IPCC 国家温室气体排放清单》，利用航空煤油的燃料消耗量及其排放系数估算了几家航空公司的二氧化碳排放量。考虑到收集的二氧化碳排放量包括航空运输能耗的排放量，航空公司 95%以上的能耗是由航空煤油燃烧引起的（Cui and Li，2015b），假设通过这两种方式收集的二氧化碳排放量具有可比性，由于影响不大，我们没有考虑全服务航空公司和低成本航空公司之间的差异。表 10.2 提供了 2011~2017 年投入、产出和中间产品的描述性统计数据。

表10.2　投入产出变量的描述性统计

变量	单位	平均值	中间值	最大值	最小值	标准差
劳动力（L）	个	53 989.63	46 278.00	128 856.00	8 558.00	33 679.32
固定资本（K）	架	393.19	308.00	856.00	100.00	231.19
运输收入（Y）	10^4美元	17 876.31	15 555.90	41 244.00	3 849.04	9 634.67
碳排放（C）	10^4吨	1 700.88	1 547.00	3 464.52	320.57	814.98

10.5　民航碳排放减排成本实证结果

10.5.1　民航碳排放效率测算与比较分析

传统的径向效率分析模型都是在同一比例上对期望和非期望产出进行调整，这样通常会导致决策单元的技术效率被高估，而非径向效率分析模型能够克服这一缺点（Li et al.，2015）。近年来，一些研究者开始将非径向 DEA 模型应用于测算非期望产出的影子价格，其中较为常用的是 SBM 模型。根据 2011~2017 年全球 15 家代表性航空公司的固定资本、劳动力、运输收入、碳排放量指标数据，构建民航碳排放的最优前沿边界，利用 SBM-DEA 距离函数，测算出各航空公司历年的碳排放的效率值，具体计算结果如表 10.3 所示。

表10.3　航空公司的碳排放效率值

航空公司	2011 年	2012 年	2013 年	2014 年	2015 年	2016 年	2017 年	平均值
MU	0.490	0.502	0.424	0.419	0.380	0.357	0.346	0.417
CZ	0.494	0.511	0.414	0.467	0.389	0.370	0.396	0.434
CA	0.505	0.523	0.487	0.465	0.417	0.410	0.390	0.457
HU	0.545	0.622	0.599	0.655	0.595	0.703	0.685	0.629
CX	1.000	1.000	0.732	0.698	0.593	0.562	0.582	0.738
DL	1.000	1.000	1.000	1.000	1.000	1.000	1.000	1.000
AS	0.733	0.806	0.878	1.000	0.874	0.925	0.792	0.858
WN	0.654	0.687	0.685	0.717	0.748	0.759	0.690	0.706
KE	0.759	1.000	0.751	0.602	0.533	0.532	0.623	0.686
QF	0.546	0.687	0.631	0.602	0.600	0.618	0.531	0.602
AF	1.000	1.000	1.000	1.000	1.000	1.000	1.000	1.000
LH	0.675	0.683	0.625	0.705	0.800	0.798	0.831	0.731
SQ	1.000	1.000	1.000	1.000	1.000	1.000	1.000	1.000
JL	1.000	1.000	1.000	0.928	1.000	1.000	1.000	0.990
EK	0.625	0.666	0.598	0.594	0.540	0.517	0.527	0.581
平均值	0.735	0.779	0.722	0.723	0.698	0.703	0.693	

　　从表 10.3 可以看出，就不同航空公司而言，民航部门年均碳排放效率最高的是达美航空公司、法航荷航航空公司和新加坡航空公司，样本期间这 3 个航空公司在各年的效率值都为 1.000；日本航空公司次之，年均效率值为 0.990；最低的是东方航空公司，年均效率值为 0.417。从地域来看，年均碳排放绩效较高的航空公司主要位于北美洲（包括达美航空公司、阿拉斯加航空公司和西南航空公司 3 个航空公司）和欧洲（包括法航荷航航空公司和汉莎航空公司 2 个航空公司）；其次是亚洲及大洋洲（包括大韩航空公司、澳洲航空公司、新加坡航空公司、日本航空公司、阿联酋航空公司和国泰航空公司 6 个航空公司）；最低的是中国四大航空公司（包括东方航空公司、南方航空公司、中国国际航空公司和海南航空公司 4 个航空公司）。

　　如图 10.1 所示，中国四大航空公司与其他样本航空公司的碳排放效率明显存在差距。近年来，中国民航运输业正处于高速成长期，运输周转量不断攀升，目前已成为仅次于美国的世界第二大航空运输系统，而以达美航空和法航荷航航空公司为代表的欧美航空公司在 20 世纪 80 年代中期已经进入产业成熟期。与之相比，中国航空公司的整体竞争能力无论是在技术发展还是在管理水平方面依然较弱（彭聚珍和张明玉，2014），这也是中国航空公司与其他航空公司效率水平存在"断层式"差距的主要原因。

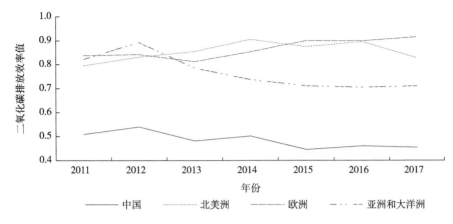

图 10.1　中国与其他地区航空公司碳排放效率比较（2011~2017 年）

　　另外，从效率变化来看，中国民航碳排放效率不但效率较低，还存在波动下降的趋势，尤其是东方航空公司效率值从 2011 年的 0.490 下降到 2017 年的 0.346，降幅达到 29.4%，南方航空公司及中国国际航空公司的效率降幅也都在 10%以上。与欧洲两家航空公司相比，AF 碳排放效率持续有效（效率值始终为 1），LH 的碳排放效率值存在波动上升趋势，这样使得我国航空公司的效率水平与前沿的效率差距越来越大。这也反映了中国民航在快速发展过程中，管理水平和技术更新还不能匹配运输规模的扩张，民航发展需要从根本上引起民航部门的重视。

　　通过上述分析，结合表 10.3 发现，不同航空公司碳排放效率均存在不同程度的差异，碳排放效率随时间存在着动态变化。中国航空公司与其他航空公司，尤其是欧洲航空公司碳排放效率的差距存在拉大的趋势。那么，其他各航空公司碳排放效率的差异是否随时间推移而缩小？样本期间，碳排放效率低的航空公司是否比碳排放效率高的航空公司具有更好的改进表现？为了描述民航部门不同类型航空公司的碳排放效率的不同演化过程，本节采用绝对 β 收敛理论（Barro and Sala-i-Martin，1992）来检验不同类型航空公司碳排放效率的敛散性问题。具体地，β 收敛性可以通过如下的回归分析模型获得：

$$\ln(y_{i,t}/y_{i,0}) = \alpha + \beta \ln(y_{i,0}) + \varepsilon_{i,t} \qquad (10.8)$$

其中，$y_{i,0}$ 和 $y_{i,t}$ 分别表示第 i 个航空公司在时期 0 和时期 t 的效率值；$\ln(y_{i,t}/y_{i,0})$ 表示第 i 个航空公司从时期 0 到时期 t 的碳排放效率增长率；α 表示截距项常数，用来表示航空公司稳定状态的技术进步；β 表示民航部门基期碳排放效率取对数后的系数；$\varepsilon_{i,t}$ 表示随机扰动项。当 β 的值小于 0 时，说明各航空公司的碳排放绩效的增长率与其初期的绩效水平是反向的，即存在收敛性，反之则是发散的。

　　对面板数据进行回归分析，需要选择固定效应模型或随机效应模型。因此在利用式（10.8）进行回归估计之前，本节利用 Hausman 检验对民航部门的面板数据进行检验，结果表明固定效应模型更为合适[具体可以参考 Hansen（2000）]，详细的估算结果如表 10.4 所示。

表10.4　各航空公司碳排放效率收敛性结果

参数	所有样本	中国	亚洲和大洋洲	欧洲	北美洲
α	−0.0063	−0.0196*	−0.0065	−0.0023	−0.0042**
	（−1.8904）	（−1.9421）	（−1.0431）	（−0.8085）	（−1.7903）
β	−0.4214***	−1.8532***	−0.4532***	−0.3624***	−0.7763***
	（−6.3894）	（−2.6027）	（−3.1021）	（−5.2187）	（−8.7438）
调整 R^2	0.7733	0.5611	0.8541	0.4401	0.8134

注：括号内为 t 统计量

***、**、*分别表示 1%、5%和10%的显著性水平

从表 10.4 可以看出，包括中国航空公司、亚洲和大洋洲航空公司、欧洲航空公司、北美洲航空公司及所有样本航空公司在内，回归系数 β 均为负值，并都通过 1%的显著性水平。这说明样本不同区域航空公司之间的碳排放效率是存在绝对 β 收敛的。碳排放效率水平较低的航空公司其碳排放效率的改善率要高于相应绩效水平高的航空公司，存在低水平对高水平的"追赶效应"，各航空公司的碳排放绩效水平存在趋同的趋势。回归系数 β 值表明中国航空公司自身的收敛速度和趋同性要更快些，亚洲和大洋洲及北美洲航空公司次之，欧洲航空公司则最为缓慢。今后，为进一步促进碳排放效率的收敛性，缩小中国与民航发达国家碳排放效率的差异性，有必要采取一定的政策措施来鼓励中国航空公司间有关碳减排技术、运营管理等方面的经验交流和沟通，以便更好地实现先进减排技术和运营理念的扩散。

10.5.2　民航碳排放影子价格测算与边际减排成本分析

在进行民航碳排放影子价格测算与边际减排成本分析之前，先来讨论一下民航碳排放与运输收入增长之间的关系。计算得到 2011~2017 年样本航空公司的运输收入从 2011 年的 248.78 亿美元增长到 2017 年的 290.25 亿美元，年均增幅为 2.60%；与此同时，碳排放量从 2011 年的 2.26 亿吨增长到 2017 年的 2.91 亿吨，年均增幅达到 4.30%。另外，从历年的变化情况来看，民航业碳排放增长率与运输收入增长率的变动趋势大致相同；当碳排放增长减缓时，运输收入增长率变小；当碳排放增长加速时，运输收入增长率变大；Cui 等（2018）利用 Tapio 脱钩模型得出相似结论。可见对民航部门进行碳减排，会付出一定的经济代价，额外减少一单位碳排放会造成经济损失，即边际减排成本，本节用民航部门碳排放影子价格来对其进行衡量。表 10.5 展示了 15 家样本航空公司在 2011~2017 年的碳排放

影子价格。

表10.5   样本航空公司碳排放影子价格（单位：美元/吨）

航空公司	2011 年	2012 年	2013 年	2014 年	2015 年	2016 年	2017 年	平均值
MU	331.6	346.4	312.9	298.2	264.9	237.4	239.1	290.1
CZ	357.6	368.9	320.8	334.6	258.1	228.7	259.7	304.1
CA	360.3	359.4	338.6	321.2	280.6	253.0	252.2	309.3
HU	341.0	361.7	351.6	367.7	337.7	193.5	454.5	343.9
CX	56.7	18.3	216.1	191.1	251.8	230.5	129.6	156.3
DL	278.7	261.7	365.2	531.3	208.5	145.9	48.7	262.9
AS	352.8	411.6	466.1	1190.1	460.8	457.6	428.0	538.1
WN	313.1	342.3	283.8	371.6	375.0	368.0	372.3	346.6
KE	173.3	50.5	246.0	205.4	255.2	246.0	181.1	193.9
QF	358.2	398.4	348.4	315.1	294.3	288.0	282.6	326.4
AF	270.7	298.0	322.6	252.8	235.5	230.3	216.8	260.9
LH	347.6	385.0	388.6	385.7	400.5	386.8	368.2	380.3
SQ	186.8	153.7	107.1	193.0	100.6	76.9	163.9	140.3
JL	852.2	1081.7	1408.4	680.3	1179.2	1089.3	1200.8	1070.3
EK	312.8	363.6	356.5	337.8	301.5	269.7	267.8	315.7
平均值	326.2	346.7	388.8	398.4	346.9	313.4	324.3	349.2

注：表中平均值数据为用原始数据计算并经四舍五入修约后得到

　　影子价格反映出降低非期望产出对期望产出的削减程度，该数值越大，表明非期望产出作为一种稀缺资源，对期望产出的获取与增加越发重要。计算结果表明，2011~2017 年样本航空公司碳排放影子价格年均值为 349.2 美元/吨，民航部门每减少一吨碳排放会导致运输收入下降 349.2 美元（以 2011 年为基期的不变价格），表明二氧化碳对民航部门经济发展具有明显的制约作用，属于竞争性配置资源，需要全球民航部门进行宏观调配。各航空公司二氧化碳影子价格差异较大，表明不同国家航空公司的碳边际减排代价不同。其中，南方航空公司、中国国际航空公司、海南航空公司、阿拉斯加航空公司、西南航空公司、澳洲航空公司、汉莎航空公司、日本航空公司、阿联酋航空公司等 9 家航空公司的减排成本均超过 300 美元/吨；日本航空公司和阿拉斯加航空公司相对较高，均超过 500 美元/吨，其中日本航空公司的减排成本甚至超过 1000 美元/吨；国泰航空公司、大韩航空公司和新加坡航空公司的碳减排成本相对较低，均不足 200 美元/吨，其中新加坡航空公司的碳减排成本相对最低。陈诗一（2010）测算得出中国工业碳排放影子价格平均水平为 10.908 万元/吨，陈德湖等（2016）与宋杰鲲等（2016）测得全国平均碳排放影子价格分别为 0.557 万元/吨与 1.403 万元/吨。可以发现，与其他部门比较而言，民航部门碳排放的减排成本相对要小于工业行业，但仍属于碳减排成本较高的行业；当然，影子价格数值还与测算方法（参数/非参数）、价格水平等因素有关。

分区域来看，中国四大航空公司的碳减排成本最低，其碳排放影子价格年均值为 311.85 美元/吨，接着为欧洲两个航空公司，它们的碳排放影子价格年均值为 320.65 美元/吨，最高的是北美三个航空公司，北美三个航空公司的碳排放影子价格年均值为 382.53 美元/吨。不同地带（区域）之间，民航碳排放影子价格存在差异。结合上文碳排放量与碳排放效率，一般而言，碳排放量高、碳排放效率低的航空公司边际减排成本较小，即碳排放影子价格较低，因此从经济角度来看，中国四大航空公司有较大的减排潜力和动力。

进一步考虑样本航空公司的减排成本动态变化情况。如图 10.2 所示，2011~2017 年 15 家样本航空公司的碳排放影子价格的平均值介于 310~400 美元/吨，在 2011~2017 年整体上呈现出先增加后下降的趋势。2011 年到 2014 年，碳排放影子价格持续增加，达到 398.4 美元/吨的峰值。尽管 2014 年起，民航部门碳排放影子价格出现了明显的下降趋势，下降到 2016 年的 313.4 美元/吨，但从 2016 年起碳排放影子价格出现反弹，并增加至 324.3 美元/吨。这一结果说明 2014 年以前碳排放潜在减排成本整体上不断增加，但随着该行业减排技术的成熟，2014 年以后碳排放减排成本开始减少，并且减排幅度较大但减排成本尚不稳定，2016~2017 年出现明显的反弹。考虑到民航部门碳排放潜在技术研究难度的不断增加，民航部门碳排放的减排成本短期内不会有显著的下降趋势。

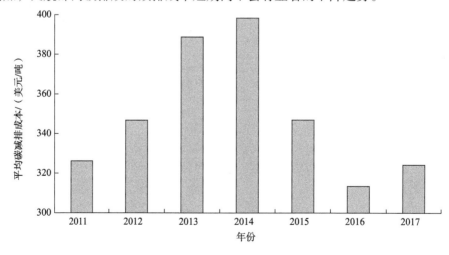

图 10.2　样本航空公司的历年平均减排成本（2011~2017 年）

类似于民航部门碳排放环境效率得分的收敛性，本节将着重讨论航空公司碳排放影子价格的变异系数和收敛性，具体结果见表 10.6。

表10.6　样本航空公司的平均减排成本及变异系数结果

航空公司	平均减排成本/（美元/吨）	平均减排成本排名	变异系数	变异系数排名
MU	290.1	6	0.140	6
CZ	304.1	7	0.167	8
CA	309.3	8	0.141	7
HU	343.9	11	0.208	10
CX	156.3	2	0.536	14
DL	262.9	5	0.548	15
AS	538.1	14	0.499	13
WN	346.6	12	0.095	2
KE	193.9	3	0.340	12
QF	326.4	10	0.123	4
AF	260.9	4	0.136	5
LH	380.3	13	0.042	1
SQ	140.3	1	0.300	11
JL	1070.3	15	0.207	9
EK	315.7	9	0.114	3

结合表 10.6 和图 10.3，我们发现 15 家航空公司碳排放影子价格的变异系数在 2011~2013 年整体上升，但 2013~2014 年短暂下降后，2014~2017 年显著增加。具体而言，影子价格的变异系数在 2017 年达到最高值为 0.79，而 2011 年达到最低值为 0.5。与碳排放环境效率得分的收敛性相呼应，15 家航空公司碳排放的影子价格在 2011~2013 年收敛性加强，但这一过程自 2014 年以来得到了抑制，说明各个航空公司碳排放影子价格的差异自 2014 年来持续拉大。另外，由各航空公司碳排放影子价格变异系数的排名可知，各航空公司碳排放的影子价格在2011~2017 年呈现了不同的收敛性。

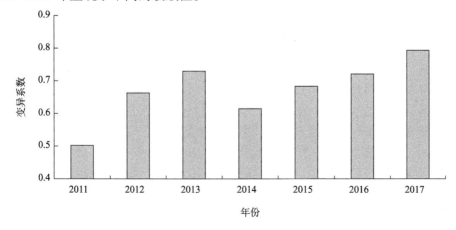

图 10.3　样本航空公司的碳排放影子价格变异系数（2011~2017 年）

　　国泰航空公司、达美航空公司和阿拉斯加航空公司碳排放影子价格的变异系数值较大（介于 0.499~0.548），说明这些航空公司碳排放的影子价格在 2011~2017 年变化幅度较大。以国泰航空公司和达美航空公司为例，国泰航空公司碳排放影子价格由 2011 年的 56.7 美元/吨提高至 2015 年的 251.8 美元/吨，增幅达到了 3.44 倍；而达美航空公司碳排放的影子价格由 2014 年的 531.3 美元/吨下降至 2017 年的 48.7 美元/吨，降低幅度较大。不同航空公司所处的经济发展阶段决定其运输需求量和碳减排技术发展程度各不相同，在民航部门各航空公司碳排放影子价格方面存在显著的差异，应当制定差异化的减排措施。对于碳排放影子价格的变异系数排名靠前的航空公司（如汉莎航空公司、西南航空公司、阿联酋航空公司、澳洲航空公司等）而言，其碳排放影子价格在研究期间变化相对不明显，意味着这些航空公司碳排放减排的经济成本波动不明显。

10.6　本　章　小　结

　　本章对全球具有代表性的 15 家航空公司的碳排放进行了环境效率分析，研究了 2011~2017 年各航空公司碳排放的环境效率，在此基础上对航空公司间的碳减排影子价格进行横向比较。本章的主要研究内容和结论如下。

　　首先，构建了基于松弛变量的 SBM-DEA 民航部门碳排放效率测算模型，以固定资本、劳动力为投入变量，航空公司的运输收入为期望产出，碳排放为非期望产出，用于测算各个航空公司在 2011~2017 年的碳排放效率。同时，在 SBM-DEA 模型的基础上，提出了基于对偶理论的航空公司碳排放影子价格测算模型，测算了 2011~2017 年全球 15 家代表性航空公司碳排放的影子价格。

　　其次，对于民航部门航空公司的碳排放环境效率，2011~2017 年 15 家航空公司碳排放环境效率平均得分整体上呈波动下降的趋势，这意味着全球航空公司的碳排放环境效率有所下降。具体到航空公司，民航部门年均碳排放效率最高的是达美航空公司和法航荷航航空公司，日本航空公司次之，最低的是东方航空公司。从地域来看，民航年均碳排放绩效最高的是欧洲和北美洲的航空公司，中国四大航空公司与其他样本航空公司的碳排放效率明显存在差距。为了进一步探讨民航部门不同类型航空公司的碳排放效率的不同演化过程，本章采用绝对 β 收敛理论来检验不同类型航空公司碳排放效率的敛散性问题。研究结果表明，样本不同区域航空公司之间的碳排放效率存在绝对 β 收敛。碳排放效率水平较低的航空公司其碳排放效率的改善率要高于相应绩效水平高的航空公司，存在低水平对高水平

的"追赶效应"，各航空公司的碳排放绩效水平存在趋同。中国航空公司自身的
收敛速度和趋同性要更快些，亚洲航空公司和北美航空公司次之，欧洲航空公司
则最为缓慢。

最后，对于各个航空公司碳排放影子价格，2011~2017 年 15 家航空公司的
碳排放影子价格平均值介于 313.4~398.4 美元/吨，整体上呈先上升后下降的趋
势，并于 2014 年达到 398.4 美元/吨的峰值。尽管 2014 年以后航空公司碳排放
影子价格开始明显降低，但在 2016~2017 年出现了明显的反弹，于 2017 年达到
了 324.3 美元/吨。考虑到潜在减排技术难度的增加，这种变化趋势可能表明，
整体上全球民航部门碳排放影子价格下降幅度较小且下降趋势不明显。从各个
航空公司来看，新加坡航空公司碳排放影子价格年均值最低，日本航空公司的
碳排放影子价格最高。分区域来看，中国四大航空公司的碳减排成本最低，接
着为欧洲两个航空公司和亚洲的航空公司，最高的是北美三个航空公司。因此，
中国四大航空公司二氧化碳排放减排中具有最大的减排潜力。另外，2011~2017
年，15 家航空公司在碳排放影子价格方面取得了一定程度的发散。15 家航空公
司碳排放影子价格的变异系数在 2011~2013 年整体上升（2011 年达到最低值
0.5），但 2013~2014 年短暂下降后，2014~2017 年显著增加（2017 年达到最高
值 0.79）。这说明 15 家航空公司碳排放的影子价格在 2013~2014 年收敛性加强，
但这一过程自 2014 年以来得到了抑制，说明各个航空公司碳排放影子价格的差
异自 2014 年来持续拉大。

附录 10A　影子价格测算 MATLAB 程序

```
[n,m]=size(K);
PP=[];
for i=1:n
    f=[-1,zeros(1,5)];
    A=[1/(2*Y(i,:)),0,0,0,-1,0;
        1/(2*B(i,:)),0,0,0,0,-1];
    b=[ 0;0];
    Aeq=[1,K(i,:),L(i,:),E(i,:),-Y(i,:),B(i,:)];
```

```
        0,-sum(K),-sum(L),-sum(E),sum(Y),-sum(B)];
beq=[1;0];
        lb=[0,1/(3*K(i,:)),1/(3*L(i,:)),1/(3*E(i,:)),0,0];
        ub=[];
        [p,q,exitflag]=linprog(f,A,b,Aeq,beq,lb,ub);
        if exitflag ~= 1
                warning('Optimization exitflag: %i', exitflag)
        end
        Q(i)=-q;
        P=[p(2:6)];
        PP=[PP,P];
end
rb = PP(5,:)./PP(4,:)
```

第四篇　民航碳排放：减排路径

第11章 中国民航碳排放的情景与减排路径

11.1 引　　言

自改革开放以来，中国民航业得到了飞速发展，1980~2010 年我国民航的运输周转量年均增长率约为 16%，几乎是世界平均水平的 3 倍。与此同时，航油消耗量也保持年均 14%的增长。2012 年我国航油消耗量已达到 1777 万吨。根据谭惠卓（2013）的研究，未来一段时间内，航空运输市场将不断扩大，这不可避免地促进民航部门航油消耗量大幅增加，预计到 2020 年航油消耗量约为 4904 万吨，占全国运输业能源消耗的 21.6%。在我国航空公司和全民航的不懈努力下，我国民航的能源强度逐年下降，燃油利用效率显著提高。通过与美国、日本等空运发达国家做对比，我国民航整体燃油利用效率基本处于先进水平，这主要是由于我国机队以大中型飞机为主，且机型较新。但是我国同等规模航空公司在同机型的燃油使用效率上与空运发达国家差距明显，还有较大的提升空间。

随着民航部门二氧化碳排放量的迅速增长，为了在应对将来可能出现的问题时占据主动，对民航部门未来碳排放情形进行预测就显得至关重要。在现有的大部分研究中，关于民航部门未来碳排放情形的研究工作主要是通过情景分析方法来实现的。Kahn 和 Wiener（1967）最早提出情景（scenario）的概念，他们认为对于任何事件来说，其未来有多种多样的发展模式，进而会导致出现潜在的不同发展结果，对于结果的实现途径也是多种多样的。那么，描述未来可能出现的结果及实现结果可能采取的途径就构成了情景（张学才和郭瑞雪，2005）。情景分析（scenario analysis）实际上就是基于事件发展过程中的一些关键前提假设，严密详细地推理和描述事件未来可能的发展结果，进而基于推理出的结果假定未来可能实施的一些政策，或者是通过设定未来希望达到的目标来探讨达到这一目标的途径及可能性（朱跃中，2001）。国内外很多科研机构都在碳排放方面应用情景分析方法展开了大量的预测研究，代表性机构主要包括我国的国家发展和改革委员会能源研究所、IPCC、廷德尔气候变化研究中心、劳伦斯伯克利国家实验室（Lawrence Berkeley National Laboratory，LBNL）、麦肯锡公司、IEA、联合国开发计划署（The United Nations Development Programme，UNDP）等。一些学者也从不同方面对国内外具有代表性的碳排放情景做了比较分析，并得出了丰富的研究成果（李惠民和齐晔，2011）。具体到民航部门未来碳排放发展趋势方面，尽管民航部门碳排放趋势预测研究中存在很多不确定性，目前仍有许多研究致力于未来民航部门能源和二氧化碳排放量的定量情景分析（Mason and Alamdari，2007；Franke and John，2011；Jarach，2004）。

进一步地，近年来，在情景分析框架下，许多学者通过引入回归分析方法（董健康等，2014）、德尔菲法（Linz，2012）、元分析方法（Gudmundsson and Anger，2012）等对民航业的碳排放问题做了深入探讨，本节对民航部门20种经典碳排放情景分析进行回顾和总结，如表11.1所示。

表11.1　民航部门20种经典情景的特征描述

研究来源	情景	基准年	能源效率提高	GDP 年均增长率	RTK 年均增长率	2050 年碳排放/万吨
Vedantham 和 Oppenheimer（1998）	IS92a&b（B）	1990	0.73%	2.30%	3.80%	2766
	IS92a&b（H）		0.62%	2.30%	4.00%	5029
	IS92c（B）		0.72%	1.20%	3.20%	2012
	IS92c（H）		0.55%	1.20%	3.40%	3688
	IS92d（B）		0.76%	2.00%	3.50%	2319
	IS92d（H）		0.66%	2.00%	3.60%	4051
	IS92e（B）		0.79%	3.00%	4.00%	3129
	IS92e（H）		0.66%	3.00%	4.20%	5532
	IS92f（B）		0.71%	2.30%	4.00%	3101
	IS92f（H）		0.59%	2.30%	4.30%	5839
Berghof 等（2005）	A1G-Fe	2000	1.50%	3.90%	4.60%	2486
	A1T-Fa		1.30%	3.80%	3.60%	1684
	A2-Fc		0.82%	2.40%	2.00%	972
	B1		0.59%	3.20%	1.20%	732
	rppH2		7.32%	3.80%	3.60%	77
Owen 等（2010）	A1	2000	0.70%	2.90%	3.30%	2382
	A2		0.53%	2.30%	2.10%	1457
	B1		1.18%	2.50%	2.60%	1325
	B2		0.76%	2.20%	2.20%	1352
	B1-ACARE		1.65%	2.50%	2.50%	1010

　　Vedantham 和 Oppenheimer（1998）在 IPCC 发布的 10 种情景的基础上，分别以 1990 年和 2050 年作为基准年和目标年，对民航飞机的需求数量分别做了低需求和高需求两种假设，因而对每一个情景便有 2 种碳排量增长情形；Berghof 等（2005）在 IPCC 的 4 种情景 A1G、A1T、A2 和 B1 基础上提出了民航部门污染物排放的 5 种受约束情景（即 A1G-Fe 情景、A1T-Fa 情景、A2-Fc 情景、B1 情景和 rppH2 情景），其中飞机制造技术及飞机容量调整等因素均被考虑在受约束的情景中；Owen 等（2010）考虑了 2 种全球化发展条件下的情景（A1 和 B1）及 2 种区域发展的情景（A2 和 B2），在此基础上，他们还在 B1 情景下提出了情景 B1-ACARE，该情景要求所有的技术进步指标都达到欧洲航空研究与创新咨询委员会战略研究议程所设立的目标。

　　这些研究丰富了我们对民航部门未来碳排放趋势的理解，但由于在情景分析中的方法选择及情景假设等的不同，研究结果往往有着较大的差异性，甚至会出现互相矛盾的情形，如表 11.1 所示，这样反而使得人们对民航部门未来碳排放的认识趋于模糊。为了更好地理解未来民航部门的碳排放轨迹，研究者首先应该以差异性为前提进行情景分析，动态模拟民航部门未来最有可能出现的碳排放情形，在此基础上识别并探讨民航部门节能减排的路径，以期为中国民航部门节能减排提供政策依据，这也是本章的具体研究思路。

　　通过对现有文献的回顾，我们发现以往的情景分析相关研究主要是根据作者的主观经验选择影响民航二氧化碳排放的因素，这样不同研究人员或机构进行情景分析得到的结果就不能进行横向比较。IDA 是量化能源/排放变化的内部驱动因素的常用方法，在一定程度上可以避免决定影响因素的任意性。IDA 方法通常包括 Lasperyres 指数、Divisia 指数、Fisher 指数、Paasche 指数、Marshall-Edgeworth 指数方法及其相关变形（Wang et al，2015）。其中，Lasperyres 指数和 Divisia 指数方法最受欢迎，并得到了广泛的应用（Ang，2004）。Laspeyres 分解方法使用基于基年的权重来测量一组项目随时间推移的百分比变化。相比之下，Divisia 分解方法是对数增长率的加权总和，其中权重是每个组件在总值中所占的份额（Wang et al，2014）。在系统地比较了 Laspeyres 分解方法和 Divisia 分解方法的应用与方法后，Ang（2015）提出了 LMDI 分解分析方法，由于它的理论基础、适应性、易用性和对结果的解释更加清晰，LMDI 方法已广泛用于定量识别推动二氧化碳排放变化的因素（Liu et al.，2018；Wang et al.，2017）。

　　此外，现有文献中的情景分析仅限于确定每个影响因素变化的固定速率。实际上，不同变量的未来演变通常是不确定的。因此，对于每个变量的潜在变化应该是一系列值，而不是一个特定值。为了克服这一问题，一些学者引入了蒙特卡罗模拟，如林伯强和刘希颖（2010）及邵帅等（2017）均应用了蒙特卡罗模拟来预测碳排放趋势。然而，这些研究并没有揭示碳排放和不同情景之间的动态内部联系。如果能够将情景分析和蒙特卡罗模拟有机地结合起来，两者互补的优势将有助于科学地预测不同情景下碳排放的演化趋势和概率分布。

通过前文对未来民航不同水平碳排放研究的梳理，我们发现研究在预测民航中长期碳排放量方面取得了丰富的成果。然而，很少有定量研究明确关注影响中国民航碳排放变动的因素。现有的民航碳排放预测的方向主要聚焦于民航碳强度、碳排放峰值、碳减排潜力和减排路径等。在考虑民航业未来发展时，很难探讨这些因素的动态演变及相应的政策措施。这些主题在已有的文献中很少被讨论。

本章从宏观层面对未来的排放趋势进行定量讨论，并探讨实现碳减排目标的可能性和可行性，为决策者提供理论依据。通过与现有研究对比，这项研究的贡献主要体现在如下三个方面：首先，根据国际民航组织的减排框架开发了适当的分解方法。确定了影响民航碳排放的四个因素，就每一个对历史碳减排做出贡献的影响因素进行定量测定，分解结果可以为确定中国民航未来发展趋势提供参考。其次，考虑了影响因素变化的阶段特征。在参数设置过程中，确定的四个因素分为三个不同的阶段：2016~2020 年、2021~2025 年和 2026~2030 年。最后，利用蒙特卡罗模拟，动态分析预测民航碳排放和碳强度的进化趋势的情景。根据研究结果，讨论减少未来民航碳排放的潜力和路径，以及该部门的减排目标，这为合理制定和实施未来的碳减排政策提供了参考。

11.2　民航部门减排路径模型

11.2.1　ICAO 减排框架

通过第 4 章对民航部门碳排放产生的驱动因素的分解分析，以及对影响民航部门碳排放特殊因素的归纳，我们知道减少民航部门的碳排放主要可以从优化航线结构、应用新技术新装备、提高运输效率、规范飞行操作等多方面入手。IPCC（2007）提出了全球民航部门的年度燃油效率提高 2%的理想目标，进一步地，要求国际民航部门的二氧化碳排放量在 2020 年达峰。为了实现这一目标，最终实现民航部门的可持续发展，ICAO 在现有减排方式的基础上总结出了具有代表性的"一揽子"减排措施（ICAO，2016），主要包括：基于市场的减排措施（market-based measures，MBMs），该措施重点围绕市场因素相关的主体来制定；提高航空公司运营能力（operational

improvements），该措施重点围绕运营因素相关的主体来制定；飞机技术的进步
（advancements in aircraft technology），该措施重点围绕技术因素相关的主体来制
定；可持续替代能源（sustainable alternative fuels），该措施重点围绕新能源因素相
关的主体来制定，如图 11.1 所示。

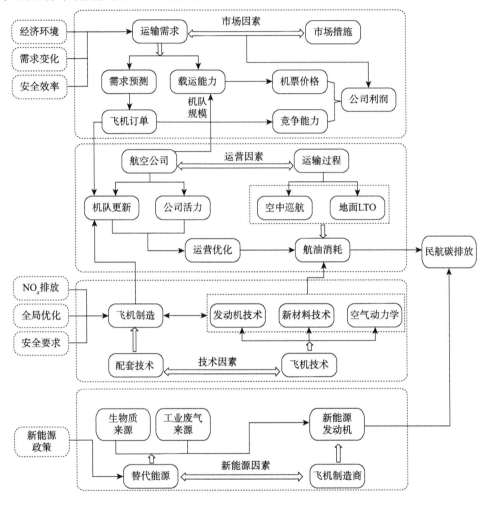

图 11.1　民航部门碳排放相关的关键输入和输出过程

LTO 表示飞机着陆/起飞的过程（landing and take-off）

MBMs 有时也称为市场工具，基于市场措施的财务机构通过提供财务激励和
抑制措施来指导受监管实体减少二氧化碳排放的行为。MBMs 被认为是实现减排
任务的重要填充剂，它可以作为减少二氧化碳排放的有效方法。2012 年 ICAO 通
过对全球现有的基于市场的不同减排措施进行审查，最终确立将基于全球强制性

抵消方案①、辅以创收机制的全球强制性抵消方案②和全球性排放权交易计划方案③出台新的更为完善的基于市场的减排措施。2016 年 10 月，ICAO 通过了《国际民航组织关于环境保护的持续政策和做法的综合声明——气候变化》和《国际民航组织关于环境保护的持续政策和做法的综合声明——全球市场措施机制》两份文件，这两份文件形成了第一个全球性的关于民航部门市场的减排措施。新出台的MBMs 方案为参与者提供了灵活性，参与者可以选择在自己的部门实施减排措施，或是抵消其他部门的二氧化碳排放量。这对于航空业来说尤为重要，因为在这个领域，行业减排成本很高，而且有限。此外，基于市场的措施提供了"财务激励措施，以指导对环境负责任的行为"。例如，以碳价为代价的 MBMs 鼓励进一步提高效率并采用新技术（杨绪彪和朱丽萍，2015）。

提高民航部门尤其是航空公司的运营能力是 ICAO 提出的减少航空碳排放量一揽子缓解措施的一个重要组成部分。如图 11.1 所示，民航部门的运营可描述为各种活动，包括航空公司机队更新及公司活力提升等运营主体的优化，以及运输过程（包括空中巡航和地面 LTO 等）。ICAO 第 A37-19 号决议要求国际民航组织进一步开展工作，促进实施业务措施，包括开发评估空中交通管理改进相关效益的工具和关于减少国际航空排放的业务措施的指导材料。事实上，对于航空公司而言，通过提高运营能力来减少航空碳排放是双赢的解决方案。首先，降低航空公司运营成本的最有效方法是尽量减少维修支出和运营每个航班的燃油量，与此同时通过降低燃油消耗实现的环境效益也会降低燃油成本。其次，运营措施不一定需要引入新设备或部署昂贵的技术。相反，它们是基于不同的方式来运行已经投入使用的飞机。例如，一些国家已经实施了无害环境驾驶技术方面的培训课程。

民航运输业是一个动态的，整合了先进工程技术、制造技术和服务的高价值行业。为了实现从两个城市对之间的优化航线安全运输中获得最高商业价值的同时最大限度地减少对环境的影响，民航部门大量的研发投资每天都在努力提供新技术和创新。从全球角度来看，先进的飞机和发动机技术将成为减少航空业碳排放的关键因素。我们已经看到引入新的发动机技术和机身设计，可以减少燃油消耗，并在 2020 年前为行业对碳中性增长的承诺做出重大贡献。历史趋势表明，现

---

① 全球强制性抵消方案要求参与者购买排放单位以抵消高于所商定基线的国际航空排放量。这种方案的设计关键是采取国际公认的科学方法实现国际航空排放基线的确定和在参与者之间的分配、检测、报告及核证等。

② 辅以创收机制的全球强制性抵消方案基本上与全球强制性抵消方案作用相同。一个关键的区别在于除抵消之外该方案将通过对每吨碳加收一笔费用，如征收交易费或索取排放价格以获得一定的收入。这笔收入将用于所商定的目的，如减缓气候变化及其环境影响或支持发展中国家减少温室气体排放等。

③ 全球性排放权交易计划方案要求参与人通过交出足够的航空容许量或其他排放单位，如来自其他部门的抵消量，以涵盖该时期所产生的全部排放来满足其承诺的减排义务。航空容许量可以免费获取，也可以通过拍卖获得。

如今航空公司的飞机比 20 世纪 60 年代的燃油效率高出 80%左右。随着时间的推移，定期升级在役机队并引入全新的飞机类型，以及新型发动机技术和机身设计的不断改进将持续为节能减排做出贡献。

从生命周期角度来看，以生物质或工业废弃物为原料合成航空替代能源可能减少大量的温室气体排放（Stratton et al.，2010）。对于碳排放而言，事实上，来自生物质原料和工业废弃物的碳排放结果最终将返回到同一种材料，因此替代能源的二氧化碳排放可视为中性的。所有航空利益相关方和团体都在积极推动使用这些燃料来限制航空的温室气体排放，因此航空替代能源的早期发展取得了巨大的进展。然而，尽管取得了这些成绩，但由于这些燃料的全面商业化生产尚未开始，在常规航空业务中使用替代能源仍然有限。推广替代能源的一个主要障碍是其与常规燃料的价格差距，在技术进步和规模经济相结合使成本降低之前，这可能会是最初开发阶段的长期状况（ICAO，2016）。因此，各国政府迫切需要制定考虑将替代能源用于航空的长期政策及相关的支持措施，包括支持研究和发展计划，以降低航空生物燃料生产成本等。鉴于航空替代能源领域的研究和合作增加，预计未来几年这一领域将有许多积极的事态发展。

11.2.2　减排模型的构建

根据第 4 章对民航部门碳排放总量变动的分解分析，以及第 5 章对民航部门碳排放绩效的分解分析，我们可以将民航部门碳减排的主要影响因素归结为三类：运输规模、运营能力及技术进步。其中，碳排放变动驱动因素中的"能源强度效应"与碳排放绩效变动驱动因素中的"技术进步效应"均反映的是民航部门技术进步的水平；碳排放变动驱动因素中的"生产水平效应"及碳排放绩效变动驱动因素中的"纯技术效率效应"均反映的是航空公司的运营能力；碳排放变动驱动因素中的"运输周转量"及碳排放绩效变动驱动因素中的"规模效率"均反映的是运输规模。特别地，目前民航部门能源消费结构相对单一并且替代能源还没有得到普及，因此前文对替代能源没有进一步研究。然而，大量现有文献都指出民航部门在未来的发展过程中的一个重要趋势就是新能源的使用，降低当前碳排放系数大的航空煤油的能源消耗比重、提高生物质能源的消费量必将加快实现民航部门的节能减排目标（Stratton et al.，2010）。

基于上述四个方面的考虑，本章进一步运用指数分解的方法将民航部门二氧化碳排放的影响因素分解为四个方面：运输收入因子、运输强度因子、能源强度因子和排放因子。进而，本节基于分解出的四个主要影响因素设置情景，预测中国民航未来的碳排放趋势。具体地，第 t 年民航部门的碳排放量可以分解为式（11.1）的形式：

$$C^t = \sum_i C_i^t$$

$$= \sum_i \left[Y^t \right] \cdot \left[\frac{R^t}{Y^t} \right] \cdot \left[\frac{E^t}{R^t} \right] \cdot \left[\frac{E_i^t}{E^t} \right] \cdot \left[\frac{C_i^t}{E_i^t} \right] \quad (11.1)$$

$$= \sum_i \underbrace{\left(Y^t \right)_{\text{收入}}}_{\text{市场}} \cdot \underbrace{\left(\text{TI}^t \right)_{\text{运输强度}}}_{\text{运营能力}} \cdot \underbrace{\left(\text{EI}^t \right)_{\text{能源强度}}}_{\text{技术进步}} \cdot \underbrace{\left(\text{CF}_i^t \cdot \text{ES}_i^t \right)_{\text{排放系数}}}_{\text{替代能源}}$$

其中，C^t 表示第 t 年民航部门的碳排放总量；E_i^t 表示第 t 年第 i 种能源的消费量；E^t 表示第 t 年民航部门的能源消费总量；C_i^t 表示第 t 年第 i 种能源消耗所产生的碳排放量；Y^t 表示第 t 年民航部门的运输收入，反映民航部门运输规模；R^t 表示第 t 年航空公司的运输周转量 RTK；$\text{TI}^t = R^t / Y^t$ 表示第 t 年单位运输收入所能实现的运输周转量（即运输强度），反映的是民航部门的运营能力；$\text{EI}^t = E^t / R^t$ 表示第 t 年单位运输周转量所需的能源消耗量（即能源强度），反映的是民航部门的技术进步水平；$\text{CF}_i^t = E_i^t / E^t$ 表示第 t 年民航部门的能源消费结构；$\text{ES}_i^t = C_i^t / E_i^t$ 表示第 t 年第 i 种能源的碳排放系数。CF_i^t 和 ES_i^t 共同反映了民航部门的替代能源使用情况。

那么，民航部门在基准年 0 和目标年 t 的二氧化碳变化量 ΔC_{tot}^t 可以表示为式（11.2）：

$$\Delta C_{\text{tot}}^t = C^t - C^0 = \Delta C_y^t + \Delta C_{\text{ti}}^t + \Delta C_{\text{ei}}^t + \Delta C_{\text{ec}}^t \quad (11.2)$$

其中，ΔC_y^t 表示运输收入的变化对碳排放变化的影响；ΔC_{ti}^t 表示运输强度的变化对碳排放变化的影响；ΔC_{ei}^t 表示能源强度的变化对碳排放变化的影响；ΔC_{ec}^t 表示排放因子的变化对碳排放变化的影响。每个因素的具体影响值可以通过 LMDI 分解方法计算，具体如下：

$$\Delta C_y^t = \sum_i \frac{C_i^t - C_i^0}{\ln C_i^t - \ln C_i^0} \ln \left(\frac{Y^t}{Y^0} \right) \quad (11.3)$$

$$\Delta C_{\text{ti}}^t = \sum_i \frac{C_i^t - C_i^0}{\ln C_i^t - \ln C_i^0} \ln \left(\frac{\text{TI}^t}{\text{TI}^0} \right) \quad (11.4)$$

$$\Delta C_{\text{ei}}^t = \sum_i \frac{C_i^t - C_i^0}{\ln C_i^t - \ln C_i^0} \ln \left(\frac{\text{EI}^t}{\text{EI}^0} \right) \quad (11.5)$$

$$\Delta C_{\text{ec}}^t = \sum_i \frac{C_i^t - C_i^0}{\ln C_i^t - \ln C_i^0} \ln \left(\frac{\text{CF}_i^t \cdot \text{ES}_i^t}{\text{CF}_i^0 \cdot \text{ES}_i^0} \right) \quad (11.6)$$

结合前文描述，指数分解出的四个影响因子正好契合了 ICAO 提出的四个关键减排策略。具体地，运输收入因子是市场减排措施的具体体现，基于市场的措施实际上也可以称为市场工具，通过制定市场政策来促进或抑制市场对于民航运输的需求，迫使航空公司采取应对减排措施进而影响民航部门的碳排放。运输强度因子是航空公司运营水平的具体体现，影响民航部门的运输强度的因素很多，包括：飞机的飞行模式及操控，空中交通管理系统对飞机的控制和监测，以及各种机场活动的开展。改善运输强度，提高运营能力是限制航空公司二氧化碳排放的一揽子缓解措施的重要组成部分。能源强度因子是民航部门飞机技术水平的体现，众所周知，空气动力学、推进力和轻质材料的技术改进及节能发动机的使用与飞机运输减排是直接相关的，因此，飞机的设计和制造技术的改进也是实现未来二氧化碳减排目标的关键。排放因子是民航部门新能源使用的具体体现，当使用可再生能源或废弃材料生产的航空燃料时，从全生命周期角度来看，新能源、替代能源比化石能源消耗产生的温室气体排放有很大程度的降低。未来，可持续替代能源将成为减少民航部门二氧化碳排放的最有前景的解决方案之一。

11.3　数据来源与说明

　　本节以 11.2 节中确立的模型为基础，详细介绍民航二氧化碳排放量的数据来源。完整的民航飞行包括 LTO 和巡航阶段。国际民航组织将 LTO 描述为飞机在 3000 英尺（相当于 915 米，1 英尺=0.305 米）以下执行的所有操作。这些操作包括四种操作模式，其中包括推力设置和定时模式。在计算民航二氧化碳排放时，本章研究内容不包括与机场运营相关的二氧化碳排放。

　　每个飞行阶段都有其独特的特点，因此不同阶段的燃料消耗和碳排放是不同的。通过考虑不同模式下特定的航空发动机排放因子，可以计算出整个循环过程中的二氧化碳排放。然而，这种确定飞机二氧化碳排放量的方法是非常具有挑战性的，因为许多影响结果的统计数据是不可用的。比较难以获得的数据主要包括飞机型号、航班时刻表、不同飞机的发动机设备型号等。正因为如此，仅基于总的燃油消耗的"以燃料为基础"或"自上而下"的方法，更适合也更能准确地计算民航二氧化碳排放量。

　　由于航空运输的特殊性，民航的航空器对燃油种类有严格的规定（主要受贮存、经济性和安全性的影响），航空煤油是目前能源消耗的主要种类。Yuan 等（2015）发现自 1978 年以来，超过 97%的民航燃油消耗是喷气煤油。2014 年，这一比例增长了 99%以上。此外，其他少量类型的航空燃料没有统一的统计规范（Zhou et al., 2016b；Yuan et al., 2015）。因此，本节采用 Zhou 等（2016b）的思路，假设所有民航二氧化碳排放都是航空煤油燃烧的结果，如式（11.7）所示：

$$C^t = E^t \times HV^t \times EF^t \tag{11.7}$$

其中，E^t 表示 t 年航空煤油的消耗量，单位为吨；HV^t 表示 t 年航空煤油的净热值；EF^t 表示航空煤油在 t 年的排放因子。

本章利用中国民航局统计的数据来计算中国民航二氧化碳排放量。根据 IPCC（2006）的统计，航空煤油的净热值为 441.2 亿焦/吨，排放因子为 7.2 千克/亿焦。本章进一步分解了 1985~2015 年中国民航二氧化碳排放的变化。影响因素包括能源消耗（100 万吨）、运输周转量（RTK）及运输收入（10^9 元，1985 年价格）。航空运输周转量由旅客运输周转量和货物运输周转量两部分组成，利用转换系数，将两部分转换为运输周转量的一个单位。所有研究指标的数据来源于历年的《从统计看民航》。具体地，表 11.2 提供了不同变量指标的描述性统计。

表11.2 民航部门碳排放相关变量的统计学属性

指标	单位	平均值	标准差	最大值	最小值
能源消耗	万吨	748	705	2 504	66
二氧化碳排放	万吨	2355	2219	7887	208
运输周转量	万吨公里	2 356 061	2 466 971	851 6500	127 102
运输收入	10 亿元	31.75	27.44	86.12	1.85

11.4 情 景 描 述

11.4.1 情景设定基础

为了探究未来民航碳排放的趋势，了解过去的二氧化碳排放趋势及其影响因素是非常重要的。从图 11.2 可以看出，二氧化碳排放量呈现快速增加的趋势，而二氧化碳排放强度则出现了缓慢下降的趋势。从 1985 年到 2015 年，民航二氧化碳排放量从 207 万吨增加到 7887 万吨，年均增长 12.90%，这几乎是同期全国二氧化碳排放量增长率的 2.5 倍，超过了中国蓬勃发展的交通运输业每年 10%的二氧化碳排放增长率（Zhou et al，2016b）。2001 年以来，民航二氧化碳排放量维持着显著的快速增长趋势。近年来，尽管民航碳排放增长速度逐渐放缓，但总体增长的模式仍然令人担忧。二氧化碳排放强度呈波动下降趋势，从 1985 年最高的 1.64 千克/吨公里下降到 2015 年的 0.93 千克/吨公里。由于飞机技术创新的限制，边际二氧化碳排放强度改进空间在不断变小（Bows and Anderson，2007）。从图 11.2 可以看出，二氧化碳排放强度的下降大部分发生在 1999 年之前。2010~2013 年甚至呈现轻微上升趋势。

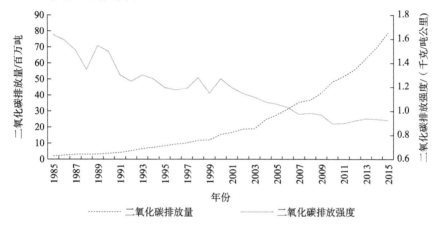

图 11.2　中国民航二氧化碳排放量及二氧化碳排放强度（1985~2015 年）

　　根据前文介绍的分解方法，本节对中国民航部门碳排放进行分解分析，以期从影响因素的角度探寻民航部门节能减排的路径。表 11.3 展示了民航部门碳排放变动的影响因素的贡献情况，具体分解结果见附录 11A。

表11.3　造成二氧化碳排放的主要因素的最小值、最大值和平均值

统计指标	ΔC_y^t		ΔC_{ti}^t		ΔC_{ei}^t		ΔC_{tot}^t	
	数值/万吨	时期	数值/万吨	时期	数值/万吨	时期	数值/万吨	时期
最大值	1155.4	2009~2010 年	663.1	2012~2013 年	144.1	2011~2012 年	906.8	2014~2015 年
最小值	−118.6	2007~2008 年	−403.1	2001~2002 年	−352.3	2009~2010 年	5.5	1987~1988 年
平均值/万吨	210.2		74.9		−29.2		256	
总量/万吨	6306		2248		−875		7679	

　　为了更加直观地反映各影响因素的变动及其贡献情况，图 11.3 展示了

1986~2015 年二氧化碳排放累积值及其影响因素的累积贡献情况。

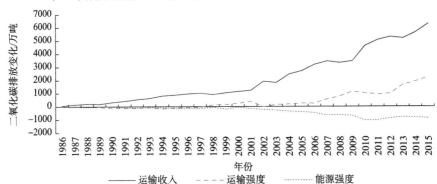

图 11.3　民航部门二氧化碳排放累积值及其影响因素（1986~2015 年）

由表 11.3 可知，ΔC_y^t 的总效应增加了 6306 万吨，占二氧化碳排放总变化的 82.12%。航空运输需求在 2007~2008 年因全球金融危机而出现负增长后，经历了快速反弹。一般来说，运输收入可分为国际航线收入和国内航线收入两部分。中国国内航线收入在 1989 年超过其国际航线收入，表明民用航空运输日益流行。航空运输需求的增加可能会导致运输收入持续增加，因此运输收入效应是民航二氧化碳排放快速增长的主要动力。

如图 11.4 所示，1985 年以来，中国民航运输收入快速增长，1985~2015 年年均增长 13.78%，到 2015 年底中国民航部门运输收入达到了 692.7 亿元。与国际航线相比，国内航线发展速度更快，从 1985 年的 5.6 亿元增长到 2015 年的 521.7 亿元，年均增长 16.32%。显然，民航运输收入规模与国民收入水平直接相关。在较好的经济环境下，人们更愿意选择舒适、高效的旅行方式，相反，民航运输的成本相较其他运输方式成本更高，因此在国民收入水平不高的前提下人们便会降低选择民航的意愿。如图 11.4 所示，1997~1999 年和 2007~2009 年，由于受到亚洲金融危机和全球经济衰退的影响，民航部门的运输收入都存在较大波动。此外，一些外生因素也对民航部门的运输收入起着重要作用。例如，2003 年受 SARS 的影响，民众对旅游需求减少，从而影响民航部门的运输收入。近年来，高铁行业的迅猛发展也对航空运输业产生了很大的冲击，直接导致了民航业务收入的增速放缓。总体来说，运输收入主要受市场政策和航空运输需求量的影响。随着经济全球化和民航普及，交通运输收入将继续是促进民航部门碳排放量快速增长的主力军。

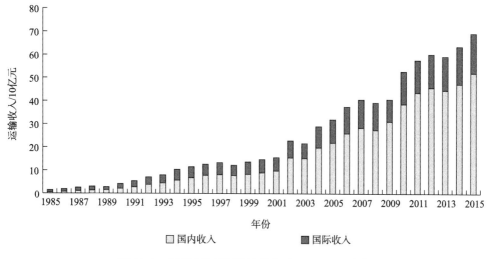

图 11.4　中国民航部门运输收入（1985~2015 年）

　　影响因素 ΔC_{ti}^{t} 对民航部门二氧化碳排放总量增加的贡献为 2248 万吨,占变化总量的 29.27%。结合运输周转量和收入的因素，运输强度代表每单位收入的运输营业额。因此，运输强度是反映民航部门业务能力的比较合适的指标。由表 11.3 可知,在研究期间，运输强度效应对二氧化碳排放的增加有正的平均贡献(0.749)。运输强度将随着管理和运营效率的不断提高而提高。这样，运输强度效应将持续成为民航二氧化碳排放增长的主要动力。

　　运输强度的降低是限制或减少民航部门二氧化碳排放的一揽子减排措施中的一个重要因素。运输周转量和运输收入是体现民航业发展规模的两个重要指标，中国的民航运输规模在 1985~2015 年迅速扩张，运输周转量年均增长率为 15.05%，运输收入年均增长 23.03%。图 11.5 反映了中国民航部门运输强度在 1985~2015 年的变化情况。综合运输周转量和运输收入两个方面的考虑，从飞机起飞之前的准备直到乘客着陆并卸下货物期间，主要包括飞机的飞行操作，空中交通管理系统对飞机的控制和监测，以及各种机场活动的开展。单位运输收入的运输周转量（运输强度）可以反映民航部门（具体到航空公司）的运营能力。事实上，运输强度反映的是民航部门的运营能力，运营水平的不断提高使得民航部门的运输竞争力不断提升，进而刺激民航部门的大规模扩张，从而不可避免地拉动民航部门的碳排放增加。这样看来提高民航部门的运输强度改善其运营水平和降低该行业的碳排放是矛盾的，然而，实际上民航部门运输强度除了与运输周转量有关还和运输收入相关。例如，各个航空公司可以通过改善飞机的飞行模式及操控、空中交通管理系统对飞机的控制和监测，以及开展各种机场活动来提高运营能力，尽量减少维修成本和航油消耗量，进而在实现环境效益的同时降低运营成本。

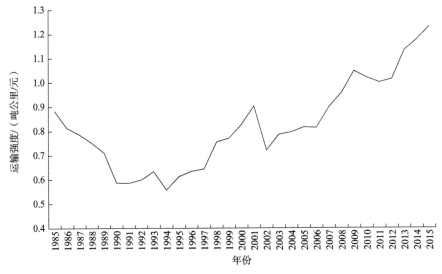

图 11.5　中国民航部门运输强度变化（1985~2015 年）

能源强度效应（ΔC_{ei}^{t}）对二氧化碳排放总量贡献值为 – 875 万吨，占 1985~2015 年总变化量的 11.39%。在 31 年的时间里，因素 ΔC_{ei}^{t} 对减少二氧化碳的排放具有积极作用。2009~2010 年 ΔC_{ei}^{t} 对二氧化碳排放减少（352.3 万吨）的贡献最大，占同期总变化量的 40.26%。2008 年以来，中国民航逐渐走出了全球金融危机的阴影，航空运输需求不断提升。同时，新发动机技术和飞机设计的不断改进导致燃油效率显著提高（Lee et al.，2009），这可能是能源强度效应抑制二氧化碳排放增加的主要原因。

实际上，从本章的研究结果来看，能源强度效应是唯一促进民航部门碳减排的因素。2010 年以来，飞机厂商生产的新型飞机每公里运输周转量的燃油效率比 20 世纪 60 年代高出约 80%（ICAO，2016），这证明技术进步可以在减少能源消耗和碳排放方面发挥主要作用。如图 11.6 所示，中国民航部门的能源强度从 1985 年的 0.519 千克/吨公里降至 2015 年的 0.292 千克/吨公里，年均下降 1.90%。然而，近年来由于技术改进的局限性和飞机更换速度相对较慢，能源强度略有反弹，2010 年到 2013 年能源强度增长了约 5%。1985~2015 年，其中 21 个年份的能源强度效应都抑制了民航部门的碳排放增长，使得民航部门碳排放减少了 875 万吨，占 1985~2015 年整体变化量的 11.39%。2008 年以来，中国民航逐步走出了世界金融危机的影响，并且中国经济的迅速发展进一步刺激了人们对航空运输的需求；同时，新发动机技术和飞机设计的不断改进，使得燃油效率得到显著的持续改善，因此民航部门能源强度不断下降，这可能是能源强度效应对减少民航部门二氧化碳排放所起的主要作用。其中，2009~2010 年能源强度下降对碳排放减少的贡献率最大，达到 40.28%。

图 11.6　中国民航部门能源强度（1985~2015 年）

需要特别说明的是，在分解分析民航部门碳排放影响因素时，公式中 $CF_i^t = E_i^t / E^t$ 表示的是第 t 年航空公司的能源消费结构，$ES_i^t = C_i^t / E_i^t$ 表示的是第 t 年第 i 种能源的碳排放系数；这样 CF_i^t 和 ES_i^t 就共同反映了民航部门的新能源使用情况。具体而言，当民航部门能源消费结构发生变化时，不同能源的碳排放系数是不同的，因而 CF_i^t 和 ES_i^t 都会发生变化。然而，由于民航部门能源消费的特殊性（能源消费种类单一并且长期保持不变），在用 LMDI 进行分解计算时 CF_i^t 和 ES_i^t 两项均为零，并没有对碳排放总量的变化产生影响。事实上根据赵晶等（2016）的研究，从全生命周期角度来看，未来 8 种航空燃料原料（煤、天然气、能源藻、麻风树、大豆、棕榈、油菜籽及亚麻荠）将会大幅度降低民航部门碳排放，因此未来民航部门新能源的研发应受到重点关注和支持。

11.4.2　三种典型情景

以上分解分析结果表明，二氧化碳排放的增加主要是由于运输收入（Y）的增加，运输强度的累积效应相对较小。与此同时，能源强度（EI）在降低民航二氧化碳排放方面继续发挥作用。基于二氧化碳排放的历史演变趋势、主要影响因素、现有政策实施的有效性及潜在的减排空间，本节构建了民航部门碳排放的三种发展情景：基准情景（baseline scenario，BAS）、绿色发展情景（green development scenario，GDS）和技术突破情景（technological breakthrough scenario，TBS）。

1. 基准情景

基准情景是一种基于过去发展特征推断民航部门未来发展趋势的可能情景。该情景假定未来会延续当前发展的一种惯性状态，即未来碳排放水平是建立在当前的经济环境和技术水平没有改变、没有采取新的减排措施基础上的。换句话说，基准情景假定民用航空部门将继续以过去的发展模式为特征。这包括运输规模的迅速扩大、航空公司运营能力的提高及主要使用航空煤油作为能源消费。现有研究表明，经济因素的变化通常表现为路径依赖的惯性特征。从中国其他行业的发展轨迹来看，通常最近的周期或形势对未来的影响更显著（林伯强和刘希颖，2010；Lin and Ouyang，2014）。

为了全面反映惯性演化趋势和潜在变化，本章遵循 Lin 和 Ouyang（2014）的思路，充分考虑中国民航五年发展规划的阶段性调整。具体而言，我们基于各影响因素的年均变化率，设定了 2016~2030 年各影响因素年平均变化率的最大值、中间值和最小值。各影响因素潜在变化率的最大值、中间值和最小值分别对应于 2010~2015 年、2005~2015 年和 2000~2015 年三个时期的最大值、中间值和最小值。表 11.4 给出了基准情景下各影响因素的变化率。

表11.4 基准情景中各影响因素的年均变化率和设计参考值

影响因素	2016~2030 年			
	最小值	中间值	最大值	设计依据
运输收入（Y）	4.80%	7.76%	10.63%	根据 2016~2030 年数据变化的移动平均计算获得
运输强度（TI）	2.86%	4.43%	4.58%	（同上）
能源强度（EI）	−2.09%	−1.33%	0.67%	（同上）
排放系数（EC）	/	/	/	根据 Owen 等（2010）的研究，假设没有替代能源

注：基准情景框架下假设能源消费结构保持稳定，因此，表中的"/"表示排放系数（EC）因子保持不变

综上所述，基准情景反映了基于现有文献中相关因素的共同演化趋势，以及影响民航部门碳排放的变量演化的不确定性，同时考虑了我国民航周期性调整的基本要求。

2. 绿色发展情景

党的十八届五中全会明确了可持续发展的概念，强调了生态文明建设，会议还重申了节约资源和保护环境是一项基本国策。因此，中国正逐步走向绿色发展的新发展格局。《中国民用航空发展第十三个五年规划》指出，"到 2020 年，基本建成安全、便捷、高效、绿色的现代民用航空系统，满足国家全面建成小康社

会的需要。航空运输持续安全，航空服务网络更加完善，基础设施保障能力全面
增强，行业治理能力明显加强，运输质量和效率大幅提升，国际竞争力和影响力
不断提高，创新能力更加突出，在国家综合交通运输体系中的作用更加凸显"。
这些目标为民航部门的绿色发展方案提供了基础。

对于民航部门来说，根据政策规划，未来的运输收入（Y）很难直接预测。本
章通过运输周转量（RTK）和运输强度（TI）的联合变化来估计运输收入（Y）。
具体来说，《中国民用航空发展第十三个五年规划》要求，到 2020 年，民航运输
周转量达到 1420 亿吨公里，年均增长 10.8%。进一步地，根据中国民航总局的预
测，2016 年至 2030 年，中国民航运输周转量将每年增长 7.9%。因此，我们将 2021
年至 2025 年运输周转量年均增长率的中位数定为 8%。基于这一增长率，预计
2026~2030 年运输周转量的年均增长率将为 5.3%。

运输强度（TI）是促进民航组织实现 ICAO 环境可持续性目标的关键指标，
一般可以用来反映航空公司的运营水平，因此有必要对潜在的运输强度目标进行
详细的论证和定义。ICAO 独立专家运营目标小组正是基于这方面的诉求得以组
建，负责民航部门整体运营目标的设计和评估。据 ICAO 独立专家运营目标小组
的估计，到 2030 年，民航部门的运营能力（运输强度）将比 2010 年水平提高
4.50%~6.75%（ICAO，2016）。基于此，本节将绿色发展情景的目标设定为 6.75%。
因此，我们可以计算出 2016~2030 年运输强度的年平均增长率为 4.27%。随着运
营能力的不断提高，运输强度的边际改善空间将会逐步减少，因而运营能力改善
潜力将呈现下降趋势（ICAO，2016）。因此，本章假设，与"十三五"时期相比，
2021~2025 年运输强度年均增长率将下降 1%。同样，我们也假设 2026~2030 年年
均增长率比 2021~2025 年减少 1%。这三个值分别被用作这三个阶段的变化率的
中位数。考虑到政策执行的有效性和不确定性，将潜在变化率的最小值和最大值
在中间值基础上分别向下和向上调整 1%。结合运输周转率和运输强度变化率，进
一步计算运输收入变化率的潜在变化。

根据《中国民用航空发展第十三个五年规划》，预计到 2020 年民航能源
强度（EI）将达到 0.281 千克/吨公里。根据此预测，2016~2020 年民航部门能
源强度最可能的年均下降率为 0.83%。一些学者也对中国民航部门能源强度的
发展趋势进行预测，其中代表性研究主要包括 Chèze 等（2011），其在进行区
域能源效率研究时，测算到 2025 年中国的能源强度最有可能以每年 1.65% 的
速度增长。结合 Chèze 等（2011）的研究，本章将 2021~2025 年中国民航部门
的能源强度的年平均下降率设定为 1.5%，这个值被设置为中间值。此外，ICAO
为全球民航部门也设定了减排目标，规定到 2030 年民航部门的能源强度应以
年均 1.5% 的速度下降（ICAO，2016）。据此，我们计算出 2026 年到 2030 年

中国民航部门的能源强度年平均下降率为 2.11%。这个值也被用作潜在变化的中位数变化率。参考林伯强和刘希颖（2010）中对参数的设计规则，本章将能源强度的潜在变化率的最小值和最大值分别在中间值的基础上向下和向上调整 0.4%。

关于民航部门替代能源的发展，绿色发展情景下认为，2016 年至 2020 年，民航部门将增加在替代能源技术开发方面的研发投资。然而，在研发投入与实际成果之间存在一定的时间差，所以能源结构的改善要到 2021~2030 年才会出现。根据 Zhou 等(2016b) 的研究，假设 2016~2020 年、2021~2025 年和 2026~2030 年，替代能源将分别占民航能源消费总量的 2%、5% 和 10%。在此基础上计算出各时段碳能源结构年均变化率分别为 -0.34%（2016~2020 年）、-0.54%（2021~2025 年）和 -0.92%（2026~2030 年），这些被假定为能源结构潜在变化率的中间值。潜在变化率的最小值和最大值根据中间值分别向下和向上调整 0.2%。基于以上分析，表 11.5 给出了影响绿色发展情景的各因素的潜在年平均增长率。

表11.5 绿色发展情景中各影响因素的年均变化率和设计参考值

影响因素	2016~2020 年		2021~2025 年		2026~2030 年	
	中间值	设置依据	中间值	设置依据	中间值	设置依据
运输收入（Y）	6.26%	通过 ICAO 和 CAAC 的运输周转量和运营能力值计算得到	4.58%	通过 ICAO 和 CAAC 的运输周转量和运营能力值计算得到	2.96%	通过 ICAO 和 CAAC 的运输周转量和运营能力值计算得到
运输强度（TI）	4.27%	根据 ICAO 独立专家运营目标小组设定的运营目标计算得到	3.27%	在 2016~2020 变化基础上，假定 1% 的下降趋势（ICAO, 2016）	2.27%	在 2021~2025 变化基础上，假定 1% 的下降趋势（ICAO, 2016）
能源强度（EI）	-0.83%	根据中国民航"十三五"发展规划	-1.50%	结合 ICAO 和代表性研究 Chèze 等（2011）的预测	-2.11%	根据 ICAO 提供的数据计算得到（ICAO, 2016）
排放系数（EC）	-0.34%	根据 Zhou 等（2016b）对民航未来新能源发展的预测	-0.54%	根据 Zhou 等（2016b）对民航未来新能源发展的预测	-0.92%	根据 Zhou 等（2016b）对民航未来新能源发展的预测

3. 技术突破情景

节能减排需要技术创新，特别是提高能源效率和使用低碳能源，对于民航部门新能源的生产和存储技术方面的重大突破尤为关键。基于绿色发展情景，本章设置第三种情景，该情景主要是强化了各参数的预期变化率，包括运输收入、运输强度、能源强度和能源消费结构。我们定义第三种情景为低碳发展情景，在该情景下假设技术创新取得重大进展，因此也可以称为技术突破情景。由于未来技术发展的主要不确定性，运输收入、运输强度、能源强度和能源消费结构的演化可能有许多不同的可能性。因此，技术突破情景为促进绿色技术创新、降低能源强度、进一步推进碳的减少排放提供了一条可行的途径。不过需要说明的是，技术突破情景只是一种情景假设，并没有涵盖所有可能的技术突破情况。

考虑到未来高速交通方式的多样化，如高速铁路（high-speed railway，HSR）行业对民航部门的影响（Boeing，2016），Airbus 和 Boeing 两大航空公司分别预测，民航在 2014~2030 年，航空运输需求年均增幅分别为 4.6% 和 5.0%。另外，日本飞机开发公司（Japan Air Defense Command，JADC）也预测，中国的航空客运量将在 2030 年之前以每年 8% 的速度增长（JADC，2013）。同时，现有的研究中大部分机构和学者都认为，未来空中交通增长速度将会出现放缓（ICAO，2016）。为了更好地体现这些差异，并考虑到技术突破情景是绿色发展情景强化发展的情况，将 2016~2020 年、2021~2025 年和 2026~2030 年的运输周转率的年均增长率的中间值分别设定为 7%、5% 和 3%。如前所述，技术突破情景中的运输强度的设置类似于绿色发展情景，在技术突破情景中我们进一步突出节能效果，因此设计的目标是 2030 年在 2010 年的水平上提高 4.5%。基于这一估计目标，在技术突破情景下，通过计算本章将 2016~2030 年运输强度的年均增长率设定为 3.21%。在此基础上，每年的增长率假定在每个连续的阶段下降 1%。这三个值都是这三个阶段中每个阶段的变化率的中位数。因为政策执行的有效性和不确定性，利率潜在变化的最小值和最大值分别在中间值以下和以上调整 1%。结合运输周转量和运输强度的变化率，可以进一步计算出运输收入的潜在变化率。

ICAO 制定了一系列到 2050 年的发展情景，其中技术变化方面，假设由于技术改进，能源强度每年将提高 0~2%（ICAO，2016）。结合 ICAO 的减排目标，我们假设技术突破情景相对于绿色发展情景可以进一步扩展。因此，本章假设每个时期的能源强度平均每年下降 1.5%（2016~2020 年）、2.0%（2021~2025 年）和 2.5%（2026~2030 年）。这三个值分别为各个阶段的变化率的中位数。根据林伯强和刘希颖（2010）的研究，将能源强度变化率的最小值和最大值分别在中间值之下和之上调整 0.4%。

民航部门能源结构的转变将导致航空煤油作为主要燃料的使用出现显著下降。随着低碳替代能源消费比重的增加，新能源应用的技术难度和边际成本将逐步增加，这将阻碍替代能源的推广。然而，如果替代能源技术能够实现突破性发展，低碳替代能源消费的增长速度将继续提高。与绿色发展情景相似，技术突破情景下的研发投入与效果转换之间存在时间的滞后性。结合 Zhou 等（2016b）的分析，预计 2016~2020 年、2021~2025 年和 2026~2030 年，低碳替代能源将分别占燃料总使用量的 5%、10% 和 30%。据此计算出 2016~2020 年、2021~2025 年和 2026~2030 年各时段传统航空煤油占比的年均变化率分别为 -0.88%、-0.92% 和 -4.10%。这些值被设置为各个时期变化率的中间值。在此基础上，能源结构变化率的最小值和最大值分别在中间值之下和之上调整 0.2%。基于以上分析，表 11.6 为民航部门技术突破情景下，各个变量参数的设置情况。

表11.6　技术突破情景下各影响因素的年均变化率及设计基准

影响因素	2016~2020 年		2021~2025 年		2026~2030 年	
	中间值	设置依据	中间值	设置依据	中间值	设置依据
运输收入（Y）	3.67%	根据现有研究预测得出的运输周转量和运营能力计算得到	2.73%	根据现有研究预测得出的运输周转量和运营能力计算得到	1.77%	根据现有研究预测得出的运输周转量和运营能力计算得到
运输强度（TI）	3.21%	根据 ICAO 独立专家运营目标小组设定的运营目标计算得到	2.21%	在 2016~2020 年变化的基础上，假定 1% 的下降趋势（ICAO，2016）	1.21%	在 2021~2025 年变化基础上，假定 1% 的下降趋势（ICAO，2016）
能源强度（EI）	-1.50%	根据民航部门和 ICAO 的能源强度的降低目标	-2.00%	根据民航部门和 ICAO 的能源强度的降低目标	-2.50%	根据民航部门和 ICAO 的能源强度的降低目标
排放系数（EC）	-0.88%	根据 Zhou 等（2016b）对民航未来新能源发展的预测	-0.92%	根据 Zhou 等（2016b）对民航未来新能源发展的预测	-4.10%	根据 Zhou 等（2016b）对民航未来新能源发展的预测

11.4.3　不同情景的比较

如前面所述，本章描述了中国民航发展的三种典型情景。为了理解每个情景的特征，本节将系统比较这三种不同情景。表 11.7 根据过去趋势的演变、现有政策的有效性和减少排放的潜力总结了三种情景的主要背景与内涵。

表11.7 三种不同情景的内涵

情景类型	原理	内涵
基准情景	对民航碳排放惯性趋势"外推"	基于过去民航的发展特点,该情景假定当前的经济环境保持不变且不会采取新的减排措施
绿色发展情景	根据政府和中国民航部门制定的现有政策目标	政府将加强干预措施促进民航减排,进一步优化能源结构,提高节能技术,将航空运输需求增长带入稳定的中速阶段
技术突破情景	全方位提升绿色发展情景,旨在为减少民航碳排放提出可行建议	能源强度、替代能源利用、航空公司运营水平的变化参数预期会进一步加强。与此同时,航空运输需求增长速度放缓

在基准情景下,民航运输将经历更高的增长速度,这是历史趋势的延伸。在没有其他减少碳排放措施的情况下,基准情景可能会延续过去运输收入和运输强度快速增长的趋势,而能源强度可能会有轻微下降的趋势。与此同时,民航运输中能源需求的特殊性导致能源结构难以调整,因此,碳排放系数保持不变。而绿色发展情景则注重控制碳排放,减少对环境的负面影响,通过增加政策干预以减少污染物排放,逐步推动替代能源的应用,提高节能技术水平。随着运输周转率的适度增长,运输强度将会逐步增强。

总的来说,基准情景是对过去民航碳排放发展的惯性趋势进行"外推";绿色发展情景是在政府和民航部门制定的相关绿色发展转型政策目标下确定的;技术突破情景则进一步强调了节能减排的效果。此外,与绿色发展情景相比,技术突破情景还考虑了中国民航部门减少碳排放的可实现性。

11.5 民航碳排放情景预测实证结果

11.5.1 民航碳排放的静态变化情况

在模拟不同的经济、技术、管理和政策发展时,民航部门在未来二氧化碳排放方面存在巨大的差距。根据各影响因素的不同增长率,计算出 2016~2030 年民航二氧化碳排放的年均增长率。图 11.7 展示了情景分析的结果,其中阴影部分显示了在最小值(技术突破情景中最佳发展情况)和最大值(基准情景中约束最少的情况)之间的所有可能的二氧化碳排放情景。

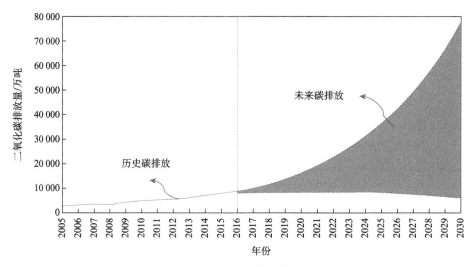

图 11.7 中国民航二氧化碳排放量变化

2016~2021 年数据为利用 2015 年以前数据预测的结果

技术突破情景下的二氧化碳排放量是最小的。在这种情况下，替代能源技术和节能型飞机技术得到了快速发展，与此同时，航空业的整体扩张速度是最慢的。在这种情况下，考虑到最大的减排效果，二氧化碳排放将在 2025 年达到峰值，然后在 2030 年下降到 8485 万吨。市场和运营管理的压力相对较小，对能源和环境的影响也较小。航空运输需求的低增长降低了能源需求的增长，减缓了二氧化碳排放。与此同时，技术进步和新能源政策的有效实施也导致能源强度和能源消耗碳排放强度的快速下降。

相反，基准情景反映的是碳排放最高的状态。低碳替代航空燃料的利用率最低，技术进步缓慢，运输收入和运输强度迅速增加。在这种情况下，2030 年二氧化碳排放量将达到 77 668 万吨的最高水平，几乎是 2015 年水平的 10 倍。运输周转量的快速发展导致了运输收入和运输强度的快速增加，二氧化碳的排放量快速增长。再加上技术进步和新能源政策的作用都很薄弱，在这种情况下，中国民航部门面临的二氧化碳排放年均增长率接近 6%。

这些结果突出了控制民航部门二氧化碳排放量过度上升的两个有针对性的措施。第一种选择是通过对航空公司征收碳税提高机票价格，或者发展高铁系统等替代交通方式，来限制航空运输需求的增长[①]。第二种选择是采用高效节能技术，

---

① Peeters 和 Dubois（2010）研究指出对于铁路（含高铁）、公路、水运和民航等不同运输来看，乘客的每公里周转量二氧化碳排放量分别为 0.027 千克/公里、0.133 千克/公里、0.066 千克/公里和 0.137 千克/公里。根据《温室气体议定书》，铁路、公路、水路和民航货运的碳强度分别为 0.028 千克/吨公里、0.327 千克/吨公里、0.053 千克/吨公里和 1.961 千克/吨公里（Wang et al., 2018）。因此，当从运营的角度考虑二氧化碳排放时，发展高铁可以被视为缓解航空运输造成的碳排放的一种方式（Robertson, 2013, 2016）。

有效降低能源强度；实施更积极的新能源政策，改善能源结构，提高清洁能源在民航能源消耗中的比重。事实上，替代能源有可能大幅减少二氧化碳的排放（Hileman et al.，2010）。正如式（11.1）所示，替代能源对减少碳排放影响的实质主要体现在碳排放系数和能源消费结构上，如果替代能源的碳排放系数低且所占比例高，那么民航部门碳排放就会从源头上得到控制。然而，提高这些替代能源的比例不仅是一个技术问题，而且在很大程度上受到不同参与者（如政府、航空公司和飞机制造商）之间的利益博弈的影响，政府应出台可再生能源政策，促进民用航空替代能源的使用。

11.5.2　民航碳排放的动态变化情况

蒙特卡罗模拟是通过对参考变量按一定概率随机组合，计算出目标变量的方法，主要优点是，尽管存在不确定性，但它对未来趋势的变化提供了合理、科学的判断（邵帅等，2017）。这样，就可以通过确定不同演化路径的概率分布来确定最可能的演化路径。根据上述情景中各因素的潜在变化率及其发生的概率，利用蒙特卡罗模拟得到不同因素的随机值，从而能够计算碳排放的变化率、碳强度和减排潜力的可能值及其分布情况。

图 11.8 绘制了三种不同情景下民航二氧化碳排放的演变过程。在基准情景下，如果不实施新的政策措施，2016~2030 年民航碳排放很可能继续显著增长。2016 年，民航二氧化碳排放量将在 8324 万~9186 万吨，最可能的排放量为 8758 万吨，到 2030 年，民航二氧化碳排放量预期将在 34 000 万~35 000万吨，与 2015 年相比，碳排放量年均增长率预计在 5.54%~16.47%。这一结果表明，民航碳排放将继续快速增加。长期来看，这种高速增长是不可取的，会带来环境成本。因此，为了改变碳排放的长期增长模式，民航部门和政府应该采取更严格的节能减排政策。

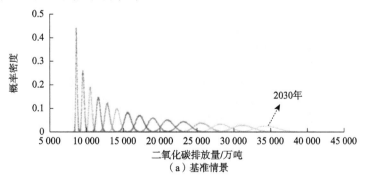

（a）基准情景

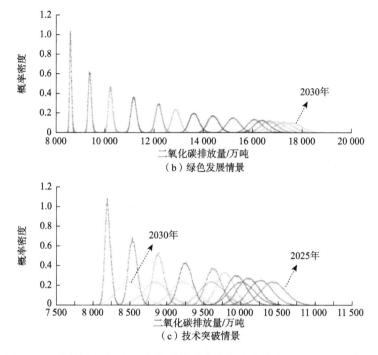

图 11.8　不同情景下民航二氧化碳排放分布的演变趋势（2016~2030 年）

在绿色发展情景下，民航二氧化碳排放增长速度明显放缓[图 11.8（b）]。2016年，二氧化碳排放量极有可能达到 8422 万~8855 万吨。2020~2030 年，最有可能的二氧化碳排放区间分别为 11 735 万~12 867 万吨和 16 188 万~19 382 万吨。2016~2030 年，二氧化碳排放年均增长率为 4.91%~6.18%。与基准情景相比，绿色发展情景是在政府采取积极的气候变化应对措施和宏观调控政策后，有效抑制了民航二氧化碳排放的快速增长。然而，在这种情景下，碳排放不会从上升转向下降，即没有达到峰值。这表明，中国民航部门的绿色发展规划不足以在 2030年前实现碳排放峰值目标。

在技术突破情景下，2025 年后，概率密度最高的二氧化碳排放呈显著下降趋势，如图 11.8 所示。2025 年，碳排放较大概率为 10 409 万吨，预计到 2030 年将降至 8485 万吨。这一数值非常接近 2017 年最有可能的碳排放水平（8516 万吨）。2016~2025 年，民航二氧化碳排放年均增长率约为 2.81%。2025~2030 年，民航二氧化碳排放量年均下降率预计在 4%左右。这一成果表明，民航低碳技术创新的突破，可以鼓励民航部门在调整能源结构和提高能效方面超越国家战略规划的预期进行努力，进而帮助民航碳排放提前达到峰值目标。因此，政府应在宏观层面对民航节能减排相关研发投入进行推动，这将有利于推动低碳技术创新，有效降低碳排放。

　　除二氧化碳排放总量外，碳强度（每运输周转量二氧化碳排放量）也是民航重要的政策指标。作为中国二氧化碳减排计划的一部分，政府宣布碳强度相较2005 年水平，到 2030 年降低 40%~45%的目标。中国民航总局相应地设定了 2020年中国民航行业碳强度较 2005 年水平降低 22%的目标。中国航空运输规模的快速增长和边际能源效率的下降引起了人们对碳强度持续降低目标的担忧。

　　本节进一步绘制了三种不同情景下民航碳强度的演变（图 11.9）。图 11.9 显示，2016~2030 年，技术突破情景下的碳强度降幅最大，其次是绿色发展情景和基准情景。在不同的情景下，2020 年碳强度的下降率与 2005 年相比保持在11.77%~26.79%（基准情景）、15.52%~22.09%（绿色发展情景）和 20.22%~27.72%（技术突破情景）。2030 年，基准情景、绿色发展情景和技术突破情景下民航碳强度最有可能的值分别为 0.76 千克/吨公里、0.66 千克/吨公里和 0.49 千克/吨公里。与 2005 年相比，基准情景、绿色发展情景和技术突破情景对应的碳强度分别下降28.66%、38.05%和 54.01%。因此，所有这三种情景都有可能在 2020 年（与 2005年相比）实现 22%的碳强度下降目标。

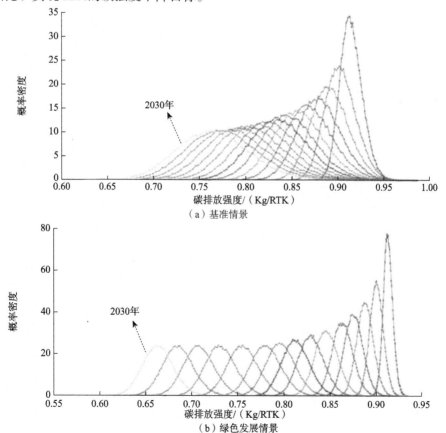

（a）基准情景

（b）绿色发展情景

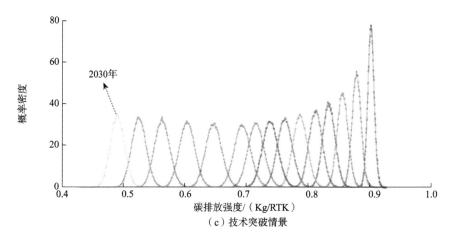

图 11.9　不同情景下民航碳强度分布的演变趋势（2016~2030 年）

　　在基准情景下，二氧化碳排放量增长最快；然而，其碳强度将显著下降，因为它保持了运输周转量的高速增长。2016 年到 2030 年，绿色发展情景下的更多投资将被用于节约能源和减少排放。然而，技术进步是一个渐进的过程，因此，与基准情景相比，技术突破情景下对能源结构和碳排放效率的改善并不明显。基准情景下的碳强度下降程度与绿色发展情景相近。

　　上述结果表明只有技术突破情景才能提前（2025 年）实现 2030 年碳峰值目标。三种情景都可以实现 2020 年碳强度降低的目标。这意味着对于民航部门而言，实现碳峰值目标比实现碳强度降低的目标更加困难。2015 年中国民航部门提出了新的碳减排目标：2030 年左右碳强度（与 2005 年水平相比）降低 60%~65%，并且碳排放在 2030 年达到峰值（Zhou et al.，2016b）。现行的节能减排政策有助于降低碳强度，减缓碳排放总量的增长，然而，这仍不足以实现 2030 年碳排放峰值和碳强度降低 60%的目标。因此，中国政府和民航部门出台更严格的减排政策与更严格的监管措施才有可能实现碳减排目标。

11.6　民航碳减排路径

　　产业化快速发展和减排政策将会影响民航碳减排潜力。中国经济有望保持中高速增长的"新常态"，如果能够持续下去，民航业将继续保持一定的增长态势。如上面的分析所述，交通运输行业的运输规模仍将是该行业碳排放增加的主要驱动力。因此，如果中国民航运输业的粗放发展不从根本上改变，其发展过程可能无法有效实现运输规模与碳排放发展的"脱钩"。但是，由于可替代能源技术的限制和价格的劣势，航空煤油可能在未来很长一段时间内继续扮演民航燃料主要类型的角色。尽管中国的减排承诺有可能会促进非化石燃料能源的使用、节能减排技术的创新及能源效率的提高，但是对民航部门的实施效果和政策效力尚不清楚。基于此，未来的碳减排潜力还需要在上述三种情景的基础上进一步估算。

考虑到不同的政策实施效果，本节计算了两种不同的潜在碳减排程度（图 11.10）。一种是从基准情景到绿色发展情景的碳排放差距（即绿色发展情景碳减排潜力）。另一种是从基准情景到技术突破情景的碳排放差距（即技术突破情景碳减排潜力）。从图 11.10 可以看出，2020 年技术突破情景的碳减排潜力略高于 2020 年绿色发展情景。绿色发展情景的碳减排潜力介于-814 万吨和 2558 万吨之间；最有可能的水平是 921 万吨。负值表示绿色发展情景碳排放超过基准情景碳排放，正值表示绿色发展情景碳排放少于基准情景碳排放。此外，2020 年技术突破情景下民航部门碳减排潜力介于 1796 万吨和 4955 万吨之间，最可能的水平是 3324 万吨。

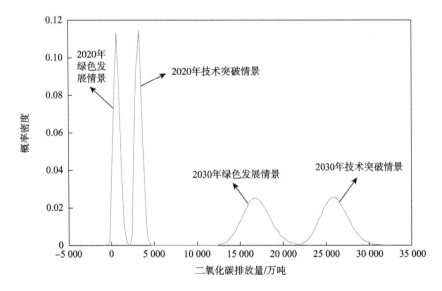

图 11.10　民航 2020 年和 2030 年碳减排潜力分布

到 2030 年，这两种情景在碳减排潜力上的差异将更加显著。与基准情景相比，绿色发展情景下碳排放量将可以减少 9782 万~24 691 万吨，最可能的减排水平为 16 688 万吨。这一数值大约是中国 2005 年民航总碳排放量的 6 倍。同时，技术突破情景下最可能的碳减排潜力为 25 766 万吨。这一水平大约是 2005 年中国民航碳排放量的 9 倍。通过严格的节能和减排措施，民航部门可能有相当大的机会减少碳排放。

以上情景分析表明，只有在技术突破情景下才能在 2030 年前实现碳排放峰值目标。该情景的碳减排效果显著优于绿色发展情景。为了进一步了解这背后的驱动因素和产生差异的原因，本节进一步采用 LMDI 分解模型对 2016~2030 年三种不同情景下民航碳排放的影响因素进行分解比较。每个相关因素的变化率的设定代表一个数值范围；因此，本节以中间值（最可能的情况）为例进行分解分析，具体结果如图 11.11 所示。

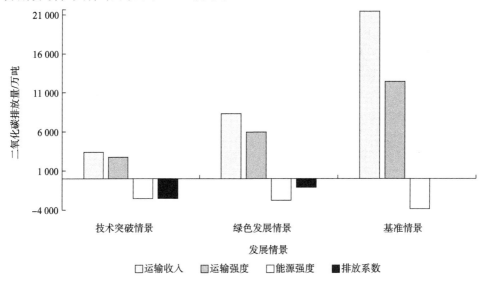

图 11.11　民航碳排放影响因素（2016~2030 年）

总体来看，三种情景下，不同因素对碳排放的影响方向是一致的。然而，在影响程度上存在显著差异。在基准情景下，运输收入和运输强度对碳排放的影响都在增加：运输收入对二氧化碳排放量增长贡献最大，为 21 443 万吨；运输强度增加的二氧化碳排放量为 12 437 万吨。在绿色发展情景和技术突破情景下，与基准情景相比，运输收入对碳排放的贡献分别下降了 61.16%（绿色发展情景）和 84.21%（技术突破情景）；运输强度对碳排放的贡献分别降低了 52.04%（绿色发展情景）和 77.86%（技术突破情景）。这说明基于市场的减排和基于民航部门运营能力进行减排的成效非常显著。具体来说，基于市场的减排方案对于航空业来说尤为重要，因为这个领域当前的技术条件下行业减排成本很高，而且有限。此外，基于市场的措施提供了"财务激励措施，以指导对环境负责任的行为"。例如，以碳价为代价的市场减排措施鼓励进一步提高效率并采用新技术。因此，对于民航部门而言，需要进一步建立和完善碳排放交易政策体系，以保障市场对于民航部门碳排放的有效约束。目前出台的一些政策法规均是对逐步建立和加快完善碳排放交易市场的肯定，但还仅停留在制度构建的层面，还有待于进一步地从国家范围内对碳排放交易实施的准则和法规，以及对碳排放配额的分配方式、交易模式、监督手段及处罚措施等深入详细地做出明确规定。关于民航部门的碳排放交易立法的进程应该加速向前推进。

与此同时，对于航空公司来说，可以通过如下几个措施来提高运营能力进而实现减排的目标：首先，机队优化问题。飞机选型是航空公司运营的首要工作与前提，一旦确定了飞机型号，就只能在其性能的基础上实施节油。一般而言，老旧飞机因设计、使用材料、设备老化等原因燃油效率偏低，而新型飞机的燃油效率较高。飞机改装可在一定程度上降低飞行阻力、减轻飞机重量、提高升阻比等。其次，航路航线优化问题。航线网络是航空公司的运营平台，合理优化航线网络，可以适当缩短航线，避免无效飞行，提高飞行效率，降低运营总成本。此外，飞行操作问题。在利用计算机飞行计划使飞行全过程全面节油的前提下，航班飞机的停场及航前准备、飞机 LTO 及巡航等不同阶段都有相应的节油技术，空管部门应该总结和制定较为详细的节油操作程序指导节能飞行。航空公司应全面、充分考虑机型的配备、高度层与航路的选择、飞行成本指数、气象条件等影响因素，以达到节约燃油、成本最低的目的，利用计算机制订合理的飞行计划，使飞行全过程总体得到优化，进而提高运营能力。

对于三种减排情景来说，在所有碳减排影响因素中，能源强度效应减排效果最为显著，各个影响因素对样本航空公司碳排放的累积影响可以有效减少3842 万吨的二氧化碳产量。然而，能源强度对二氧化碳减排总量在不同情景下差距不大（图 11.11）。这说明，由于飞机技术创新的局限性，能源强度改进将遇到瓶颈，并且短时期克服难度较大。在未来较长的一段时间内，民航部门很可能继续依赖化石燃料。提高飞机燃油效率的主要技术措施包括降低飞机的整体重量、减少飞行阻力及减少单位推力的燃油消耗。降低飞机的整体重量可以通过引入轻质高级合金和复合材料、飞机系统的新设计及改进、新的制造工艺加以实现；减少飞行阻力可以通过对材料、结构和空气动力学方面的进步加以实现；减少单位推力的燃油消耗可以通过对正在服役中的飞机、生产中的飞机和未来新型飞机的发动机改进提高发动机效率加以实现。然而，这些方面的实现只有经过严格的安全测试才能应用到民航部门。卓越的工程水平和严格的安全要求导致了巨大的开发成本，这样就降低了其技术改进的速度。另外，即使在最激进的技术进步假设下，预期的收益可能也无法抵消未来空中交通增长带来的燃油消耗的增长（Lee et al.，2010）。因此，随着节能技术的不断改进，其他部分的技术要求也应提高。在未来，这可能会进一步抑制能源强度的下降对民航碳减排的贡献。因此，一方面要加强对现有先进减排技术和管理经验的应用推广；另一方面，政府应该加大对民航部门的政策支持力度，民航部门应该加大对节能减排的产学研的投资力度，全面加强节能减排科学研究和专业人员的培训。

与基准情景相比，其他减排情景中，所有有助于碳减排的因素都有更强的促进作用，替代能源效应的减排空间最大。这一结果表明，民航节能减排技术的突破可以从替代能源的使用和能源效率的提高入手。目前来看，替代能源还未得到有效发展，因此其对碳排放的影响有限。对于中国民航部门来说，主流的四大类替代能源中，大多数选项都由于各种不同的原因不能大规模普及应用。另外，替代能源的有效利用也会促进绿色投资程度和效率的提高，这将有助于民航部门碳减排相关工作发挥更有效的促进作用。因此，政府应该增加新能源方面的研发投入，建立健全研发决策与协调机制和研发资金的保障体系，攻克关键技术障碍，加强新能源技术领域的国际合作，力争在民航部门替代能源使用方面有所突破。

11.7　本章小结

中国航空运输系统的规模很大，并在继续增长，由此中国民航的二氧化碳排放量预计也将显著增加。因此，民航部门应该带头采取必要的努力，从而实现中国的碳减排目标。寻找合理有效的二氧化碳减排路径，有助于实现中国民航部门承诺的减排目标。聚焦于中国民航部门，本章在结合国内外碳排放总量和碳排放绩效变动的驱动因素分析及比较的基础上，在 ICAO 的减排框架下，应用指数分解方法分解出影响中国民航碳排放的四个影响因素，分别为运输收入、运输强度、能源强度及排放系数。基于此，首先，定量测算了四个影响因素对中国民航部门碳排放的具体贡献量；其次，对四个影响因素进行情景设计，动态预测中国民航部门 2030 年的碳排放情形。基于民航部门碳减排的驱动因素，以及民航部门未来碳排放的情形，本章进一步分析了中国民航部门碳减排的可能路径，探讨了这些政策措施可能面临的障碍和可能实现的减排前景。主要结论如下。

分解分析表明，在四个分解因素中，运输收入的增长是导致碳排放增加的最主要因素。1985~2015 年，交通运输收入增加 6306 亿元，占二氧化碳排放量总量变化的 82.12%。相比之下，代表技术进步的能源强度是减少碳排放的关键因素。由于技术进步的瓶颈，能源强度抑制碳排放的效果有所减缓，这一瓶颈甚至会在以后几年促进碳排放的增加。在其他因素中，运输强度对碳排放增加有积极影响，而当前民航部门能源结构的单一性，替代能源目前对碳减排几乎没有影响。

静态情景分析显示了在最小值（技术突破情景的最佳发展情况）和最大值（基准情景的最小约束情况）之间的所有可能的二氧化碳排放情景。在技术突破情景下，考虑到最优的减排效果，二氧化碳排放量将在 2025 年达到峰值，然后在 2030 年下降到 8485 万吨。基准情景反映了碳排放量最高的情形。二氧化碳排放量在 2030 年达到最高，为 77 668 万吨，这几乎是 2015 年的 10 倍。

碳排放演变的动态预测表明，只有在技术突破情景下才能提前实现 2030 年碳峰值目标（2025 年达到 10 409 万吨）。与 2005 年碳排放水平相比，所有的三种情景都实现了 2020 年碳强度减少 22%的目标。然而，与 2030 年碳强度降低 60%~65%的目标仍有差距。通过严格的节能减排措施，民航部门可能有相当大的机会减少碳排放，其中，绿色发展情景下的碳减排潜力介于-814 万~2558 万吨，最可能的排放水平为 921 万吨；技术突破情景下的碳减排潜力介于 1796 万~4955 万吨，最可能的排放水平为 3324 万吨。

上述研究结果为进一步减少中国民航碳排放提出了如下三个方面针对性的政策建议。

首先，研究结果表明，运输收入是导致碳排放增加的主要因素。运输收入效应直接反映了民航运输的市场动态，包括航空运输需求、运输价格、碳税和市场政策的综合反映。因此，可以制定一些引导政策，将运输方式从民航转向碳强度较低的运输方式（如高铁），另外，还可以从运营阶段或生命周期角度减少二氧化碳排放。这种模式的转变可以通过优化国家交通结构来增加碳减排的潜力。此外，我国航空公司还应积极参与国际民航碳排放市场的建设，如可以利用碳市场的约束来促进中国民航二氧化碳的减排。

其次，能源强度效应对降低我国民航碳排放的影响最大，然而运输强度效应略微增加了碳排放（只有少数年份起到抑制碳排放的作用）。飞机技术创新将变得越来越困难；因此，政府应该在民航研发上投入更多资金，人才培养要有针对性，丰富航空技术方面的人才储备。此外，航空公司应进一步采取措施优化其运营能力和效率，如实施节能飞行技术的培训课程，加强不同公司之间的交流，以及提高管理水平。

最后，情景分析结果表明，即使是在最激进的技术和运营水平假设下，预期的减排效果也可能无法抵消未来空中交通增长导致的排放增加。民航部门应当考虑和探索低碳替代能源的使用，政府应继续加大对研发投资的支持力度，出台有针对性的政策，推广替代能源，并积极协调包括航空公司和飞机制造商在内的利益相关者之间的关系。

附录 11A　碳排放变动影响因素分解分析结果

表11A.1　1985~2015年中国民航部门二氧化碳排放分解结果（单位：万吨）

时间	ΔC_y^t	ΔC_{ti}^t	ΔC_{ei}^t	ΔC_{tot}^t	时间	ΔC_y^t	ΔC_{ti}^t	ΔC_{ei}^t	ΔC_{tot}^t
1985~1986 年	63.4	−18.8	−6.3	38.4	2001~2002 年	680.7	−403.1	−74.4	203.2
1986~1987 年	83.8	−9.5	−14.9	59.4	2002~2003 年	−97.0	163.3	−51.2	15.1
1987~1988 年	54.1	−13.7	−34.9	5.5	2003~2004 年	631.2	27.7	−79.6	579.3
1988~1989 年	−19.6	−17.3	43.6	6.7	2004~2005 年	258.8	64.2	−41.7	281.3
1989~1990 年	133.4	−66.0	−11.5	55.9	2005~2006 年	472.9	−8.0	−79.2	385.8
1990~1991 年	99.2	−8.0	−55.0	43.4	2006~2007 年	264.7	331.1	−188.4	407.5
1991~1992 年	126.0	11.2	−19.7	117.5	2007~2008 年	−118.6	230.7	28.5	140.7
1992~1993 年	73.4	32.9	25.2	131.5	2008~2009 年	135.1	355.6	−50.9	439.8
1993~1994 年	183.8	−90.9	−18.3	74.6	2009~2010 年	1155.4	−118.8	−352.3	684.3
1994~1995 年	82.5	77.9	−46.0	114.3	2010~2011 年	446.8	−97.0	12.1	361.9
1995~1996 年	78.2	30.7	−14.6	94.2	2011~2012 年	225.5	73.8	144.1	443.3
1996~1997 年	57.8	14.1	10.6	82.4	2012~2013 年	−92.2	663.1	94.1	664.9
1997~1998 年	−99.0	176.7	80.0	157.7	2013~2014 年	462.7	251.5	−28.0	686.3
1998~1999 年	135.5	23.7	−128.4	30.8	2014~2015 年	640.0	322.4	−55.6	906.8
1999~2000 年	102.2	96.3	137.9	336.3	1985~2015 年	6306.0	2248.0	−875.0	7679.0
2000~2001 年	85.8	144.4	−99.7	130.5	平均值	210.2	74.9	−29.2	256

附录 11B　蒙特卡罗模拟 MATLAB 程序

```
revenue=[138.5   166.7   194.9   234.1   273.3];
p_revenue=[0   0.05   0.3   0.7   0.95   1];
yunying=[1.74   2.11   2.46   2.96   3.46];
p_yunying=[0   0.05   0.3   0.70   0.95   1];
intensity=[0.145   0.159   0.173   0.19   0.207];
```

```
p_intensity=[0   0.05   0.3   0.7   0.95   1];
coe=[1.53   1.94   2.35   2.76   3.17];
p_coe=[0   0.05   0.3   0.70   0.95   1];
randv=rand(1,4);
%
N=100000;
for i=1:N
    randv=rand(1,4);
    ir=min(find(p_revenue-randv(1)>0))-1;
    iy=min(find(p_yunying-randv(2)>0))-1;
    ii=min(find(p_intensity-randv(3)>0))-1;
    ic=min(find(p_coe-randv(4)>0))-1;
    emission(i)=revenue(ir)*yunying(iy)*intensity(ii)*coe(ic);
end


h=histogram(emission)
h.BinWidth=50;
h.NumBins=12;
h.BinLimits=[0 600];
h.Normalization='probability';
h.Orientation='horizontal';


% hist(emission)
  hold on
xlabel('probability');
ylabel(' CO_2 (Mt)');
```

第 12 章　结论与展望

12.1　主　要　结　论

本书以效率和生产理论为基础，运用分解分析方法，研究民航部门环境生产技术相关变量对碳排放及碳排放绩效变动的驱动作用，基于主要驱动因素选择民航部门节能减排的主要路径，并进一步对中国民航部门未来碳排放进行动态预测。另外，本书通过对比中国与全球其他代表性航空公司碳排放相关的问题，为中国民航部门碳减排提供了一些依据和改善方向。本书以视角与方法创新为主线，通过运用新方法、新模型进行实证分析与政策研究，主要研究结论如下。

1. 有关民航部门碳排放及碳减排水平的研究

本书选择"自上而下"的基于燃油消耗量的方法核算了中国民航部门历年的二氧化碳排放量，在此基础上进一步探讨了民航部门的碳减排水平问题。具体地，通过系统回顾民航部门碳排放的一系列核算方法，在综合权衡数据的可获得性、核算成本及核算的精确度等方面后选择了被广泛应用的 IPCC 清单法中的方法 1来核算中国民航部门历年二氧化碳排放量。进一步地，为了量化分析民航部门的碳减排水平（主要表现为"减排能力"和"协调能力"），本书首先利用灰色关联度分析方法，构建了中国民航部门碳减排成熟度测度指数（主要包括发展度指数、协调度指数、协调发展度指数），并从整体和航空公司两个层面对中国民航部门 12 家有代表性航空公司的碳减排成熟度进行了综合评价,衡量民航部门的碳减排水平。

实证研究的主要结论如下：通过对民航部门碳排放现状的分析，发现民航部门的整体二氧化碳排放量仍然在不断增长，中国民航部门应该正视减排压力并有针对性地制定减排对策，从而实现运输周转量持续增长的同时能够有效地扼制其碳排放的增加。虽然 2008 年起中国民航部门逐渐走出金融危机的影响，民航运输需求出现快速增长的趋势，但在民航及航空公司一系列政策推动下，基于发展度指数、协调度指数和协调发展度指数测度的中国民航碳减排整体成熟度呈下降趋势。受整体协调度水平较低的影响，民航部门整体发展度指数明显高于整体发展协调度指数。因此，民航部门内部航空公司间要进一步加强合作，尤其是协调度相对较低的地方航空公司及公私合营航空公司，需加强与中央航空公司的交流，促进民航部门整体碳减排协调度进一步提升。从航空公司具体来看，2007~2013年，各个航空公司的碳减排相对协调发展度均处在高水平阶段。其中，公私合营及地方航空公司的碳排放相对发展度指数明显高于中央航空公司的碳排放相对发展度指数；然而，中央航空公司的碳排放相对协调度指数要明显高于公私合营及地方航空公司的碳排放相对协调度指数。这说明，公私合营或地方航空公司的运营模式更有利于通过推动节能减排技术发展来促进碳强度降低，从而更快地推动碳减排发展度指数提升；相对于中央航空公司，另外两类航空公司的协调发展度水平较低，这说明地方航空公司及公私合营类航空公司在规模扩张的过程中更要注重碳减排技术水平的提升。

2. 有关民航部门碳排放与行业发展关系的研究

本书从碳排放与运输规模以及碳排放与运输收入两个维度对中国民航部门碳排放和行业发展的脱钩状况进行分析，在精确识别民航部门碳排放脱钩状态的基础上进一步利用分解分析方法探索影响脱钩状态及其变动的主要驱动因素。

实证研究的主要结论如下：无论是中国民航部门碳排放与运输周转量还是碳排放与运输收入之间的脱钩状态均以扩张性负脱钩现象为主，即民航部门的规模扩张及运输收入的增加目前仍然是以能源消费量的快速增长为代价，并且民航部门碳排放的脱钩稳定性整体表现一般，脱钩状态有出现反复的可能性。在此基础上，通过影响因素分析得到，能源强度效应和产业结构效应主导了民航部门碳排放与运输周转量脱钩状态的趋势，是推动民航部门脱钩发展的关键因素；外部经济环境是民航碳排放与运输收入实现脱钩的最主要障碍，而民航部门潜在能源强度的稳步下降是碳排放与运输收入实现脱钩的主要动力。

3. 有关民航部门碳排放总量变动及驱动因素的分析

了解民航碳减排驱动机制是进一步研究民航低碳发展及实现路径优化设计的依据。首先，对现有的主流分解分析方法从理论到应用进行全周期的横向比较，突出 PDA 方法对于民航碳减排驱动因素识别方面的优势，并将其应用于民航碳减排方面的研究；考虑到中国民航部门运输规模发展迅猛的特点，尝试在规模报酬可变条件下拓展 PDA 模型，重点分析结构分解和指数分解方法中无法考虑的关于

"生产"方面的影响因素，以及传统 PDA 方法中无法分析的"规模效率"因素。选择中国民航部门具有代表性的航空公司作为样本，用改进后的 PDA 方法实证研究中国民航部门碳排放的主要驱动因素，有针对性地提出民航部门未来节能减排的主要着力点。

实证研究的主要结论如下：第一，运输周转量变化是增加民航部门二氧化碳排放的主要驱动因素，对大多数航空公司来说都是碳排放的最主要贡献者。运输距离变化可能是一个关键的突破，民航部门可以通过优化航线结构以减少运输周转量的增长对二氧化碳排放的拉动。第二，潜在的能源强度变化在降低大多数航空公司的二氧化碳排放方面发挥了主导作用。在航空公司类型方面，潜在的能源强度变化对公私合营航空公司的表现最好，其次是中央航空公司和地方航空公司，这也反映了技术进步对于提高公私合营航空公司碳排放绩效的效果最好。第三，规模效率变化确实对航空公司的二氧化碳排放产生了显著影响，其累积效应对遏制二氧化碳排放产生了积极影响。

4. 有关民航部门碳排放绩效测度及驱动因素分析

民航碳减排除了绝对量（总量）的减少外，还包括相对量（强度、绩效等）的控制。一方面，通过对现有的民航碳排放指标的对比，本书在全要素框架下，利用环境生产技术和有向距离函数定义了三类静态碳排放绩效评价指标，分别是只要求二氧化碳减少的全要素单一绩效指标、同时实现运输规模发展与二氧化碳减排的径向综合绩效指标及考虑不同投入产出要素最优配置的非径向综合绩效。另一方面，利用含有非期望产出的全局 DEA 模型构建动态碳排放绩效评估指数——GMCPI，并运用 GMCPI 对民航部门碳排放绩效进行动态测算，在此基础上讨论民航部门碳排放绩效变动的主要驱动力。借助收敛理论、面板数据回归模型分析及灰色关联度分析等方法对不同类型航空公司碳排放绩效的差异性、趋同性及其内在和外在影响因素做出探讨。

实证研究的主要结论如下：从静态绩效测度视角来看，在只减少二氧化碳排放的单一碳排放绩效、同时满足运输规模扩张与二氧化碳减排的径向综合碳排放绩效、所有投入产出要素调整的非径向综合碳排放绩效下，民航部门的碳减排潜力分别为 27.8%、16.2% 和 30.0%，且在时间维度上表现出退化趋势；就各个减排主体而言，不同航空公司二氧化碳排放的单一绩效、径向综合绩效和非径向综合绩效都存在较大的差异性。从动态绩效测度视角来看：受技术进步变化的驱动（累积碳排放绩效提升 22.36%），样本研究期间民航部门的累积GMCPI 提高了 11.92%；对于具体的航空公司而言，三类航空公司的碳排放绩效存在明显差异，但是存在收敛的趋势，且碳排放绩效较低的航空公司存在"追赶效应"；灰色关联分析表明，与民航部门碳排放绩效表现的相关度由高到低依次为航线分布（DIS）、燃料消耗率（FCR）、飞机利用率（UR）和起降次数（MOV）。

5. 有关民航部门碳排放相关问题的国际比较

在中国民航部门碳排放相关问题分析的基础上，进一步对中国民航部门主要航空公司与全球代表性航空公司进行综合比较，进而为中国民航部门的低碳发展提供一些事实经验。本书主要从三个方面进行国际比较：一是碳排放总量变动及其驱动因素的国际比较；二是碳排放绩效变动及其驱动因素的国际比较；三是碳减排成本的国际比较。具体地：首先，本书提出了两阶段效率测度框架下的分解方法，实证研究了 2011~2017 年 15 家代表性的国际航空公司碳排放变化的驱动因素并进行归因分析；其次，构建一个同时考虑碳排放和航班延误的综合绩效评估模型，有助于民航部门及航空公司在不同的运营环境下制定适当的策略，减少二氧化碳排放和航班延误造成的效率或生产率损失，在此基础上应用 Bootstrap 修正的 GMPI 模型对航空公司生产率及其驱动因素进行了评价；最后，构建了基于对偶理论的航空公司碳排放影子价格测算模型，测算了 2011~2017 年全球 15 家代表性航空公司碳排放的影子价格，通过对全球代表性航空公司的碳减排成本进行比较，为中国民航部门实现低成本减排提供一些事实经验和理论基础。

实证研究的主要结论如下：首先，从碳排放总量变动的影响因素来看，航空公司可提供的运输能力（TLC）和运输收益产出效率（ROP）分别是驱动碳排放增减的主导因素。通过对这两个主要因素的归因分析发现，TLC 对碳排放增加的主要贡献者是那些运输规模快速增长的航空公司，相比之下，以东方航空公司（MU）和法国航空公司（AF）为代表的运营水平较高的航空公司对 ROP 减排的贡献作用显著。其次，从碳排放绩效变动的检测结果来看，随着民航部门航空公司的快速扩张，航空公司的效率和生产率整体上存在波动上升的趋势；大部分航空公司在准点率提升方面取得了比二氧化碳排放控制更大的进展，然而当考虑到财务约束时，低航班延误政策可能不是所有航空公司的最佳选择；另外，在研究期间效率提升和技术进步是航空公司生产率增长的主要驱动因素；特别地，虽然样本航空公司中有几家航空公司的准点率有所提高，但准点率的变化并没有促进航空公司整体生产率的提升。最后，从减排成本核算的结果来看，样本航空公司的碳排放影子价格介于 313.4~398.4 美元/吨，整体上呈先上升后下降的趋势，并于 2014 年达到 398.4 美元/吨的峰值；从各个航空公司来看，新加坡航空公司碳排放影子价格年均值最低，日本航空公司的碳排放影子价格最高；分区域来看，中国四大航空公司的碳减排成本最低，中国四大航空公司二氧化碳排放减排中具有最大的减排潜力；另外，航空公司碳排放影子价格的变异系数 2014 年以来显著增加，这说明样本航空公司碳排放的影子价格出现了发散的现象，各个航空公司碳排放影子价格的差异自 2014 年来持续拉大。

6. 有关中国民航碳排放的动态预测与减排路径研究

中国航空运输系统的规模很大，并在继续增长，由此民航的二氧化碳排放量预计也将显著增加。因此，民航部门应该带头采取必要的努力，从而实现中国的碳减排目标。寻找合理有效的二氧化碳减排路径，有助于实现中国民航部门承诺的减排目标。聚焦于中国民航部门，在前文对碳排放总量和碳排放绩效变动的驱动因素及国际比较分析的基础上，在 ICAO 减排框架下，应用指数分解方法识别影响中国民航碳排放的四个影响因素，分别为运输周转量、运输强度、能源强度及排放系数。在此基础上，首先，定量测算了四个影响因素对中国民航部门碳排放的具体贡献量；其次，对四个影响因素进行情景设计，动态预测中国民航部门2030 年的碳排放情形。基于民航部门碳减排的驱动因素，以及民航部门未来碳排放的情形，本书进一步分析了中国民航部门碳减排的可能路径，探讨了这些政策措施可能面临的障碍和可能实现的减排前景。

实证研究的主要结论如下：首先，分解分析表明，在四个分解因素中，运输收入是导致碳排放增加的最主要因素。1985~2015 年，代表技术进步的能源强度效应是减少碳排放的关键因素。由于技术进步的瓶颈，能源强度抑制碳排放的效果有所减缓；这一瓶颈甚至会在以后几年促进碳排放的增加。在其他因素中，交通运输强度对碳排放增加有积极影响，而当前民航部门能源结构的单一性，替代能源对碳减排几乎没有影响。其次，静态情景分析显示了在最小值（技术突破情景的最佳发展情况）和最大值（基准情景的最小约束情况）之间的所有可能的二氧化碳排放情景。在技术突破情景中，考虑到最优的减排效果，二氧化碳排放量将在 2025 年达到峰值，然后在 2030 年下降到 8485 万吨。基准情景反映了碳排放量最高的情形，在此情景下二氧化碳排放量在 2030 年达到最高，为 77 668 万吨，这几乎是 2015 年的 10 倍。最后，碳排放演变的动态预测表明，只有在技术突破情景下才能提前实现 2030 年碳峰值目标（2025 年达到 10 409 万吨）。与 2005 年碳排放水平相比，所有的三种情景都实现了 2020 年碳强度减少 22%的目标。然而，与 2030 年碳强度降低 60%~65%的目标仍有差距。通过严格的节能减排措施，民航部门可能有相当大的机会减少碳排放，其中，绿色发展情景下的碳减排潜力介于−814 万~2558 万吨，最可能的碳排放水平为 921 万吨；技术突破情景下的碳减排潜力介于 1796 万~4955 万吨，最可能的碳排放水平为 3324 万吨。

12.2　政策启示

1. 基于市场措施的制定实现民航部门碳减排

根据前文的研究可知，运输规模的扩张、运输收入的增长是民航碳排放增长的最大拉动因素，使 1985~2015 年二氧化碳排放量持续增加，累计完成增加 6306 万吨，占总增加量的 82.12%。运输收入主要是由市场决定的，任何一点的基于市场的减排措施的实施都会对市场产生很大影响，通过影响运输收入来实现碳减排。基于市场的减排措施的实施将会从两个方面来实现碳减排：首先，根据前文对中国民航部门碳排放的动态预测，中国民航业正处于高速发展阶段，未来一段时间中国民航还会保持较高速度的发展态势。在这种情况下，基于市场的减排措施使中国航空公司不可避免地面对购买配额，为了减少购买配额从而倒逼航空公司实现自主减排。其次，航空公司受到市场措施的影响必然会大幅增添航空公司的运营成本，促使航空公司提高票价，抑制人们对民航运输的需求，进而实现碳减排的目的。

由于全球民航业自身的一些复杂属性，基于市场的减排政策措施的实行不可避免地会存在一些阻碍。首先，公平性问题。航空运输发展中国家认为，航空碳排放对气候变化造成的影响是一个累积的过程，由于航空发达国家碳排放的历史累积量远大于民航运输业正在兴起的发展中国家，因此发达国家应该承担更多的责任。并且，若是按照发达国家认为的所有国家承担相同的责任，这样也将严重限制发展中国家航空运输业的持续发展。其次，市场扭曲问题。基于市场的减排措施的实施是存在一定门槛的，达到市场措施约束门槛的航空公司和没达到市场措施约束门槛的小型航空公司可能会出现扭曲的市场竞争关系。大型的航空公司可能会为了避免受到市场减排措施的约束而进行解体或建立若干个子公司，小型的航空公司也不愿意被兼并或者整合。长此以往形成的后果就是全球民航业的效率下降，竞争市场扭曲。最后，碳泄漏问题。不同国家对碳排放的约束政策不同，因而不可避免地会导致碳排放从一个国家（实施严格环境政策）转移到另一个国家（未实行环境政策）。对于民航部门来说，若根据基于市场措施方案中的共同但有区别的减排责任和门槛规定，这种照顾发展中国家的政策必将造成碳泄漏的情况。

综上所述，尽管在建立全球性基于市场的减排措施在某些方面还存在争议，但是不同国家和组织就建立一个完善的减排措施不断进行磋商与评估，并取得了令人欣慰的成果。为了构建更加有针对性、更加公平合理的全球单一基于市场措施的方案还需要各个国家和相关组织继续共同努力。对于发展中国家，尤其是日益飞速发展的中国民航业来说，基于市场的减排措施必然会大幅增添航空公司的运营成本。因此在利用基于市场的减排措施的同时，中国民航部门也该采取积极的措施来规避其对民航发展的冲击。2016 年以来，我国已逐步开展碳排放交易制度的试点工作。从制度层面来说，近年来国家相继出台了《国民经济和社会发展第十二个五年规划纲要》及《"十二五"控制温室气体排放工作方案》等一系列政策。目前这些政策法规的提出均是对逐步建立和加快完善碳排放交易市场的肯定，但还仅停留在制度构建的层面，进一步地从国家范围内对碳排放交易实施的准则和法规，对碳排放配额的分配方式、交易模式，以及监督手段和处罚措施等还有待于深入详细地做出明确规定。对于民航部门来说，在全球基于市场的减排措施出台和实施之前，我国关于民航具体到航空公司的碳排放交易立法的进程应该加速向前推进。

2. 基于运营能力的提升实现民航部门碳减排

民航部门的"运营"实际上是指完成一次完整飞行所包含的一系列活动。理论上民航部门二氧化碳排放完全是由飞机的技术所决定的。然而，实际上民航部门的碳排放量往往还会受到飞行过程中实际情况的影响。单位运输收入的运输周转量（运输强度）可以反映民航部门（具体到航空公司）的运营能力。根据前文的计算，运输强度的逐步提升是我国民航部门各航空公司增加二氧化碳排放的另一个重要因素，促进民航部门二氧化碳排放量增加了 2248 万吨标准煤，占民航部门碳排放增长总量的 29.27%。运输强度的降低是限制或减少民航部门二氧化碳排放的一揽子减排措施中的一个重要因素。中国民航局提出民航部门需要进一步开展工作，促进改善民航部门的运营水平。提高运营水平使得实际使用的燃料（和相关的二氧化碳排放量）尽可能接近理论最小值，是限制或减少民航部门二氧化碳排放量的一揽子措施的一个重要组成部分。

首先，机队优化。统计数据表明，对于中国民航部门而言，航空公司 97% 以上的能耗由机队产生，不同机型有不同的节油性能，就同一机型而言，老旧飞机的油耗更大。实际上，航空公司机队总是在不断淘汰、补充之中，及时淘汰老旧飞机，选择新的机型，改造、维护现有飞机，是航空公司节油的根基。然而，飞机的选型、设计公司的运营方式、市场规模、客货需求特点、航程长短、维修能力等不确定因素，不同机型的燃油效率有较大差异[①]。对于航空公司而言，应选择

---

① 例如，在空客家族中，同为窄体机的 A321 的吨公里油耗比 A319 低 21.5%。同为大型宽体客机的 A330-300 的吨公里油耗比 A340-600 低 18.6%。

与航程相匹配的机型，避免"大马拉小车"造成的"高耗油"，以及选择与市场相匹配的机型满足市场需求等。

其次，航路航线优化。航线网络是航空公司的运营平台，合理优化航线网络，可以适当缩短航线，避免无效飞行，提高飞行效率，降低运营总成本。那么，如何在考虑飞行安全与实际成本的前提下，全面系统地优选航路及其机型？目前，民航部门对于航路航线的主要优化手段主要可以通过计算机排班、航路取值、优选备降场、采用二次签派等。

最后，飞行操作优化。飞机的运行离不开飞行员，因而飞行员在飞行全过程中对节油飞行技术的应用将直接影响到航班的油耗。统计表明，飞行员的合理操作可以节省燃油 4%~7%。在利用计算机飞行计划使飞行全过程全面节油的前提下，航班飞机的停场及航前准备、飞机 LTO 及巡航等不同阶段都有相应的节油技术。具体来说，在飞行操作节能减排中面临的挑战主要包括：在停场及航前准备阶段如何在保证安全的前提下，尽量减小飞机零燃油重量和机载燃油量；在开车及滑行阶段如何减少起飞前的滑行等待时间；巡航阶段选择最佳巡航速度及最佳高度层等。空管部门应该总结和制定较为详细的节油操作程序。

3. 基于推进技术进步实现民航部门碳减排

在未来较长的一段时间内，民航部门很可能继续依赖化石燃料。因此，提高燃油效率仍将是减少民航部门二氧化碳排放量的关键手段。自 1960 年以来，飞机燃油效率提高了 70%~80%，根据 Ribeiro 等（2007）的研究到 2050 年飞机燃油效率可以进一步提高 40%~50%。提高飞机燃油效率的主要技术措施包括：①降低飞机的整体重量；②改善飞机空气动力学以减少阻力；③提高发动机的特定效率，减少单位推力的燃油消耗。

通过引入轻质高级合金和复合材料、飞机系统的新设计及改进新的制造工艺，飞机重量减轻已经实现。例如，波音 787 于 2011 年投入使用，机身由近 50%的碳纤维增强塑料和其他复合材料组成，与传统的铝合金设计相比，其平均重量减轻了 20%。

升力相关的阻力和摩擦阻力是飞机空气阻力的最大组成部分，分别约为总阻力的 21%和 50%（King et al.，2010）。材料、结构和空气动力学方面的进步已经显著降低了升力相关的阻力。接下来，摩擦阻力还存在进一步改进的空间，通过对流体动力学模型的计算研究，表明飞机的摩擦阻力还可以减少 20%~70%（King et al.，2010）。

发动机效率提高可以通过对正在服役中的飞机、生产中的飞机和未来新型飞机的发动机改进加以实现。例如，2005~2015 年，一系列发动机升级计划的实施使得民航燃油消耗降低了约 2%。针对发动机的材料、涂层、燃烧技术、传感器和冷却技术等方面的改进预计将会让飞机节省至少 15%的燃料消耗。对于更长期的、更为彻底的发动机设计，如开式转子发动机，正在考虑之中。如果可以克服噪声和振动的问题，开式转子发动机可能会进一步提高燃油效率，进而减少碳排放。

近年来，对于中国民航部门来说，喷气发动机技术进步的障碍主要存在于燃料使用效率与 NO_x 产生之间的权衡。燃料使用效率的提高会导致发动机入口处更高的温度和压力，从而增加 NO_x 的形成。因此，中国民航部门发动机发展面临的挑战是进一步提高燃油效率减少燃料消耗的同时防止 NO_x 产生增加的趋势。然而，在开发新型飞机技术时，通过简单地组合各个最佳组件，并不能实现飞机整体的最佳化。相反，应该从全局的角度来设计飞机的每个组件使得整体性能达到最优。在这个过程中，燃油效率和排放量是设计的主要着力点，与此同时也要兼顾到其他因素如飞机的噪声、可操作性、安全性、可靠性、成本、舒适性等。例如，增加发动机的风扇直径通常会降低发动机噪声但这也可能增加重量和阻力，并因此可能降低燃油效率。技术的发展只有经过严格的安全测试才能应用到民航部门。卓越的工程水平和严格的安全要求导致了巨大的开发成本，这样就降低了其技术改进的速度。因此，中国政府及中国民用航空局应该制定加大对民航部门研发的投资力度，培养高素质专业人才。特别地，与陆上运输相比，抑制中国民航部门技术改进速度的一个重要因素是飞机的产品寿命周期较长。当前推出的技术可能会持续 30~50 年，因此，一些新型的飞机制造技术在未来数十年内可能不会为减少其二氧化碳排放做出重大贡献。基于此，航空公司应该尽快淘汰老旧机型，尤其是运输规模较大的中央和地方航空公司，应更换更有效的节能设备。

4. 基于开发应用替代能源实现民航部门碳减排

按照 IATA 承诺的民航节能减排三阶段目标，即 2009 年到 2020 年，能源使用效率年均提升 1.5%以上；2020 年开始实现无碳增长；2050 年前，二氧化碳排放与 2005 年相比降低 50%。根据 IATA 预测，若想实现该目标，20%的碳减排任务可以通过改进发动机、减轻飞机重量和提高效率实现；10%的碳减排任务可以通过进一步完善航空基础设施实现；剩下的降低 50%的碳减排任务则只能依靠使用新能源来实现。因此，民航部门新能源的研究、开发和使用具有很大的理论与实际意义。民航部门新能源的使用主要是为了解决两个方面的问题：一是摆脱对化石能源的依赖，解决能源短缺的问题；二是出于经济和环保的需要，使用低碳可再生能源可以大幅减少碳排放实现低碳经济。

然而，对于新能源的开发利用，尤其是针对民航部门的替代能源在大规模投入使用之前需要对其固有性质、与当前航空运输系统兼容性、新能源的生产成本及使用技术等方面进行全面的评估。国际对航空替代能源最基本的要求就是具有兼容性，即要求简单易用，替代能源不能对已有的基础设施、飞机机型和引擎等硬件做较大改动，可以直接与传统航空能源相互替代。

目前来看，替代能源按照来源可以分为四大类：煤基燃料、天然气合成燃料、生物燃料及液氢燃料。对于中国民航部门来说，在这四大类中，大多数选项都由于各种不同的原因不能大规模普及应用。例如，成本；缺乏燃料生产和交付的基础设施；较大的燃料箱需要较大的机身体积，导致增加的重量和阻力；低能量密度；等等。其中，生物质燃料的研究和使用取得了不错的进展（赵光辉等，2014）。然而，任何大规模种植的生物燃料作物都需要大面积的农田，与粮食生产形成竞争。生物质的选取依据是"不与人争粮，不与粮争地"，应可持续。在湿地、热带雨林以及热带草原和草地种植生物燃料作物又可能涉及温室气体排放量的净增加。此外，由于生物燃料作物生产过程中会排放一氧化二氮，这也是一种温室气体，这样便抵消二氧化碳减排所能降低的温室效应，得不偿失。如果使用生物质原料的其他来源，如废弃的生物质或藻类，则可避免这些问题。海藻具有快速增长、产油量高、二氧化碳吸收量高的特点。它们可以在沿岸海水或贫瘠的土地上种植，消除与粮食生产的竞争。然而，高成本是一个关键问题，处理和基础设施方面的挑战尚待克服，才能达到商业可行性。

12.3 研究展望

本书以效率和生产理论为基础，围绕我国民航部门碳排放核算、碳排放驱动因素、碳排放绩效及碳排放动态趋势展开了较为系统的研究，在此基础上与全球代表性航空公司进行横向比较，为我国民航部门绿色发展探寻一条公平、高效、低成本的减排路径。然而，受到多种因素的限制，本书尚存诸多不足之处，一些方面还有待进一步的拓展。

12.3.1 理论完善

理论完善方面，尽管本书对 PDA 做了一些改进和拓展，但如下三个方面仍然值得深入研究。

1. 效率和生产率测度结果异常的问题

由于对非期望产出的弱可处置性要求，在进行实证计算时可能会出现无可行解的问题，当然当无可行解决策单元个数较少不影响分析时可以忽略，但是当无可行解决策单元的数量较多时就应该格外关注。另外，若对于被研究决策单元的异质性很明显时，也会出现结果异常的问题，基于此，我们设想通过引入全局 DEA 模型和在共同前沿 DEA 基础上重新构建效率与生产率测度模型来避免测算结果异常的问题，这将是未来的一个有意义的研究方向。

2. 生产理论分析模型的改进

通过对现有 PDA 模型的梳理与归纳，我们发现 PDA 方法的核心思想是将效率测度与分解分析两种方法进行结合，进而对被分解变量可以进行生产理论层面的分解（主要可以分解出效率、技术等相关的影响因素）分析，在如下几个方面还有待于进一步研究。

首先，现有的 PDA 研究都是建立在乘性分解框架下的分析，这样分解出的各个影响因素只是一个相对指标（只能表示对碳排放变化的贡献率）无法表征碳排放变化的绝对贡献量。那么，如何结合 IDA 方法把 PDA 分解分析拓展到加性分解的框架，进而精确计算各个影响因素对碳排放变化的绝对贡献量是以后的一个重要研究分支。

其次，传统 PDA 方法的分解目标有待于进一步聚焦。利用 PDA 方法进行分解分析的初衷是探索传统指数分解框架下不能识别的技术与效率等生产理论相关的指标。当前的分解有一个内在的前提假设，即要素之间是相互独立的，生产过程的技术进步和效率变动都是均衡的。但是，在实际的生产过程中，要素之间（如能源和固定资本）是可以相互替代的，生产过程中的技术进步和效率提升也是随着被评价决策单元的自身属性差异存在一定偏向的。那么，如何在传统的 PDA 分解分析框架下，进一步探讨投入产出要素之间是否存在替代？要素替代对被解释变量的贡献程度如何？生产过程中技术和效率的偏向如何？对被分解变量的影响如何？这样的技术和效率偏向是否需要调整？怎么调整？等等。这些问题都需要对传统的 PDA 因素分解目标进行重新设计与讨论。

再次，传统的 PDA 方法的分解结果有待于进一步改进。传统的 PDA 方法分解出的潜在某要素的变动情况，有可能会造成结果放大或缩小的情况，这主要是在剔除无效要素时距离函数的随意性导致的。以潜在能源强度为例，在 PDA 框架中，潜在能源强度是在剔除了能源使用无效的情况下的能源强度。但是在效率剔除过程中，传统的 PDA 方法结合的效率测度距离函数往往有多种不同的选择，如DEA（包括径向单一效率值、径向综合效率值、非径向方向距离测度方法、SBM

测度方法等）、随机前沿分析法等。这样，不同学者进行驱动因素分解分析的过程中，由效率测度距离函数的差异导致的结果差异较大，使得研究结论不能进行横向比较。那么，利用 PDA 分解分析方法在进行驱动因素分析时选择什么样的效率测度工具应有一定的标准，是一个值得进一步研究的领域。

　　最后，传统的 PDA 方法的分解框架有待于进一步拓展。基于 Lunberger 指数的 PDA 方法拓展。传统 PDA 理论的核心思想是在分解分析理论框架下融入 Malmquist 生产率指数，进而研究生产过程中生产技术及效率等因素的影响程度。Malmquist 生产率指数是在 Shephard 距离函数的基础上构建的，因而 Malmquist 生产率测度无论是投入导向还是产出导向的都只能从一个方向上进行径向缩减。另外，由于 Malmquist 生产率指数是乘积的形式，这样使得 PDA 也只能以乘法形式分解，这样得到的分解结果只能为相对量的形式。相比于 Malmquist 生产率指数，基于方向性距离函数的 Luenberger 生产率指数对于投入产出可以实现不同比例的调整，并且该分解是加和形式，这样便可以实现绝对量的分解。那么，如何基于 Luenberge 生产率指数的上述优势，在 Luenberge 生产率指数基础上拓展传统的 PDA 框架值得进一步研究。

　　3. 减排成本测度的相关方法还有待于进一步完善

　　本书采用非参数 DEA 方法，计算全球 15 家代表性航空公司二氧化碳排放的影子价格。非参数方法较少地依赖对函数形式的假定，代价是忽略随机冲击（扰动因素）对产出前沿的效应，不能对计算结果展开有效的统计检验。另外，本书采用 SBM-DEA 方法进行效率及减排成本的测度，不能考察碳排放不同变化方向的影子价格，事实上二氧化碳排放增加与减少，对产出的影响具有不对称性，其相应的政策建议也就截然不同。因而，如何权衡参数与非参数方法测度减排成本的优劣，是一个值得深入研究的领域。

　　另外，目前对于研究减排成本测度影响因素分析相关方面的理论探索主要聚焦于利用计量经济学方法。但是，这类方法进行影响因素测度存在的一个弊端就是影响因素选择存在较大的主观性，如何设计一种新的碳减排成本测度方法，并将减排成本与分解分析框架相结合，识别影响减排成本变动的核心要素，并探讨影响因素的贡献程度，将是一个很有理论价值的研究方向，值得进一步研究。

12.3.2　实证研究

　　实证研究方面，本书基于改进后的模型分解分析了中国民航部门碳排放量变动的主要驱动因素，丰富了现有的研究，但是如下几个方面仍有进一步研究的空间。

1. 民航部门数据收集问题

鉴于数据的可得性，本书在研究民航部门碳排放中的数据均来自历年的《从统计看民航》及各个航空公司的年报。然而官方数据由于受统计制度的限制，可得数据十分有限，与此同时各个航空公司年报上的数据统计口径也不统一，因此在选择样本时从时间和截面两个维度扩展时，总会出现不同程度的缺省。例如，我们在对国内航空公司碳排放进行研究时，由于统计数据的缺失，仅能选择 12 家航空公司；对全球代表性航空公司进行比较研究时，由于统计指标、统计口径等方面的制约，仅能选择 15 家航空公司，这对于使用 DEA 方法进行测度评价来说，决策单元的数量相对偏少，这样得到的研究结果和研究结论可能在代表性和精确性方面不够有说服力。在后续的研究中，我们将加强与航空公司，尤其是非上市航空公司的联系，尽可能地收集更加全面的数据，更有针对性地开展二氧化碳排放方面的研究。进一步地，未来的研究还可以国家为单元，收集国际上不同国家民航部门的整体数据，通过进行国际比较，为中国民航部门节能减排宏观政策制定层面提供国外的先进经验。

2. 民航部门减排成本问题

本书的核心工作是通过构建更加有针对性的模型来研究民航部门碳排放及碳排放绩效的特征，识别主要的驱动因素，并在此基础上预测未来民航部门碳排放的动态趋势，从而探寻民航部门有效的节能减排路径。未来进一步的研究工作应该是针对减排路径进行研究。受到环境压力和减排政策的影响，民航部门每增加一个单位的碳排放量，都要付出一定量的经济成本，那么对于航空公司来说，减少一个单位的碳排放必然会引起一定的收益损失。并且不同减排路径下成本是不同的，如何定量计算民航部门的边际减排成本问题，找出主要的影响因素，从而为民航部门制定更加合适的环境管制政策、引导航空公司进行"绿色运输"提供依据。

3. 中国应对国际航空碳减排的对策研究

2016 年 10 月，ICAO 第 39 届大会就建立全球市场机制以减少国际航空二氧化碳排放达成一致，建立了全球第一个行业减排市场机制——国际航空全球碳抵消和减排机制。2020 年 11 月 26 日，ICAO 理事会第 221 届会议期间，由 36 个成员国组成的理事会通过了关于合格排放单位和可持续性认证计划的新决定，旨在支持国际航空碳抵消与减排计划。理事会的最新核准意味着国际航空全球碳抵消和减排机制的所有实施要素已完成，并且试行阶段的启动已准备就绪。国际航空全球碳抵消和减排机制是首个行业层面的国际碳市场,具有非常好的行业示范效应,国际航空全球碳抵消和减排机制必将对中国民航业应对气候变化进程产生深远的影响。那么,在这样的政策背景下,中国民航部门面临的挑战和主要的应对措施是什么?中国应该如何参与国际航空碳减排?这将是一个重要的研究方向。

参 考 文 献

巴曙松，吴大义. 2010. 能源消费、二氧化碳排放与经济增长：基于二氧化碳减排成本视角的实证分析[J]. 经济与管理研究，（6）：5-11，101.

陈春桥，汤小华. 2010. 中国能源消费导致的 CO_2 排放量的时空演变分析[J]. 地球与环境,（4）：501-506.

陈德湖，潘英超，武春友. 2016. 中国二氧化碳的边际减排成本与区域差异研究[J]. 中国人口·资源与环境，26（10）：86-93.

陈佳贵，黄群慧，钟宏武. 2006. 中国地区工业化进程的综合评价和特征分析[J]. 经济研究，6：4-15.

陈凯，李华晶. 2012. 低碳消费行为影响因素及干预策略分析[J]. 中国科技论坛，（9）：42-47.

陈诗一. 2010. 工业二氧化碳的影子价格：参数化和非参数化方法[J]. 世界经济，（8）：93-111.

陈文颖，高鹏飞，何建坤. 2004. 用 MARKAL-MACRO 模型研究碳减排对中国能源系统的影响[J]. 清华大学学报（自然科学版），44：342-346.

陈瑶，尚杰. 2014. 中国畜牧业脱钩分析及影响因素研究[J]. 中国人口·资源与环境，24（3）：101-107.

池雅琼，刘峰，齐佳音. 2021. 数字化转型背景下企业数据保护成熟度模型构建[J]. 情报杂志，40（9）：133-140.

崔立志，刘思峰. 2015. 面板数据的灰色矩阵相似关联模型及其应用[J]. 中国管理科学，23：171-176.

邓吉祥，刘晓，王铮. 2014. 中国碳排放的区域差异及演变特征分析与因素分解[J]. 自然资源学报，（2）：189-200.

董健康，宗苗，陈静杰. 2014. 一种基于 STIRPAT 模型的民航业碳排放预测方法[J]. 环境工程，（7）：165-169.

杜栋，庞庆华. 2005. 现代综合评价方法与案例精选[M]. 北京：清华大学出版社.

杜莉. 2014. 美国气候变化政策调整的原因、影响及对策分析[J]. 中国软科学，（4）：5-13.

段海燕，刘红琴，王宪恩. 2012. 日本工业化进程中人口因素对碳排放影响研究[J]. 人口学刊，5：39-48.

樊纲. 2009. 走向低碳发展：中国与世界[M]. 北京：中国经济出版社.

范柏乃，张维维，贺建军. 2013. 我国经济社会协调发展的内涵及其测度研究[J]. 统计研究，7：3-8.

范登龙, 黄毅祥, 蒲勇健, 等. 2017. 重庆市化石能源消耗的 CO_2 排放及其峰值测算研究[J]. 西南大学学报(自然科学版), （6）: 179-186.

范英, 张晓兵, 朱磊. 2010. 基于多目标规划的中国二氧化碳减排的宏观经济成本估计[J]. 气候变化研究进展, 6（2）: 130-135.

郭朝先. 2010. 中国二氧化碳排放增长因素分析——基于 SDA 分解技术[J]. 中国工业经济, （12）: 47-56.

韩一杰, 刘秀丽. 2010. 中国二氧化碳减排的增量成本测算[J]. 管理评论, 22（6）: 100-105.

何吉成. 2011. 1960—2009 年中国民航飞机的 CO_2 逐年排放变化[J]. 气候变化研究进展, （4）: 281-287.

何建坤, 刘滨. 2004. 作为温室气体排放衡量指标的碳排放强度分析[J]. 清华大学学报（自然科学版）, （6）: 740-743.

胡鞍钢, 郑京海, 高宇宁, 等. 2008. 考虑环境因素的省级技术效率排名(1999—2005) [J]. 经济学（季刊）, 7（3）: 933-960.

蒋伟杰, 张少华. 2018. 中国工业二氧化碳影子价格的稳健估计与减排政策[J]. 管理世界, 34（7）: 32-49, 183, 184.

金碚. 2005. 资源与环境约束下的中国工业发展[J]. 中国工业经济, （4）: 5-14.

孔凡文, 王晓楠, 田鑫. 2017. 基于碳排放因子法的产业化住宅与传统住宅建设阶段碳排放量比较研究[J]. 生态经济, （8）: 81-84.

李爱华, 宿洁, 贾传亮. 2017. 经济增长与碳排放协调发展及一致性模型研究——宏观低碳经济的数理分析[J]. 中国管理科学, （4）: 1-6.

李惠民, 齐晔. 2011. 中国 2050 年碳排放情景比较[J]. 气候变化研究进展, （4）: 271-280.

李建豹, 黄贤金, 吴常艳, 等. 2015. 中国省域碳排放影响因素的空间异质性分析[J]. 经济地理, 35（11）: 21-28.

李景华. 2004. SDA 模型的加权平均分解法及在中国第三产业经济发展分析中的应用[J]. 系统工程, （9）: 69-73.

李克强. 2014-09-11. 紧紧依靠改革创新, 增强经济发展新动力[N]. 人民日报, （3）.

李世祥, 成金华. 2008. 中国主要工业省区能源效率分析: 1990—2006 年[J]. 数量经济技术经济研究, （10）: 32-43.

李陶, 陈林菊, 范英. 2010. 基于非线性规划的我国省区碳强度减排配额研究[J]. 管理评论, 22（6）: 54-60.

林伯强, 刘希颖. 2010. 中国城市化阶段的碳排放: 影响因素和减排策略[J]. 经济研究, （8）: 66-78.

林伯强, 牟敦国. 2009. 高级能源经济学[M]. 北京: 中国财政经济出版社.

刘保珺. 2003. 关于 SDA 与投入产出技术的结合研究[J]. 现代财经(天津财经学院学报), （7）: 48-51.

刘惠敏. 2016. 中国经济增长与能源消耗的脱钩——东部地区的时空分异研究[J]. 中国人口·资源与环境, （12）: 157-163.

刘明达, 蒙吉军, 刘碧寒. 2014. 国内外碳排放核算方法研究进展[J]. 热带地理, （2）: 248-258.

刘明磊，朱磊，范英. 2011. 我国省级碳排放绩效评价及边际减排成本估计：基于非参数距离
　　函数方法[J]. 中国软科学，（3）：106-114.

刘思峰，蔡华，杨英杰，等. 2013. 灰色关联分析模型研究进展[J]. 系统工程理论与实践，
　　（8）：2041-2046.

刘怡君，王丽，牛文元. 2011. 中国城市经济发展与能源消耗的脱钩分析[J]. 中国人口·资源
　　与环境，21（1）：70-77.

罗晓刚. 2013. 基于生命周期理论的中国航空业碳排放研究：以长三角地区为例[D]. 南京：南
　　京航空航天大学.

彭聚珍，张明玉. 2014. 市场选择、经营模式与中国航空公司的国际竞争力[J]. 改革，（11）：
　　108-117.

彭文强，赵凯. 2012. 我国碳生产率的收敛性研究[J]. 西安财经学院学报，（5）：16-22.

齐静，陈彬. 2012. 城市工业部门脱钩分析[J]. 中国人口·资源与环境，22（8）：102-106.

秦大河. 2014. 气候变化科学与人类可持续发展[J]. 地理科学进展，（7）：874-883.

单豪杰. 2008. 中国资本存量 K 的再估算：1952—2006 年[J]. 数量经济技术经济研究，（10）：
　　17-31.

邵帅，张曦，赵兴荣. 2017. 中国制造业碳排放的经验分解与达峰路径——广义迪氏指数分解
　　和动态情景分析[J]. 中国工业经济，3：44-63.

申萌，李凯杰，曲如晓. 2012. 技术进步、经济增长与二氧化碳排放：理论和经验研究[J]. 世
　　界经济，（7）：83-100.

史丹，吴利学，傅晓霞，等. 2008. 中国能源效率地区差异及其成因研究——基于随机前沿
　　生产函数的方差分解[J]. 管理世界，（2）：35-43.

宋辉，王振民. 2004. 利用结构分解技术（SDA）建立投入产出偏差分析模型[J]. 数量经济技
　　术经济研究.（5）：109-112.

宋杰鲲，曹子建，张凯新. 2016. 我国省域二氧化碳影子价格研究[J]. 价格理论与实践，6：
　　76-79.

苏明山，何建坤，顾树华. 2002. 大中型沼气工程的 CO_2 减排量和减排成本的估计方法[J]. 中
　　国沼气，20（1）：26-28.

孙昌龙，靳诺，张小雷，等. 2013. 城市化不同演化阶段对碳排放的影响差异[J]. 地理科学，
　　（3）：266-272.

孙叶飞，周敏. 2017. 中国能源消费碳排放与经济增长脱钩关系及驱动因素研究[J]. 经济与管
　　理评论，（6）：21-30.

谭惠卓. 2013. 绿色民航——环境保护与节能减排[M]. 北京：中国民航出版社.

汤铃，李建平，余乐安，等. 2010. 基于距离协调度模型的系统协调发展定量评价方法[J]. 系
　　统工程理论与实践，（4）：594-602.

唐娟. 2012. 降低中国民航业碳排放数量的政策研究[D]. 武汉：华中师范大学.

田泽永，张明. 2015. 外商直接投资与城市化对中国碳排放的影响研究——基于我国省级行政
　　区际视角[J]. 科技管理研究，（15）：240-244.

涂正革，肖耿. 2006. 中国工业增长模式的转变——大中型企业劳动生产率的非参数生产前沿
　　动态分析[J]. 管理世界，10：57-67，81.

涂正革，肖耿. 2008. 非参数成本前沿模型与中国工业增长模式研究[J]. 经济学（季刊），7：185-210.

王灿，陈吉宁，邹骥. 2005. 基于 CGE 模型的 CO_2 减排对中国经济的影响[J]. 清华大学学报（自然科学版），45（12）：1621-1624.

王锋. 2011. 中国碳排放增长的驱动因素及减排政策评价[M]. 北京：经济科学出版社.

王桂新，武俊奎. 2012. 产业集聚、城市规模与碳排放[J]. 工业技术经济，（6）：68-80.

王倩，高翠云. 2018. 中国省际碳影子价格与碳生产率非线性关联研究[J]. 资源科学，40（10）：2118-2131.

王琴，曲建升，曾静静. 2010. 生存碳排放评估方法与指标体系研究[J]. 开发研究，（1）：17-21.

王群伟，周德群，周鹏. 2011. 区域二氧化碳排放绩效及减排潜力研究——以我国主要工业省区为例[J]. 科学学研究，29（6）：868-875.

王群伟，周鹏，周德群. 2010. 我国二氧化碳排放绩效的动态变化、区域差异及影响因素[J]. 中国工业经济，（1）：45-54.

王文举，李峰. 2015. 中国工业碳减排成熟度研究[J]. 中国工业经济，（8）：20-34.

王文举，向其凤. 2014. 中国产业结构调整及其节能减排潜力评估[J]. 中国工业经济，（1）：44-56.

魏一鸣，刘兰翠，范英，等. 2008. 中国能源报告 2008：碳排放研究[M]. 北京：科学出版社.

吴绍洪，黄季焜，刘燕华，等. 2014. 气候变化对中国的影响利弊[J]. 中国人口·资源与环境，（1）：7-13.

吴贤荣. 2021. 中国农业碳排放边际减排成本：参数法测度与时空分析[J]. 世界农业，（1）：46-56，129-130.

夏卿，左洪福，杨军利. 2008. 中国民航机场飞机起飞着陆（LTO）循环排放量估算[J]. 环境科学学报，（7）：1469-1474.

夏思佳，赵秋月，李冰，等. 2014. 江苏省人为源挥发性有机物排放清单[J]. 环境科学研究，（2）：120-126.

向志强，张淇鑫. 2021. 5G 新闻产业链的成熟度现状分析与趋势判断[J]. 新闻界，（4）：37-43.

谢锐，王振国，张彬彬. 2017. 中国碳排放增长驱动因素及其关键路径研究[J]. 中国管理科学，（10）：119-129.

杨绪彪，朱丽萍. 2015. 基于市场的解决全球航空碳减排的措施方案：困境与前景[J]. 宏观经济研究，（1）：128-132，143.

姚云飞，梁巧梅，魏一鸣. 2012. 国际能源价格波动对中国边际减排成本的影响：基于 CEEPA 模型的分析[J]. 中国软科学，（2）：156-165.

义白璐，韩骥，周翔，等. 2015. 区域碳源碳汇的时空格局——以长三角地区为例[J]. 应用生态学报，（4）：973-980.

尹佩玲，黄争超，郑丹楠，等. 2017. 宁波—舟山港船舶排放清单及时空分布特征[J]. 中国环境科学，（1）：27-37.

袁鹏，程施. 2011. 我国工业污染物的影子价格估计[J]. 统计研究，28（9）：66-73.

查冬兰，周德群. 2007. 地区能源效率与二氧化碳排放的差异性——基于 Kaya 因素分解[J]. 系统工程，（11）：65-71

查冬兰, 周德群. 2008. 我国工业 CO_2 排放影响因素差异性研究——基于高耗能行业与中低耗能行业[J]. 财贸研究, （1）: 13-19.

张兵兵, 徐康宁, 陈庭强. 2014. 技术进步对二氧化碳排放强度的影响研究[J]. 资源科学,（3）: 567-576.

张学才, 郭瑞雪. 2005. 情景分析方法综述[J]. 理论月刊, （8）: 125-126.

张炎治, 聂锐. 2008. 能源强度的指数分解分析研究综述[J]. 管理学报, （5）: 647-650.

张志强, 曲建升, 曾静静. 2008. 温室气体排放评价指标及其定量分析[J]. 地理学报, （7）: 693-702.

张智敏. 2015. 我国航空运输业碳排放峰值实证研究[D]. 天津: 中国民航大学.

赵光辉, 姜伟, 牛欣宇, 等. 2014. 航空生物燃料制备技术及应用前景[J]. 中外能源, 19（8）: 30-34.

赵红, 陈雨蒙. 2013. 我国城市化进程与减少碳排放的关系研究[J]. 中国软科学,（3）: 184-192.

赵晶, 郭放, 阿鲁斯, 等. 2016. 未来航空燃料原料可持续性研究[J]. 北京航空航天大学学报, （11）: 2378-2385.

赵巧芝, 闫庆友. 2019. 中国省域二氧化碳边际减排成本的空间演化轨迹[J]. 统计与决策, 35（14）: 128-132.

郑照宁, 刘德顺. 2004. 考虑资本–能源–劳动投入的中国超越对数生产函数[J]. 系统工程理论与实践, （5）: 51-54, 115.

中国民用航空局发展计划司. 2000—2020. 从统计看民航[M]. 北京: 中国民航出版社.

仲佳爱, 陈国俊, 张中宁, 等. 2015. 四川盆地气矿天然气开发过程中温室气体的排放特征[J]. 环境科学研究, （3）: 355-360.

周德群. 2010. 能源软科学研究进展[M]. 北京: 科学出版社.

周丽萍. 2010. 中国民航业的发展: 问题与对策[J]. 中国民用航空, （4）: 28-30.

周鹏. 2003. 基于动态投入产出分析的中国宏观经济模型与方法的研究[D]. 大连: 大连理工大学.

周鹏, 周迅, 周德群. 2014. 二氧化碳减排成本研究述评[J]. 管理评论, 26（11）: 20-27, 47.

朱妮, 张艳芳. 2015. 陕西省能源消费结构、产业结构演变对碳排放强度的冲击影响分析[J]. 干旱区地理, （4）: 843-850.

朱跃中. 2001. 未来中国交通运输部门能源发展与碳排放情景分析[J]. 中国工业经济, （12）: 30-35.

庄颖, 夏斌. 2017. 广东省交通碳排放核算及影响因素分析[J]. 环境科学研究, （7）: 1154-1162.

宗苗. 2014. 中国民航碳排放监测方法研究[D]. 天津: 中国民航大学.

Alam I M S, Sickles R C. 1998. The relationship between stock market returns and technical efficiency innovations: evidence from the US airline industry[J]. Journal of Productivity Analysis, 9: 35-51.

Andreoni V, Galmarini S. 2012. European CO_2 emission trends: a decomposition analysis for water and aviation transport sectors[J]. Energy, 45: 595-602.

Ang B W. 1999. Is the energy intensity a less useful indicator than the carbon factor in the study of climate change?[J]. Energy Policy, 27: 943-946.

Ang B W. 2004. Decomposition analysis for policymaking in energy: which is the preferred method?[J]. Energy Policy, 32（9）: 1131-1139.

Ang B W. 2015. LMDI decomposition approach: a guide for implementation[J]. Energy Policy, 86: 233-238.

Ang B W, Pandiyan G. 1997. Decomposition of energy-induced CO_2 emissions in manufacturing[J]. Energy Economics, （3）: 363-374.

Ang B W, Zhang F Q. 1999. Inter-regional comparisons of energy-related CO_2 emissions using the decomposition technique[J]. Energy, 24: 297-305.

Anger A, Köhler J. 2010. Including aviation emissions in the EU ETS: much ado about nothing? A review[J]. Transport Policy, 17（1）: 38-46.

Arjomandi A, Dakpo K H, Seufert J H. 2018. Have Asian airlines caught up with European Airlines? A by-production efficiency analysis[J]. Transportation Research Part A: Policy and Practice, 116: 389-403.

Arjomandi A, Seufert J H. 2014. An evaluation of the world's major airlines technical and environmental performance[J]. Economic Modelling, 41: 133-144.

Asmild M, Paradi J C, Aggarwall V, et al. 2004. Combining DEA window analysis with the Malmquist index approach in a study of the Canadian banking industry[J]. Journal of Productivity Analysis, 21（1）: 67-89.

Assaf A G, Josiassen A, Gillen D. 2014. Measuring firm performance: Bayesian estimates with good and bad outputs[J]. Journal of Business Research, 67（6）: 1249-1256.

Assaf A. 2009. Are US airlines really in crisis?[J]. Tourism Management, 30: 916-921.

Balliauw M, de Meersman H, Onghena E, et al. 2018. US all-cargo carriers' cost structure and efficiency: a stochastic frontier analysis[J]. Transportation Research Part A: Policy and Practice, 112: 29-45.

Barro R J, Sala-i-Martin X. 1992. Convergence[J]. Journal of Political Economy, 100: 223-251.

Barros C P, Couto E. 2013. Productivity analysis of European airlines, 2000-2011[J]. Journal of Air Transport Management, 31: 11-13.

Barros C P, Liang Q B, Peypoch N. 2013. The technical efficiency of US Airlines[J]. Transportation Research Part A: Policy and Practice. 50: 139-148

Barros C P, Peypoch N. 2009. An evaluation of European airlines' operational performance[J]. International Journal of Production Economics, 122（2）: 525-533.

Barros C P, Wanke P. 2015. An analysis of African airlines efficiency with two-stage TOPSIS and neural networks[J]. Journal of Air Transport Management, 44/45: 90-102.

Baughcum S L, Henderson S C, Tritz T G, et al. 1996. Scheduled civil aircraft emission inventories for 1992: database development and analysis[Z]. Hampton: Langley Research Center.

Baughcum S L, Sutkus D J Jr, Henderson S C. 1998. Year 2015 Aircraft Emission scenario for scheduled air traffic[Z]. Hampton: Langley Research Center.

Bennetzen E H, Smith P, Porter J R. 2016. Decoupling of greenhouse gas emissions from global agricultural production: 1970-2050[J]. Global Change Biology, 22（2）: 763-781.

Berghof R, Schmitt A, Eyers C, et al. 2005. Consave 2050[Z]. Koln: Deutsches Zentrum für Luft-und Raumfahrt.

Bhadra D. 2009. Race to the bottom or swimming upstream: performance analysis of US airlines[J]. Journal of Air Transport Management, 15（5）: 227-235.

Boeing. 2012. Current Market Outlook[R]. Seattle: Boeing.

Boeing. 2016. Current Market Outlook 2016-2035[R]. Seattle: Boeing.

Bowen B D, Headley D E. 2012. Airline quality rating report 2012[R]. W. Frank Barton School of Business, Wichita, KS.

Bows A, Anderson K L. 2007. Policy clash: can projected aviation growth be reconciled with the UK Government's 60% carbon-reduction target[J]. Transport Policy, 14（2）: 103-110.

Brueckner J K, Abreu C. 2017. Airline fuel usage and carbon emissions: determining factors[J]. Journal of Air Transport Management, 62: 10-17.

Buell R W, Campbell D, Frei F X. 2015. How do consumers respond to increased service quality competition[R]. Harvard Business School Working Paper.

Cao Q, Lv J F, Zhang J. 2015. Productivity efficiency analysis of the airlines in China after deregulation[J]. Journal of Air Transport Management, 42: 135-140.

Carter A. 1970. Structural Change in the American Economy[M]. Cambridge: Harvard University Press.

Caves D W, Christensen L R, Diewert W E. 1982. Multilateral comparisons of output, input, and productivity using superlative index numbers[J]. The Economic Journal, 92（365）: 73-86.

Chambers R G, Chung Y, Färe R. 1996. Benefit and distance functions[J]. Journal of Economic Theory, 70: 407-419.

Chang S J, Hsiao H C, Huang L H, et al. 2011. Taiwan quality indicator project and hospital productivity growth[J]. Omega, 39（1）: 14-22.

Chang Y F, Lewis C, Lin S J. 2008. Comprehensive evaluation of industrial CO_2 emission （1989-2004）in Taiwan by input-output structural decomposition[J]. Energy Policy, 36（7）: 2471-2480.

Chang Y T, Park H S, Jeong J B, et al. 2014. Evaluating economic and environmental efficiency of global airlines: a SBM-DEA approach[J]. Transportation Research Part D: Transport and Environment, 27: 46-50.

Chen B, Yang Q, Li J S, et al. 2017a. Decoupling analysis on energy consumption, embodied GHG emissions and economic growth-the case study of Macao[J]. Renewable & Sustainable Energy Reviews, 67: 662-672.

Chen L, Xu L Y, Yang Z F. 2017b. Accounting carbon emission changes under regional industrial transfer in an urban agglomeration in China's Pearl River Delta[J]. Journal of Cleaner Production, 167: 110-119.

Chen X K, Guo J. 2000. Chinese economic structure and SDA model[J]. Journal of Systems Science and Systems Engineering, 9（2）: 142-148.

Chen Z F, Wanke P, Antunes J J M, et al. 2017c. Chinese airline efficiency under CO_2 emissions and flight delays: a stochastic network DEA model[J]. Energy Economics, 68:89-108.

Chen Z, Wang J N, Ma G X, et al. 2013. China tackles the health effects of air pollution[J]. Lancet, 382: 1959-1960.

Chèze B, Gastineau P, Chevallier J. 2011. Forecasting world and regional aviation jet fuel demands to the mid-term (2025)[J]. Energy Policy, 39: 5147-5158.

Choi K H, Ang B W. 2012. Attribution of changes in Divisia real energy intensity index—an extension to index decomposition analysis[J]. Energy Economics, 34: 171-176.

Choi K, Lee D H, Olson D L. 2015. Service quality and productivity in the U.S. airline industry: a service quality-adjusted DEA model[J]. Service Business, 9 (1): 137-160.

Cook W D, Liang L, Zhu J. 2010. Measuring performance of two-stage network structures by DEA: a review and future perspective[J]. Omega, 38: 423-430.

Cui Q, Li Y. 2015a. Evaluating energy efficiency for airlines: an application of VFB-DEA[J]. Journal of Air Transport Management, 44/45: 34-41.

Cui Q, Li Y. 2015b. An empirical study on the influencing factors of transportation carbon efficiency: evidences from fifteen countries[J]. Applied Energy, 141: 209-217.

Cui Q, Li Y. 2015c. The change trend and influencing factors of civil aviation safety efficiency: the case of Chinese airline companies[J]. Safety Science, 75: 56-63.

Cui Q, Li Y. 2018. Airline dynamic efficiency measures with a Dynamic RAM with unified natural & managerial disposability[J]. Energy Economics, 75: 534-546.

Cui Q, Li Y, Lin J L. 2018. Pollution abatement costs change decomposition for airlines: an analysis from a dynamic perspective[J]. Transportation Research Part A: Policy and Practice, 111: 96-107.

Cui Q, Li Y, Yu C L, et al. 2016a. Evaluating energy efficiency for airlines: an application of virtual frontier dynamic slacks based measure[J]. Energy, 113: 1231-1240.

Cui Q, Wei Y M, Li Y. 2016b. Exploring the impacts of the EU ETS emission limits on airline performance via the Dynamic Environmental DEA approach[J]. Applied. Energy, 183: 984-994.

Chow W C K. 2010. Measuring the productivity changes of Chinese airlines: the impact of the entries of non-state-owned carriers[J]. Journal of Air Transport Management, 16(6):320-324.

Daraio C, Simar L. 2007. Advanced Robust and Nonparametric Methods in Efficiency Analysis[M]. Boston: Springer.

Debreu G. 1951. The coefficient of resource utilization[J]. Econometrica, 19 (3): 273-292.

Dietzenbacher E, Los B. 2000. Structural decomposition analyses with dependent determinants[J]. Economic Systems Research, (4): 497-514.

Distexhe V, Perelman S. 1994. Technical efficiency and productivity growth in an era of deregulation: the case of airlines[J]. Swiss Journal of Economics & Statistics, 130 (1993): 669-689.

Dray L M, Krammer P, Doyme K, et al. 2019. AIM2015: validation and initial results from an open-source aviation systems model[J]. Transport Policy, 79: 93-102.

Duygun M, Prior D, Shaban M, et al. 2016. Disentangling the European airlines efficiency puzzle: a network data envelopment analysis approach[J]. Omega, 60: 2-14.

Eyers C J, Addleton D, Atkinson K, et al. 2005. AERO2K Global Aviation Emissions Inventories for 2002 and 2025[Z]. Farnborough: QINETIQ/04/0113.

Fan L W, Wu F, Zhou P. 2014. Efficiency measurement of Chinese airports with flight delays by directional distance function[J]. Journal of Air Transport Management, 34: 140-145.

Fan W Y, Sun Y F, Zhu T L, et al. 2012. Emissions of HC, CO, NO_x, CO_2, and SO_2 from civil aviation in China in 2010[J]. Atmospheric Environment, 56: 52-57.

Fan Y, Zhang X B, Zhu L. 2010. Estimating the macroeconomic costs of CO_2 emission reduction in China based on multi-objective programming[J]. Advances in Climate Change Research, 1: 27-33.

Färe R, Grosskopf S, Forsund F R, et al. 2006. Measurement of productivity and quality in non-marketable services: with application to schools[J]. Quality Assurance in Education, 14 (1): 21-36.

Färe R, Grosskopf S. 2003. Nonparametric productivity analysis with undesirable outputs: comment[J]. American Journal of Agricultural Economics, 85: 1070-1074.

Färe R, Grosskopf S. 2004. Modeling undesirable factors in efficiency evaluation: comment[J]. European Journal of Operational Research, 157: 242-245.

Färe R, Grosskopf S, Lovell C A K. 1994a. Production Frontiers[M]. Cambridge: Cambridge University Press.

Färe R, Grosskopf S, Norris M, et al. 1994b. Productivity growth, technical progress, and efficiency change in industrialized countries[J]. American Economic Review, 84: 66-83.

Färe R, Grosskopf S, Pasurka C A Jr. 2007. Pollution abatement activities and traditional productivity[J]. Ecological Economics, 62 (3/4): 673-682.

Färe R, Primont D. 1995. Multi-output Production and Duality: Theory and Applications[M]. Dordrecht: Springer .

Farrell M J. 1957. The measurement of productive efficiency[J]. Journal of the Royal Statistical Society Series (General), 120 (3): 253-281.

Feng T T, Yang Y S, Xie S Y, et al. 2017. Economic drivers of greenhouse gas emissions in China[J]. Renewable and Sustainable Energy Reviews, 78: 996-1006.

Franke M, John F. 2011. What comes next after recession? - Airline industry scenarios and potential end games[J]. Journal of Air Transport Management, 17: 19-26.

Fukui H, Miyoshi C. 2017. The impact of aviation fuel tax on fuel consumption and carbon emissions: the case of the US airline industry[J]. Transportation Research Part D: Transport and Environment, 50: 234-253.

Gardner R M, Adams J K, Cook T, et al. 1998. ANCAT/EC2 aircraft emissions inventories for 1991/1992 and 2015[C]. European Civil Aviation Conference.

Geng Y, Zhao H Y, Liu Z, et al. 2013. Exploring driving factors of energy-related CO_2 emissions in Chinese provinces: a case of Liaoning[J]. Energy Policy, 60: 820-826.

Good D H, Röller L H, Sickles R C. 1993. US airline deregulation: implications for European transport[J]. The Economic Journal, 103: 1028-1041.

Graver B M, Frey H C. 2009. Estimation of air carrier emissions at Raleigh-Durham International Airport[R]. North Carolina State University.

Greer M R. 2008. Nothing focuses the mind on productivity quite like the fear of liquidation: changes in airline productivity in the United States, 2000-2004[J]. Transportation Research Part A: Policy and Practice, 42: 414-426.

Greer M. 2009. Is it the labor unions' fault? Dissecting the causes of the impaired technical efficiencies of the legacy carriers in the United States[J]. Transportation Research Part A: Policy and Practice, 43: 779-789.

Grossman G M, Krueger A B. 1996. The inverted-U: what does it mean?[J]. Environment and Development Economics, 1 (1): 119-122.

Grote M, Williams I, Preston J. 2014. Direct carbon dioxide emissions from civil aircraft[J]. Atmospheric Environment, 95: 214-224.

Guan D B, Reiner D M. 2009. Emissions affected by trade among developing countries[J]. Nature, 462: 159.

Gudmundsson S V, Anger A. 2012. Global carbon dioxide emissions scenarios for aviation derived from IPCC storylines: a meta-analysis[J]. Transportation Research Part D: Transport and Environment, 17: 61-65.

Guo C Y, Shureshjani R A, Foroughi A A, et al. 2017. Decomposition weights and overall efficiency in two-stage additive network DEA[J]. European Journal of Operational Research, 257: 896-906.

Hansen B E. 2000. Sample splitting and threshold estimation[J]. Econometrica, 68: 575-603.

He J C, Xu Y Q. 2012. Estimation of the aircraft CO_2 emissions of China's civil aviation during 1960-2009[J]. Advances in Climate Change Research, 3: 99-105.

Hileman J I, Stratton R W, Donohoo P E. 2010. Energy content and alternative jet fuel viability[J]. Journal of Propulsion and Power, 26: 1184-1196.

Huang F, Zhou D Q, Hu J L, et al. 2020. Integrated airline productivity performance evaluation with CO_2 emissions and flight delays[J]. Journal of Air Transport Management, 84: 101770.

Huang F, Zhou D Q, Wang Q W, et al. 2019. Decomposition and attribution analysis of the transport sector's carbon dioxide intensity change in China[J]. Transportation Research Part A: Policy and Practice, 119: 343-358.

IATA. 2013. Fact sheet fuel. Montreal: International Air Transport Association.

IATA. 2014. Fact sheet - industry statistics. Montreal: International Air Transport Association.

IATA. 2015. Fact sheet fuel. Montreal: International Air Transport Association.

IATA. 2016. World air transport statistics. Geneva.

ICAO. 2016. Environmental Report 2016[Z]. Montreal:International Civil Aviation Organization.

IEA. 2018. CO_2 Emissions from Fuel Combustion: Highlights < http://www.iea.org/publications/ freepublications/>.

International Transport Forum. 2012. Transport Outlook 2012. Paris：International Transport Forum-Organisation for Economic Co-operation and Development.

IPCC. 1999. Aviation and the Global Atmosphere. Intergovernmental Panel on Climate Change[M]. Cambridge:Cambridge University Press.

IPCC. 2000. Emission Scenarios[R]. Intergovernmental Panel on Climate Change.

IPCC. 2006. 2006 IPCC guidelines for national greenhouse gas inventories[R]. IPCC.

IPCC. 2007. The physical science basis. Contribution of Working Group I to the Fourth Assessment Report of the Intergovernmental Panel on Climate Change[M]. Cambridge:Cambridge University Press.

JADC. 2013. Worldwide Market Forecast 2013–2032[R]. Japan Aircraft Development Corporation.

Jarach D. 2004. Future scenarios for the European airline industry[J]. Journal of Air Transportation，9：23-39.

Jovanovic M，Vracarevic B. 2016. Challenges ahead：mitigating air transport carbon emissions[J]. Polish Journal of Environmental Studies，25（5）：1975-1984.

Kahn H，Wiener A J. 1967. The next thirty-three years：a framework for speculation[J]. Daedalus，96（3）：705-732.

Kesicki F，Strachan N. 2011. Marginal abatement cost (MAC) curves: confronting theory and practice[J]. Environmental Science & Policy，14：1195-1204.

Kim B Y，Fleming G G，Lee J J，et al. 2007. System for assessing Aviation's Global Emissions（SAGE），Part 1：model description and inventory results[J]. Transportation Research Part D: Transport and Environment，12：325-346.

Kim K，Kim Y. 2012. International comparison of industrial CO_2 emission trends and the energy efficiency paradox utilizing production-based decomposition[J]. Energy Economics，34：1724-1741.

King D，Inderwildi O，Carey C，et al. 2010. Future of Mobility Roadmap Ways to Reduce Emissions while Keeping Mobile[M]. Oxford：University of Oxford.

Koopmans T C. 1951. Efficient allocation of resources[J]. Econometrica，19（4）：455-465.

Kopsch F. 2012. Aviation and the EU Emissions Trading Scheme-lessons learned from previous emissions trading schemes[J]. Energy Policy，49：770-773.

Kousoulidou M，Lonza L. 2016. Biofuels in aviation：fuel demand and CO_2 emissions evolution in Europe toward 2030[J]. Transportation Research Part D：Transport and Environment，46：166-181.

Krammer P，Dray L，Köhler M O. 2013. Climate-neutrality versus carbon-neutrality for aviation biofuel policy[J]. Transportation Research Part D：Transport and Environment，23：64-72.

Kumar S. 2006. Environmentally sensitive productivity growth：a global analysis using Malmquist-Luenberger index[J]. Ecological Economics，56：280-293.

Kuosmanen T. 2005. Weak disposability in nonparametric production analysis with undesirable outputs[J]. American Journal of Agricultural Economics，87：1077-1082.

Lee B L，Wilson C，Pasurka C A. 2015. The good，the bad，and the efficient：productivity， efficiency, and technical change in the airline industry, 2004-2011[J]. Journal of Transport Economics and Policy, 49: 338-354.

Lee B L, Wilson C, Pasurka C A, et al. 2017. Sources of airline productivity from carbon emissions: an analysis of operational performance under good and bad outputs[J]. Journal of Productivity Analysis, 47: 223-246.

Lee B L, Worthington A C. 2014. Technical efficiency of mainstream airlines and low-cost carriers: new evidence using bootstrap data envelopment analysis truncated regression[J]. Journal of Air Transport Management, 38: 15-20.

Lee D S, Fahey D W, Forster P M, et al. 2009. Aviation and global climate change in the 21st century[J]. Atmospheric Environment, 43: 3520-3537.

Lee D S, Pitari G, Grewe V, et al. 2010. Transport impacts on atmosphere and climate: aviation[J]. Atmospheric Environment, 44 (37): 4678-4734.

Leontief W. 1953. Studies in the Structure of the American Economy[M].Oxford:Oxford University Press: 17-52.

Leuning R, Etheridge D, Luhar A, et al. 2008. Atmospheric monitoring and verification technologies for CO_2 geosequestration[J]. International Journal of Greenhouse Gas Control, 2: 401-414.

Li M. 2010. Decomposing the change of CO_2 emissions in China: a distance function approach[J]. Ecological Economics, 70: 77-85.

Li Y, Cui Q. 2017. Carbon neutral growth from 2020 strategy and airline environmental inefficiency: a network range adjusted environmental data envelopment analysis[J]. Applied Energy, 199: 13-24.

Li Y, Wang Y Z, Cui Q. 2015. Evaluating airline efficiency: an application of Virtual Frontier Network SBM[J]. Transportation Research Part E: Logistics and Transportation Review, 81: 1-17.

Li Y, Wang Y Z, Cui Q. 2016. Has airline efficiency affected by the inclusion of aviation into European Union Emission Trading Scheme? Evidences from 22 airlines during 2008-2012[J]. Energy, 96: 8-22.

Light A. 2013. An equity hurdle in international climate negotiations[J]. Philosophy and Public Policy Quarterly, 31 (1): 145-154.

Lin B Q, Du K R. 2014. Decomposing energy intensity change: a combination of index decomposition analysis and production-theoretical decomposition analysis[J]. Applied Energy, 129: 158-165.

Lin B Q, Ouyang X L. 2014. Analysis of energy-related CO_2 (carbon dioxide) emissions and reduction potential in the Chinese non-metallic mineral products industry[J]. Energy, 68: 688-697.

Linz M. 2012. Scenarios for the aviation industry: a Delphi-based analysis for 2025[J]. Journal of Air Transport Management, 22: 28-35.

Liou J J H, Hsu C C, Yeh W C, et al. 2011. Using a modified grey relation method for improving airline service quality[J]. Tourism Management, 32（6）: 1381-1388.

Liu S F, Forrest J, Yang Y J. 2012. A brief introduction to grey systems theory[J]. Grey Systems: Theory and Application, 2: 89-104.

Liu S F, Forrest J, Yang Y J. 2013. Advances in grey systems research[J]. The Journal of Grey System, 25: 1-18.

Liu X, Hang Y, Wang Q W, et al. 2020. Flying into the future: a scenario-based analysis of carbon emissions from China's civil aviation[J]. Journal of Air Transport Management, 85: 101793.

Liu X, Zhou D Q, Zhou P, et al. 2017a. Dynamic carbon emission performance of Chinese airlines: a global Malmquist index analysis[J]. Journal of Air Transport Management, 65: 99-109.

Liu X, Zhou D Q, Zhou P, et al. 2017b. What drives CO_2 emissions from China's civil aviation? An exploration using a new generalized PDA method[J]. Transportation Research Part A: Policy and Practice, 99: 30-45.

Liu X, Zhou D Q, Zhou P, et al. 2018. Factors driving energy consumption in China: a joint decomposition approach[J]. Journal of Cleaner Production, 172: 724-734.

Liu Y, Chen S Y, Chen B, et al. 2017c. Analysis of CO_2 emissions embodied in China's bilateral trade: a non-competitive import input-output approach[J]. Journal of Cleaner Production, 163: 410-419.

Long R Y, Yang R R, Song M L, et al. 2015. Measurement and calculation of carbon intensity based on ImPACT model and scenario analysis: a case of three regions of Jiangsu Province[J]. Ecological Indicators, 51: 180-190.

Losa E T, Arjomandi A, Dakpo K H, et al. 2020. Efficiency comparison of airline groups in Annex 1 and non-Annex 1 countries: a dynamic network DEA approach[J]. Transport Policy, 99: 163-174.

Lozano S, Gutiérrez E. 2011. A multiobjective approach to fleet, fuel and operating cost efficiency of European airlines[J]. Computers & Industrial Engineering, 61: 473-481.

Lu W M, Wang W K, Hung S W, et al. 2012. The effects of corporate governance on airline performance: production and marketing efficiency perspectives[J]. Transportation Research Part E: Logistics and Transportation Review, （2）: 529-544.

Mallikarjun S. 2015. Efficiency of US airlines: a strategic operating model[J]. Journal of Air Transport Management, 43: 46-56.

Malmquist S. 1953. Index numbers and indifference surfaces[J]. Trabajos De Estadistica, 4（2）: 209-242.

Martini G, Manello A, de Scotti D. 2013. The influence of fleet mix, ownership and LCCs on airports' technical/environmental efficiency[J]. Transportation Research Part E: Logistics and Transportation Review, 50: 37-52.

Masiol M, Harrison R M. 2014. Aircraft engine exhaust emissions and other airport-related contributions to ambient air pollution: a review[J]. Atmospheric Environment, 95: 409-455.

Mason K J, Alamdari F. 2007. EU network carriers, low cost carriers and consumer behaviour: a Delphi study of future trends[J]. Journal of Air Transport Management, 13: 299-310.

Mayor K, Tol R S J. 2010. Scenarios of carbon dioxide emissions from aviation[J]. Global Environmental Change, 20: 65-73.

Merkert R, Hensher D A. 2011. The impact of strategic management and fleet planning on airline efficiency—a random effects Tobit model based on DEA efficiency scores[J]. Transportation Research Part A: Policy and Practice, 45 (7): 686-695.

Mielnik O, Goldemberg J. 1999. Communication the evolution of the "carbonization index" in developing countries[J]. Energy Policy, 27: 307-308.

Motta S L, Santino D, Ancona P, et al. 2005. CO_2 emission accounting for the non-energy use of fossil fuels in Italy: a comparison between NEAT model and the IPCC approaches[J]. Resources, Conservation and Recycling, 45: 310-330.

OECD. 2002. Indicators to measure decoupling of environmental pressures from economic growth[R]. Paris: OECD.

Oh D H. 2010. A global Malmquist-Luenberger productivity index[J]. Journal of Productivity Analysis, 34: 183-197.

Örkcü H H, Balıkçı C, Dogan M I, et al. 2016. An evaluation of the operational efficiency of Turkish airports using data envelopment analysis and the Malmquist productivity index: 2009-2014 case[J]. Transport Policy, 48: 92-104.

Owen B, Lee D S. 2006. Allocation of International Aviation Emissions from Scheduled Air Traffic-Future Cases, 2005 to 2050[R]. Centre for Air Transport and the Environment, Manchester Metropolitan University, UK, CATE-2006-3 (C) -3, 2006.

Owen B, Lee D S, Lim L. 2010. Flying into the future: aviation emissions scenarios to 2050[J]. Environmental Science & Technology, 44: 2255-2260.

Pastor J T, Lovell C A K. 2005. A global Malmquist productivity index[J]. Economics Letters, 88: 266-271.

Pastor J T, Lovell C A K. 2007. Circularity of the Malmquist productivity index[J]. Economic Theory, 33 (3): 591-599.

Peeters P, Dubois G. 2010. Tourism travel under climate change mitigation constraints[J]. Journal of Transport Geography, 18: 447-457.

Prior D. 2006. Efficiency and total quality management in health care organizations: a dynamic frontier approach[J]. Annals of Operations Research, 145 (1): 281-299.

Reinaud J. 2008. From electricity prices to electricity costs: impact of emissions trading on industry's electricity purchasing strategies[J]. Markets for Carbon and Power Pricing in Europe: Theoretical Issues and Empirical Analyses, 32: 80-98.

Reinhard S, Knox Lovell C A, Thijssen G J. 2000. Environmental efficiency with multiple environmentally detrimental variables; estimated with SFA and DEA[J]. European Journal of Operational Research, 121 (2): 287-303.

Ribeiro K S, Kobayashi S, Beuthe M, et al. 2007. Transport and Its Infrastructure. Mitigation. Contribution of Working Group III to the Fourth Assessment Report of the Intergovernmental Panel on Climate Change[M]. Cambridge/New York: Cambridge University Press.

Robertson S. 2013. High-speed rail's potential for the reduction of carbon dioxide emissions from short haul aviation: a longitudinal study of modal substitution from an energy generation and renewable energy perspective[J]. Transportation Planning and Technology, 36(5): 395-412.

Robertson S. 2016. The potential mitigation of CO_2 emissions via modal substitution of high-speed rail for short-haul air travel from a life cycle perspective－An Australian case study[J]. Transportation Research Part D: Transport and Environment, 46: 365-380.

Rødseth K L. 2013. Capturing the least costly way of reducing pollution: a shadow price approach[J]. Ecological Economics, 92: 16-24.

Scheel H. 2001. Undesirable outputs in efficiency valuations[J]. European Journal of Operational Research, 132: 400-410.

Schefczyk M. 1993. Operational performance of airlines: an extension of traditional measurement paradigms[J]. Strategic Management Journal, 14: 301-317.

Scheraga C A. 2004. Operational efficiency versus financial mobility in the global airline industry: a data envelopment and Tobit analysis[J]. Transportation Research Part A: Policy and Practice, 38 (5): 383-404.

Scotti D, Volta N. 2017. Profitability change in the global airline industry[J]. Transportation Research Part E: Logistics and Transportation Review, 102: 1-12.

Seufert J H, Arjomandi A, Dakpo K H. 2017. Evaluating airline operational performance: a Luenberger- Hicks-Moorsteen productivity indicator[J]. Transportation Research Part E: Logistics and Transportation Review, 104: 52-68.

Sgouridis S, Bonnefoy P A, Hansman R J. 2011. Air transportation in a carbon constrained world: long-term dynamics of policies and strategies for mitigating the carbon footprint of commercial aviation[J]. Transportation Research Part A: Policy and Practice, 45: 1077-1091.

Shephard R W. 1970. Theory of Cost and Production Functions[M]. Princeton: Princeton University Press.

Sim K L, Song C J, Lillough L N. 2010. Service quality, service recovery and financial performance: an analyses of the airline industry[J]. Advances in Management Accounting, 18: 27-53.

Simar L, Wilson P W. 1998. Sensitivity analysis of efficiency scores: how to bootstrap in nonparametric frontier models[J]. Management Science, 44 (1): 49-61.

Simar L, Wilson P W. 1999a. Estimating and bootstrapping Malmquist indices[J]. European Journal of Operational Research, 115: 459-471.

Simar L, Wilson P W. 1999b. Of course we can bootstrap DEA scores! But does it mean anything? Logic trumps wishful thinking[J]. Journal of Productivity Analysis, 11 (1): 93-97.

Skolka J. 1989. Input-output structural decomposition analysis for Austria[J]. Journal of Policy Modeling, (1): 45-66.

Steven A B, Dong Y, Dresner M. 2012. Linkages between customer service, customer satisfaction and performance in the airline industry: investigation of non-linearities and moderating effects[J]. Transportation Research Part E: Logistics and Transportation Review, 48 (4):

743-754.

Stratton R W, Wong H M, Hileman J I. 2010. Life cycle greenhouse gas emissions from alternative jet fuels[J]. Partnership for Air transportation noise and emission reduction, Partner Project, 2010, 28.

Su B, Ang B W. 2012. Structural decomposition analysis applied to energy and emissions: some methodological developments[J]. Energy Economics, 34: 177-188.

Su B, Ang B W. 2014. Input-output analysis of CO_2 emissions embodied in trade: a multi-region model for China[J]. Applied Energy, 114: 377-384.

Su B, Ang B W, Li Y Z. 2019. Structural path and decomposition analysis of aggregate embodied energy and emission intensities[J]. Energy Economics, 83: 345-360.

Sun J W. 2005. The decrease of CO_2 emission intensity is decarbonization at national and global levels[J]. Energy Policy, (8): 975-978.

Sutkus D J, Baughcum S L, DuBois D P. 2001. Scheduled civil aircraft emission inventories for 1999: database development and analysis[Z]. National Aeronautics and Space Administration, Glenn Research Centre, NASA.

Tan Y S, Chen S F. 2011. Analyses on efficiency of air transport companies based on network DEA[J]. Journal of Southeast University, 41: 1114-1118.

Tapio P. 2005. Towards a theory of decoupling: degrees of decoupling in the EU and the case of road traffic in Finland between 1970 and 2001[J]. Transport Policy, 12 (2): 137-151.

Tavassoli M, Faramarzi G R, Saen R F. 2014. Efficiency and effectiveness in airline performance using a SBM-NDEA model in the presence of shared input[J]. Journal of Air Transport Management, 34: 146-153.

Tsionas E G. 2003. Combining DEA and stochastic frontier models: an empirical Bayes approach[J]. European Journal of Operational Research, 147: 499-510.

Tsionas M G, Chen Z F, Wanke P. 2017. A structural vector autoregressive model of technical efficiency and delays with an application to Chinese airlines[J]. Transportation Research Part A: Policy and Practice, 101: 1-10.

Vedantham A, Oppenheimer M. 1998. Long-term scenarios for aviation: demand and emissions of CO_2 and NO[J]. Energy Policy, 26: 625-641.

Wang C, Chen J N, Zou J. 2005. Decomposition of energy-related CO_2 emission in China: 1957-2000[J]. Energy, 30 (1): 73-83.

Wang Q W, Chiu Y H, Chiu C R. 2015. Driving factors behind carbon dioxide emissions in China: a modified production-theoretical decomposition analysis[J]. Energy Economics, 51: 252-260.

Wang Q W, Hang Y, Su B, et al. 2018. Contributions to sector-level carbon intensity change: an integrated decomposition analysis[J]. Energy Economics, 70: 12-25.

Wang Q W, Wang Y Z, Hang Y, et al. 2019. An improved production-theoretical approach to decomposing carbon dioxide emissions[J]. Journal of Environmental Management, 252: 109577.

Wang Q W, Wang Y Z, Zhou P, et al. 2017. Whole process decomposition of energy-related SO_2

in Jiangsu Province, China[J]. Applied Energy, 194: 679-687.

Wang W W, Liu X, Zhang M, et al. 2014. Using a new generalized LMDI (logarithmic mean Divisia index) method to analyze China's energy consumption[J]. Energy, 67: 617-622.

Wang W W, Zhang M, Zhou M. 2011. Using LMDI method to analyze transport sector CO_2 emissions in China[J]. Energy, 36: 5909-5915.

Wang Z L, Xu X D, Zhu Y F, et al. 2020. Evaluation of carbon emission efficiency in China's airlines[J]. Journal of Cleaner Production, 243: 118500.

Wang Y F, Zhao H Y, Li L Y, et al. 2013. Carbon dioxide emission drivers for a typical metropolis using input-output structural decomposition analysis[J]. Energy Policy, 58: 312-318.

Wanke P, Barros C P. 2016. Efficiency in Latin American airlines: a two-stage approach combining virtual frontier dynamic DEA and simplex regression[J]. Journal of Air Transport Management, 54: 93-103.

Wanke P, Pestana Barros C, Chen Z F. 2015. An analysis of Asian airlines efficiency with two-stage TOPSIS and MCMC generalized linear mixed models[J]. International Journal of Production Economics, 169: 110-126.

Williams V, Noland R B, Toumi R. 2002. Reducing the climate change impacts of aviation by restricting cruise altitudes[J]. Transportation Research Part D: Transport and Environment, (6), 451-464.

Xu X, Cui Q. 2017. Evaluating airline energy efficiency: an integrated approach with network epsilon-based measure and network slacks-based measure[J]. Energy, 122: 274-286.

Yamaji K, Matsuhashi R, Nagata Y, et al. 1993. A study on economic measures for CO_2 reduction in Japan[J]. Energy Policy, 21: 123-132.

Yan Q Y, Zhang Q, Zou X. 2016. Decomposition analysis of carbon dioxide emissions in China's regional thermal electricity generation, 2000-2020[J]. Energy, 112: 788-794.

Yan Y F, Yang L K. 2010. China's foreign trade and climate change: a case study of CO_2 emissions[J]. Energy Policy, (1): 350-356.

Yang J Q, Zeng W. 2014. The trade-offs between efficiency and quality in the hospital production: some evidence from Shenzhen, China[J]. China Economic Review, 31: 166-184.

Yu H, Zhang Y H, Zhang A M, et al. 2019. A comparative study of airline efficiency in China and India: a dynamic network DEA approach[J]. Research in Transportation Economics, 76: 100746.

Yu M M. 2010. Assessment of airport performance using the SBM-NDEA model[J]. Omega, 38: 440-452.

Yuan M, Zhang K, Sun L, et al. 2015. The development trend of China's aviation gasoline Industry[J]. Sino-Glob Energy, 20: 4.

Zeng L, Xu M, Liang S, et al. 2014. Revisiting drivers of energy intensity in China during 1997-2007: a structural decomposition analysis[J]. Energy Policy, 67: 640-647.

Zhang M, Mu H L, Ning Y D, et al. 2009. Decomposition of energy-related CO_2 emission over 1991-2006 in China[J]. Ecological Economics, 68 (7): 2122-2128.

Zhang N, Zhou P, Kung C C. 2015. Total-factor carbon emission performance of the Chinese transportation industry: a bootstrapped non-radial Malmquist index analysis[J]. Renewable and Sustainable Energy Reviews, 41: 584-593.

Zhang X P, Tan Y K, Tan Q L, et al. 2012. Decomposition of aggregate CO_2 emissions within a joint production framework[J]. Energy Economics, 34: 1088-1097.

Zhang Z. 2000. Decoupling China's carbon emissions increase from economic growth: an economic analysis and policy implications[J]. World Development, （4）: 739-752.

Zhang Z Q, Qu J S, Zeng J J. 2008. A quantitative comparison and analysis on the assessment indicators of greenhouse gases emission[J]. Journal of Geographical Sciences, （4）: 387-399.

Zhen W, de Qin Q, Kuang Y Q, et al. 2017. Investigating low-carbon crop production in Guangdong Province, China（1993-2013）: a decoupling and decomposition analysis[J]. Journal of Cleaner Production, 146: 63-70.

Zhou D Q, Wang Q W, Su B, et al. 2016a. Industrial energy conservation and emission reduction performance in China: a city-level nonparametric analysis[J]. Applied Energy, 166: 201-209.

Zhou P, Ang B W. 2008. Decomposition of aggregate CO_2 emissions: a production-theoretical approach[J]. Energy Economics, 30: 1054-1067.

Zhou P, Ang B W, Han J Y. 2010. Total factor carbon emission performance: a Malmquist index analysis[J]. Energy Economics, 32（1）: 194-201.

Zhou P, Ang B W, Poh K L. 2008. Measuring environmental performance under different environmental DEA technologies[J]. Energy Economics, 30: 1-14.

Zhou W J, Wang T, Yu Y D, et al. 2016b. Scenario analysis of CO_2 emissions from China's civil aviation industry through 2030[J]. Applied Energy, 175: 100-108.

Zhou X Y, Zhou D Q, Wang Q W, et al. 2020. Who shapes China's carbon intensity and how? A demand-side decomposition analysis[J]. Energy Economics, 85: 104600.

Zhu B Z, Zhang M F, Huang L Q, et al. 2020. Exploring the effect of carbon trading mechanism on China's green development efficiency: a novel integrated approach[J]. Energy Economics, 85: 104601.

Zhu B Z, Ye S X, Jiang M X, et al. 2019. Achieving the carbon intensity target of China: a least squares support vector machine with mixture kernel function approach[J]. Applied Energy, 233/234: 196-207.

Zhu J. 2011. Airlines performance via two-stage network DEA approach[J]. Journal of CENTRUM Cathedra: the Business and Economics Research Journal, 4: 260-269.

Zou B, Elke M, Hansen M, et al. 2014. Evaluating air carrier fuel efficiency in the US airline industry[J]. Transportation Research Part A: Policy and Practice, 59: 306-330.